大数据与人工智能技术丛书

大数据治理与安全

◎ 黄源 主编　龙颖 吴文灵 杨瑞峰 副主编

清华大学出版社
北京

内容简介

本书的编写目的是向读者介绍大数据治理与安全的基本概念和相应的技术应用。本书共9章，内容分别为数据治理概述、数据采集与数据道德、数据质量与数据管理、数据交换与数据集成、数据库设计与治理、架构设计与治理、数据仓库设计与治理、大数据安全与治理及综合实训。本书将理论与实践操作相结合，通过大量的案例帮助读者快速了解和应用大数据治理的相关技术，并对书中重要的、核心的知识点加大练习的比例，以达到帮助读者熟练应用的目的。

本书可作为高等院校大数据专业、人工智能专业、软件技术专业、云计算专业、计算机网络专业的专业课教材，也可作为大数据爱好者的参考书。

图书在版编目(CIP)数据

大数据治理与安全/黄源主编. —北京：清华大学出版社，2023.9(2025.1重印)
(大数据与人工智能技术丛书)
ISBN 978-7-302-62574-2

Ⅰ. ①大… Ⅱ. ①黄… Ⅲ. ①数据管理 Ⅳ. ①TP274

中国国家版本馆CIP数据核字(2023)第022869号

策划编辑：魏江江
责任编辑：王冰飞
封面设计：刘 键
责任校对：郝美丽
责任印制：丛怀宇

出版发行：清华大学出版社
网 址：https://www.tup.com.cn，https://www.wqxuetang.com
地 址：北京清华大学学研大厦A座 邮 编：100084
社 总 机：010-83470000 邮 购：010-62786544
投稿与读者服务：010-62776969，c-service@tup.tsinghua.edu.cn
质量反馈：010-62772015，zhiliang@tup.tsinghua.edu.cn
课件下载：https://www.tup.com.cn，010-83470236
印 装 者：三河市天利华印刷装订有限公司
经 销：全国新华书店
开 本：185mm×260mm **印 张**：18 **字 数**：442千字
版 次：2023年9月第1版 **印 次**：2025年1月第3次印刷
印 数：2301～3300
定 价：49.80元

产品编号：095266-01

前言

党的二十大报告指出：教育、科技、人才是全面建设社会主义现代化国家的基础性、战略性支撑。必须坚持科技是第一生产力、人才是第一资源、创新是第一动力，深入实施科教兴国战略、人才强国战略、创新驱动发展战略，开辟发展新领域新赛道，不断塑造发展新动能新优势。高等教育与经济社会发展紧密相连，对促进就业创业、助力经济社会发展、增进人民福祉具有重要意义。

信息技术的快速发展引发了数据规模的爆炸式增长，大数据引起了国内外学术界、工业界和政府部门的高度重视，被认为是一种新的非物质生产要素，蕴含巨大的经济和社会价值，并将导致科学研究的深刻变革，对国家的经济发展、社会发展、科学进展具有战略性、全局性和长远性的意义。

数据为人类社会带来机遇的同时也带来了风险，围绕数据产权、数据安全和隐私保护的问题也日益突出，并催生了一个全新的命题——数据治理。综合来看，数据治理是指从使用零散数据变为使用统一数据、从具有很少或没有组织流程到企业范围内的综合数据管控、从数据混乱状况到数据井井有条的一个过程。随着大数据在各个行业领域应用的不断深入，数据作为基础性战略资源的地位日益凸显，数据标准化、数据确权、数据质量、数据安全、隐私保护、数据流通管控、数据共享开放等问题越来越受到国家、行业、企业各个层面的高度关注，这些内容都属于数据治理的范畴。因此，数据治理的概念越来越多地受到人们关注，成为目前大数据产业生态系统中的新热点。

本书以理论与实践操作相结合的方式深入讲解了大数据治理与安全的基本知识和实现的基本技术，在内容设计上既有上课时老师的讲述部分，包括详细的理论与典型的案例，又有大量的实训环节，双管齐下，极大地激发了学生在课堂上的学习积极性与主动创造性，让学生在课堂上跟上老师的思维，从而学到更多有用的知识和技能。

本书共 9 章，主要包括数据治理概述、数据采集与数据道德、数据质量与数据管理、数据交换与数据集成、数据库设计与治理、架构设计与治理、数据仓库设计与治理、大数据安全与治理及综合实训。

本书的特色如下：

(1) 采用“理实一体化”教学方式，课堂上既有老师的讲述，又有学生独立思考、上机操作的内容。

(2) 紧跟时代潮流，注重技术变化，书中包含最新的大数据治理知识及一些开源库的使用。建议读者在阅读本书前具备一定程度的大数据基础知识，了解 Hadoop 框架，并熟悉一门编程语言。此外，读者在阅读本书时还需安装 MySQL 及 Kettle 等相关软件。

(3) 编写本书的老师都具有多年的教学经验，能够激发学生的学习热情。

(4) 为便于教学，本书提供丰富的配套资源，包括教学大纲、教学课件、习题答案、程序源码、教学进度表和在线作业。

资源下载提示

课件等资源：扫描封底的"课件下载"二维码，在公众号"书圈"下载。

素材(源码)等资源：扫描目录上方的二维码下载。

在线作业：扫描封底的作业系统二维码，登录网站在线做题及查看答案。

本书可作为高等院校大数据专业、人工智能专业、软件技术专业、云计算专业、计算机网络专业的专业课教材，也可作为大数据爱好者的参考书。

本书的建议学时为54学时，具体分布如下表所示。

章	建议学时
数据治理概述	2
数据采集与数据道德	8
数据质量与数据管理	8
数据交换与数据集成	6
数据库设计与治理	8
架构设计与治理	6
数据仓库设计与治理	6
大数据安全与治理	6
综合实训	4

本书由黄源任主编，龙颖、吴文灵、杨瑞峰任副主编。其中，黄源编写了第1～7章；龙颖编写了第9章；吴文灵和杨瑞峰共同编写了第8章。全书由黄源负责统稿工作。

本书在编写过程中得到了中国电信金融行业信息化应用重庆基地总经理助理杨琛的大力支持，在此表示感谢。另外，在本书编写过程中编者参阅了大量的资料，在此对相关作者表示感谢。

由于编者水平有限，书中难免出现疏漏之处，希望广大读者批评、指正。

编 者

2023年7月于重庆

目 录

源码下载

第 1 章

数据治理概述

本章学习目标

- 了解数据治理的概念
- 了解数据治理的目的
- 了解数据治理面临的问题
- 了解数据治理的主要技术
- 了解数据治理项目的实施过程

本章先向读者介绍数据治理的概念，再介绍数据治理的目的，接着介绍数据治理面临的问题与数据治理的主要技术，最后介绍数据治理项目的实施过程。

1.1 数据治理简介

1.1.1 认识数据治理

1. 什么是数据治理

信息技术的快速发展引发了数据规模的爆炸式增长，大数据引起了国内外学术界、工业界和政府部门的高度重视。目前，大数据被人们认为是一种新的非物质生产要素，蕴含巨大的经济和社会价值，并将导致科学研究的深刻变革，对国家的经济发展、社会发展、科学进展具有战略性、全局性和长远性的意义。

数据为人类社会带来机遇的同时也带来了风险，围绕数据产权、数据安全和隐私保护的问题也日益突出，并催生了一个全新的命题——数据治理。数据治理的概念具有两种含义，分别是对数据的治理和利用数据进行的治理。一种是以数据为治理对象的治理活动，例如通用数据保护条例、数据隐私保护条例等；另一种是利用数据进行治理的活动，例如电子政务服务、一站式政府服务。数据治理的两种含义相互联系，但并不冲突，本书中的数据治理侧重于对数据本身的治理。

大数据治理的核心是为业务提供持续的、可度量的价值。工业界 IBM 数据治理委员会给数据治理的定义如下：数据治理是一组流程，用来改变组织行为，利用和保护企业数据，将其作为一种战略资产。学术界则将数据治理定义为一个指导决策确保企业的数据被正确使用的框架。

因此,综合来看,数据治理是指从使用零散数据变为使用统一数据、从具有很少或没有组织流程到企业范围内的综合数据管控、从数据混乱状况到数据井井有条的一个过程。数据治理强调的是一个过程,是一个从混乱到有序的过程。从范围来讲,数据治理涵盖了从前端事务处理系统、后端业务数据库再到终端的数据分析,从源头到终端再回到源头形成一个闭环负反馈系统,如图 1-1 所示。从目的来讲,数据治理就是要对数据的获取、处理和使用进行监督管理。具体一点来讲,数据治理就是以服务组织战略目标为基本原则,通过组织成员的协同努力、流程制度的制定,以及数据资产的梳理、采集清洗、结构化存储、可视化管理和多维度分析,实现数据资产价值获取、业务模式创新和经营风险控制的过程。具体来说,数据治理是一个过程,是逐步实现数据价值的过程。

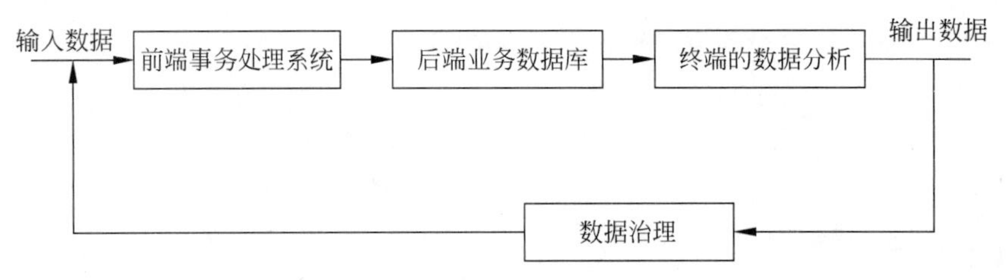

图 1-1 数据治理的过程

值得注意的是,在数据治理中既包含了企业的各种前端数据的输入(企业交易数据、运营数据等),也包含了第三方数据(通信数据、客户数据等),甚至还包含了各种采集数据(社交数据、传感数据、图像数据等)。

随着大数据在各个行业领域应用的不断深入,数据作为基础性战略资源的地位日益凸显,数据标准化、数据确权、数据质量、数据安全、隐私保护、数据流通管控、数据共享开放等问题越来越受到国家、行业、企业各个层面的高度关注,这些内容都属于数据治理的范畴。因此,数据治理的概念越来越多地受到关注,成为目前大数据产业生态系统中的新热点。

2. 数据治理的发展与作用

人类利用数据的历史非常悠久,最早可以追溯到数字发明时期,不同文明均掌握了利用数字记录和管理生产、生活的能力。纵观人类利用数据的历史,虽然数据的本质没有变化,但是在制度、技术和经济发展的交织作用下数据完成了从数字到资产的转变,在这个过程中数据的规模、价值和影响不断扩大。当前,数据在社会发展中正扮演着愈发重要的作用。从早期仅限于学术研究、军事领域,到后面应用到企业经营活动,再到个人互联网应用,直到云与物联网时代,数据作为一种经济资源和生产要素,是人工智能等新兴技术发展的动力,没有海量的数据积累和应用场景,人工智能很难冲破瓶颈快速发展。

在企业发展初期,数据研发模式一般是紧贴业务的发展而演变的,数据体系也是基于业务单元垂直建立的,不同的垂直化业务带来不同的烟囱式的体系。但随着企业的发展,一方面数据规模在快速膨胀,垂直业务单元也越来越多;另一方面基于大数据的业务所需要的数据不仅仅是某个垂直单元的,使用数据类型繁多的数据才能具备核心竞争力。跨垂直单元的数据建设接踵而至,混乱的数据调用和复制,重复建设带来的资源浪费,数据指标定义不同而带来的歧义,数据使用门槛越来越高等,这些问题日益凸显,成为企业发展迫在眉睫必须要解决的问题。因此,数据存储使用底层平台(数据库)也经历了不同的发展阶段,从层次、网状模型到关系模型，从单机到集群，从单体架构到集群架构，从线下到云端，以此来满足对数据的承载能力、使用特点差异。

随着数据使用者的增加，越来越多的数据被挖掘出来。这些数据不仅规模巨大，而且非结构化明显，对底层平台提出了更高的要求。针对不同的数据，不仅其量级、特征、生产者不同，而且其数据价值差异明显。其所带来的数据使用方式也经历了从离线到在线、从单一业务到混合业务的过程。从数据的使用方式上看，早期企业业务生产数据，并通过离线处理形成仪表盘数据供管理者进行经营决策，被称为面向“决策”的处理方式。而现今针对个人的大量个性化数据处理，提供的更为实时、更为细粒度的数据分析，则被称为面向“服务”的处理方式。不同的处理方式，自然对数据承载能力、处理性能等产生了不同的要求。

此外，随着接入数据源的不断增加，越来越多的数据被集中管理起来。这些数据规模巨大、结构不同、使用行为存在差异，这也导致混合负载成为一种普遍性的需求。由于现在只承载一类数据、按一种方式使用的场景已经很难找到，所以人们希望通过统一的访问接口（例如SQL），按不同的方式（例如离线、在线）使用数据。

针对上面的需求，无论是传统的IT架构还是较新颖的大数据架构，都存在种种不足，因此作为数据使用的上层建筑，数据治理逐渐受到企业的高度关注。这主要是因为一方面数据的多源、异构、价值差异等特点导致复杂度的提高；另一方面数据价值正在被更多的企业所关注。如何在企业内部用统一视角看待数据，让数据在企业中存好、用好，发挥出更大价值，是企业数字化转型必然面临的问题。数据治理正是解决这一问题的利器。过去，数据治理往往在高价值数据集中且规范程度较高的企业（例如金融业）受到重视，但现在更多的企业（包括互联网）也重视数据治理的建设。

另外，随着企业数字化转型的不断深入，对数据治理也提出了新的要求。例如2019年我国数字经济规模为35.8万亿元，产业数字化占数字经济的比例达到80.2%。新经济领域的高度数字化，推动传统产业的转型升级。在“新基建”、疫情等外部因素的催化下，数字化转型对越来越多的行业而言变得重要且紧急。如何更好地利用数据成为企业数字化转型的关键，因此数据治理变得越来越重要。

3. 数据治理面临的问题

数据治理不只是技术问题，更是一个管理问题。例如常见的项目管理系统只是一个工具，如何让项目管理工具与项目管理思想相匹配才是项目管理系统实施过程中的最大挑战，也才能发挥最大的效果。数据治理也是同样的道理。

当前，企业在实施数据治理的时候面临的问题主要有以下几点：

（1）跨组织的沟通协调问题。数据治理是一个组织的全局性项目，需要IT部门与业务部门的倾力合作和支持，需要各个部门站在组织战略目标和组织长远发展的视角来看待数据治理。因此，数据治理项目需要得到组织高层的支持，在条件允许的情况下成立以组织高层牵头的虚拟项目小组，会让数据治理项目事半功倍。

（2）投资决策的困难。组织的投资决策以能够产生可预期的建设成效为前提，但往往综合性的数据治理的成效并不能马上体现，它更像一个基础设施，是以支撑组织战略和长期发展为目标，所以导致此类项目无法界定明确的边界和目标，从而难以做出明确的投资决策。

（3）工作的持续推进。数据治理是以支撑组织战略和长远发展为目标，应当不断吸收新的数据来源，持续追踪数据问题并不断改进，所以数据治理工作不应当是一锤子买卖，应当建立长效的数据改进机制，并在有条件的情况下尽量自建数据治理团队。

(4) 技术选型。近年来,随着大数据技术的不断发展,各种新名词层出不穷,令人眼花缭乱。例如,数据仓库、ETL、元数据、主数据、血缘追踪、资源目录、结构化/非结构化、Hadoop、Spark、联机事务处理(OLTP)、联机分析处理(OLAP)、商业智能(BI)等。这里面有针对传统数据库的,有针对大数据数据库的,再加上组织对自身数据资产情况没有一个清晰的认识,这也就导致了数据治理的技术选型困难。

数据治理的工作内容应当包含顶层设计、数据治理环境、数据治理域和数据治理过程等诸多方面。

(1) 顶层设计。顶层设计是数据治理实施的基础,是根据组织当前的业务现状、信息化现状和数据现状,设定组织机构的权利,并定义符合组织战略目标的数据治理目标和可行的行动路径。

(2) 数据治理环境。数据治理环境是数据治理成功实施的保障,指的是分析领导层、管理层、执行层等利益相关方的需求,识别项目支持力量和阻力,制定相关制度,以确保项目的顺利推进。

(3) 数据治理域。数据治理域是数据治理的相关管理制度,是指制定数据质量、数据安全、数据管理体系等相关标准制度,并基于数据价值目标构建数据共享体系、数据服务体系和数据分析体系。

(4) 数据治理过程。数据治理过程是数据治理的实际落地过程,包含确定数据治理目标,制定数据治理计划,执行业务梳理、设计数据架构、数据采集清洗、存储核心数据、实施元数据管理和血缘追踪,并检查治理结果与治理目标的匹配程度。

图 1-2 显示了国家标准 GB/T 34960 的数据治理框架。该数据治理框架比较符合我国企业和政府的组织现状,更加全面地和精炼地描述了数据治理的工作内容,包含顶层设计、数据治理环境、数据治理域和数据治理过程。

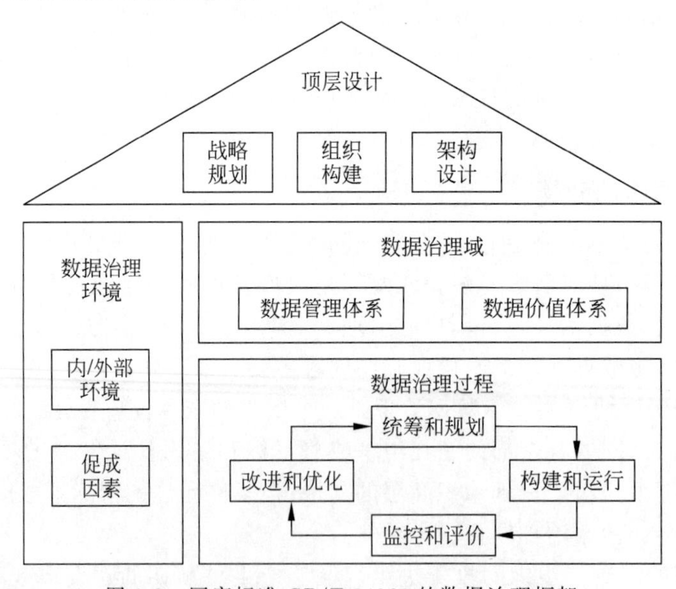

图 1-2 国家标准 GB/T 34960 的数据治理框架

1.1.2 人工智能下的数据治理

1. 人工智能离不开数据治理

人工智能(AI)也称为机器智能,其概念最初是在 20 世纪 50 年代中期提出的,它是一门用于模拟、延伸和扩展人的智能的理论、方法、技术及应用系统的新的技术科学。人工智能的目的是通过了解智能的实质来提升机器的智能水平，并生产出一种新的能以与人类智能相似的方式做出反应的智能机器。人工智能的细分领域有很多，例如机器人、语言识别、图像识别、自然语言处理和专家系统等。在大数据、云计算和其他基础技术的驱动下，人工智能的浪潮从几年前一直延续至今，在许多行业和领域得到了广泛的应用，并已成为下一次科技革命的主导技术。同样，随着数据和数据源的迅速增加，数据治理已成为挖掘和利用数据价值过程中不可或缺的环节，并逐渐发展成为企业的核心业务之一。

人工智能是由算法模型组成的，因此很多人认为人工智能的核心是算法。在很多有关人工智能的文章和新闻报道中更多地偏重关注人工智能的算法，认为只要有算法模型，并给其输入一定的数据样本，就能生产出高价值的东西。然而，事实并非如此。人工智能的核心是机器学习，简单地理解机器学习就是让计算机像人一样去学习各种知识，然后形成自己的“思考和判断”，也可以叫作洞察力。对于机器学习来讲，它所需要的“最好的学习环境、最好的资源”就是要有足够量的数据，以及这些数据的数据质量要足够好。只有输入准确的数据才能训练出精准的AI。如图1-3所示，在机器学习流程中共有5个环节，分别是数据收集、整合与输入、数据预处理、模型训练、评估。在这个流程中大多环节与数据治理相关。通过实施相应的数据治理策略，让企业数据管理和应用的环境变得整洁而有序。在数据收集、整合与输入、数据预处理过程中能够输出一致的、完整的、准确的数据，这是人工智能的基础。

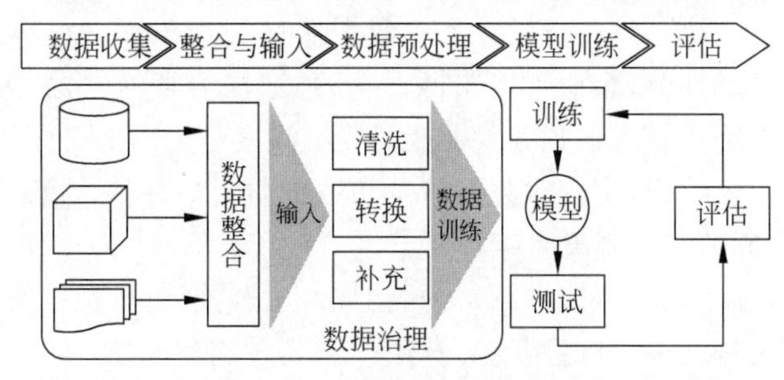

图1-3　人工智能与数据治理

此外，数据质量对人工智能的发展至关重要，而人工智能技术也有助于数据质量的提升。机器学习还能帮助企业找出数据中存在的错误，并对数据进行清洗，同时在后面的环节中保持数据的清洁度。一般情况下，寻找并清洗数据的流程是非常复杂的，而通过机器学习，整个流程将能够得到简化，因为只要具备正确的数据匹配算法，机器就能够学会数据匹配，并随着流程对数据进行清洗。此外，有了机器学习技术以后，算法能够通过学习变得更加智能。算法可以根据以往的经验来判断所投入的数据，并不断地监控数据格式化的流程和数据质量，在不需要人工参与的情况下自动优化数据。

因此，在人工智能中高质量的数据和算法模型是同等重要的，两者缺一不可，而要获得高质量的数据，离不开实施数据治理的相关策略，也因此说人工智能离不开数据治理。

2. 数据治理同样离不开人工智能

由于数据治理的输出是人工智能的输入，即经过数据治理后的大数据，所以数据治理与人工智能的发展存在相辅相成的关系。其实数据治理并不是什么“高大上”的活儿，而绝对是“脏活、苦活、累活”。在企业数据环境日趋复杂的今天，传统的靠人工的数据治理方式已经很难满足人们对数据智能的不断追求。人们需要一种更加自动化和智能化的数据治理手段，而“人工智能”无疑是一个绝佳选择。

实际上，很多企业很早之前就已经开始探索人工智能技术在数据治理中的应用。例如：在数据采集方面，通过利用图像识别、语音识别、自然语言处理等AI技术自动化采集各种半结构化和非结构化的数据。

在数据建模方面，通过知识图谱、图数据库等新技术设计出更加符合现实的业务概念模型，并能够将概念模型转化为数据库可识别的物理模型，进行数据的管理和存储。

在元数据管理方面，人工智能技术可以帮助企业更好地管理和整合元数据，例如非结构化数据的元数据采集，基于语义模型、分类聚类算法、标签体系的自动化数据目录等。

在主数据管理方面，利用人工智能技术对数据集进行监控可以帮助企业自动鉴别和筛选出主数据；通过监控主数据的数据质量，维护和确保主数据的"黄金记录"，以及在主数据的维护与管理过程中的数据校验、数据查重/合并、数据审核等业务中，均可以植入人工智能技术，让主数据管理变得自动和高效。

在数据标准方面，通过机器学习算法可以自动识别出数据标准的使用频度和热度，找出没有使用或使用过程中存在问题的数据标准，以便帮助企业对数据标准进行评估和优化。

在数据质量方面，以深度学习为代表的人工智能分为训练（Training）和推断（Inference）两个环节。深度学习训练算法的效果依赖于所输入的数据质量的优劣，如果输入的数据存在偏差，那么输出的算法也将产生偏差，这将可能直接导致所得的结果不可用。数据治理在提升数据质量方面具有重要作用。通过定义数据质量需求、定义数据质量测量指标、定义数据质量业务规则、制定数据质量改善方案、设计并实施数据质量管理工具、监控数据质量管理操作程序和绩效等数据质量管理环节，企业可以获得干净的、结构清晰的数据，为深度学习等人工智能技术提供可信的数据输入。人们通过将监督学习、深度学习、回归模型、知识图谱等AI技术与数据质量管理的深度融合，实现对数据清洗和数据质量的评估，进而定位数据治理问题的根本原因，帮助企业不断改善和提升数据质量。

在数据安全方面，利用人工智能可以帮助企业清洗、转换、处理数据集中的敏感数据，例如通过分类、聚类、自然语言处理、神经网络等算法模型实现对敏感数据的实时化、动态化分类/分级，加强对敏感数据的安全防护。

综上所述，数据治理是人工智能的基础，能够为人工智能提供高质量的数据输入。而人工智能是一种技术，它不仅在数据应用端产生作用，在数据的管理端同样需要人工智能。有了人工智能的支持，数据治理将变得更加高效和智能。

1.2 数据治理领域

数据治理不仅需要完善的保障机制，还需要具体的治理内容，例如企业数据该怎么进行规范？元数据又该怎么来管理？每个过程需要哪些系统或者工具来进行配合？这些问题都是数据治理过程中最实际的问题，也是很复杂的问题。因此，数据治理是专注于将数据作为企业的商业资产进行应用和管理的一套管理机制，它能够消除数据的不一致性，建立规范的数据应用标准，提高组织的数据质量，实现数据的广泛共享，并能够将数据作为组织的宝贵资产应用于业务、管理、战略决策中，发挥数据资产的商业价值。

目前常见的数据治理涉及的领域主要包括数据资产、数据模型、元数据与元数据管理、数据标准、主数据管理、数据质量管理、数据管理生命周期、数据存储、数据交换、数据集成、数据安全、数据服务、数据价值、数据开发和数据仓库。在进行数据治理时，各领域需要有机结合，例如数据标准、元数据、数据模型等几个领域相互协同和依赖。通过数据标准的管理，可以提升数据的合法性、合规性，进一步提升数据质量，减少数据生产问题；在元数据管理的基础上，可进行数据生命周期管理，有效控制在线数据规模，提高生产数据的访问效率，减少系统资源的浪费；通过元数据和数据模型管理，将表、文件等数据资源按主题进行分类，可明确当事人、产品、协议等相关数据的主数据源归属、数据分布情况，有效实施数据分布的规划和治理。因此，数据治理领域是随着企业业务发展而不断变化的，领域之间的关系也需要不断深入挖掘和分布，最终形成一个相互协同与验证的领域网，全方位地提升数据治理的成效。

1. 数据资产

随着大数据时代的来临，对数据的重视被提到了前所未有的高度，"数据即资产"已经被企业广泛认可。数据就像企业的根基，是各企业尚待发掘的财富，即将被企业广泛应用。数据资产可定义为企业过去的交易或者事项形成的，由企业拥有或者控制的，预期会给企业带来经济利益的，以物理或电子的方式记录的数据资源，例如文件资料、电子数据等。不过值得注意的是，在企业中并非所有的数据都构成数据资产，数据资产是能够为企业产生价值的数据资源。因此，只有能够给企业带来可预期经济收益的数据资源才能够被称为数据资产。数据治理正是一门将数据视为一项企业资产的学科，是针对数据管理的质量控制规范，它将严密性和纪律性植入企业的数据管理、利用、优化和保护过程中，并涉及以企业资产的形式对数据进行优化、保护和利用的决策权利。

例如，CRM（客户关系管理）系统建设完成后会有很多数据，这些数据就是原始数据，业务人员对这些原始数据进行价值判断，发现一些数据没有有效用途，而一些行为日志则可以用来完善客户画像，那么这些行为日志就成了数据资源。这些行为日志被采集进数据仓库，加工后可以为营销服务，这些加工后的数据就可以认定为数据资产。

不过值得注意的是，对于企业来说，数据资产基本上来源于各部门业务系统中经由业务流程产生的数据，这些数据并不都是有效的，也不是所有数据都能创造价值。这些数据都沉淀在庞大的数据库中，如果想要进行访问、处理，那么只能通过数据资产目录找到需要的内容。因此，数据资产目录就是所有数据资产的清单列表。数据资产目录能够极大地提升查询、访问特定数据资产的准确性和有效性，辅助数据处理、分析人员更好地利用数据，发挥数据的价值。

需要指出的是，相较于劳动力、土地等传统生产要素，数据资产的价值实现更有赖于高效的流通使用，只有通过持续流动、聚合、加工的数据，其价值才会产生乘数效应。因此，要注重从法律层面保护数据要素市场参与主体的合法权益，同时也要加强对数据要素市场的监管，为数据资产的合规使用与价值变现提供有力保障。

2. 数据模型

数据模型是数据治理中的重要部分。理想的数据模型应该具有非冗余、稳定、一致、易用等特征。逻辑数据模型能涵盖整个集团的业务范围，以一种清晰的表达方式记录跟踪集团单位的重要数据元素及其变动，并利用它们之间各种可能的限制条件和关系来表达重要的业务规则。为了满足将来不同的应用分析需要，数据模型必须在设计过程中保持统一的业务定义，逻辑数据模型的设计应该能够支持最小粒度的详细数据的存储，以支持各种可能的分析查询。同时保障逻辑数据模型能够在最大程度上减少冗余，并保障结构具有足够的灵活性和扩展性。

建立合适、合理、合规的数据模型，能够有效提高数据的合理分布和使用，数据模型包括概念模型、逻辑数据模型和物理数据模型，是数据治理的关键、重点。常见的数据模型包含三部分，即数据结构、数据操作、数据约束。

（1）数据结构。数据模型中的数据结构主要用来描述数据的类型、内容、性质及数据间的联系等。数据结构是数据模型的基础，数据操作和数据约束基本都是建立在数据结构之上的。不同的数据结构有不同的操作和约束。

(2) 数据操作。数据模型中的数据操作主要用来描述在相应的数据结构上的操作类型和操作方式。

(3) 数据约束。数据模型中的数据约束主要用来描述数据结构内数据间的语法、词义联系、它们之间的制约和依存关系，以及数据动态变化的规则，以保证数据的正确、有效和相容。

3. 元数据与元数据管理

元数据又称中介数据、中继数据，是描述数据的数据，是数据仓库的重要构件，是数据仓库的导航图，在数据源抽取、数据仓库应用开发、业务分析及数据仓库服务等过程中都发挥着重要的作用。元数据一般分为技术元数据、业务元数据和管理元数据 3 个类型。

(1) 技术元数据。技术元数据分成结构性技术元数据和关联性技术元数据。结构性技术元数据提供了在信息技术的基础架构中对数据的说明，例如数据的存放位置、数据的存储类型、数据的血缘关系等。关联性技术元数据描述了数据之间的关联和数据在信息技术环境之中的流转情况。技术元数据的范围主要包括技术规则(计算/统计/转换/汇总)、数据质量规则技术描述、字段、衍生字段、事实/维度、统计指标、表/视图/文件/接口、报表/多维分析、数据库/视图组/文件组/接口组、源代码/程序、系统、软件、硬件等。技术元数据一般是以已有的业务元数据作为参考设计的。技术元数据为开发和管理数据仓库的 IT 人员使用，它描述了与数据仓库开发、管理和维护相关的数据，包括数据源信息、数据转换描述、数据仓库模型、数据清洗与更新规则、数据映射和访问权限等。

(2) 业务元数据。业务元数据是定义和业务相关数据的信息，用于辅助定位、理解及访问业务信息。业务元数据的范围主要包括业务指标、业务规则、数据质量规则、专业术语、数据标准、概念数据模型、实体/属性、逻辑数据模型等。

(3) 管理元数据。管理元数据主要指与元数据管理相关的组织、岗位、职责、流程，以及系统日常运行产生的操作数据。管理元数据管理的内容主要包括与元数据管理相关的组织、岗位、职责、流程、项目、版本，以及系统生产运行中的操作记录，例如运行记录、应用程序、运行作业。

元数据管理的目的是理清元数据之间的关系与脉络，规范元数据设计、实现和运维的全生命周期过程。有效的元数据管理为技术与业务之间搭建了桥梁，为系统建设、运维、业务操作、管理分析和数据管控等工作的开展提供重要指导。元数据管理的内容主要包括元数据获取、元数据存储、元数据维护(变更维护、版本维护)、元数据分析(血缘分析、影响分析、实体差异分析、实体关联分析、指标一致性分析、数据地图展示)、元数据质量管理与考核等内容。

4. 数据标准

数据标准是企业建立的一套符合自身实际，涵盖定义、操作、应用多层次数据的标准化体系。数据标准的建立是集团单位信息化、数字化建设的一项重要工作，行业的各类数据必须遵循一个统一的标准进行组织，才能构成一个可流通、可共享的信息平台。

数据标准包括基础标准和指标标准(或称应用标准)，与数据治理的其他核心领域具有一定的交叉，比如元数据标准、数据交换和传输标准、数据质量标准、数据分类与编码标准等。企业的数据标准一般以业界的标准为基础，结合企业本身的实际情况对数据进行规范化，一般会包括格式、编码规则、字典值等内容。良好的数据标准体系有助于企业数据的共享、交互和应用，可以减少不同系统间数据转换的工作。通常来讲，数据标准主要由业务定义、技术定义和管理信息三部分构成。

(1) 业务定义。业务定义主要是明确标准所属的业务主题及标准的业务概念,包括业务使用上的规则及标准的相关来源等。对于代码类标准,还会进一步明确编码规则及相关的代码内容,以达到定义统一、口径统一、名称统一、参照统一及来源统一的目的,进而形成一套一致、规范、开放和共享的业务标准数据。

(2) 技术定义。技术定义是指描述数据类型、数据格式、数据长度及来源系统等技术属性,从而能够对信息系统的建设和使用提供指导和约束。

(3) 管理信息。管理信息是指明确标准的所有者、管理人员、使用部门等内容,从而使数据标准的管理和维护工作有明确的责任主体,以保障数据标准能够持续地进行更新和改进。

图 1-4 显示了企业进行数据标准梳理的步骤。

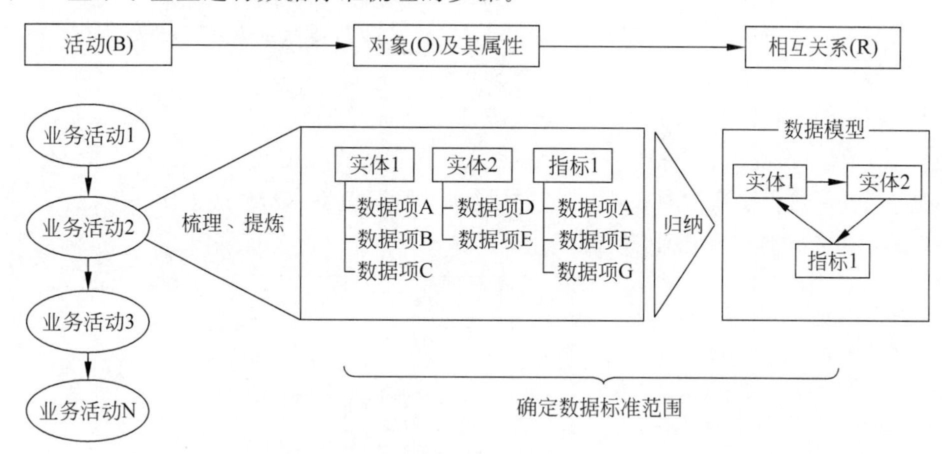

图 1-4 企业进行数据标准梳理的步骤

从图 1-4 可以看出,企业在进行数据标准梳理时,首先对企业的业务域进行定义,并对每个业务域中的业务活动进行梳理,同时需要收集各类业务单据、用户视图,梳理每个单据和用户视图的数据对象;其次针对数据对象进行分析,明确每个数据实体所包含的数据项,同时梳理并确定出该业务域中所涉及的数据指标和指标项;接着梳理和明确所有数据实体、数据指标的关联关系,并对数据之间的关系进行标准化定义;最后通过以上梳理、分析和定义,确定出主数据标准管理的范围。

5. 主数据管理

主数据管理要做的就是从各部门的多个业务系统中整合最核心的、最需要共享的数据(主数据),集中进行数据的清洗和丰富,并且以服务的方式把统一的、完整的、准确的、具有权威性的主数据传送给组织范围内需要使用这些数据的操作型应用系统和分析型应用系统。

主数据管理的信息流应为:

(1) 某个业务系统触发对主数据的改动;

(2) 主数据管理系统将整合之后完整、准确的主数据传送给所有有关的应用系统;

(3) 主数据管理系统为决策支持和数据仓库系统提供准确的数据源。

因此,对于主数据管理要考虑运用主数据管理系统实现,主数据管理系统的建设要从建设初期就考虑整体的平台框架和技术实现。

6. 数据质量管理

数据质量管理已经成为企业数据治理的有机组成部分,完善的数据质量管理是保障各项数据治理工作能够得到有效落实，达到数据准确、完整的目标，并能够提供有效的增值服务的重要基础。

高质量的数据是企业进行分析决策、业务发展规划的重要基础，只有建立完整的数据质量体系才能有效提升数据的整体质量，从而更好地为客户服务，提供更为精准的决策分析数据。目前，数据质量管理主要包含绝对质量管理和过程质量管理。

(1) 绝对质量管理。绝对质量即数据的真实性、完备性、自洽性，也是数据本身应具有的属性。因此，数据的绝对质量管理是保证数据质量的基础。

(2) 过程质量管理。过程质量即使用质量、存储质量和传输质量，过程质量管理主要是对数据的使用、存储和传输进行管理。其中，数据的使用质量是指数据被正确地使用，再正确的数据，如果被错误地使用，就不可能得出正确的结论。数据的存储质量指数据被安全地存储在适当的介质上，所谓存储在适当的介质上是指当需要数据的时候能及时、方便地将其取出。数据的传输质量是指数据在传输过程中的效率和正确性。

此外，从技术层面上看，数据质量管理还应该包含完整的数据质量的评估维度，例如完整性、规范性、一致性、准确性、唯一性和关联性等。企业应按照已定义的维度，在系统建设的各个阶段根据标准进行数据质量检测和规范，及时进行治理，避免事后的清洗工作。

图 1-5 显示了数据质量管理的内容。

评估维度	完整性	规范性	一致性
	准确性	唯一性	关联性
具体工作	数据产生	数据接入	数据存储
	数据处理	数据输出	数据展示
数据稽核	定义	校验规则	校验流程
数据清洗	定义	清洗规则	清洗流程

图 1-5 数据质量管理的内容

由于数据质量问题会发生在各个阶段，所以需要明确各个阶段的数据质量管理流程。例如，在需求和设计阶段就需要明确数据质量的规则定义，从而指导数据结构和程序逻辑的设计；在开发和测试阶段则需要对前面提到的规则进行验证，确保相应的规则能够生效；最后在投产后要有相应的检查，从而将数据质量问题尽可能消灭在萌芽状态。数据质量管理措施宜采用控制增量、消灭存量的策略，有效控制增量，不断消除存量。图 1-6 显示了数据质量管理的流程。

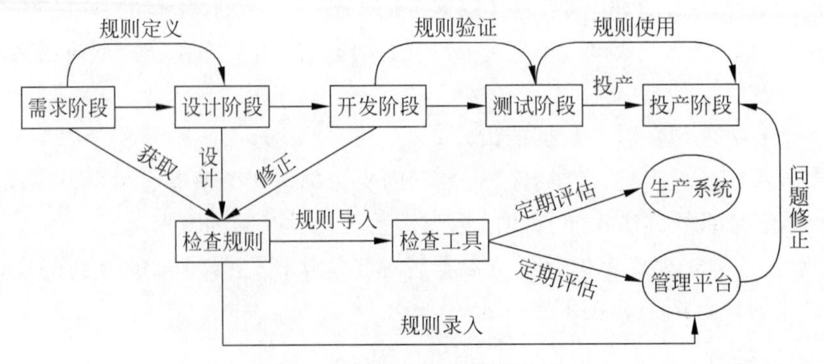

图 1-6 数据质量管理的流程

7. 数据管理生命周期

任何事物都具有一定的生命周期，数据也不例外。从数据的产生、加工、使用乃至消亡都应该有一个科学的管理办法，将极少或者不再使用的数据从系统中剥离出来，并通过核实的存储设备进行保留，不仅能够提高系统的运行效率，更好地服务客户，还能大幅度减少因为数据长期保存带来的存储成本。数据管理生命周期一般包括数据生成及传输、数据存储、数据处理及应用、数据销毁四方面。

(1) 数据生成及传输。数据生成及传输是指数据应该能够按照数据质量标准和发展需要产生，应采取措施保证数据的准确性和完整性，在业务系统上线前应该进行必要的安全测试，以保证上述措施的有效性。对于手工流程中产生的数据在相关制度中明确要求，并通过事中复核、事后检查等手段保证其准确性和完整性。在数据传输过程中需要考虑保密性和完整性的问题，对不同种类的数据分别采取不同的措施，防止数据泄露或数据被篡改。

(2) 数据存储。数据存储阶段除了关注保密性、完整性之外，更要关心数据的可用性，对于大部分数据应采取分级存储的方式，不仅存储在本地磁盘上，还应该存储在磁带上，甚至远程复制到磁盘阵列中，或者采用光盘库进行存储。对于存储备份的数据要定期进行测试，确保其可访问且数据完整。数据的备份恢复策略应该由数据的责任部门或责任人负责制定，信息化管理部门可以给予相应的支持。同时还需要注意因为部门需要或故障处理的需要，可能对数据进行修改，必须在数据管理办法中明确数据修改的申请审批流程，审慎对待后台数据的修改。

(3) 数据处理及应用。信息化相关部门需要对数据进行分析处理，以挖掘出对于管理及业务开展有价值的信息，为保证过程中数据的安全性，一般应采用联机处理，系统只输出分析处理的结果。但是在实际中，因为相关数据分析系统的建设不到位，需要从数据库中提取数据后再对数据进行必要的分析处理，在这个过程中就需要关注数据提取操作是否可能对数据库造成破坏、提取出的数据在交付给分析处理人员时其安全性是否会降低、数据分析处理的环境安全性等。

(4) 数据销毁。数据销毁阶段主要涉及数据的保密性。企业应明确数据销毁的流程，采用必要的工具，数据的销毁应该有完整的记录。尤其是对于需要送出外部修理的存储设备，在送修之前应该对数据进行可靠的销毁。数据生命周期管理可以使高价值数据的查询效率大幅度提升，而且高价格的存储介质的采购量也可以减少很多；但是随着数据的使用程度的下降，数据被逐渐归档，查询时间也慢慢变长；最后随着数据的使用频率和价值基本没有之后，就可以逐渐销毁了。

8. 数据存储

企业只有对数据进行合理的存储，有效地提高数据的共享程度，才能尽可能地减少数据冗余带来的存储成本。数据存储作为大数据的核心环节之一，可以理解为方便对既定数据内容进行归档、整理和共享的过程。

(1) 分布式文件系统。分布式文件系统是由多个网络节点组成的向上层应用提供统一的文件服务的文件系统。分布式文件系统中的每个节点可以分布在不同的地点，通过网络进行节点间的通信和数据传输。分布式文件系统中的文件在物理上可能被分散存储在不同的节点上，在逻辑上仍然是一个完整的文件。在使用分布式文件系统时，无须关心数据存储在哪个节点上，只需像本地文件系统一样管理和存储文件系统的数据。

(2) 文档存储。文档存储支持对结构化数据的访问，不同于关系模型的是，文档存储没有强制的架构。事实上，文档存储以封包键值对的方式进行存储。在这种情况下，应用对要检索的封包采取一些约定，或者利用存储引擎的能力将不同的文档划分成不同的集合，以管理数据。

(3) 列式存储。列式存储将数据按行排序，按列存储，将相同字段的数据作为一个列族来聚合存储。当只查询少数列族数据时，列式数据库可以减少读取数据量，减少数据装载和读入/读出的时间，提高数据的处理效率。按列存储还可以承载更大的数据量，获得高效的垂直数据压缩能力，降低数据的存储开销。

(4) 键值存储。键值存储即 Key-Value 存储，简称 KV 存储，它是 NoSQL 存储的一种方式。它的数据按照键值对的形式进行组织、索引和存储。键值存储非常适合不涉及过多数据关系和业务关系的业务数据，同时能有效减少读/写磁盘的次数，比 SQL 数据库存储拥有更好的读/写性能。键值存储一般不提供事务处理机制。

(5) 图形数据库。图形数据库主要用于存储事物及事物之间的相关关系，这些事物整体上呈现复杂的网络关系，可以简单地称之为图形数据。使用传统的关系数据库技术已经无法很好地满足超大量图形数据的存储、查询等需求，比如上百万或上千万个节点的图形关系，而图形数据库采用不同的技术来很好地解决图形数据的查询、遍历、求最短路径等需求。在图形数据库领域有不同的图模型来映射这些网络关系，比如超图模型，以及包含节点、关系及属性信息的属性图模型等。图形数据库可用于对真实世界中的各种对象进行建模，例如社交图谱，以反映这些事物之间的相互关系。

(6) 关系数据库。关系模型是最传统的数据存储模型，它使用记录（由元组组成）按行进行存储，记录存储在表中，表由架构界定。表中的每列都有名称和类型，表中的所有记录都要符合表的定义。SQL 是专门的查询语言，提供相应的语法查找符合条件的记录，例如表连接（Join）。表连接可以基于表之间的关系在多表之间查询记录。表中的记录可以被创建和删除，记录中的字段也可以单独更新。关系模型数据库通常提供事务处理机制，这为涉及多条记录的自动化处理提供了解决方案。

9. 数据交换

数据交换是企业进行数据交互和共享的基础，合理的数据交换体系有助于企业提高数据共享程度和数据流转时效。从功能上讲，数据交换用于实现不同机构、不同系统之间进行数据或者文件的传输和共享，提高信息资源的利用率，保证了分布在异构系统之间的信息的互联互通，完成数据的收集、集中、处理、分发、加载、传输，构造统一的数据及文件的传输交换。在实施中，企业一般会对系统间数据的交换规则制定一些原则，例如对接口、文件的命名，对内容进行明确，规范系统间、系统与外部机构间的数据交换规则，指导数据交换工作有序进行。建立统一的数据交换系统，一方面可以提高数据共享的时效性，另一方面也可以精确地掌握数据的流向。

10. 数据集成

数据集成是把不同来源、格式、特点性质的数据在逻辑上或物理上有机地集中，从而为企业提供全面的数据共享。数据集成的核心任务是将互相关联的异构数据源集成到一起，使用户能够以透明的方式访问这些数据源。因此，数据集成可对数据进行清洗、转换、整合、模型管理等处理工作，它既可以用于问题数据的修正，也可以用于为数据应用提供可靠的数据模型。值得注意的是，在企业中并不是所有地方都要数据治理，数据治理只出现在需要干净数据、需要直观数据呈现的场景里。

11. 数据安全

企业的重要且敏感数据大部分集中在应用系统中，例如客户的联络信息、资产信息等，如果不慎泄露，不仅会给客户带来损失，也会给企业自身带来不利的声誉影响，因此数据安全在数据管理和治理过程中是相当重要的。数据安全主要提供数据加密、脱敏、模糊化处理、账号监控等各种数据安全策略，确保数据在使用过程中有恰当的认证、授权、访问和审计等措施。

（1）数据存储安全。数据存储安全包括物理安全、系统安全存储数据的安全，主要通过安全硬件的采购来保障数据存储安全。

（2）数据隐私安全。系统中采集的证件号码、银行账号等信息在下游分析系统和内部管理系统中是否要进行加密，以避免数据被非法访问。

（3）数据传输安全。数据传输安全包括数据的加密和数据网络安全控制，主要通过专业的加密软件厂商进行规范设计和安装。

（4）数据使用安全。数据使用安全需要加强从业务系统层面进行控制，防范非授权访问和下载打印客户数据信息；部署客户端安全控制工具，建立完善的客户端信息防泄露机制，防范将客户端上存储的个人客户信息非授权传播；建立完善的数据安全管理体系，建立数据安全规范制度体系，组建数据安全管理组织机构，建立有效的数据安全审查机制；对于生产及研发测试过程中使用的各类敏感数据进行严密管理；严格与外单位合作中的个人客户信息安全管理等。

值得注意的是，不同业务性质的企业对于数据安全的策略是不一样的，比如金融行业的企业，对数据安全的管控就会比较严格；而对于车企来说，数据安全需要做得更多的是对一些数据开放度的权衡。

12. 数据服务

数据的管理和治理是为了更好地利用数据，是数据应用的基础。企业应该以数据为根本，以业务为导向，通过对大数据的集中、整合、挖掘和共享，实现对多样化、海量数据的快速处理及价值挖掘，利用大数据技术支持产品快速创新，提升以客户为中心的精准营销和差异化客户服务能力，增强风险防控的实时性、前瞻性和系统性，推动业务管理向信息化、精细化转型，全面支持信息化和数字化的建设。

数据服务是指针对内部积累多年的数据，研究如何能够充分利用这些数据，分析行业业务流程，优化业务流程。数据使用的方式通常包括对数据的深度加工和分析，包括通过各种报表、工具来分析运营层面的问题，还包括通过数据挖掘等工具对数据进行深度加工，从而更好地为管理者服务。此外，企业还可以通过建立统一的数据服务平台来统一数据源，变多源为单源，加快数据流转速度，提升数据服务的效率，以此满足针对跨部门、跨系统的数据应用。

13. 数据价值

数据价值是数据治理最重要的产出物，是通过数据治理为企业带来的业务价值。在企业中数据价值通常体现在对于不同数据角色定义不同的价值，对于数据业务分析人员，通过数据标准化管理和平台搭建，让不懂数据的业务分析人员能够快速掌握数据，并可以自己进行数据挖掘、数据分析等工作。

14. 数据开发

对数据开发进行标准的流程管理是数据治理中核心的一部分。在实施中首先根据公司实际情况分析、制定可落地的数据开发管理规范。不过值得注意的是，过于复杂的数据开发规范维护成本高，同时也加重了开发工作量，导致难以执行；过于简单的规范又无法很好地管理开发流程。因此，在数据开发中最主要的还是制定完规范后再联合关联方进行评审，以便开发可落地、可管理。

15. 数据仓库

数据仓库是决策支持系统和联机分析应用数据源的结构化数据环境，它出于企业的分析性报告和决策支持目的而创建，并对多样的业务数据进行筛选与整合。数据仓库研究和解决从数据库中获取信息的问题，并为企业所有级别的决策制定过程提供所有类型数据支持的战略集合。数据仓库中的数据来源十分复杂，既有可能位于不同的平台上，又有可能位于不同的操作系统中，同时数据模型也相差较大。因此，为了获取并向数据仓库中加载这些数据量大并且种类较多的数据，一般要使用专业的工具来完成这一操作。ETL 是英文 Extract-Transform-Load 的缩写，用来描述将数据从来源端经过抽取、转换、加载至目的端的过程。在数据仓库的语境下，ETL 基本上就是数据采集的代表，包括数据的提取（Extract）、转换（Transform）和加载（Load）。在转换的过程中，需要针对具体的业务场景对数据进行治理，例如对非法数据进行监测与过滤、对数据进行格式转换和规范化、对数据进行替换及保证数据完整性等。

1.3 数据治理项目的实施

1. 数据治理项目的实施原则

如今诸多企业已经认识到了数据治理的重要性，将数据治理项目提上了日程。不过，数据治理应该从哪里入手，数据治理会带来什么样的效果，这是由企业自身发展阶段决定的。在企业推进数据治理项目时，由于业务部门一般是基于自身的业务点出发，并不会考虑其他部门对数据的需求，这就导致企业内出现了断点式的数据需求，即不同部门的数据局限在本部门的业务当中，想要进行全方位的数据治理是十分困难的。因此，数据治理应该是给业务带来一种理念，是企业数据的整体规划。总体来说，数据治理的价值在于将数据流通起来，既能解决上游的业务需求，又能承接下游部门对数据的应用。

企业的数据治理应当采用“以终为始”的策略，以数据的价值和通用性为判定标准，优先治理业务系统使用的、共用性更强的、对业务影响更大的数据。有些数据专用性强，局限于某个领域，短期内不会使用且价值不高，这类数据是没有必要去治理的。基于以上的策略，企业在实施数据治理项目时应该以业务需求为主导，支持业务应用识别数据，实现数据治理。数据只有得到有效应用才能产生业务价值，不管是企业建设数据平台，还是实施数据治理（管理）项目，本质上都是为数据运营（应用）服务的。由于数据治理工作本身会产生成本，所以一定要抓住关键数据，确保驱动业务的数据质量不断提升。

通常来讲，企业开展数据治理项目有两个驱动力，一个是数据质量，另一个是数据安全。一方面，企业通过提升数据质量、支撑数据分析和数据应用，为企业决策和运营改善提供支持；另一方面，数据是企业宝贵的资产，关系到企业的生存与发展，因此数据资产的安全也不容忽视。

2. 数据治理项目的实施过程

数据治理并不是一个新鲜的社会发展产物，但是诸多企业对于数据治理仍然存在各种各样的疑问，数据治理到底是什么？想要了解数据治理的庐山真面目，应当要明确治理与管理的区别。治理更加偏向于顶层设计；而管理则是企业日常经营活动不可或缺的一部分。从广义上来说，数据治理是数据管理的一部分，可以理解为数据管理的高阶管理活动，是对企业的数据资产管理行使指导、监控及评估等一系列的管理活动的集合；而数据管理是企业日常对数据资产行使计划、建设、运营及控制等一系列日常管理活动的集合。

在数据治理项目推进的过程中主要涉及以下几方面。

1）组织架构

数据治理项目一定要有组织架构，对于制造型企业来讲，很多人无法理解数据治理能给企业带来什么样的价值，产生什么样的收益。由于在企业的实际运行中大量的数据来源于业务执行层，而不是管理层，与业务部门讲数据治理具有一定的挑战性，所以要推进数据治理，要成立一个自上而下的组织，将数据治理作为一项工作去推动。在实际的数据治理项目实施中，有效的组织机构是项目成功的有力保证，为了达到项目的预期目标，在项目开始之前对于组织机构及其责任分工做出规划是非常必要的。建立起合理的数据管理组织和管理体系是关键，例如可由数据责任部门、数据使用部门、数据管理部门、数据技术支持部门（IT）构成“四位一体”管理模式。图 1-7 显示了常见的数据治理组织架构。

数据管控委员会	跨职能部门虚拟组织，负责主数据管理和管控工作的落地
数据管理办公室	负责主数据管理标准、规范、流程、管控、评价体系的制定和实施
数据所有者	不同主数据对应不同业务部门，需要制定这些主数据的定义、标准和质量要求
数据认责者	数据维护的执行人，确保数据被有效地理解、使用和共享，满足质量标准
数据产生者	各业务组织相关岗位根据主数据管理标准产生和创建数据
数据使用者	使用企业数据的内/外部使用者。数据使用者提供数据使用的需求

图 1-7　常见的数据治理组织架构

值得注意的是，在数据治理中除了业务部门，数据管理部门也扮演着重要的角色，它的主要职责是企业数据标准的统一以及架构设计、数据管理相关流程的制定。因此，企业需要建立一个数据的统筹及管理部门来横向拉通。设立的数据管理部门能有效统筹、拉通数据，无论是研发、制造还是销售，都可以通过制定的统一标准形成相关的流程制度，保障数据共享并且落地实施，满足业务对数据的需求。

2）流程

在企业成立了相关的组织后要制定规范的流程，通过流程将数据治理项目打通，进而执行。通常来讲基本上是先有组织，再有流程。

3）数据标准

有了组织和流程，就会涉及数据标准这个层面，需要企业考虑数据要遵循什么样的标准，例如分类标准、属性标准，此外还会涉及历史数据的清理和映射等。

4）工具（数据平台）

工具也就是与数据治理相关的数据平台，具体是指企业的项目推进过程中使用的是哪种平台。谈到数据治理的平台，以市面上现在的技术和系统来看，支撑数据治理已经不再是难题了。目前市场上的产品琳琅满目，企业的选型标准通常是软件平台的稳定性较好、软件功能与企业业务的匹配程度较好等。图 1-8 显示了数据平台中的元数据子系统，图 1-9 显示了数据平台中的数据质量检核，图 1-10 显示了数据平台中的数据服务。

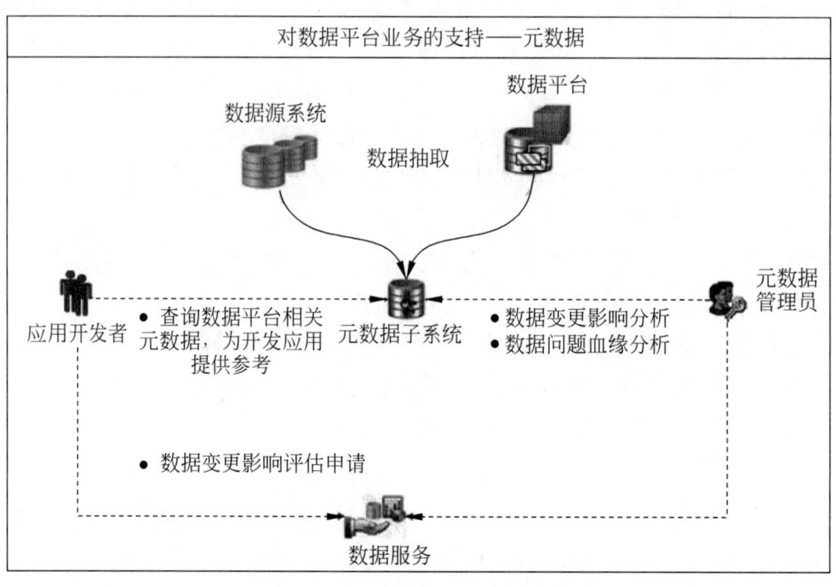

图 1-8 数据平台中的元数据子系统

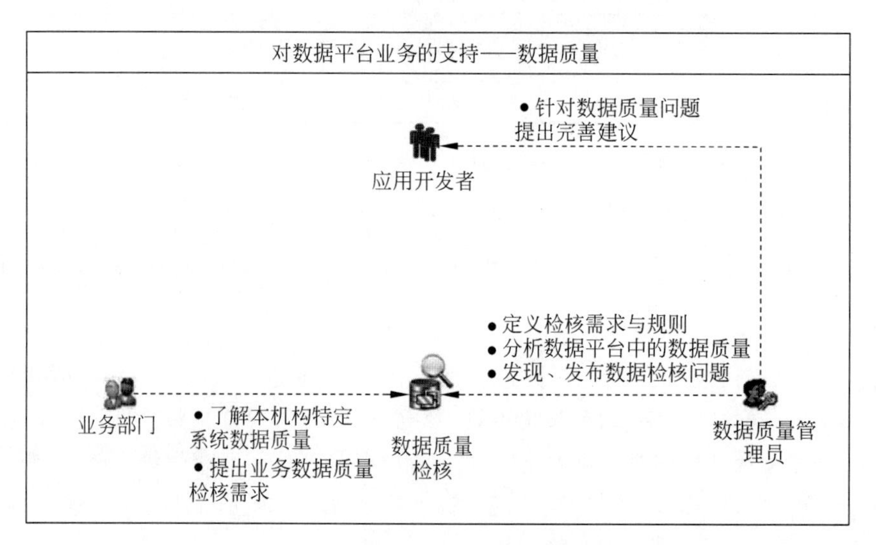

图 1-9 数据平台中的数据质量检核

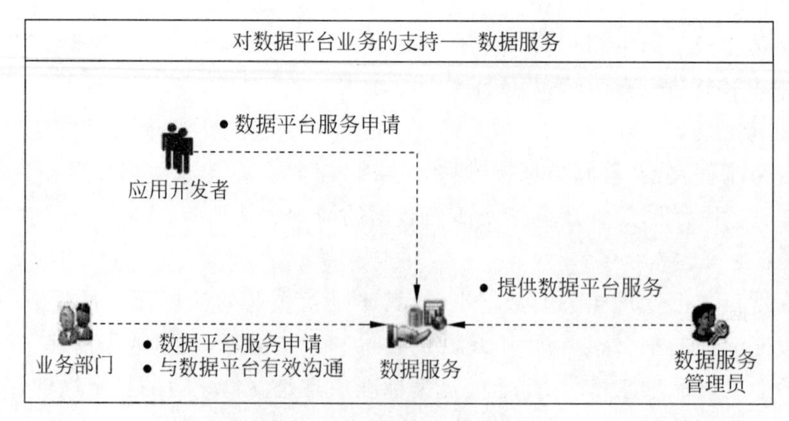

图 1-10 数据平台中的数据服务

5）数据治理成熟度评估

数据治理工作的成效如何去量化、衡量一直是个难题，因为企业不可能完全剥离其他因素的影响单独去判定数据治理的效果。数据质量的相关指标可以作为衡量数据治理各个阶段是否成功的一个重要依据。企业可以按数据质量的七大维度（准确性、完整性、规范性、及时性、唯一性、一致性及关联性）设立相关指标进行分解并划分出级别，对数据治理的效果进行把控。除此之外，企业不妨根据自身数据治理的现状参照数据治理的成熟度评估模型制定相应的评估细则，并且由专职的数据治理部门进行数据治理成效的评估，通过评估的结果制定数据改善规划，分步骤按计划进行。图 1-11 显示了数据治理成熟度评估。

评估等级	初始级	受管理级	稳健级	量化管理级	优化级
分值区间	1.00～1.99	2.00～2.99	3.00～3.99	4.00～4.99	5
等级特征	以项目级体现，缺乏统一的被动式管理	意识到数据重要性，要求制定相关流程	数据反映组织绩效目标，制定管理体系	数据作为竞争优势的来源量化分析、控制	数据作为竞争生存的基础，持续改进、提升

图 1-11　数据治理成熟度评估

3. 数据治理项目的实施规划

数据治理是一项长期的复杂工程，其涉及面广且深，具体实施过程如图 1-12 所示。为了更好地落实数据治理工作的开展，组织数据治理工作需要根据其当前的现状和水平分阶段逐步开展，因此有必要制定组织未来三年的数据治理实施路线图，明确数据治理实施路径，形成相关指引，为其 IT 战略和数据战略及公司发展战略规划提供支撑。

项目实施规划方法可参考如下：

（1）结合组织数据成熟度评估现状、战略愿景、治理目标，考虑未来三年数据治理推进的重点工作。

（2）结合组织未来三年数据治理推进的重点工作，从 IT 投资、人力支持、重要程度和技术难度等维度开展数据治理实施的优先级分析，明确相关重点推进工作。

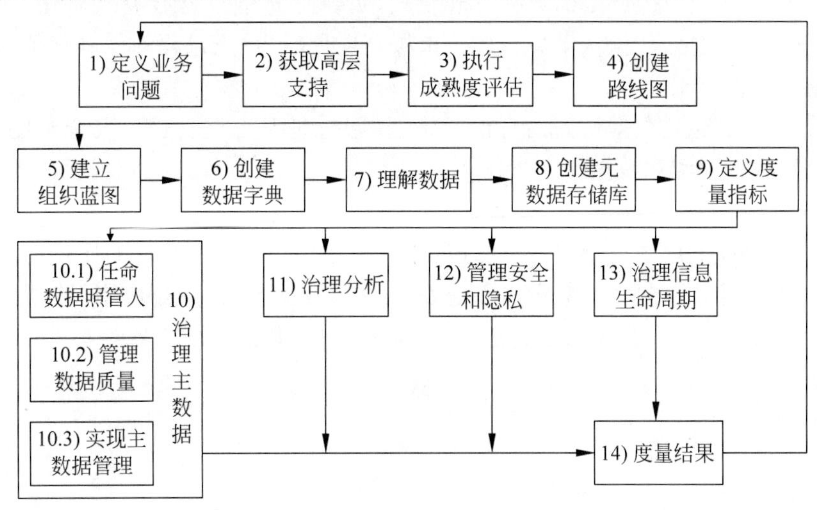

图 1-12　数据治理的具体实施过程

1.4 本章小结

(1) 随着大数据的应用,在各行各业中随处可见因数量、速度、种类和准确性结合带来的大数据问题,为了更好地利用大数据,数据治理被逐渐提上日程。

(2) 数据治理是指从使用零散数据变为使用统一数据、从具有很少或没有组织流程到企业范围内的综合数据管控、从数据混乱状况到数据井井有条的一个过程。

(3) 数据治理是专注于将数据作为企业的商业资产进行应用和管理的一套管理机制,它能够消除数据的不一致性,建立规范的数据应用标准,提高组织的数据质量,实现数据的广泛共享,并能够将数据作为组织的宝贵资产应用于业务、管理、战略决策中,发挥数据资产的商业价值。

(4) 数据治理是人工智能的基础,能够为人工智能提供高质量的数据输入;而人工智能是一种技术,它不仅在数据应用端产生作用,在数据的管理端同样需要人工智能。

(5) 目前常见的数据治理涉及的技术主要包括数据标准、元数据、数据模型、数据分布、数据存储、数据交换、数据生命周期管理、数据质量、数据安全、数据服务、数据价值和数据开发。

(6) 企业在实施数据治理项目时应该以业务需求为主导,支持业务应用识别数据,实现数据治理。

1.5 实训

1. 实训目的

通过本章实训了解数据治理的特点,能进行简单的与数据治理有关的操作。

2. 实训内容

××公司为逐步提高数据资产利用效果,推动信息化建设向标准化、信息化和数字化方向发展,在数据治理中制定了以下原则:

(1) 统一规范。数据标准要严格执行组织的统一标准。

(2) 分级管理。实行分层级的数据管理模式,明确职责分工,层层落实责任。

(3) 过程控制。建立数据从采集、报送、审核到应用、维护全过程的控制规范,保证数据质量,提高应用效果。

(4) 保障安全。建立数据访问的身份验证、权限管理及定期备份等安全制度,规范操作,做好病毒预防、入侵检测和数据保密工作。

(5) 数据共享。整合应用系统,做到入口唯一,实现数据一次采集,集中存储,共享使用。

请回答:依据以上原则,在数据治理过程中应当大致包含哪些具体的操作。

提示:数据标准、数据采集、数据审核、数据维护、数据分析、数据应用、数据发布、数据传输、数据存储(备份、恢复)、数据安全管理、数据质量监控、数据管理考核等。

习题 1

(1) 请阐述什么是数据治理。

(2) 请阐述数据治理的目标。

(3) 请阐述数据治理的常见技术及含义。

(4) 请阐述如何实现数据治理项目的实施。

第 2 章

数据采集与数据道德

本章学习目标

- 了解数据采集的概念
- 了解数据采集的方式
- 了解数据采集的常用平台
- 了解网络爬虫
- 了解网络爬虫的框架
- 了解网络爬虫的相关技术
- 了解使用网络爬虫爬取数据的法律风险与合规建议
- 了解数据伦理与道德

本章先向读者介绍数据采集的概念和方式，再介绍数据采集的常用平台，接着介绍网络爬虫、网络爬虫的框架、网络爬虫的相关技术等，最后介绍使用网络爬虫爬取数据的法律风险与合规建议，以及数据道德与伦理。

2.1 数据采集基础

2.1.1 数据采集介绍

数据治理体现了围绕企业数据处理所进行的数据采集、数据质量、数据管理、数据政策、业务流程管理与风险管理等一系列实践的融合。大数据的应用离不开数据，而通常数据需要采集才能获取。不论智能制造发展到何种程度，数据采集都是生产中最实际、最高频的需求，也是数据治理的先决条件。

数据采集又称数据获取，是指利用某些装置从系统外部采集数据并输入系统内部的一个接口。在互联网行业快速发展的今天，数据采集已经被广泛应用于互联网及分布式领域，例如摄像头、麦克风及各类传感器等都是数据采集工具。

区别于传统的小数据采集，大数据采集不再仅仅使用问卷调查、信息系统的数据库取得结构化的数据，而是大量地获取半结构化与非结构化的数据。通常来讲，大数据采集的来源有很多，主要包括使用网络爬虫取得网页文本数据、使用日志收集器收集日志数据、从关系数据库中取得数据和由传感器收集时空数据等。

数据采集在人们的生活场景中有着非常多的应用，例如在电力方面，可以通过电压、电流数据实时监控报警及进行城市电网、路灯控制；在能源方面，可以进行煤矿、石油、天然气、油田数据采集及供暖系统监控；在交通方面，可以进行机动车辆、车牌抓拍监控及车辆违章监控、交通灯控制；在环保方面，可以通过数据采集进行自来水、污水管道、泵站与水厂的实时监控维护；在互联网方面，可以随时抓取各种网络数据（在不违反法律的情况下）。

2.1.2 数据采集的类型

数据采集的类型较多，主要分为传感器数据、文档数据、信息化数据、接口数据、视频数据及图像数据等。

(1) 传感器数据。在传感器技术飞速发展的今天，光电、热敏、气敏、力敏、磁敏、声敏、湿敏等不同类别的工业传感器在现场得到了大量应用，而且很多时候机器设备需要极高的精度才能分析海量的工业数据，因此这部分数据的特点是每条数据内容很少，但是频率极高。

(2) 文档数据。文档数据主要包括工程图纸、仿真数据、设计的CAD图纸等，以及大量的传统工程文档。

(3) 信息化数据。信息化数据在互联网中的应用较多，此类数据一般可以通过数据库形式来存储，这也是最常见的数据。

(4) 接口数据。接口数据是由已经建成的工业自动化或信息系统提供的接口类型的数据，主要包括TXT格式、JSON格式、XML格式等，在互联网中采集较方便。

(5) 视频数据。人们的工作和生活中通常存在着大量的视频监控设备，这些设备会产生大量的视频数据。

(6) 图像数据。人们在日常生活和学习中用各类图像设备拍摄的图片（例如，巡检人员用手持设备拍摄的设备、环境信息图片、各类照片等）。

2.1.3 数据采集的方式

1. 系统日志采集

系统日志是一种非常关键的组件，可以记录系统中硬件、软件和系统问题的信息，包括系统日志、应用程序日志和安全日志。

在互联网应用中，不管是哪种处理方式，其基本的数据来源都是日志数据，例如对于Web应用来说，可能是用户的访问日志、用户的点击日志等。许多公司的平台每天都会产生大量的日志（一般为流式数据），处理这些日志需要特定的日志系统，因此日志采集系统的主要工作就是收集业务日志数据供离线和在线的分析系统使用。这种大数据采集方式可以高效地收集、聚合和移动大量的日志数据，并且能提供可靠的容错性能。高可用性、高可靠性和可扩展性是日志采集系统的基本特征。图2-1显示了系统日志采集。

2. 网络数据采集

网络数据采集是指利用互联网搜索引擎技术实现有针对性、行业性、精准性的数据抓取，并按照一定的规则和筛选标准进行数据归类，形成数据库文件的过程。目前网络数据采集基本上是利用垂直搜索引擎技术的网络蜘蛛（或数据采集机器人）、分词系统、任务与索引系统等技术综合运用完成，并且随着互联网技术的发展和网络海量信息的增长，对信息的获取与分拣会成为一种越来越大的需求。目前常用的网络爬虫系统有Apache Nutch、Crawler4j、Scrapy

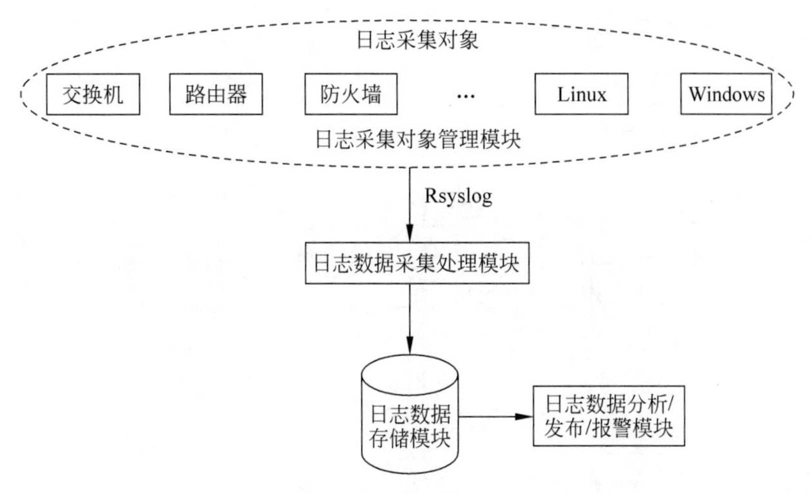

图 2-1　系统日志采集

等框架。由于采用多个系统并行抓取数据，这种方式能充分利用机器的计算资源和存储能力，大大提高了系统抓取数据的能力，同时大大降低了开发人员的开发速率，使得开发人员可以很快地完成一个数据系统的开发。图 2-2 显示了网络爬虫的基本工作流程。

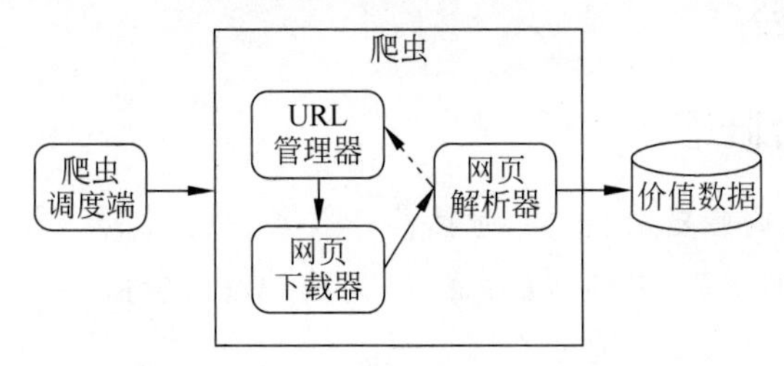

图 2-2　爬虫的工作流程

3. 数据库采集

数据库采集是将实时产生的数据以记录的形式直接写入企业的数据库中，然后使用特定的数据处理系统进行进一步分析。目前比较常见的数据库数据采集平台主要有 MySQL、Oracle、Redis、Bennyunn、HBase 及 MongoDB 等。不过，在采集数据库数据时，通常需要通过在采集端部署大量分布式数据库来实现。

图 2-3 显示了系统日志数据，图 2-4 显示了数据库数据。

日志　结果[1] ×　结果[2] ×

序号	uid	region	device	pv	gender	age_range	zodiac	dt
1	0016359810821	湖北省	windows_pc	1	女	30～40岁	巨蟹座	20170925
2	0016359814159	未知	windows_pc	5	女	30～40岁	巨蟹座	20170925
3	001d9e7863049	浙江省	iphone	21	女	40～50岁	双鱼座	20170925
4	001d9e7866387	河南省	windows_pc	1	女	40～50岁	双鱼座	20170925
5	001d9e7869725	未知	windows_pc	1	女	40～50岁	双鱼座	20170925
6	001dce2983544	湖北省	unknown	2	女	20～30岁	水瓶座	20170925
7	001dce2986882	广东省	windows_pc	3	女	20～30岁	水瓶座	20170925
8	0026c84ad1206	台湾省	windows_pc	1	女	20岁以下	天秤座	20170925
9	0026c84ad4544	福建省	windows_pc	126	女	20岁以下	天秤座	20170925
10	0026c84ad7882	福建省	windows_pc	3	女	20岁以下	天秤座	20170925

图 2-3　系统日志数据

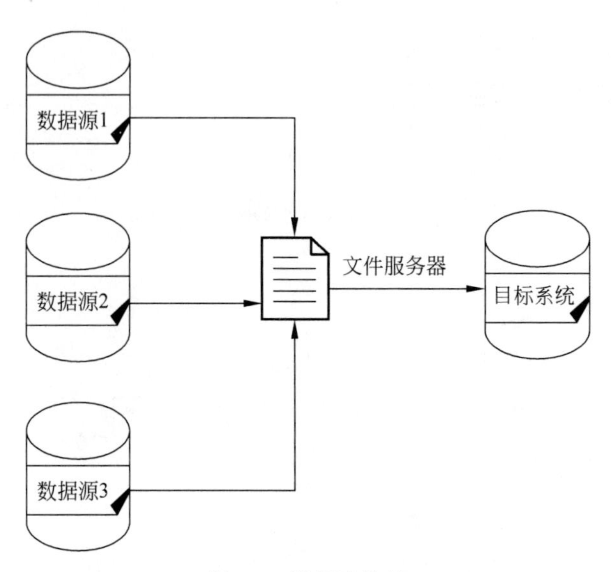

图 2-4 数据库数据

2.2 数据采集平台

2.2.1 数据采集平台概述

在大数据场景下，数据源复杂、多样，包括业务数据、日志数据及图片、视频等多媒体数据，数据采集形式也需要更加复杂，多样，包括定时、实时、增量、全量等。目前常见的数据采集工具多种多样，可以满足企业的多种业务需求。

通常互联网公司的平台每天都会产生大量的日志，而处理这些日志需要特定的日志系统或日志采集平台。目前常用的开源日志采集平台有 Kafka、Apache Flume、Fluentd、Logstash、Chukwa、Scribe 及 Splunk Forwarder 等。这些数据采集平台大部分采用的是分布式架构，以满足大规模日志采集的需要。一般而言，这些系统需要具有以下特征：

(1) 构建应用系统和分析系统的桥梁，并将它们之间的关联解耦。

(2) 支持近实时的在线分析系统和类似于 Hadoop 之类的离线分析系统。

(3) 具有高可扩展性，即当数据量增加时可以通过增加节点进行水平扩展。

图 2-5 显示了日志采集系统。其中，ES(Elasticsearch)为构建在 Apache Lucene 之上的开源分布式搜索引擎数据库，它是当前主流的分布式大数据存储和搜索引擎，可以为用户提供强大的全文本检索能力，广泛应用于日志检索、全站搜索等领域；而 HBase 是一个分布式的、面向列的开源数据库。

日志采集平台可以高效地收集、聚合和移动大量的日志数据，并且能提供可靠的容错性能，因此高可用性、高可靠性和可扩展性是日志采集系统的基本特征。

2.2.2 数据采集平台实例

1. Kafka

Kafka 是由 Apache 软件基金会开发的一个开源流处理平台，用 Scala 和 Java 编写，使用了多种效率优化机制，适合于异构集群。它可以处理消费者规模的网站中的所有动作流数据，具有高性能、持久化、多副本备份、横向扩展能力，是基于 ZooKeeper 协调的分布式消息系统。

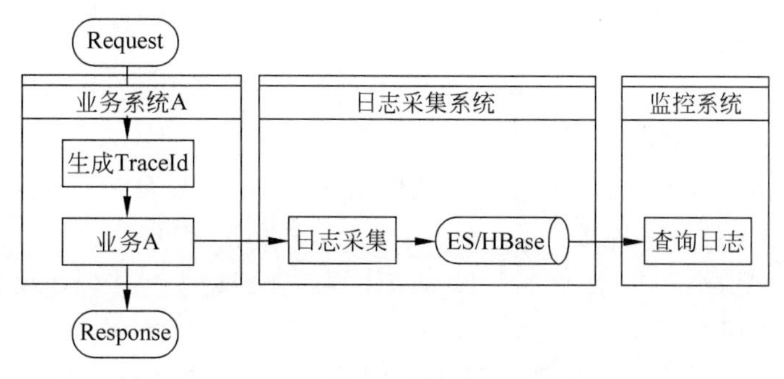

图 2-5　日志采集系统

Kafka 具有如下特性：

(1) 通过 $O(1)$的磁盘数据结构提供消息的持久化。Kafka 利用分段、追加日志的方式，在很大程度上将读写限制为顺序 I/O(sequential I/O)，这在大多数的存储介质上都很快。

(2) 支持通过 Kafka 服务器和消费机集群来分区消息。Kafka 使用分区来保存消息，分区的作用是提供负载均衡的能力，实现数据的高伸缩性。每个节点的机器都能独立地执行各个分区的读写请求，并且通过增加新的节点机器增加整体系统的吞吐量。

(3) 高吞吐量。Kafka 通过零拷贝系统调用机制来实现高吞吐量。

(4) Kafka 支持 Hadoop 并行数据加载。对于像 Hadoop 一样的日志数据和离线分析系统，但又有实时处理的限制，Kafka 是一个可行的解决方案。因此，Kafka 可以通过 Hadoop 的并行加载机制进行在线和离线的消息处理。

在客户端应用和消息系统之间异步传递消息有两种主要的传递模式，即点对点传递模式和发布-订阅模式。大部分的消息系统选用发布-订阅模式，其中 Kafka 采用的就是发布-订阅模式。

Kafka 实际上是一个消息发布-订阅系统，它主要有 3 种角色，分别为生产者(Producer)、服务器节点(Broker)和消费者(Consumer)。此外，每条发布到 Kafka 集群的消息都有一个类别(消息的主题)，这个类别被称为 topic。在工作时，Producer 向某个 topic 发布消息，而 Consumer 订阅某个 topic 的消息，一旦有新的关于某个 topic 的消息，Broker 会传递给订阅它的所有 Consumer。图 2-6 显示了 Kafka 系统中 3 种角色之间的关系。

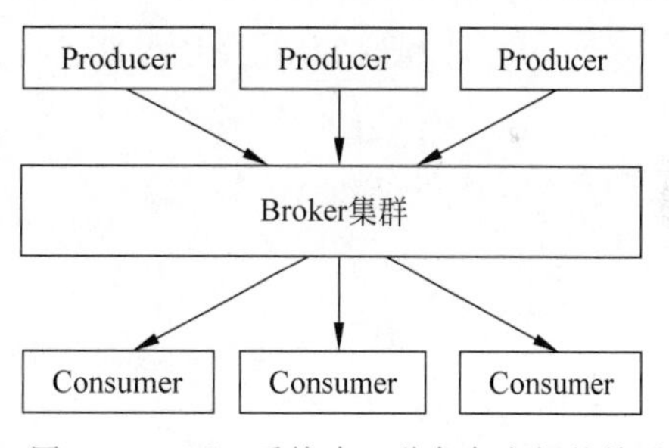

图 2-6　Kafka 系统中 3 种角色之间的关系

在 Kafka 中，消息是按 topic 组织的，而每个 topic 又会分为多个 partition(分区)，这样便于管理数据和进行负载均衡。同时，Kafka 使用了 ZooKeeper 进行负载均衡。

Kafka 日志采集的代码可描述如下：

```
# TCP、Kafka、RocketMQ
canal.serverMode = kafka
canal.mq.servers = s202:9092,s203:9092,s204:9092
# true 表示写入 Kafka 为 JSON 格式,false 表示写入 Kafka 为 Protobuf 格式
canal.mq.flatMessage = true
```

Kafka 集群操作的代码可描述如下：

```
[root@node01 ~]# cd /export/servers/kafka_2.11-1.0.0
[root@node01 kafka_2.11-1.0.0]# bin/kafka-topics.sh --zookeeper zkhost:port --alter --
topic topicName --partitions 8
```

2. Apache Flume

Flume 是 Cloudera 于 2009 年 7 月开源的日志系统。它内置的各种组件非常齐全，用户几乎不必进行任何额外开发即可使用。

Flume 是一个分布式的、可靠的、高可用的海量日志采集、聚合和传输系统。在 Flume 中将数据表示为事件，事件是一种数据结构，具有一个主体和一个报头集合。Flume 中最简单的部署单元是 Flume Agent，Agent 是一个 Java 应用程序，接收、生产并缓存数据，直到最终写入其他 Agent 或者存储系统中。

Flume Agent 中包含了 3 个重要的组件，分别是 Source、Channel 和 Sink。其中，Source 是从其他生产数据的应用中接收数据的组件；Channel 主要用来缓冲 Agent；而 Sink 会连续轮训各自的 Channel 来读取和删除事件，Sink 将事件推送到下一阶段，或者到达最终目的地。在使用中，Flume 本身不限制 Agent 中 Source、Channel 和 Sink 的数量，因此 Flume Source 可以接收事件，并可以通过配置将事件复制到多个目的地，这使得 Source 可以通过 Channel 处理器、拦截器和 Channel 选择器写入 Channel。因此，Flume 真正适合做的是实时推送事件，尤其是在数据流是持续的且量级很大的情况下。

Flume 架构如图 2-7 所示。

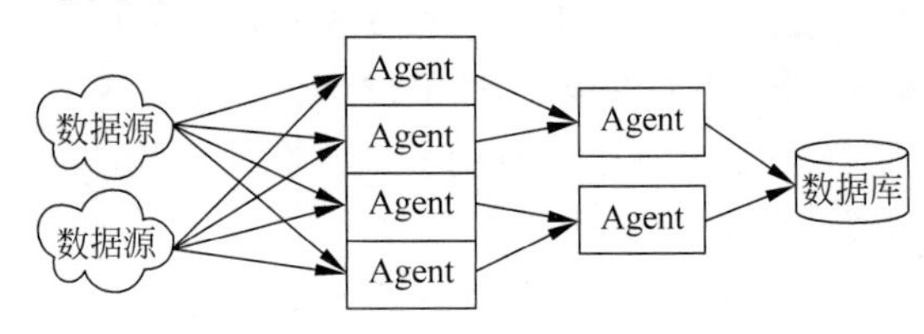

图 2-7 Flume 架构图

Python 实现的 Flume 代码如下：

```
a1.sources = r1
a1.channels = c1
a1.sinks = k1
#要连到哪个 Channel 上
a1.sources.r1.channels = c1
#是哪种具体类型的 Source,exec 是获取控制台上信息的 Source
a1.sources.r1.type = exec
#一个批次存多少条数据
a1.sources.r1.batchSize = 100
#获取命令
a1.sources.r1.command = tail -F /root/logs/a.log
#写在内存的 Channel
a1.channels.c1.type = memory
#Channel 中最多可以存多少条数据
a1.channels.c1.capacity = 1000
#决定一个事务最多存多少条数据,要大于上游的批次数据
a1.channels.c1.transactionCapacity = 200
#接的哪个 Channel
a1.sinks.k1.channel = c1
#获取数据的 Sink 类型
a1.sinks.k1.type = logger
```

以下代码是 Flume 在 Hadoop 下的部分运行结果：

```
[root@localhost bin]# flume-ng agent -n a1 -c ../conf -f ../conf/example.file -Dflume.
root.logger=DEBUG,console
```

```
Info: Sourcing environment configuration script /opt/apache-flume-1.7.0-bin/conf/flume-env.sh
Info: Including Hive libraries found via () for Hive access
+ exec /opt/jdk1.8.0_251/bin/java -Xmx20m -Dflume.root.logger=DEBUG,console -cp '/opt/apache-flume-1.7.0-bin/conf:/opt/apache-flume-1.7.0-bin/lib/*:/lib/*' -Djava.library.path= org.apache.flume.node.Application -n a1 -f ../conf/example.file
2020-07-18 22:50:51,914 (lifecycleSupervisor-1-0) [INFO - org.apache.flume.node.PollingPropertiesFileConfigurationProvider.start(PollingPropertiesFileConfigurationProvider.java:62)] Configuration provider starting
2020-07-18 22:50:51,916 (lifecycleSupervisor-1-0) [DEBUG - org.apache.flume.node.PollingPropertiesFileConfigurationProvider.start(PollingPropertiesFileConfigurationProvider.java:79)] Configuration provider started
2020-07-18 22:50:51,916 (conf-file-poller-0) [DEBUG - org.apache.flume.node.PollingPropertiesFileConfigurationProvider$FileWatcherRunnable.run(PollingPropertiesFileConfigurationProvider.java:127)] Checking file:../conf/example.file for changes
2020-07-18 22:50:51,917 (conf-file-poller-0) [INFO - org.apache.flume.node.PollingPropertiesFileConfigurationProvider$FileWatcherRunnable.run(PollingPropertiesFileConfigurationProvider.java:134)]Reloading configuration file:../conf/example.file
```

3. Elastic Stack

Elastic Stack 目前是企业中应用最广泛的日志收集分析检索的一套解决方案，它能够完成从分布式环境收集各类型日志、指标和跟踪信息，并进行过滤清洗，存储到分布式搜索和分析引擎中，最终在可视化界面展示给用户进行查看的一系列任务。Elastic Stack 早期被称作 ELK，由 Elasticsearch、Logstash 和 Kibana 这 3 个组件组成。但由于它在后期又加入其他组件，例如轻量级的收集工具 Beats，所以更名为 Elastic Stack。

Elastic Stack 架构如图 2-8 所示。

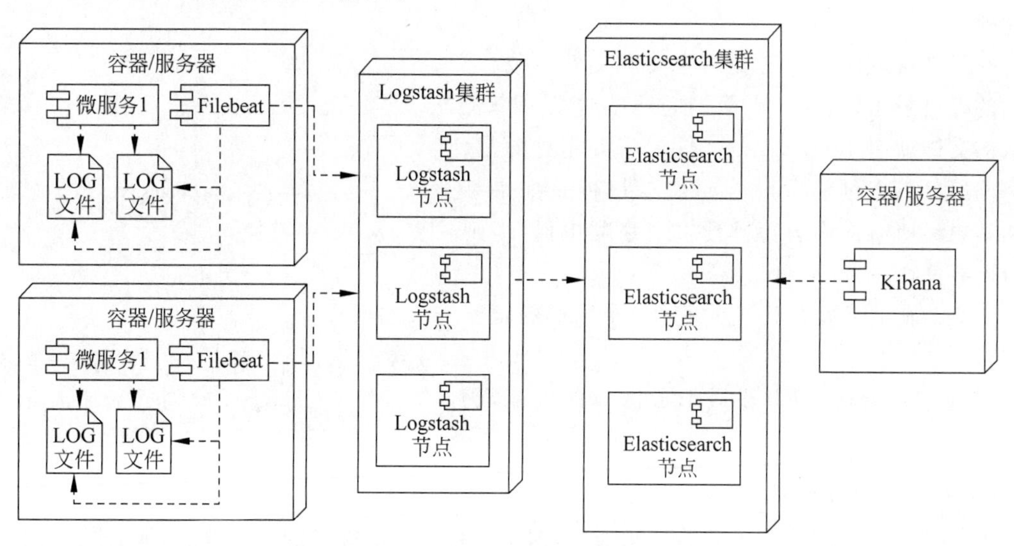

图 2-8　Elastic Stack 架构

Beats 组件(Filebeat)从分布式环境中的主机节点上采集日志数据发送给 Logstash 集群，Logstash 根据配置将数据清洗过滤后再发送给 Elasticsearch 并编入索引，接着在 Kibana 中配置仪表盘、画布等，最后从 Elasticsearch 中读取数据并将其可视化。

各组件的作用如下：

(1) Elasticsearch。核心数据存储和数据检索引擎，支持数据分片和复制，可以轻松实现扩容，在很多情况下也被当成 NoSQL 数据库独立使用。

(2) Kibana。Kibana 用于数据可视化和数据分析，可以为 Logstash 和 Elasticsearch 提供

Web 界面。

(3) Logstash。Logstash 用于数据清洗、数据传输,可以适配多种输入和输出数据源,同时还提供了丰富的过滤器插件。

2.3 网络爬虫

2.3.1 爬虫概述

1. 爬虫介绍

网络爬虫(Web Spider)又称为网络机器人、网络蜘蛛,是一种通过既定规则能够自动提取网页信息的程序。爬虫的目的在于将目标网页数据下载至本地,以便进行后续的数据分析。爬虫技术的兴起源于海量网络数据的可用性,通过爬虫技术使人们能够较为容易地获取网络数据,并通过对数据的分析得出有价值的结论。

网络爬虫在信息搜索和数据挖掘过程中扮演着重要的角色,对爬虫的研究开始于 20 世纪,目前爬虫技术已趋于成熟。网络爬虫通过自动提取网页的方式完成下载网页的工作,实现大规模数据的下载,省去诸多人工烦琐的工作。在大数据架构中,数据收集与数据存储占据了极为重要的地位,可以说是大数据的核心基础,而爬虫技术在这两大核心技术层次中占有很大的比例。

2. 网络爬虫协议

Robots 协议的全称是"网络爬虫排除标准",该协议是互联网中的道德规范,主要用于保护网站中的某些隐私。网站可以通过 robots.txt 告诉搜索引擎哪些页面可以抓取,哪些页面不能抓取。

一般来讲,robots.txt 是一个文本文件,存放于网站的根目录下,当搜索引擎访问网站时第一个要读取的文件就是 robots.txt 文件。值得注意的是,任何网站都可以创建 robots.txt 文件,但是如果某个网站想让所有的内容都被搜索引擎爬虫抓取,则尽量不要使用 robots.txt。

图 2-9 显示了爬虫对于网站的目录结构的爬行过程。

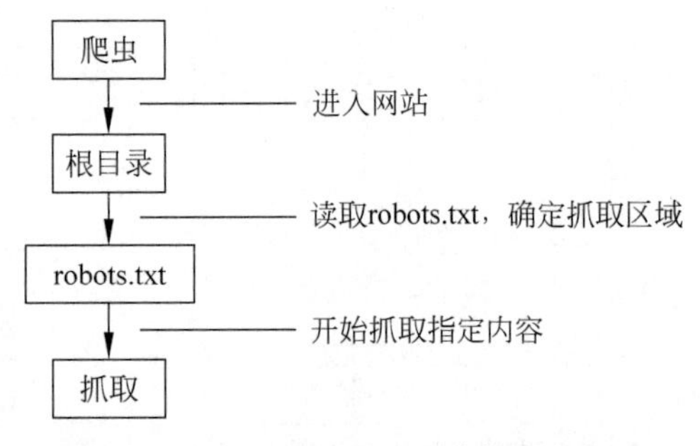

图 2-9 爬虫对于网站的目录结构的爬行过程

注意,Robots 协议并没有形成法律的规范,仍然属于道德层面的约束。

3. 爬虫的工作原理

如果把互联网比作一张大的蜘蛛网,数据便是存放于蜘蛛网的各个节点,那么爬虫就是一只小蜘蛛(程序),沿着网络抓取自己的猎物(数据)。在工作中,爬虫首先要做的工作是获取网页的源代码,源代码里包含了网页的部分有用信息;之后爬虫构造一个请求并发送给服务器,服务器接收到响应并将其解析出来。实际上,获取网页—分析网页源代码—提取信息便是爬虫工作的三部曲。

如图 2-10 所示,从功能上来讲,爬虫一般分为数据采集、处理和存储三部分。传统爬虫从一个或若干初始网页的 URL 开始,获得初始网页上的 URL,在抓取网页的过程中,不断从当前页面上抽取新的 URL 放入队列,直到满足系统的一定停止条件。聚焦爬虫的工作流程较为复杂,需要根据一定的网页分析算法过滤与主题无关的链接,保留有用的链接将其放入等待抓取的URL队列。然后,它将根据一定的搜索策略从队列中选择下一步要抓取的网页URL,并重复上述过程,直到达到系统的某一条件时停止。另外,所有被爬虫抓取的网页将会被系统存储,进行一定的分析、过滤,并建立索引,以便之后的查询和检索。对于聚焦爬虫来说,这一过程所得到的分析结果还可能对以后的抓取过程给出反馈和指导。

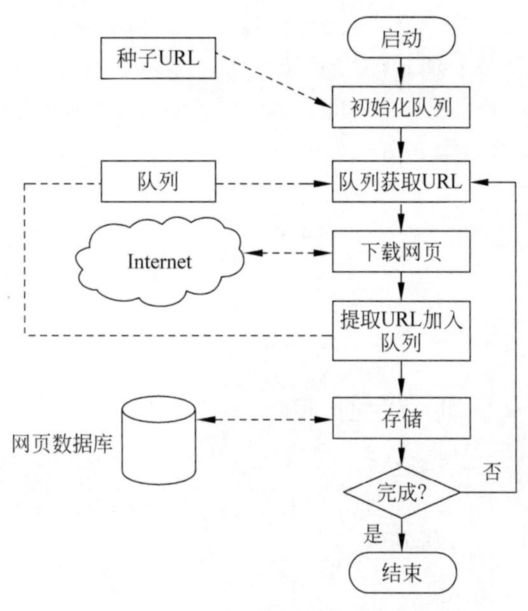

图 2-10 爬虫的工作原理

此外,在网络爬虫爬取网页的过程中经常会遇到需要输入或者执行验证码内容才能访问网页的情况,这时候就需要验证码破解方法。常见的验证码可以分为输入式验证码、滑动式验证码和点击式验证码等类型,针对不同的验证形式需要不同的破解技术。

4. 爬虫工具及框架

当前比较常用的爬虫工具较多,一般有Scrapy和PySpider等技术框架。表2-1列出了当前使用较多的几种爬虫工具。

表 2-1 常用的爬虫工具

编号	爬虫框架名称	功能描述
1	Scrapy	Scrapy是一个为了爬取网站数据,提取结构性数据而编写的应用框架
2	PySpider	PySpider是一个用Python实现的功能强大的网络爬虫系统,能在浏览器界面上进行脚本的编写、功能的调度和爬取结果的实时查看
3	Crawley	Crawley可以高速爬取对应网站的内容,支持关系和非关系数据库,数据可以导出为JSON、XML等
4	Portia	Portia是一个开源、可视化的爬虫工具,Portia将创建一个蜘蛛从类似的页面提取数据
5	Newspaper	Newspaper可以用来提取新闻、文章和内容分析。Newspaper使用多线程,支持十几种语言
6	Grab	Grab是一个用于构建Web刮板的Python框架,它提供一个API用于执行网络请求和处理接收到的内容,例如与HTML文档的DOM树进行交互
7	Cola	Cola是一个分布式的爬虫框架,对于用户来说,只需编写几个特定的函数,而无须关注分布式运行的细节。任务会自动分配到多台机器上,并且整个过程对用户是透明的

1) Scrapy 框架

Scrapy 是一个常见的开源爬虫框架,它使用 Python 语言编写。Scrapy 可用于各种有用的应用程序,例如数据挖掘、信息处理及历史归档等,目前主要用于抓取 Web 站点并从页面中提取结构化的数据。

Scrapy 简单、易用、灵活并且是跨平台的,在 Linux 及 Windows 平台中都可以使用,Scrapy 框架目前可以支持 Python 2.7、Python 3 及以上版本。

Scrapy 框架由 Scrapy Engine、Scheduler、Downloader、Spiders、Item Pipeline、Downloader 及 Spiders 等几部分组成,具体结构如图 2-11 所示。

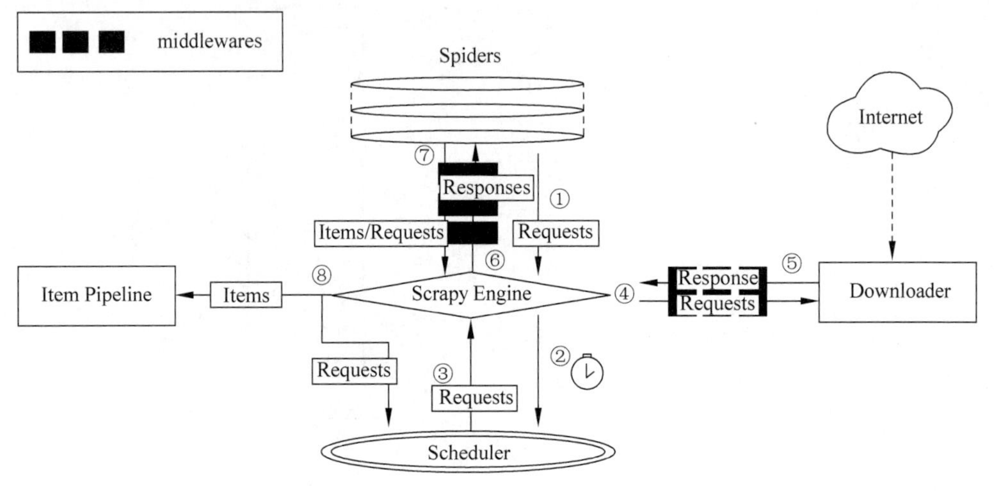

图 2-11 Scrapy 框架的组成

Scrapy 框架的各组件的作用如下:

(1) Scrapy Engine。Scrapy Engine 也叫作 Scrapy 引擎,它是爬虫工作的核心,负责控制数据流在系统所有组件中的流动,并在相应动作发生时触发事件。

(2) Scheduler。Scheduler 也叫作调度器,它从引擎接收 Request 并将它们入队,以便之后引擎请求它们时提供给引擎。

(3) Downloader。Downloader 也叫作下载器,它负责获取页面数据并提供给引擎,而后提供给 Spiders。

(4) Spiders。Spiders 也可叫作 Spider,中文一般叫作蜘蛛,它是 Scrapy 用户编写用于分析由下载器返回的 Response,并提供给 Item 和额外跟进的 URL 类,每个 Spiders 都能处理一个域名或一组域名。蜘蛛的整个抓取流程如下:

① 获取第一个 URL 的初始请求,当请求返回后调取一个回调函数。第一个请求调用 start_requests()方法。该方法默认从 start_urls 的 URL 中生成请求,并执行解析来调用回调函数。

② 在回调函数中,解析网页响应并返回项目对象和请求对象或两者的迭代。这些请求也将包含一个回调,然后被 Scrapy 下载,由指定的回调处理。

③ 在回调函数中解析网站的内容,使用 XPath 选择器并生成解析的数据项。

④ 从蜘蛛返回的项目通常会进驻到项目管道。

(5) Item Pipeline。Item Pipeline 也叫作数据管道,它主要是负责处理由蜘蛛从网页中抽取的数据,主要任务是清洗、验证和存储数据。当页面被蜘蛛解析后,将被发送到数据管道,并经过几个特定的次序处理数据。每个数据管道的组件都是由一个简单的方法组成的 Python

类。它们获取了项目并执行它们的方法，同时它们还需要确定是否需要在数据管道中继续执行下一步或是直接丢弃掉，不处理。通常 Item Pipeline 的执行过程如下：

① 清洗 HTML 数据。

② 验证解析到的数据。

③ 检查是否为重复数据。

④ 将解析到的数据存储到数据库中。

(6) Downloader middlewares。Downloader middlewares 也叫作下载器中间件，它是介于 Scrapy 引擎和调度器之间的中间件，主要用于处理从 Scrapy 引擎发送到调度器的请求和响应。

(7) Spider middlewares。Spider middlewares 也叫作爬虫中间件，它是介于 Scrapy 引擎和爬虫之间的框架，主要工作是处理蜘蛛的响应输入和请求输出。

在整个框架的组成中，Spiders 是最核心的组件，Scrapy 爬虫开发基本上是围绕 Spiders 而展开的。

此外，在 Scrapy 框架中还有 3 种数据流对象，分别是 Requests、Responses 和 Items。

- Requests。Requests 是 Scrapy 中的 HTTP 请求对象。
- Responses。Responses 是 Scrapy 中的 HTTP 响应对象。
- Items。Items 是一种简单的容器，用于保存爬取到的数据。

2) 常见爬虫开发语言

开发网络爬虫可以使用的编程语言主要有 Python、Java 和 C#。如果要在传感器中采集数据，可以使用 C、C++ 及 Shell 等其他编程语言。

2.3.2　Python 爬虫的相关技术

1. urllib 模块

urllib 是 Python 3 中自带的一个 HTTP 请求库，凭借强大的函数库及部分函数对获取网站源代码的针对性，Python 成为能够胜任完成网络数据爬取的计算机语言。在 urllib 模块中可以使用 urllib.request.urlopen()函数访问网页。

2. Requests 库

Requests 是使用 Python 语言编写，基于 urllib，采用 Apache2 Licensed 开源协议的 HTTP 库。使用 Requests 比使用 urllib 更加方便，可以节约开发者大量的工作，完全满足 HTTP 测试需求。相比于 urllib 库，Requests 库非常简洁。

3. BeautifulSoup 库

HTML 文档本身是结构化的文本，有一定的规则，通过它的结构可以简化信息的提取，于是就有了 lxml、PyQuery、BeautifulSoup 等网页信息提取库。其中，BeautifulSoup 提供一些简单的、Python 式的函数来处理导航、搜索、修改分析树等功能。它是一个工具箱，通过解析文档为用户提供需要抓取的数据，因为简单，所以不需要多少代码就可以写出一个完整的应用程序。目前，BeautifulSoup 已成为和 lxml、html5lib 一样出色的 Python 解释器(库)，并为用户灵活地提供不同的解析策略或强劲的速度。

BeautifulSoup 将复杂的 HTML 文档转换为一个树状结构来读取，其中树状结构中的每个节点都是 Python 对象，并且所有对象都可以归纳为 Tag、NavigableString、BeautifulSoup 及 Comment 这 4 种。

4. 正则表达式

正则表达式(regular expression)描述了一种字符串匹配的模式(pattern),可以用来检查一个串是否含有某种子串、将匹配的子串替换或者从某个串中取出符合某个条件的子串等。构造正则表达式的方法和创建数学表达式的方法一样,也就是用多种元字符与运算符将小的表达式组合在一起创建更大的表达式。正则表达式的组件可以是单个的字符、字符集合、字符范围、字符间的选择或者所有这些组件的任意组合。

5. XPath

XPath 的全称为 XML Path Language,即 XML 路径语言,它是一门在 XML 文档中查找信息的语言。XPath 最初是用来搜寻 XML 文档的,但同样适用于 HTML 文档的搜索,所以在做爬虫时完全可以使用 XPath 做相应的信息抽取。XPath 的选择功能十分强大,它提供了非常简洁明了的路径选择表达式。另外,XPath 还提供了超过 100 个内建函数,用于字符串、数值、时间的匹配及节点、序列的处理等,几乎所有想要定位的节点都可以用 XPath 来选择。

6. PyQuery

PyQuery 是一个类似于 jQuery 的解析网页工具,使用 lxml 操作 XML 和 HTML 文档,它的语法和 jQuery 很像。与 XPath、BeautifulSoup 相比,PyQuery 更加灵活,提供增加节点的 class 信息、移除某个节点、提取文本信息等功能。

2.3.3 Python 爬虫的实现流程

Python 爬虫的实现流程如下:

(1) 导入需要用到的库。

在 Python 中导入常见爬虫库的语句如下:

```
from urllib.request import urlopen                    #导入 urlopen
from bs4 import BeautifulSoup                         #导入 BeautifulSoup
import re                                             #导入正则表达式
import requests                                       #导入 Requests
import json                                           #导入 JSON
```

(2) 确定 URL 和请求头。

```
url = 'https://www.baidu.com/'                        #爬取百度
url = 'https://news.163.com/'                         #爬取 163
url = 'https://www.sina.com.cn/'                      #爬取新浪
```

(3) 伪装成浏览器。

```
headers = {'User-Agent': 'Mozilla/5.0 (Windows NT 10.0; Win64; x64) AppleWebKit/537.36 (KHTML,
like Gecko) Chrome/91.0.4472.77 Safari/537.36',
        'Referer': 'https://www.hupu.com/'}
```

(4) 编写获取数据的函数,如果爬取过程简单,可不写函数。

```
def get_data(url):
    #请求想要访问的 URL,并设置请求头
    response = requests.get(url, headers=headers)
    #防止获取到的网页数据乱码,通常用 UTF-8 即可,中文的编码方式是 GBK
    response.encoding = 'gbk'
    #设置选择器
    selector = etree.HTML(response.text)
    #编写获取具体内容的 XPath 路径
```

```
    # content = selector.xpath('//*[@id="js_top_news"]/div[2]/h2/a/text()')
    # content = selector.xpath('//*[@id="js_index2017_wrap"]/div[1]/div[2]/div[4]/div
[1]/div[2]/div/div/div/div[1]/div[1]/div[2]/ul[1]/li[1]/a/text()')
    content = selector.xpath('//*[@id="syncad_0"]/ul[1]/li[1]/a/@href')
    #将获取到的数据打印出来
    print(content)
```

(5) 调用函数。

```
get_data(url)
```

【例 2-1】 Python 正则表达式的使用。

```
import re
content = '''
<a href="http://news.baidu.com">新闻</a>
<a href="http://www.sohu.com">搜狐</a>
<a href="http://map.baidu.com">地图</a>

'''
res = r"(?<=href=\").+?(?=\")"
urls = re.findall(res, content)
for url in urls:
    print(url)
```

该例使用 Python 中的正则表达式爬取 URL 地址，运行结果如图 2-12 所示。

```
================ RESTART: D:/桌面文件/课件/大数据治理与安全/资源/源代码/2-1-2.py
================
http://news.baidu.com
http://www.sohu.com
http://map.baidu.com
>>> |
```

图 2-12 运行结果

【例 2-2】 用 Python 爬取云音乐官方歌单。

```
from bs4 import BeautifulSoup
import requests
import time
headers = {
    'User-Agent': 'Mozilla/5.0 (Windows NT 6.1; WOW64) AppleWebKit/537.36 (KHTML, like Gecko)
Chrome/63.0.3239.132 Safari/537.36'
}
for i in range(0, 250, 35):
    print(i)
    time.sleep(2)
    url = 'https://music.163.com/discover/playlist/?cat=欧美&order=hot&limit=35&offset=' +
str(i)
    response = requests.get(url=url, headers=headers)
    html = response.text
    soup = BeautifulSoup(html, 'html.parser')
    # 获取包含歌单详情页网址的标签
    ids = soup.select('.dec a')
    # 获取包含歌单索引页信息的标签
    lis = soup.select('#m-pl-container li')
    print(len(lis))
    for j in range(len(lis)):
        # 获取歌单详情页地址
        url = ids[j]['href']
        # 获取歌单标题,替换英文分隔符
        title = ids[j]['title'].replace(',', ',')
```

```
            # 获取歌单播放量
            play = lis[j].select('.nb')[0].get_text()
            # 获取歌单贡献者名字
            user = lis[j].select('p')[1].select('a')[0].get_text()
            # 输出歌单索引页信息
            print(url, title, play, user)
            # 将信息写入 CSV 文件中
            with open('playlist.csv', 'a+', encoding='utf-8-sig') as f:
                f.write(url + ',' + title + ',' + play + ',' + user + '\n')
```

该例的运行结果如图 2-13 所示。

图 2-13 例 2-2 的运行结果

2.4 人工智能时代的法律问题与伦理道德

2.4.1 数据带来的法律问题

近年来，人工智能技术取得了极大的发展，在一些领域甚至超越了人类自身的认知能力，人工智能(AI)也从一个纯粹的技术领域一跃成为社会各界共同关注的话题。各国纷纷出台人工智能战略，加强顶层设计，人工智能由此成为国际竞争的新焦点。任何具有变革性的新技术都必然会带来法律的、伦理的、社会的影响。例如，互联网、大数据、人工智能等数字技术及其应用带来的隐私保护、虚假信息、算法歧视、网络安全、网络犯罪、网络过度使用等问题已经成为全球关注的焦点，引发全球范围内对数字技术及其应用的影响的反思和讨论，探索如何让新技术带来个人和社会福祉的最大化。

在法学研究中，数据的含义与信息类似，是一种电子化的信息。不过数据与传统资产不同，可以无边界、无限制地展示和传播，这使得传统的物权法不再适用。目前数据在法律上还没有明确的权力归属，例如数据因为不能被盗窃，所以被认为没有财产权。再比如，虽然数据的价值越来越受到重视，但是数据集合还不能用于抵押。这些问题随着数据技术的发展将会越来越突出，未来的数据法学需要重新审视与数据相关的知识产权和法律规制问题。

作为一个焦点问题，物联网时代的数据隐私保护值得人们高度关注。物联网可以搜集到大量的数据，这些数据的积累可以在很多应用领域带来新的知识。在智慧城市中，数据带来的知识可以帮助政府制定更好的政策，改善公共交通；在消费购物上，数据带来的知识能够根据用户的反馈改善服务，提升消费体验。而在这些数据搜集的过程中，不可避免地要涉及数据使用者的隐私话题，在物联网时代，人们越来越多地关注数据保护和被遗忘权。欧盟将数据保护技术、数据库管理、数据所有权、隐私政策等列为未来物联网发展的挑战。

与此同时，公共数据未来可能会变成一种最有价值的国家资产，而管理这些资产需要解决数据保护、增值、维护、营利等一系列问题，还需要处理好利益竞争的关系、隐私保护与个人自由的关系、国家安全与公民权利保护、商业利益和公民利益最大化的关系等诸多问题。

2.4.2 使用网络爬虫爬取数据的法律风险与合规建议

1. 网络爬虫带来的风险

随着互联网经济的迅猛发展，互联网技术的不断推陈出新，网络数据如同一座蕴含极为丰富且无尽的矿藏，正在被一点点开采使用。网络爬虫技术正是一把用于开采矿藏的利器，虽然爬虫技术本身“中立”，但不当的使用行为可能会在为个人带来便利、为企业带来经济效益的同时招致相应法律风险，其中的法律问题值得行业从业者关注。尽管 Robots 协议基于“搜索技术应服务于人类，同时尊重信息提供者的意愿，并维护其隐私权；网站有义务保护其使用者的个人信息和隐私不被侵犯”的原则建立，是维护互联网世界隐私安全的重要规则，但 Robots 协议只是“君子协定”，不具有法律效力，该协议代表的更多的是一种契约精神，互联网企业只有遵守这一规则才能保证网站及用户的隐私数据不被侵犯。

目前使用爬虫技术可能带来的法律风险主要来自以下几个方面：

(1) 违反被爬取方的意愿，例如规避网站设置的反爬虫措施、强行突破其反爬虫措施。

(2) 爬虫的使用造成了干扰被访问网站正常运行的实际后果。

(3) 爬虫抓取到受法律保护的特定类型的信息。

2. 网络爬虫带来的法律问题

网络爬虫具体可以分为技术使用行为和数据使用行为，两种行为的发生都会带来一定的刑事法律问题，甚至构成犯罪。一方面，技术使用行为包括侵入行为、破坏行为和获取行为。运用爬虫技术非法进入计算机信息系统内部；非法对计算机信息系统功能或计算机信息系统中存储、处理或者传输的数据和应用程序进行破坏，或者故意制作、传播计算机病毒等破坏性程序，影响计算机系统正常运行，后果严重的行为；使用爬虫技术，非法侵入属于国家事务、国防建设、尖端科学技术领域之外的计算机信息系统，获取了该计算机中处理和存储的数据……以上行为的发生可能会构成非法侵入计算机信息系统罪、破坏计算机信息系统罪等。

另一方面，对利用网络爬虫所获取的数据实施进一步的传播、提供等后续使用行为所带来的法律问题，需要具体分析所获取的数据的性质及其保护规则。如果被传播的数据内容系淫秽物品并利用传播行为进行牟利，则可能构成非法传播淫秽物品罪及传播淫秽物品获利罪；如果被传播的数据内容是商业秘密或者公民的个人信息，则可能构成非法提供公民个人信息罪及侵犯商业秘密罪等。

此外，在民事方面，使用爬虫技术大量爬取公民公开或者非公开的个人信息时，根据《中华人民共和国民法典》总则第一百一十条的规定，当认定为构成非法收集个人信息的违法行为；

使用爬虫技术爬取的数据属于公民的个人隐私，又在其他地方对该信息进行传播时，以致对相关的用户造成损害后果的，根据民法的相关规定，认为该行为可能构成侵犯了公民个人的隐私权。

综上所述，处在人工智能时代，大数据的合理使用为人们的学习和生活带来了极大的便利，但也存在诸多的挑战，可谓“机遇与挑战并存”。在网络爬虫被广泛使用的同时，数据访问的获取、使用和分享的规则亟待确立。除了依靠君子协定——Robots 协议来对网络爬虫控制者的行为进行规范外，制定相应的法律法规对其进行法律的约束，对其违规行为配以相应的惩戒措施，坚决地打击违规越轨行为，以强制力保障 Robots 协议的效力和普遍适用力，以强有力的惩戒措施对违法行为进行规制，才能实现高效互联。

3. 合法地使用网络爬虫

要想合法地使用网络爬虫，需要注意以下几点：

1）遵循 Robots 协议

Robots 协议就是告诉爬虫哪些信息可以爬取，哪些信息不能被爬取，严格按照 Robots 协议爬取网站的相关信息一般不会出现太大的问题。

2）不能影响对方服务器运行

在使用网络爬虫时并不是说只要遵守 Robots 协议就没有问题，还涉及一个重要因素，就是不能影响对方服务器运行。如果大规模爬虫导致对方服务器瘫痪，则等于网络攻击。因此，网络运营者采取自动化手段访问收集网站数据，不得影响网站正常运行，如自动化访问收集流量超过网站日均流量的三分之一，网站要求停止自动化访问收集时，应当停止。

3）不能非法获利

恶意使用爬虫技术抓取数据，攫取不正当竞争的优势，甚至是牟取不法利益的，则可能触犯法律。在实际工作和生活中，非法使用爬虫技术抓取数据而产生的纠纷其实数量并不少，其中大部分都是被以不正当竞争为由提请诉讼的。

2.4.3 数据伦理与道德

1. 数据伦理概述

数据化时代已经到来。数据量的爆炸性上升和数据处理能力，包括人工智能技术的发展，会给现有社会经济结构带来全方位的影响，其中冲击最大的是可能的新伦理挑战。

目前与大数据技术相关的数据伦理问题主要包括以下方面：

（1）数据采集中的伦理问题。以往的数据采集皆由人工进行，被采集人一般都会被告知，而如今的大数据时代，数据采集由智能设备自动进行，被采集对象往往并不知情。例如大数据时代下每个公民的个人身份信息、行为信息、位置信息，甚至信仰、思想、情感和社会关系等隐私信息，可能被记录、存储并呈现。在现代社会，人们几乎总是接触到智能设备，每个小时都在生成数据并被记录下来。如果任由网络信息平台运营商进行收集、存储、兜售用户提供的数据，个人隐私将无从谈起。

（2）数据使用中的伦理问题。在大数据时代，各种数据都被永久性地保存着，这些数据汇集在一起形成大数据，这些大数据可以被反反复复永久使用。从单个数据来说，经过模糊化或匿名化，隐私信息可以被屏蔽，但将各种信息汇聚在一起而形成的大数据，可以将原来没有联系的小数据联系起来。大数据挖掘可以将各种信息片段进行交叉、重组、关联等操作，这样就可能将原来模糊和匿名的信息重新挖掘出来，所以对大数据技术来说，传统的模糊化、匿名化两种保护隐私的方式基本上失效。

（3）数据取舍中的伦理问题。在小数据时代，遗忘是常态。但是，由于网络技术和云技术的发展，信息一旦被上传网络，则立即被永久性地保存下来。因此，如何对数据进行取舍也成为了数据化时代的一个重要问题。

(4) 数据鸿沟问题。在大数据时代下，一部分人能够较好占有并利用大数据技术资源，而另一部分人则难以占有和利用大数据技术资源，从而造成数据鸿沟。数字鸿沟一旦出现，将产生红利、群体差异，加剧了社会矛盾的信息的不公平分配。

2. 数据伦理与法律法规

2018 年，德国成立了数据伦理委员会，负责为德国联邦政府制定数字社会的道德标准和具体指引。2019 年 10 月 10 日，该委员会发布《针对数据和算法的建议》(以下简称《建议》)，旨在回答联邦围绕数据和人工智能算法提出的系列问题并给出政策建议。《建议》围绕"数据"和"算法系统"展开，包括"一般伦理与法律原则""数据""算法系统"和"欧洲路径"几部分内容。德国数据伦理委员会认为，人格尊严、自我决策、隐私、安全、民主、正义、团结、可持续发展等应被视为德国不可或缺的数字社会行为准则，这一理念也应在"数据"和"算法系统"的监管中加以贯彻。在数据治理方面，《建议》指出在一般治理标准指导下，对个人数据与非个人数据分别监管，平衡数据保护与数据利用。《建议》提出了治理的一般标准，包括数据质量应符合其用途；信息安全标准与信息风险水平相适应；以利益为导向的透明度义务。因此在数据治理中必须建立具有预见性的责任分配机制，尊重数据主体及参与数据生成的各方的权利。

3. 人工智能伦理

数字技术的发展和渗透加速了社会与经济的转型变革，人工智能作为其中的核心驱动力为社会发展创造了更多可能。一般而言，人工智能是指基于一定信息内容的投入实现自主学习、决策和执行的算法或者机器，其发展是建立在计算机处理能力提高、算法改进及数据的指数级增长的基础上。从机器翻译到图像识别再到艺术作品的合成创作，人工智能的各种应用开始走进人们的日常生活。当今，人工智能技术被广泛运用于不同行业领域(例如教育、金融、建筑和交通等)，并用于提供不同服务(例如自动驾驶、人工智能医疗诊断等)，深刻变革着人类社会。与此同时，人工智能的发展也对法律、伦理、社会等提出挑战，带来了诸多社会问题。例如，人工智能技术可能内嵌并加剧偏见，可能导致歧视、不平等、数字鸿沟和排斥，并对文化、社会和生物多样性构成威胁，造成社会或经济鸿沟；算法的工作方式和算法训练数据应具有透明度和可理解性；人工智能技术对于多方面的潜在影响，包括但不限于人的尊严、人权和基本自由、性别平等、民主、社会、经济、政治和文化进程、科学和工程实践、动物福利及环境和生态系统。

因此，人工智能伦理开始从幕后走到前台，成为纠偏和矫正科技行业的狭隘的技术方面和利益局限的重要保障。从最早的计算机到后来的信息再到如今的数据和算法，伴随着技术伦理的关注焦点的转变，技术伦理正在迈向一个新的阶段。在此背景下，从政府到行业再到学术界，全球掀起了一股探索制定人工智能伦理原则的热潮，欧盟、德国、英国、OECD、G20、IEEE、谷歌、微软等诸多主体从各自的角度提出了相应的人工智能伦理原则，共同促进 AI 知识的共享和可信 AI 的构建。总之，各界已经基本达成共识，人工智能的发展离不开对伦理的思考和伦理保障。

要认识人工智能伦理，需要深刻理解以下几个概念(问题)。

(1) 人工智能系统。人工智能系统是指有能力以类似于智能行为的方式处理数据和信息的系统，通常包括推理、学习、感知、预测、规划或控制等方面。人工智能系统是整合模型和算法的信息处理技术，这些模型和算法能够生成学习和执行认知任务的能力，从而在物质环境和虚拟环境中实现预测和决策等结果。在设计上,人工智能系统借助知识建模和知识表达,通过对数据的利用和对关联性的计算,可以在不同程度上实现自主运行。与人工智能系统有关的伦理问题涉及人工智能系统生命周期的各个阶段,此处指从研究、设计、开发到配置和使用等各阶段,包括维护、运行、交易、融资、监测和评估、验证、使用终止、拆卸和终结。

(2) 人工智能系统的生命周期。所谓人工智能系统的生命周期,是指从研究、设计、开发到配置和使用等各阶段。人工智能系统的生命周期的可信度和完整性对于确保人工智能技术造福人类、个人、社会、环境和生态系统至关重要。在采取适当措施降低风险时,人们应有充分理由相信人工智能系统能够带来个人利益和共享利益。

(3) 人工智能系统的价值观。在人工智能系统生命周期的任何阶段,任何人或人类社群在身体、经济、社会、政治、文化或精神等任何方面都不应受到损害或被迫居于从属地位。在人工智能系统的整个生命周期内,人类生活质量都应得到改善,而"生活质量"的定义只要不侵犯或践踏人权和基本自由或人的尊严,应由个人或群体来决定。在人工智能系统的整个生命周期内,人会与人工智能系统展开互动,接受这些系统提供的帮助,例如照顾弱势者或处境脆弱群体,包括但不限于儿童、老年人、残障人士或病人。

(4) 人工智能系统的环境和生态系统。环境和生态系统是关乎人类和其他生物能否享受人工智能进步所带来的惠益的必要条件,因此需要在人工智能系统的整个生命周期内确认、保护和促进环境和生态系统的蓬勃发展。

(5) 人工智能系统的安全性。在人工智能系统的整个生命周期内,应避免并解决、预防和消除意外伤害(安全风险)及易受攻击的脆弱性(安保风险),确保人类、环境和生态系统的安全和安保。开发可持续和保护隐私的数据获取框架,促进利用优质数据更好地训练和验证人工智能模型,便可以实现有安全和安保保障的人工智能。

(6) 人工智能系统的公平性。人工智能行为者应根据国际法促进社会正义并保障一切形式的公平和非歧视。这意味着要采用包容性办法确保人工智能技术的惠益人人可得、可及,同时又考虑到不同年龄组、文化体系、语言群体、残障人士、女童和妇女及处境不利、边缘化和弱势群体或处境脆弱群体的具体需求。因此,人工智能行为者应尽一切合理努力,在人工智能系统的整个生命周期内尽量减少和避免强化或固化带有歧视性或偏见的应用程序和结果,确保人工智能系统的公平。对于带有歧视性和偏见的算法决定,应提供有效的补救办法。

(7) 人工智能系统的可持续性。可持续社会的发展有赖于在人类、社会、文化、经济和环境等方面实现一系列复杂的目标。人工智能技术的出现可能有利于可持续性目标,但也可能阻碍这些目标的实现,这取决于处在不同发展水平的国家如何应用人工智能技术。因此,在就人工智能技术对人类、社会、文化、经济和环境的影响开展持续评估时,应充分考虑到人工智能技术对于作为一套涉及多方面的动态目标(例如目前在联合国可持续发展目标中认定的目标)的可持续性的影响。

(8) 人工智能系统的隐私权和数据保护。隐私权对于保护人的尊严、自主权和能动性不可或缺,在人工智能系统的整个生命周期内必须予以尊重、保护和促进。重要的是,人工智能系统所用数据的收集、使用、共享、归档和删除方式必须符合国际法,同时遵守相关的国家、地区和国际法律框架。此外,人工智能行为者需要确保他们对人工智能系统的设计和实施负责,以确保个人信息在人工智能系统的整个生命周期内受到保护。

4. 数据伦理的解决方式

在当前的人工智能技术背景下,人们比历史上任何时候都更加需要注重技术与伦理的平衡。因为一方面技术意味着速度和效率,应发挥好技术的无限潜力,善用技术追求效率,创造社会和经济效益；另一方面，人性意味着深度和价值，要追求人性，维护人类价值和自我实现，避免技术发展和应用突破人类伦理底线。

1）加强数据保护

人工智能的发展应用离不开数据，只有加强保护企业数据权益，才能为人工智能的创新发展提供坚实的基础。因此，在数据保护方面应明确企业间数据获取与利用的基本规则，加强对企业数据资产及其合法利益的保护。例如，在人工智能系统的整个生命周期内必须严格保护用户的隐私和数据，确保收集到的信息不被非法利用；在剔除数据中错误、不准确和有偏见的成分的同时必须确保数据的完整性，记录人工智能数据处理的全流程；加强数据访问协议的管理，严格控制数据访问和流动的条件。

2）建立相应的大数据伦理道德原则

目前学术界普遍认为，针对大数据信息技术可能造成的伦理教育问题，应建立相应的伦理道德原则。一是大数据技术的发展应遵循以人为本的原则，服务于人类社会的健康发展，提高人们的生活质量；二是大数据技术的应用遵循“谁收集谁负责，谁使用谁负责”的原则；三是尊重数据自主设计原则，即数据的存储、删除、使用、知情等权利应充分赋予数据产生者。

值得注意的是，目前解决大数据技术带来的伦理问题的最有效方法是促进技术不断进步。虽说在解决隐私保护和信息安全问题上，监管机构需要加强，但从根本上看要靠技术进步的保障。通过鼓励技术进步，消除大数据技术的负面影响，从技术层面完善数据安全管理。例如，对个人身份信息、敏感信息等采取数据加密升级和认证保护技术；将隐私保护和信息安全纳入技术开发程序，作为技术原则和标准。

3）建立人工智能伦理框架

为平衡技术创新和人权保障，对人工智能伦理框架的构建必不可少。伦理框架为人工智能的设计、研发、生产和利用提供原则指导和基本要求，确保其运行符合法律、安全和伦理等标准。

欧盟委员会于2019年发布了正式版的人工智能道德准则——《可信AI伦理指南》，提出了实现可信赖人工智能全生命周期的框架。总体而言，除了制定泛欧盟的伦理准则，欧盟希望人工智能的伦理治理能够在不同的层次得到保障。例如，成员国可以建立人工智能伦理监测和监督机构，鼓励企业在发展人工智能的时候设立伦理委员会并制定伦理指南，以便引导、约束其AI研发者及其研发应用活动。这意味着人工智能的伦理治理不能停留在抽象原则的层面，而是需要融入不同主体、不同层次的实践活动中，成为有生命的机制。根据《可信AI伦理指南》，可信AI必须具备但不限于3个特征：(1)合法性，即可信AI应尊重人的基本权利，符合现有法律的规定；(2)符合伦理，即可信AI应确保遵守伦理原则和价值观，符合伦理目的；(3)稳健性，即从技术或社会发展的角度看，AI系统应是稳健、可靠的，因为AI系统即使符合伦理目的，如果缺乏可靠技术的支撑，其在无意中依旧可能给人类造成伤害。

综上所述，互联网、人工智能等数字技术发展到今天，给个人和社会带来了诸多好处、便利和效率，在未来还将持续推动经济发展和社会进步。如今步入智能时代，为了重塑数字社会的信任，人们需要以数据和算法为面向的新的技术伦理观，实现技术、人、社会之间的良性互动和发展。

5. 数据道德概述

道德是行为原则基础上思想的正确性与否。道德原则往往体现在公平、尊重、诚信、责任、信任、可靠性和透明度等方面。所谓数据道德，是与数据采集、存储、管理和使用方式相关的道德原则。一方面，在大数据应用中，数据的使用作为一种道德体现方式，有必要针对持续获取数据价值的企业确立长期使用原则；另一方面，不道德的数据使用会导致企业的商誉受损、客户流失，原因是数据安全风险被暴露出来。因此，在很多情况下，不道德的数据使用也是非法的,数据管理专业人员应当承担企业数据道德责任,尤其是目前许多社会角色已经被职业道德规范所约束,包括法律行业、医疗行业和会计行业。

从企业角度和技术角度而言,需要数据管理专业人员有效降低风险和确保数据安全,以及对数据可能带来的滥用和误解风险进行控制,这项责任需要贯穿整个数据生命周期。不过在很多情况下,企业未能识别和遵守数据管理中的道德原则,通常采用传统的技术手段看待不理解的数据,或者假设缺乏数据使用风险的自己遵循了法律,这是个极其高风险的假设。数据的环境不断发生变化,组织正在使用数据的方式也随之变化。虽然法律上确立了数据的道德原则,但是能否保证数据环境的快速发展和有效应对风险呢?企业需要认识且对数据道德风险采取应对,有责任保护数据,需要培养和构建数据道德文化。

6. 数据道德的基本原则

对于数据专家和从业者们来说,以下 12 条原则正是数据职业道德的基础。通过这 12 条原则,数据行业能够建立起自身的职业道德体系,从而实现诸多功能。这对于不断发展壮大的数据行业来说是必不可少的。

(1) 尊重数据背后的人。当从数据中获取的洞见能够对人产生影响时,从业者需要首先考虑潜在的危害。大数据能够创造出关于大众的有效信息,但是对个人来说,同样的信息则有可能导致不公平的结果。

(2) 追踪数据集的下游使用。在使用数据的时候,数据专家应该尽量在目的和对数据的理解上跟数据提供方保持一致。从管理层面,数据集有时候会按照"公共""私有"和"专利"来进行分类。然而,数据集的使用方式很少跟数据类型相关,而更多地取决于用户本身或者其所处的环境。对于被重复应用于不同目的的数据,如果这些应用之间产生了相关性,那么数据分析就会带来更多的希望和前景,也同时带来更大的风险。

(3) 数据来源和分析工具决定了数据使用的结果。世上本没有所谓的"原始数据",所有的数据集和对应的分析工具都或多或少地包含了过去的人的主观决策。当然,这些"过去"是可以被审查的,比如追踪数据收集的环境、许可方式、责任链,以及检查数据的质量和精确度等。

(4) 尽量让隐私和安全保护达到期望标准。数据主体对隐私和安全的期望标准是根据具体情况变动的。设计者和数据专家应该尽量考虑这些期望标准,并尽可能达到它们。

(5) 遵守法律,并明确法律只是最低标准。数字化进程的迅速发展导致法律法规很难跟上其脚步,因此现有的相关法律很容易出现偏差和漏洞。在这样的大背景下,要做好数据道德,企业领导人需要保证自己的合规框架比现行法律的标准更高。

(6) 不要仅仅为了拥有更多数据而收集数据。今天所收集的数据,有可能会在未来某一天的未知事务中起到作用,这就是数据分析的力量和危险性所在。有时候,少一点数据可能会令分析更精确,风险更低。

(7) 数据只是一个工具。虽然每一个人都可以从数据中获得好处,但是数据对每个人的影响并不是平等的。数据专家应该尽量减少其产品对不同人的影响差异,并更多地聆听相关群体的声音。

(8) 尽可能向数据提供者解释分析和销售方法。数据在穿越整个供应链的过程中会产生相当的风险。在数据收集的时间点上,将透明度最大化可以把这种风险降到最低。

(9) 获取信任。数据专家和从业者需要准确地描述自己的从业资格、专业技能缺陷、符合职业标准的程度,并尽量担负同伴责任。数据行业的长期成功取决于大众和客户的信任,从业者们应当尽量担负同伴责任,从而获得信任。

(10) 在设计道德准则时,应将透明度、可配置性、责任和可审计性包含在内。并非所有道德困境都能够被设计所解决，但设计可以打破许多障碍，使得道德准则更加通用和有效。这是一项工程挑战，应当投入本领域最优秀的人才。

(11) 对产品和研究应该采取内部甚至外部的道德检验。对于新产品、服务和研究项目，企业应该优先设立有效、一致、可行的道德标准。其中，内部同行评审可以减少风险，而外部检验可以增强公众信任。

(12) 设立有效的管理活动。过去通行的合规制度无法应对数据道德给今天的企业所带来的挑战。对于现在的数据行业，监管、社会等各方面的情况还在不断变动之中。企业需要相互合作，进行日常化和透明化的实践，才能更好地建立数据行业的道德管理体系。

值得注意的是，伦理是指在处理人与人、人与社会的相互关系时应遵循的道理和准则；道德则是人类对于人类关系和行为的柔性规定，这种柔性规定是以伦理为大致范本的。因此，在一定程度上伦理和道德具有一致性，二者往往同时出现。在人工智能时代，人们需要遵循伦理和道德的一致性，并在这个大的框架下工作、学习和生活。

2.5 本章小结

(1) 数据采集又称数据获取，是指利用某些装置，从系统外部采集数据并输入系统内部的一个接口。在互联网行业快速发展的今天，数据采集已经被广泛应用于互联网及分布式领域，例如摄像头、麦克风及各类传感器等都是数据采集工具。

(2) 通常互联网公司的平台每天都会产生大量的日志，而处理这些日志需要特定的日志系统或日志采集平台。

(3) 网络爬虫(Web Spider)又称为网络机器人、网络蜘蛛，它是一种通过既定规则能够自动提取网页信息的程序。爬虫的目的在于将目标网页数据下载至本地，以便进行后续的数据分析。

(4) 网络爬虫技术正是“一把用于开采矿藏的利器”，虽然爬虫技术本身“中立”，但不当的使用却可能在为个人带来便利、为企业带来经济效益的同时招致相应法律风险，其中的法律问题值得行业从业者关注。

(5) 人工智能的发展离不开对伦理的思考和伦理保障。

(6) 在人工智能时代，人们需要遵循伦理和道德的一致性，并在这个大的框架下工作、学习和生活。

2.6 实训

1. 实训目的

通过本章实训了解数据采集与数据道德，能进行简单的与数据采集有关的操作。

2. 实训内容

1) 使用 Python 采集网页数据。

(1) 要采集的网页的网址为“https://travel.qunar.com/p-cs299878-shanghai-jingdian”，打开的网页如图 2-14 所示。

(2) 书写爬虫代码，采集数据。

```
import requests
from bs4 import BeautifulSoup
```

图 2-14　采集的网页

```
import pandas as pd
def get_url(n):
    lst = []
    for i in range(n):
        ui = "https://travel.qunar.com/p-cs299878-shanghai-jingdian-1-{}".format(i+1)
        lst.append(ui)
    return lst
def get_data(ui,d_h,d_c):
    ri = requests.get(ui, headers= dic_heders, cookies = dic_cookies)
    soup_i = BeautifulSoup(ri.text,'lxml')
    ul = soup_i.find("ul",class_ ="list_item clrfix")
    lis = ul.find_all('li')
    lst = []
    for li in lis:
        dic = {}
        dic['景点名称'] = li.find('span',class_ ="cn_tit").text
        dic['攻略数量'] = li.find('div',class_ ="strategy_sum").text
        dic['评分'] = li.find('span',class_ ="total_star").span['style']
        dic['简介'] = li.find('div',class_ ="desbox").text
        dic['排名'] = li.find('span',class_ ="ranking_sum").text
        dic['经度'] = li['data-lng']
        dic['纬度'] = li['data-lat']
        dic['点评数量'] = li.find('div',class_ ="comment_sum").text
        dic['多少驴友来过'] = li.find('span',class_ ="comment_sum").span.text
        lst.append(dic)
    return lst
if __name__ == "__main__":
    dic_heders = {
        'User-Agent' : 'Mozilla/5.0 (Windows NT 10.0; Win64; x64) AppleWebKit/537.36 (KHTML, 
like Gecko) Chrome/75.0.3770.100 Safari/537.36'
```

```
    }
    dic_cookies = {}
    cookies = 'QN1 = dXrgj14 + tmYQhFxKE9ekAg = = ; QN205 = organic; QN277 = organic; QN269 = 506F28C14A7611EAA0BEFA163E244083; _i = RBTKSRDqFhTQT5KRlx - P1H78agxx; fid = 7cc3c3d9 - 3f6c - 45e1 - 8cef - 3384cd5da577; Hm_lvt_c56a2b5278263aa647778d304009eafc = 1581168271,1581220912; viewpoi = 7564992|709275; viewdist = 299878 - 7; uld = 1 - 299878 - 8 - 1581221233|1 - 1062172 - 1 - 1581168529; QN267 = 1679639433d5aedfc8; Hm _ lpvt _ c56a2b5278263aa647778d304009eafc = 1581221236; QN25 = cb06bfbd - d687 - 4072 - 98c5 - 73266b637a6a - 9f992f90; QN42 = nvxp8441; _q = U. qunar _ lbs _ 428305502; _t = 26463150; csrfToken = oXYBnhSoGAGxggRkzmAjbxxGrpgsjUqQ; _s = s_ZBWFJO3EEGZISWS35EBIS5NQYA; _v = YTRjW _ H5L47nGNVabvTLt1mlh7j8R7t4UNDVRrJUz0wScfLMWgSvkwQbzMLHlFbsvTU - 2kJrBK74NUyOi3MX _ 3obY94Hhhugt8bv8ILxwsWDv4s _ ANNiM8qRdg6HlBrrCEnGYr8lxS9uv78zDCNKz9pFbN8JPYy - AKJP6xILI sT7; _vi = 4ONQzvfOOhwJECN5R - 4rfWZDzlQ5 - qv2xi_jsp1INPEpy9iKHa5gV0gHc35fDfTDe3TjcKteU7ZWk1vd6MsIqTfXYyUh3gTwZJ _ 9z3PEpkXZReeeIjaVE4HwLTkOATLIzIxg92s - QCWKE1RdNlaZsxPnfN7NH PGAZz5rsmxvpNDY; QN44 = qunar _ lbs _ 428305502; QN48 = tc _a7fe4861b2d918df _17028369fc8_67ab; QN271 = 1749d44a - 1a11 - 4886 - be27 - c3e3bfdadb0c'
    cookies_lst = cookies.split("; ")
    for i in cookies_lst:
        dic_cookies[i.split(" = ")[0]] = i.split(" = ")[1]
    datalst = []
    errorlst = []
    for u in get_url(20):
        try:
            datalst.extend(get_data(u,dic_heders,dic_cookies))
            print('数据采集成功,共采集数据{}条'.format(len(datalst)))
        except:
            errorlst.append(u)
            print('数据采集失败,网址为:',u)
    df = pd.DataFrame(datalst)
    df['经度'] = df['经度'].astype('float')
    df['纬度'] = df['纬度'].astype('float')
    df['点评数量'] = df['点评数量'].astype('int')
    df['攻略数量'] = df['攻略数量'].astype('int')
    df['评分'] = df['评分'].str.split(":").str[ - 1].str.replace(" % ","").astype("float")
    df['多少驴友来过'] = df['多少驴友来过'].str.replace(" % ","").astype('float')/100
    df['排名'] = df[df['排名']!= ""]['排名'].str.split("第").str[ - 1].astype('int')
    df.to_excel('去哪儿网数据爬取.xlsx',index = false)
```

(3) 该例采集了去哪儿网的相关数据,运行后生成的文档如图 2-15 所示。

2) 在 Windows 下安装和使用 Kafka。

生产用的 Kafka 都是在 Linux 上搭建集群,为了在本地快速学习 Kafka,可以搭建一个单机版的 Windows 环境。

(1) 下载和安装 JDK,并配置 Java 环境。

新建系统变量 JAVA_HOME 和 CLASSPATH,并编辑 path 变量。

变量名(N): JAVA_HOME

变量值(V): C:\Java\jdk1.8.0_181

变量名(N): CLASSPATH

编辑系统变量 path,在 path 变量值的最后加上"; %JAVA_HOME%\bin; %JAVA_HOME%\jre\bin;",然后在环境变量中写入"%SystemRoot%; %SystemRoot%\system32; %SystemRoot%\System32\Wbem"。

(2) 进入 Kafka 官网下载页面(网址为 http://kafka.apache.org/downloads)进行下载,

	多少驴友来过	排名	攻略数量	景点名称	点评数量	简介	纬度	经度	评分
2	0.52	2	1165	外滩The Bund	50782	身倚浦西漫步十里	31.23912	121.4987	94
3	0.01	12	36	上海自然博物馆Shan	2278	展品十分丰富，“	31.24122	121.4691	94
4	0		0	上海海昌海洋公园Sha	2315		30.92095	121.9108	84
5	0.37	4	573	上海城隍庙City God	2226	位于市中心的著名	31.23136	121.499	82
6	0	59	6	新天地Xintiandi	1427	上海新地标之一，	31.22716	121.4812	98
7	0.29	3	579	田子坊Tianzifang	3510	穿梭在上海小弄堂	31.21411	121.475	88
8	0.29	1	584	东方明珠Oriental P	48472	在259米高的全透	31.2453	121.5064	90
9	0	73	4	金山城市沙滩Jinsha	605	上海市内为数不多	30.71412	121.3559	80
10	0.04	6	86	上海科技馆Shanghai	7054	上海最大的科普教	31.22461	121.5478	90
11	0.02	1	14	朱家角古镇景区Zhuj	2520	上海周边游览古镇	31.11593	121.0604	88
12	0		0	南京路步行街Nanjin	12354	现代建筑夹杂着欧	31.24323	121.4907	90
13	0		0	威尼斯小镇	19		31.23644	121.3841	80
14	0	9	25	上海野生动物园Shan	23887	与世界各地的动物	31.06138	121.728	90
15	0.01	1	26	泰晤士小镇Thames T	1037	教堂、城堡、桥廊	31.04018	121.2046	88
16	0.33	7	488	豫园Yu Garden	10604	市区留存完好的江	31.23271	121.4987	86
17	0.04	17	163	1933老场坊1933 Old	875	由宰牲场改造的创	31.26024	121.4991	88
18	0.03	1	36	上海海洋水族馆Shan	5552	观赏各种海洋生物	31.24646	121.5086	86
19	0	647	3	横沙岛Hengsha Isla	87		31.34296	121.8606	100
20	0	11	5	太阳岛旅游度假区Sur	140		31.04301	121.0794	94
21	0.11	14	163	上海博物馆Shanghai	2551	观赏西周大克鼎、	31.23415	121.4824	88
22	0	42	17	枫泾古镇Fengjing A	857	被誉为“吴越名镇	30.89317	121.0221	90
23	0	2	5	东平国家森林公园Dor	1596	去环园骑行、滑草	31.68949	121.4867	88
24	0.03	18	42	马勒别墅Hengshan M	689	浪漫华丽的挪威城	31.22914	121.4628	84
25	0	101	95	黄浦江Huangpu Rive	1044	上海的地标河流，	31.24412	121.4996	98
26	0.05	38	111	静安寺Jing'an Temp	934	东部地区少见的融	31.22983	121.4516	88
27	0.01	33	123	中华艺术宫China Ar	908	原上海世博会中国	31.19001	121.5007	88
28	0	116	4	南汇嘴观海公园Nanhu	126		30.88641	121.9781	74
29	0	23	16	上海动物园Shanghai	3295	中国第二大城市动	31.19868	121.3694	90
30	0.01	55	96	武康路Wukang Road	453	14处优秀历史建筑	31.21362	121.4464	92
31	0.07	22	109	甜爱路Tian'ai Road	547	上海最浪漫的马路	31.27403	121.4906	80
32	0		0	霓虹街Nihong Stree	4		31.25069	121.4785	0
33	0	32	5	广富林文化遗址Guan	562		31.06894	121.2037	100
34	0	1	6	东滩湿地公园Dongta	546	漫步于植被丰富的	31.52401	121.956	76
35	0	3	9	上海辰山植物园Shan	1565	在矿井花园看瀑布	31.08165	121.1891	94
36	0.02	88	76	思南路Sinan Road	435	漫步思南路，细赏	31.2206	121.4745	86
37	0	3	3	西沙湿地公园Xisha	446	漫步于芦苇丛中的	31.73114	121.2415	92
38	0	39	6	崇明岛国家地质公园	223	赏日出日落、观候	31.7327	121.238	84
39	0	2	58	迪士尼小镇Disneyto	1217	美食、购物一应俱	31.14593	121.6683	90
40	0	246	1	淀山湖风景区Diansh	218	上海最大的天然淡	31.07779	120.9168	92
41	0.1	29	93	多伦路文化名人街Du	580	参观鲁迅、茅盾、	31.26809	121.4884	86
42	0.12	8	116	上海环球金融中心Sh	5687	登474米高的透明	31.23966	121.5135	92
43	0	244	9	上海共青森林公园Gor	1002	离市区最近的森林	31.32527	121.5572	90
44	0.02	15	270	陆家嘴Lujiazui	1401	举世闻名的金融中	31.24381	121.509	92

图 2-15 爬取的网页部分数据

选择二进制文件，再选择任意一个镜像文件下载。在这里下载的是 2.8.0 版本，如图 2-16 所示。

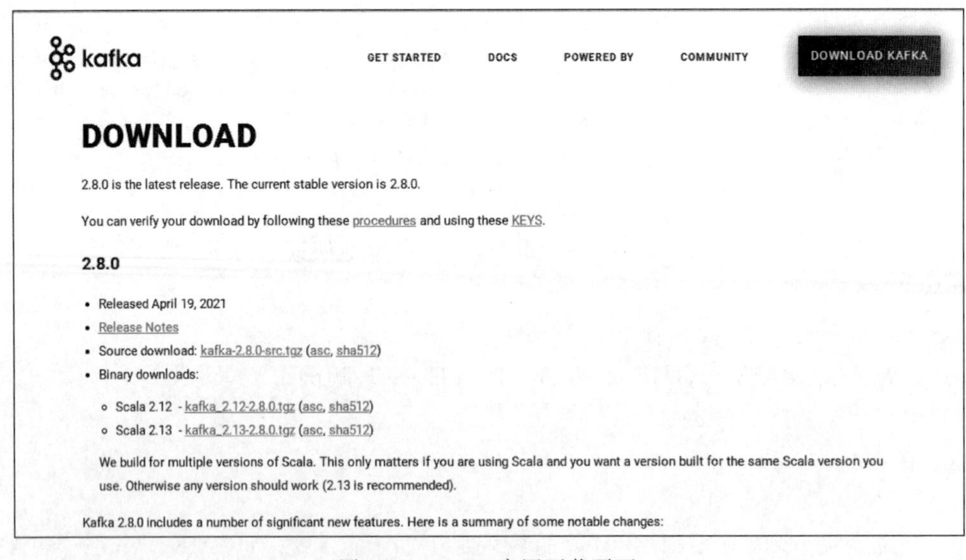

图 2-16 Kafka 官网下载页面

(3) 下载完成后将 Kafka 解压到本地，例如“C:\kafka”，如图 2-17 所示。

(4) 在 kafka 根目录下新建 data 和 kafka-logs 文件夹，如图 2-18 所示。

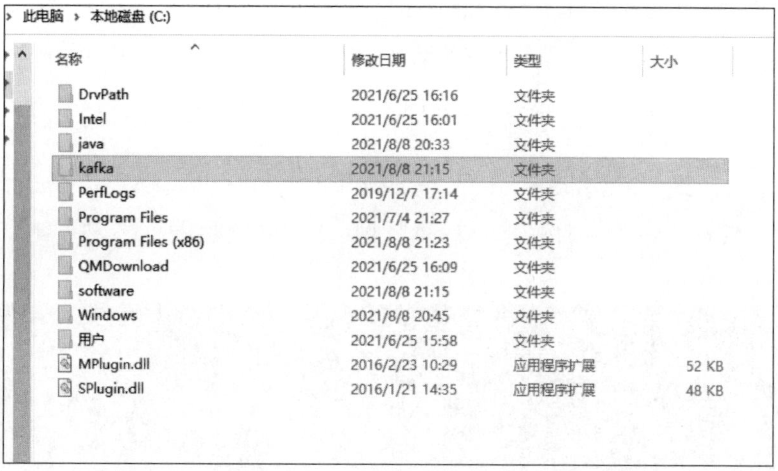

此电脑 › 本地磁盘 (C:)

名称	修改日期	类型	大小
DrvPath	2021/6/25 16:16	文件夹	
Intel	2021/6/25 16:01	文件夹	
java	2021/8/8 20:33	文件夹	
kafka	2021/8/8 21:15	文件夹	
PerfLogs	2019/12/7 17:14	文件夹	
Program Files	2021/7/4 21:27	文件夹	
Program Files (x86)	2021/8/8 21:23	文件夹	
QMDownload	2021/6/25 16:09	文件夹	
software	2021/8/8 21:15	文件夹	
Windows	2021/8/8 20:45	文件夹	
用户	2021/6/25 15:58	文件夹	
MPlugin.dll	2016/2/23 10:29	应用程序扩展	52 KB
SPlugin.dll	2016/1/21 14:35	应用程序扩展	48 KB

图 2-17　将 Kafka 解压到本地

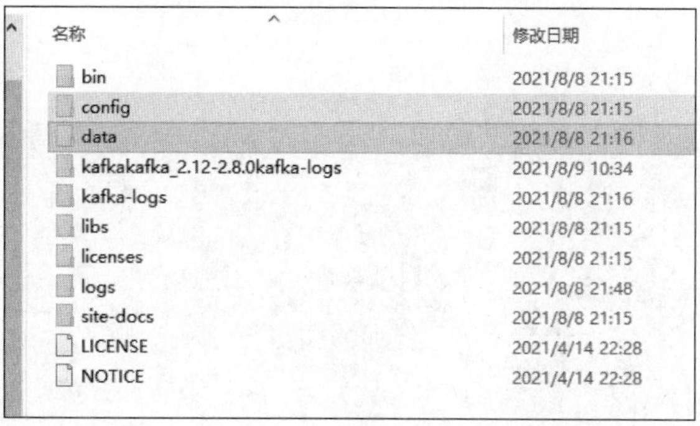

名称	修改日期
bin	2021/8/8 21:15
config	2021/8/8 21:15
data	2021/8/8 21:16
kafkakafka_2.12-2.8.0kafka-logs	2021/8/9 10:34
kafka-logs	2021/8/8 21:16
libs	2021/8/8 21:15
licenses	2021/8/8 21:15
logs	2021/8/8 21:48
site-docs	2021/8/8 21:15
LICENSE	2021/4/14 22:28
NOTICE	2021/4/14 22:28

图 2-18　新建 data 和 kafka-logs 文件夹

(5) 进入 config 目录中，对 server. properties 和 zookeeper. properties 进行修改，如图 2-19 所示。

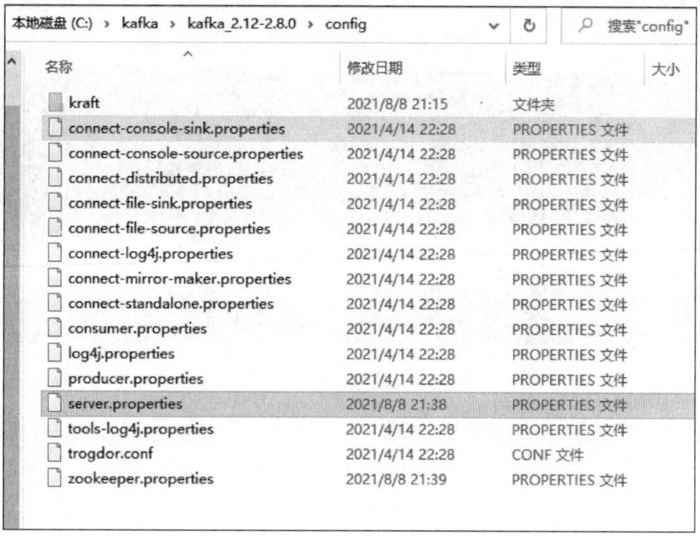

本地磁盘 (C:) › kafka › kafka_2.12-2.8.0 › config　　搜索"config"

名称	修改日期	类型	大小
kraft	2021/8/8 21:15	文件夹	
connect-console-sink.properties	2021/4/14 22:28	PROPERTIES 文件	
connect-console-source.properties	2021/4/14 22:28	PROPERTIES 文件	
connect-distributed.properties	2021/4/14 22:28	PROPERTIES 文件	
connect-file-sink.properties	2021/4/14 22:28	PROPERTIES 文件	
connect-file-source.properties	2021/4/14 22:28	PROPERTIES 文件	
connect-log4j.properties	2021/4/14 22:28	PROPERTIES 文件	
connect-mirror-maker.properties	2021/4/14 22:28	PROPERTIES 文件	
connect-standalone.properties	2021/4/14 22:28	PROPERTIES 文件	
consumer.properties	2021/4/14 22:28	PROPERTIES 文件	
log4j.properties	2021/4/14 22:28	PROPERTIES 文件	
producer.properties	2021/4/14 22:28	PROPERTIES 文件	
server.properties	2021/8/8 21:38	PROPERTIES 文件	
tools-log4j.properties	2021/4/14 22:28	PROPERTIES 文件	
trogdor.conf	2021/4/14 22:28	CONF 文件	
zookeeper.properties	2021/8/8 21:39	PROPERTIES 文件	

图 2-19　进入 config 目录

在 server. properties 中写入以下内容：

```
# A comma separated list of directories under which to store log files
```

```
log.dirs = C:\kafka\kafka_2.12 - 2.8.0\kafka - logs
```

在 zookeeper. properties 中写入以下内容：

```
# the directory where the snapshot is stored.
dataDir = C:\kafka\kafka_2.12 - 2.8.0\kafka - logs
```

(6) 进行单机测试，首先启动 Kafka 内置的 ZooKeeper，然后输入“C:\kafka\kafka_2. 12-2. 8. 0>. \bin\windows\zookeeper-server-start. bat. \config\zookeeper. properties”，如图 2-20 所示。

```
C:\kafka\kafka_2.12-2.8.0>.\bin\windows\zookeeper-server-start.bat .\config\zookeeper.properties
[2021-08-08 21:48:13,591] INFO Reading configuration from: .\config\zookeeper.properties (org.apache.zookeeper.server.qu
orum.QuorumPeerConfig)
[2021-08-08 21:48:13,601] WARN C:kafkakafka_2.12-2.8.0kafka-logs is relative. Prepend .\ to indicate that you're sure! (
org.apache.zookeeper.server.quorum.QuorumPeerConfig)
[2021-08-08 21:48:13,611] INFO clientPortAddress is 0.0.0.0:2181 (org.apache.zookeeper.server.quorum.QuorumPeerConfig)
[2021-08-08 21:48:13,611] INFO secureClientPort is not set (org.apache.zookeeper.server.quorum.QuorumPeerConfig)
[2021-08-08 21:48:13,621] INFO autopurge.snapRetainCount set to 3 (org.apache.zookeeper.server.DatadirCleanupManager)
[2021-08-08 21:48:13,621] INFO autopurge.purgeInterval set to 0 (org.apache.zookeeper.server.DatadirCleanupManager)
[2021-08-08 21:48:13,621] INFO Purge task is not scheduled. (org.apache.zookeeper.server.DatadirCleanupManager)
[2021-08-08 21:48:13,621] WARN Either no config or no quorum defined in config, running  in standalone mode (org.apache.
zookeeper.server.quorum.QuorumPeerMain)
```

图 2-20 启动 Kafka 内置的 ZooKeeper

ZooKeeper 启动成功界面如图 2-21 所示。

```
[2021-08-08 21:48:22,824] INFO Using org.apache.zookeeper.server.NIOServerCnxnFactory as server connection factory (org
.apache.zookeeper.server.ServerCnxnFactory)
[2021-08-08 21:48:22,832] INFO Configuring NIO connection handler with 10s sessionless connection timeout, 1 selector t
hread(s), 8 worker threads, and 64 kB direct buffers. (org.apache.zookeeper.server.NIOServerCnxnFactory)
[2021-08-08 21:48:22,837] INFO binding to port 0.0.0.0/0.0.0.0:2181 (org.apache.zookeeper.server.NIOServerCnxnFactory)
[2021-08-08 21:48:22,862] INFO zookeeper.snapshotSizeFactor = 0.33 (org.apache.zookeeper.server.ZKDatabase)
[2021-08-08 21:48:22,870] INFO Snapshotting: 0x0 to C:kafkakafka_2.12-2.8.0kafka-logs\version-2\snapshot.0 (org.apache.
zookeeper.server.persistence.FileTxnSnapLog)
[2021-08-08 21:48:22,876] INFO Snapshotting: 0x0 to C:kafkakafka_2.12-2.8.0kafka-logs\version-2\snapshot.0 (org.apache.
zookeeper.server.persistence.FileTxnSnapLog)
[2021-08-08 21:48:22,897] INFO PrepRequestProcessor (sid:0) started, reconfigEnabled=false (org.apache.zookeeper.server
.PrepRequestProcessor)
[2021-08-08 21:48:22,905] INFO Using checkIntervalMs=60000 maxPerMinute=10000 (org.apache.zookeeper.server.ContainerMan
ager)
[2021-08-08 22:05:21,793] INFO Creating new log file: log.1 (org.apache.zookeeper.server.persistence.FileTxnLog)
log4j:ERROR Failed to rename [C:\kafka\kafka_2.12-2.8.0/logs/server.log] to [C:\kafka\kafka_2.12-2.8.0/logs/server.log.
2021-08-08-21].
```

图 2-21 ZooKeeper 启动成功界面

(7) 启动 Kafka 服务，命令为“C:\kafka\kafka_2. 12-2. 8. 0>. \bin\windows\kafka-server-start. bat. \config\server. properties”，运行如图 2-22 所示。

```
C:\kafka\kafka_2.12-2.8.0>.\bin\windows\kafka-server-start.bat .\config\server.properties
[2021-08-08 22:05:11,790] INFO Registered kafka:type=kafka.Log4jController MBean (kafka.utils.Log4jControllerRegistratio
n$)
[2021-08-08 22:05:12,473] INFO Setting -D jdk.tls.rejectClientInitiatedRenegotiation=true to disable client-initiated TL
S renegotiation (org.apache.zookeeper.common.X509Util)
[2021-08-08 22:05:12,606] INFO starting (kafka.server.KafkaServer)
[2021-08-08 22:05:12,607] INFO Connecting to zookeeper on localhost:2181 (kafka.server.KafkaServer)
[2021-08-08 22:05:12,639] INFO [ZooKeeperClient Kafka server] Initializing a new session to localhost:2181. (kafka.zooke
eper.ZooKeeperClient)
[2021-08-08 22:05:21,734] INFO Client environment:zookeeper.version=3.5.9-83df9301aa5c2a5d284a9940177808c01bc35cef, buil
t on 01/06/2021 20:03 GMT (org.apache.zookeeper.ZooKeeper)
[2021-08-08 22:05:21,734] INFO Client environment:host.name=DESKTOP-09G10UL (org.apache.zookeeper.ZooKeeper)
[2021-08-08 22:05:21,734] INFO Client environment:java.version=1.8.0_181 (org.apache.zookeeper.ZooKeeper)
[2021-08-08 22:05:21,734] INFO Client environment:java.vendor=Oracle Corporation (org.apache.zookeeper.ZooKeeper)
[2021-08-08 22:05:21,734] INFO Client environment:java.home=C:\java\jdk1.8.0_181\jre (org.apache.zookeeper.ZooKeeper)
[2021-08-08 22:05:21,734] INFO Client environment:java.class.path=.;C:\java\jdk1.8.0_181\lib\dt.jar;C:\java\jdk1.8.0_181
```

图 2-22 启动 Kafka 服务

(8) 创建生产者生成消息，命令为“C:\kafka\kafka_2. 12-2. 8. 0>. \bin\windows\kafka-console-producer. bat--broker-list localhost：9092--topic test”，输入内容“this is producer message”及“hello，consumer”，运行如图 2-23 所示。

(9) 创建消费者接收消息，命令为“C:\kafka\kafka_2. 12-2. 8. 0>. \bin\windows\kafka-console-consumer. bat--bootstrap-server localhost：9092 --topic test--from-beginning”，运行如图 2-24 所示。

```
C:\kafka\kafka_2.12-2.8.0>.\bin\windows\kafka-console-producer.bat --broker-list localhost:9092 --topic test
>this is producer message
[2021-08-08 22:11:39,089] WARN [Producer clientId=console-producer] Error while fetching metadata with correlation id 3
: {test=LEADER_NOT_AVAILABLE} (org.apache.kafka.clients.NetworkClient)
>hello,consumer
```

图 2-23　创建生产者生成消息

```
C:\kafka\kafka_2.12-2.8.0>.\bin\windows\kafka-console-consumer.bat --bootstrap-server localhost:9092 --topic test -
-from-beginning
this is producer message
hello,consumer
```

图 2-24　创建消费者接收消息

完成以上操作,则表示 Kafka 环境搭建成功。

值得注意的是,在执行上述操作时,前一个成功运行的界面不要关闭,后续的服务将在新窗口中打开完成。

习题 2

(1) 请阐述什么是数据采集。

(2) 请阐述数据采集的常用方法。

(3) 请阐述爬虫的含义。

(4) 请阐述人工智能下数据伦理与数据道德的含义。

第 3 章

数据质量与数据管理

本章学习目标

- 了解数据质量的概念
- 了解数据质量管理的概念
- 了解数据标准的概念
- 掌握主数据的定义
- 掌握元数据的定义与特征
- 了解电子文件元数据
- 了解元数据管理的定义与实施

本章先向读者介绍数据质量与数据质量管理，再介绍数据标准，接着介绍主数据与元数据，最后介绍元数据管理的定义与实施。

3.1 数据质量与数据质量管理概述

3.1.1 数据质量

1. 数据质量介绍

数据无处不在，它贯穿整个数据生命周期，为企业决策提供了可靠的基础支撑，是企业成功的关键。在大数据时代，随着企业数据规模的不断扩大、数据数量的不断增加及数据来源的复杂性不断变化，为了能够充分地利用数据价值，企业需要对数据进行管理。

然而，大数据应用必须建立在质量可靠的数据之上才有意义，建立在低质量甚至错误数据之上的应用有可能与其初心背道而驰。数据质量就是确保组织拥有的数据完整且准确，只有完整、准确的数据才可以供企业分析、共享使用。因此，组织只有拥有强大的数据质量流程才可以确保数据的干净和清洁。

2. 数据质量术语

(1) 质量。一组固有特性满足要求的程度。

（2）准确度。在一定观测条件下，观测值及其函数的估值与其真值的偏离程度。

（3）一致性。满足规定的要求。

（4）一致性质量级别。数据质量结果的一个或一组阈值，用于确定数据集符合产品规范规定或用户要求的程度。

（5）数据质量结果。数据质量测量得到的一个值或一组值，或者将获取的一个值或一组值与规定的一致性质量级别相比较得到的评价结果。

（6）数据质量范围。记录其质量信息的数据的覆盖范围或特征。

（7）数据质量值类型。记录数据质量结果的值的类型。

（8）数据质量值单位。记录数据质量结果的值的单位。

（9）完全检查。检查质量范围内的所有个体。

（10）检验单元。可被单独描述或考察的事物。

（11）要素。现实世界现象的抽象。

3. 造成数据质量的常见问题

造成数据质量的常见问题大致可以分为3种，即技术原因、业务原因和管理原因。

1）技术原因

（1）数据模型设计的质量问题。例如，数据库表结构、数据库约束条件、数据校验规则的设计开发不合理，造成数据录入无法校验或校验不当，引起数据重复、不完整、不准确。

（2）数据源存在数据质量问题。例如，有些数据是从生产系统采集过来的，在生产系统中这些数据就存在重复、不完整、不准确等问题，而采集过程中没有对这些问题做清洗处理，这种情况也比较常见。

（3）数据采集过程的质量问题。例如，采集点、采集频率、采集内容、映射关系等采集参数和流程设置不正确，数据采集接口效率低，导致数据采集失败、数据丢失、数据映射和转换失败。

（4）数据传输过程的问题。例如，数据接口本身存在问题、数据接口参数配置错误、网络不可靠等都会造成数据传输过程中发生数据质量问题。

（5）数据装载过程的问题。例如，数据清洗规则、数据转换规则、数据装载规则配置有问题。

（6）数据存储的质量问题。例如，数据存储设计不合理、数据的存储能力有限、人为后台调整数据，引起数据丢失、数据无效、数据失真、记录重复。

（7）系统原因。业务系统各自为政，烟囱式建设，系统之间的数据不一致问题严重。

2）业务原因

（1）业务需求不清晰。例如，数据的业务描述、业务规则不清晰，导致技术无法构建出合理、正确的数据模型。

（2）业务需求的变更。这个问题其实对数据质量的影响非常大，需求一变，数据模型设计、数据录入、数据采集、数据传输、数据装载、数据存储等环节都会受到影响，稍有不慎就会导致数据质量问题的发生。

（3）业务端数据输入不规范。常见的数据录入问题有大小写、全半角、特殊字符等一不小心录错。人工录入的数据质量与录入数据的人员密切相关，录入数据的人员工作严谨、认真，数据质量就相对较好，反之就较差。

（4）数据造假。某些操作人员为了提高或降低考核指标，对一些数据进行处理，使得数据的真实性无法保证。

3）管理原因

(1) 认知问题。企业管理缺乏数据思维，没有认识到数据质量的重要性，重系统而轻数据，认为系统是万能的，数据质量差一些也没关系。

(2) 没有明确的数据归口管理部门或岗位。企业缺乏数据认责机制，出现数据质量问题找不到负责人。

(3) 缺乏数据规划。企业没有明确的数据质量目标，没有制定与数据质量相关的政策和制度。

(4) 数据输入规范不统一。不同的业务部门、不同的时间甚至在处理相同业务时，由于数据输入规范不同，造成数据冲突或矛盾。

(5) 缺乏有效的数据质量问题处理机制。数据质量问题从发现、指派、处理到优化没有一个统一的流程和制度支撑，数据质量问题无法闭环。

(6) 缺乏有效的数据管控机制。对历史数据的质量检查、新增数据的质量校验没有明确和有效的控制措施，出现数据质量问题无法考核。

值得注意的是，数据量定义了分析所需的数据量。在数据质量计划开始时估计和评估数据量对于程序的成功是至关重要的。例如，需要的数据是太少还是太多？观察的次数是多少？没有太多数据的缺点是什么？这些问题可以帮助人们决定驱动数据质量计划所需的工具和技术。

4. 数据质量评估

数据质量一般指数据能够真实、完整地反映经营管理实际情况的程度，通常可在以下几个方面衡量和评价：

(1) 准确性。准确性是指数据在系统中的值与真实值相比的符合情况，一般而言，数据应符合业务规则和统计口径。常见的数据准确性问题如下：

① 与实际情况不符。数据来源存在错误，难以通过规范进行判断与约束。

② 与业务规范不符。在数据的采集、使用、管理、维护过程中，业务规范缺乏或执行不力，导致数据缺乏准确性。

(2) 完整性。完整性是指数据的完备程度。常见的数据完整性问题如下：

① 系统已设定字段，但在实际业务操作中并未完整采集该字段数据，导致数据缺失或不完整。

② 系统未设定字段；或存在数据需求，但未在系统中设定对应的取数字段。

(3) 一致性。一致性是指系统内外部数据源之间的数据一致程度，数据是否遵循了统一的规范，数据集合是否保持了统一的格式。常见的一致性问题如下：

① 缺乏系统联动。系统间应该相同的数据却不一致。

② 联动出错。在系统中缺乏必要的联动和核对。

(4) 可用性。可用性一般用来衡量数据项整合和应用的可用程度。常见的可用性问题如下：

① 缺乏应用功能，没有相关的数据处理、加工规则或数据模型的应用功能。

② 缺乏整合共享，数据分散，不易有效整合和共享。

另外，还有其他衡量标准。如有效性可考虑对数据格式、类型、标准的遵从程度，合理性可考虑数据符合逻辑约束的程度。

例如对国内某企业数据质量问题进行调研显示如下：常见数据质量问题中准确性问题占33%、完整性问题占28%、可用性问题占24%、一致性问题占8%，这在一定程度上代表了国内企业面临的数据问题。表 3-1 显示了数据质量评估的常见等级(注：数据质量问题频率＝数据质量问题发生次数/存储的总数据量，指标单位为次/吉字节)。表 3-2 显示了数据质量评估的参考维度。

表 3-1 数据质量评估的常见等级

数据质量等级	描　述	统计口径
一级	数据质量差，需要重点监控	数据质量问题频率大于或等于 1 次/吉字节
二级	数据质量一般	数据质量问题频率大于或等于 0.5 次/吉字节，小于 1 次/吉字节
三级	数据质量好	数据质量问题频率小于 0.5 次/吉字节

表 3-2 数据质量评估的参考维度

维　度	描　述	标　准
准确性	数据准确体现了真实情况	数据内容和定义是否一致
精确性	数据精度满足业务要求的程度	数据精度是否达到业务规则要求的位数
完整性	必需的数据项已经被记录	业务指定必需的数据是否缺失，不允许为空字符或者空值等
时效性	数据被及时更新以体现当前事实	当需要使用时，数据能否反映当前事实，即数据必须及时，能够满足系统对数据时效的要求
唯一性	数据在特定数据集中不存在重复值	每条数据是否唯一
依赖一致性	数据项的取值满足与其他数据项之间的依赖关系	数据是否有相同的依赖
可访问性	数据易于访问	数据是否便于自动化读取
业务有效性	数据符合已定义的业务规则	数据项是否按已定义的格式标准组织
技术有效性	数据符合已定义的格式规范	数据是否符合规范
可用性	数据在需要时是可用的	数据可用时间和数据需要被访问时间的比例
参照完整性	数据项在被引用的父表中有定义	数据项是否在父表中有定义

5. ISO 8000 数据质量标准

ISO 8000 数据质量标准是国际标准化组织针对数据质量制定的标准，该标准致力于管理数据质量，具体来说，包括规范和管理数据质量活动、数据质量原则、数据质量术语、数据质量特征(标准)和数据质量测试。根据 ISO 8000 数据质量标准的要求，数据质量的高低程度由系统数据与明确定义的数据要求进行对比得到。通过 ISO 8000 标准的规范，可以保证用户在满足决策需求和数据质量的基础上，在整个产品或服务的周期内高质量地交换、分享和存储数据，从而保证用户可以依托获取的数据高效地做出最优化的安全决策。

通过将 ISO 8000 标准应用于组织内部，可以对组织内的数据进行规范化整合和管理，对各个部门的数据进行统一识别和管理，从组织的整体层面进行资源与信息的协调管理，从而减少因为信息沟通不畅带来的运营成本。此外，如果在合作公司之间或整个行业采用 ISO 8000 标准，数据或信息将会更有可用性。例如，在医疗卫生领域，各个医疗机构的信息系统不能很好地兼容，导致同一病人在不同医院的信息无法快速共享和传递。通过在全国范围内应用 ISO 8000 数据质量标准，可以将病历信息与特定信息系统分离，使病历的所有信息独立于医疗信息系统存在，并可被任意一个应用 ISO 8000 数据质量标准的信息系统读取，患者可以更加自主地选择就医医院，而不用担心由于对自身的健康信息缺失导致医疗误判。

3.1.2 数据质量管理

1. 数据质量管理介绍

数据价值的成功发掘必须依托于高质量的数据，只有准确、完整、一致的数据才有使用价值。因此需要从多维度来分析数据的质量，例如偏移量、非空检查、值域检查、规范性检查、重复性检查、关联关系检查、离群值检查、波动检查等。需要注意的是，优秀的数据质量模型的设计必须依赖于对业务的深刻理解，在技术上也推荐使用大数据相关技术来保障检测性能和降低对业务系统性能的影响，例如 Hadoop、MapReduce、HBase 等。

数据质量管理是指对数据从计划、获取、存储、共享、维护、应用到消亡整个生命周期的每个阶段里可能引发的各类数据质量问题进行识别、度量、监控、预警等一系列管理活动，并通过改善和提高组织的管理水平使数据质量获得进一步提高。数据质量管理是企业数据治理的一个重要的组成部分，企业数据治理的所有工作都是围绕提升数据质量目标而开展的。

值得注意的是，在数据治理方面，不论是国际的还是国内的，人们能找到很多数据治理成熟度评估模型这样的理论框架作为企业实施的指引。说到数据质量管理的方法论，其实在业内还没有一套科学、完整的数据质量管理体系。因为数据质量管理不单纯是一个概念、一项技术、一个系统，更不单纯是一套管理流程，数据质量管理是一个集方法论、技术、业务和管理于一体的解决方案。通过有效的数据质量控制手段进行数据的管理和控制，从而消除数据质量问题，进而提升企业数据变现的能力。

2. 数据质量管理的价值

数据质量管理的目标是解决企业内部数据在使用过程中遇到的数据质量问题，提升数据的完整性、准确性和真实性，为企业的日常经营、精准营销、管理决策、风险管控等提供坚实、可靠的数据基础。

因此，数据质量管理的价值就是通过建设一个完整的数据质量管理平台对数据进行检核与统计，从制度、标准、监控、流程几个方面提升对数据信息的管理能力，解决项目面临的数据标准问题、数据质量问题，为数据治理提供准确的数据信息。通过数据质量管理能够完成从发现数据问题到最后解决数据问题的过程，从而为企业不断提高数据质量，完成从数据产生、数据交换到数据应用中数据质量的统一管理与控制。

3. 数据质量管理的主要工作

数据质量管理主要有以下几个工作：

1）组织环境

建设强有力的数据管理组织是数据治理项目成功最根本的保证。其涉及两个层面：一是在制度层面，制定企业数据治理的相关制度和流程，并在企业内推广，融入企业文化；二是在执行层面，为各项业务应用提供高可靠的数据。

2）数据质量管理的方针

为了改进和提高数据质量，必须从产生数据的源头开始抓起，从管理入手，对数据运行的全过程进行监控，强化全面数据质量管理的思想观念，把这一观念渗透到数据生命周期的全过程。数据质量问题是影响系统运行、业务效率、决策能力的重要因素，在数字化时代，数据质量问题更是影响企业降本增效、业务创新的核心要素。对于数据质量问题的管理，采用事前预防控制、事中过程控制、事后监督控制的方式进行控制，持续提升企业数据的质量水平。

3）数据质量问题的分析

对于质量问题的分析，企业可以使用经典的六西格玛(6 Sigma)。六西格玛是一种改善企业质量流程管理的技术，以“零缺陷”的完美商业追求带动质量成本的大幅度降低，它以客户为导向，以业界最佳为目标，以数据为基础，以事实为依据，以流程绩效和财务评价为结果，持续改进企业经营管理的思想方法、实践活动和文化理念。六西格玛重点强调质量的持续改进，对于数据质量问题的分析和管理，该方法依然适用。

4）数据质量监控

数据质量监控可以分为数据质量的事前预防控制、事中过程控制和事后监督控制。

（1）事前预防控制。建立数据标准化模型，对每个数据元素的业务描述、数据结构、业务规则、质量规则、管理规则、采集规则进行清晰的定义，数据质量的校验规则、采集规则本身也是一种数据，在元数据中定义。如果没有元数据来描述这些数据，使用者无法准确地获取所需信息。正是通过元数据，使得数据可以被理解、使用，从而产生价值。构建数据分类和编码体系，形成企业数据资源目录，能够让用户轻松地查找和定位到相关的数据(关于元数据的有关内容，请参考本章的3.3节)。

（2）事中过程控制。事中过程控制，即在维护和使用数据的过程中监控和处理数据质量。通过建立数据质量的流程化控制体系，可以对数据的新建、变更、采集、加工、装载、应用等环节进行流程化控制。

（3）事后监督控制。定期开展数据质量的检查和清洗工作，并作为企业数据质量治理的常态工作来抓。监督控制工作主要包括设置数据质量规则、设置数据检查任务、出具数据质量问题报告、制定和实施数据质量改进方案、进行评估与考核等。

5）数据周期管理

数据生命周期从数据规划开始，中间是一个包括设计、创建、处理、部署、应用、监控、存档、销毁这几个阶段并不断循环的过程。企业的数据质量管理应贯穿数据生命周期的全过程，覆盖数据标准的规划设计、数据的建模、数据质量的监控、数据问题诊断、数据清洗、优化完善等各方面。

这里以典型的设备资产为例，如图3-1所示。其全生命周期一般包括6个环节，即设计、采购、安装、运行、维护和报废。从设备设计、采购开始，直至设备安装、运行、维护、报废进行全生命周期管理；将基建期图纸、采购、资料信息带到设备台账中，实现对设计数据、采购数据、施工数据、安装数据、调试数据等后期移交和设备系统生产运维所需要的完整数据的平滑过渡，实现基建、生产一体化，提升企业资产利用率，增强企业投资回报率。同时结合成本管理、财务管理，既实现对资产过程的管控，又实现对资产价值的管理。

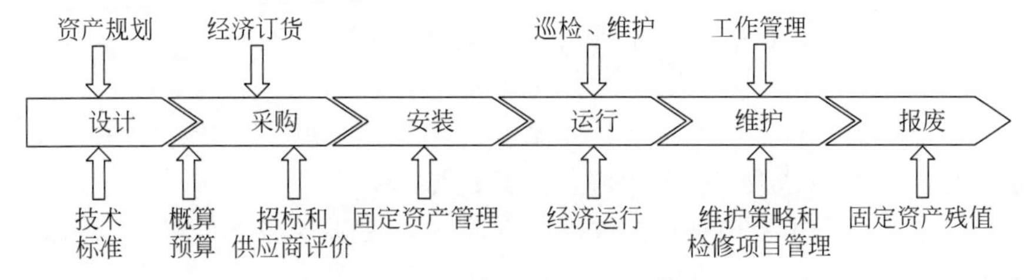

图3-1 设备资产的全生命周期

在数据全生命周期管理中最重要的是数据规划、数据设计、数据创建和数据使用。

（1）数据规划。从企业战略的角度不断完善企业数据模型的规划，把数据质量管理融入企业战略中，建立数据治理体系，并融入企业文化中。

(2) 数据设计。推动数据标准化制定和贯彻执行,根据数据标准化要求统一建模管理,统一数据分类、数据编码、数据存储结构,为数据的集成、交换、共享、应用奠定基础。

(3) 数据创建。利用数据模型保证数据结构完整、一致,执行数据标准,规范数据维护过程,加入数据质量检查,从源头系统保证数据的正确性、完整性、唯一性。

(4) 数据使用。利用元数据监控数据使用;利用数据标准保证数据正确;利用数据质量检查加工正确。元数据提供各系统统一的数据模型进行使用,监控数据的来源去向,提供全息的数据地图支持;企业从技术、管理、业务三方面进行规范,严格执行数据标准,保证数据输入端的正确性;数据质量提供了事前预防、事中预警、事后补救三方面的措施,形成完整的数据治理体系。

要做好数据质量的管理,应抓住影响数据质量的关键因素,设置质量管理点或质量控制点,从数据的源头抓起,从根本上解决数据质量问题。在企业的数据治理中,进行数据质量管理必须识别相应产品规范或用户需求中的质量信息,在元数据、质量评价报告中形成正确的质量描述,并且这些规范上的质量结果均为"合格"。

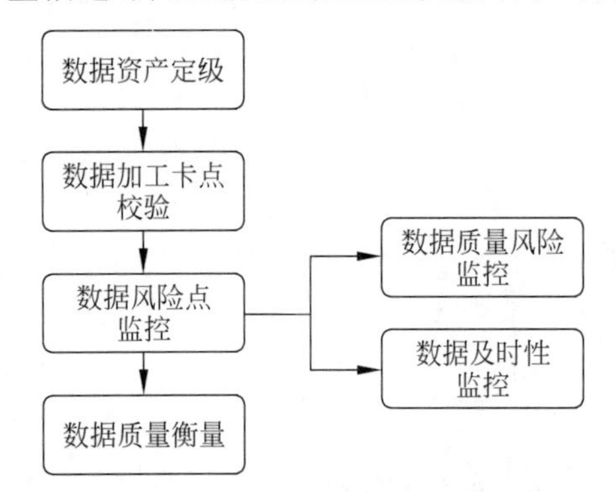

图 3-2 阿里云数据质量管理流程

4. 数据质量管理的实施

数据质量管理的方法较多,不同的企业有不同的实施方式。在这里以阿里云为例介绍数据质量管理的实施。阿里云通过划分数据资产等级和分析元数据的应用链路对不同资产等级的数据采取相应的质量管理方式,其数据质量管理流程如图 3-2 所示。

对数据质量管理流程中各环节的说明如下:

1) 数据资产定级

数据是数字经济的核心,对于企业而言,数据更是企业重要的资产。数据资产是指个人或企业的照片、文档、图纸、视频、数字版权等以文件为载体的数据,相对于实物资产,它以数据形式存在。但是,并非企业拥有的所有数据都能被称为数据资产。企业的数据治理指的是企业对所拥有的数据资产的治理,只有关乎重大商业利益的数据资产才是数据治理的对象。重要的数据资产可以为企业带来显著的商业利润,因此这些数据资产也是企业资产的重要组成部分。

通常可以根据数据质量不满足完整性、准确性、一致性、及时性时对业务的影响程度来划分数据的资产等级,可以划分为以下 5 个性质的等级:

(1) 毁灭性质。数据一旦出错,将会引起重大资产损失、面临重大收益损失等。标记为 A1。

(2) 全局性质。数据直接或间接地用于企业级业务、效果评估和重要决策等。标记为 A2。

(3) 局部性质。数据直接或间接地用于某些业务线的运营、报告等,如果出现问题,会给业务线造成一定的影响或造成工作效率降低。标记为 A3。

(4) 一般性质。数据主要用于日常数据分析,出现问题带来的影响极小。标记为 A4。

(5) 未知性质。无法明确数据的应用场景。标记为 Ax。

这些等级按重要性依次降低,即重要程度为 A1>A2>A3>A4>Ax。如果一份数据出现在多个应用场景汇总中,则根据其最重要程度进行标记。因此,企业需要通过对关键系统关键数据资源的梳理,形成企业数据资产目录,并通过对数据资产的盘点,不断推进企业数据整合共享及相关标准化工作。

值得注意的是，数据治理和数据资产管理是一个渐进的过程，不是所有数据都可以变成数据资产，只有数据在经过治理的二次加工达到了资产的利用要求并能够产生自身价值之后才能变成数据资产。因此，数据资产的管理过程同样不能脱离数据治理，数据治理是数据变成资产的条件，也是数据资产管理的必备功能和过程。

2）数据加工卡点校验

卡点校验在各个加工环节上根据不同资产等级对数据采取不同的质量管理方式，主要分为在线系统卡点校验和离线系统卡点校验。在线系统卡点校验要随时关注发布平台的变更和数据库的变更，而离线系统卡点校验需要关注代码的提交质量、任务发布时的线上检测及任务变更时的更新。

3）数据风险点监控

数据风险点监控分为在线数据风险点监控和离线数据风险点监控。在线业务系统的数据生成过程必须确保数据质量，根据业务规则对数据进行监控。例如对数据库表的记录进行规则校验，制定监控规则。在业务系统中，当每个业务过程进行数据入库时，对数据进行校验。在常见的交易系统中，订单拍下时间、订单完结时间、订单支付金额、订单状态流转都可以配置监控校验规则。

离线数据风险点监控则需要在离线系统加工时精准地把控数据准确性。离线数据风险点监控以数据集(可识别的数据集，数据集在物理上可以是更大的数据集的较小部分。从理论上讲，数据集可以小到更大数据集内的单个要素或要素属性。一张硬拷贝地图或图表均可以被认为是一个数据集)为监控对象，当离线数据发生变化时，会对数据进行校验，并阻塞生产链路，以避免问题数据污染扩散。系统还提供了对历史校验结果的管理，方便数据质量的分析和定级。此外，在确保数据准确性的前提下，系统还需要让数据能够及时提供服务，否则数据的价值将大幅度降低。

4）数据质量衡量

数据质量衡量是指针对每个数据质量事件，必须分析原因和处理过程，制定后续同类事件预防方案，可以将严重的数据质量事件升级为故障，并对故障进行定义、等级划分、处理和总结。

常见的数据质量处理过程如图 3-3 所示。

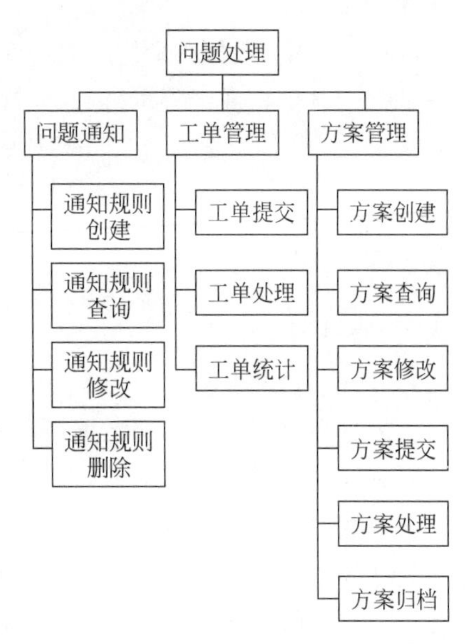

图 3-3　数据质量处理过程

5. 数据质量管理的应用

数据质量管理的应用较多，下面以高校质量管理为例来讲述。

高校的各类业务较多，应用系统繁杂，在系统建设过程中往往会忽视数据质量的重要性，没有采取足够的措施，导致随着系统和数据的逐步深入应用，数据质量问题一点一点暴露出来，比如数据的有效性、准确性、一致性等。最坏的结果就是用户感觉系统和数据是不可信的，最终放弃了使用系统，这样也就失去了建设系统的意义。因此，在高校中数据质量是一个非常复杂的系统性问题，解决数据质量问题应该从数据质量管理制度、应用系统建设、数据质量监控三方面开展，并且三方面要有机结合，形成联动，单靠某一方面的努力是不够的。图 3-4 显示了高校数据质量监控平台。

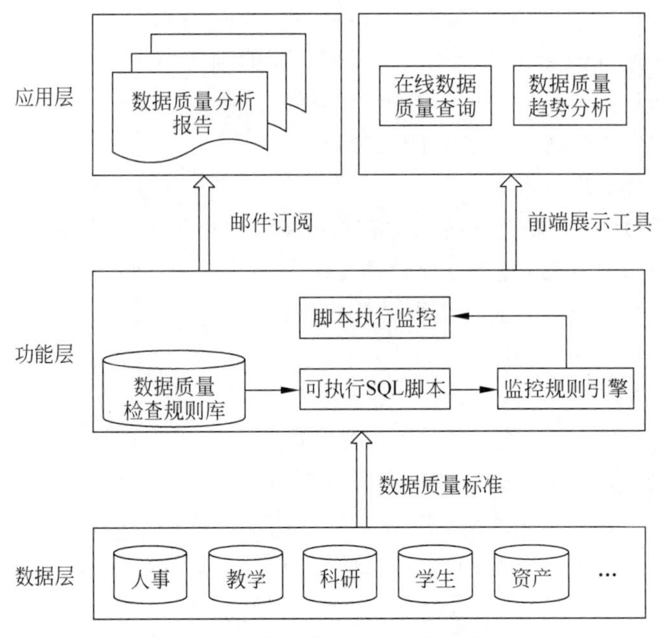

图 3-4 高校数据质量监控平台

从图 3-4 可以看出，数据质量监控平台主要包括三部分，即数据层、功能层和应用层。

数据层定义了数据质量监控的对象，主要是各核心业务系统的数据，例如人事系统、教学系统、科研系统、学生系统等。

功能层是数据质量监控平台的核心部分，包括数据质量检查规则的定义、数据质量检查规则脚本、数据质量检查规则执行引擎、数据质量检查规则执行情况的监控等。

在应用层中，数据质量检查结果可以通过两种方式访问：一种是通过邮件订阅方式将数据质量检查结果发给相关人员；另一种是利用前端展示工具（例如 MicroStrategy、Cognos、Tableau 等）开发数据质量在线分析报表、仪表盘、分析报告等。前端展示报表不仅能够查看汇总数据，而且能够通过钻取功能查看明细数据，以便业务人员能够准确定位到业务系统的错误数据。

在该平台中，数据质量检查规则库是监控平台的核心，用来存放用户根据数据质量标准定义的数据质量检查规则脚本，供监控规则引擎读取并执行，同时将检查产生的结果存放到监控结果表中。

3.2 数据标准

3.2.1 数据标准介绍

1. 认识数据标准

标准是指为了在一定的范围内获得最佳秩序，经协商一致制定并由公认机构批准，共同使用的和重复使用的一种规范性文件。数据标准是指对数据的表达、格式及定义的一致约定，包括数据业务属性、技术属性和管理属性的统一定义。其中，业务属性包括中文名称、业务定义、业务规则等，技术属性包括数据类型、数据格式等，管理属性包括数据定义者、数据管理者等。因此，对于数据标准的定义通俗地讲就是给数据一个统一的定义，让各系统的使用人员对同一指标的理解是一样的。

数据标准对于企业来说是非常重要的。因为大数据时代数据应用分析项目特别多，如果数据本身存在非常严重的问题，例如数据统计口径不统一、数据质量参差不齐、数据标准不统一等，往往会影响到项目的正常交付，甚至会影响到后续数据应用和战略决策。在整个项目实施过程中，应用系统之间需要上传下达、信息共享、集成整合、协同工作。如果没有数据标准，会严重影响企业的正常运行。因此，在大数据行业中对数据全生命周期进行规范化管理，可以从根本上解决诸多的数据问题。

2. 数据标准的分类

数据标准是进行数据标准化、消除数据业务歧义的主要参考依据。数据标准的分类是从更有利于数据标准的编制、查询、落地和维护的角度进行考虑的。数据标准一般包括3个要素，即标准分类、标准信息项(标准内容)和相关公共代码(例如国别代码、邮政编码)。数据标准通常可分为基础类数据标准和指标类数据标准。

1）基础类数据标准

基础类数据标准是为了统一企业所有业务活动相关数据的一致性和准确性，解决业务间的数据一致性和数据整合，按照数据标准管理过程制定的数据标准。基础类数据标准一般包括数据维度标准、主数据标准、逻辑数据模型标准、物理数据模型标准、元数据标准、公共代码标准等。表3-3为行业参考模型实体数据标准体系定义的内容，表3-4为公共代码标准体系定义的内容。

表3-3 行业参考模型实体数据标准体系定义的内容

行业参考模型实体标准	标准体系属性说明
数据标准编码	根据数据标准编码的规则进行编写
标准主题	数据标准的归属主题
标准子类	数据标准的归属类型
中文名称	数据标准的中文名称
英文名称	数据标准的英文名称
实体编号	根据行业参考模型实体编号的规则进行编写
实体名称	根据行业参考模型实体名称的命名规则进行编写
数据版本	数据标准的版本信息
数据体系分类	根据数据分类规则对数据进行分类，以保证数据体系的易用性，以及符合用户的查找习惯
重要级别	集团规范定义的数据为一级，省公司定义的数据为二级，其他常用的数据为三级
数据提供部门	该数据标准定义数据的提供部门
数据提供部门负责人	该数据标准定义数据的提供部门负责人
数据维护部门	该数据标准定义数据的维护部门
数据维护部门负责人	该数据标准定义数据的维护部门负责人
业务主管部门	该数据标准定义数据的业务主管部门，该部门对数据口径、编码取值和相关专业术语有决定权
业务主管部门负责人	该数据标准定义数据的业务主管部门负责人
数据来源系统	例如BOSS、CRM、ERP等
主要依据	关于指标的解释和描述文件。例如集团规范、省公司规范、业务部门制定的规范等
业务定义	指标的业务描述口径，一般由业务部门使用业务语言制定

表 3-4 公共代码标准体系定义的内容

公共代码标准	标准体系属性说明
数据标准编码	根据数据标准编码的规则进行编写
公共标准号	引入外部公共标准号
中文标准名称	数据标准的中文名称
英文标准名称	数据标准的英文名称
标准状态	该标准的状态，例如现行、停止
公共标准机构名称	引入该公共标准的机构名称
数据体系分类	根据数据分类规则对数据进行分类，以保证数据体系的易用性，以及符合用户的查找习惯
重要级别	集团规范定义的数据为一级，省公司定义的数据为二级，其他常用的数据为三级
数据标准引入部门	该数据标准的引入和维护部门
数据标准引入部门负责人	该数据标准的引入和维护部门负责人
数据上报系统	最终对数据进行计算和发布的系统，也是各部门唯一获取指标数据的来源系统

2）指标类数据标准

指标类数据标准一般分为基础指标标准和计算指标（又称组合指标）标准。基础指标具有特定业务和经济含义，且仅能通过基础类数据加工获得，计算指标通常由两个以上的基础指标计算得出。并非所有基础类数据和指标类数据都应纳入数据标准的管辖范围，数据标准管辖的数据，通常只是需要在各业务条线、各信息系统之间实现共享和交换的数据，以及为满足监控机构、上级主管部门、各级政府部门的数据报送要求而需要的数据。

在基础类数据标准和指标类数据标准框架下，可以根据各自的业务主题进行细分。在细分时应尽可能做到涵盖企业的主要业务活动，且涵盖企业生产系统中产生的所有业务数据。

3. 数据标准管理

数据标准管理是指数据标准的制定和实施的一系列活动，关键活动如下：

（1）理解数据标准化需求。

（2）构建数据标准体系和规范。

（3）规划制定数据标准化的实施路线和方案。

（4）制定数据标准管理办法和实施流程要求。

（5）建设数据标准管理工具，推动数据标准的执行落地。

（6）评估数据标准化工作的开展情况。

数据标准管理的目标是通过统一的数据标准制定和发布，结合制度约束、系统控制等手段，实现大数据平台数据的完整性、有效性、一致性、规范性、开放性和共享性管理，为数据资产管理活动提供参考依据。

4. 建设数据标准的好处

通过数据标准的建设，可以有效消除数据跨系统的非一致性，从根源上解决数据定义和使用的不一致问题，为企业数据建设带来诸多好处。

（1）数据标准的统一制定与管理，可保证数据定义和使用的一致性，促进企业级单一数据视图的形成，促进信息资源共享。

（2）通过评估已有系统标准建设情况，可及时发现现有系统标准问题，支撑系统改造，减少数据转换，促进系统集成，提高数据质量。

（3）数据标准可作为新建系统的参考依据，为企业系统建设的整体规划打好基础，减少系统建设工作量，保障新建系统完全符合标准。

3.2.2　数据标准的建设

1. 数据标准的建设过程

数据标准建设大致分为5个步骤，即数据标准规划、数据标准编制、标准评审发布、标准执行落地及标准维护增强。

1）数据标准规划

从实际情况出发，结合业界经验，收集国家标准、现行标准、新系统需求标准及行业通行标准等，梳理出数据标准建设的整体范围，定义数据标准体系框架和分类，并制定数据标准的实施计划。值得注意的是，不是所有的数据都需要建立数据标准，企业实际数据模型中有上万个字段，有些模型还会经常变换更新，没有必要将这些信息全部纳入标准体系中，仅需对核心数据建立标准并落地，即可达到预期效果，同时也提升了工作效率。

在规划过程中需要注意以下几点：

（1）共享性高、使用频率高的字段需要入标。

（2）监管报送或发文涉及的业务信息需要入标。

（3）结合数据使用情况，对于关键数据的字段尽量入标。

（4）数据应用有使用需求的字段需要入标。

2）数据标准编制

数据标准管理办公室根据数据需求展开数据的编制工作、确定数据项，数据标准管理执行组根据所需数据项提供数据属性信息，例如数据项的名称、编码、类型、长度、业务含义、数据来源、质量规则、安全级别、值域范围等。数据标准管理办公室对这些数据项进行标准化定义形成初稿，并提交审核。

表3-5～表3-7显示了数据标准的编制。例如企业在编制员工信息表的时候，需要把表3-5中的员工信息与表3-6中的民族编码标准及表3-7中的学历编码标准一一对应。

表3-5　员工信息表

姓　名	性　别	民　族	学　历	专　业
张明	男	汉族	博士	计算机
张佳	女	汉族	硕士	机械
郑剑	男	苗族	本科	计算机
夏娟	女	汉族	本科	电子

表3-6　民族编码表

编　　码	名　　称
1	汉族
2	回族
3	蒙古族
4	苗族
5	傣族
…	

表 3-7　学历编码表

编　　码	名　　称
1	博士
2	硕士
3	本科
4	专科
5	高中

3）标准评审发布

数据标准管理委员会对数据标准初稿进行审核，判断数据标准是否符合企业的应用和管理需求，是否符合企业数据的战略要求。如果数据标准审查不通过，则由数据标准管理办公室进行修订，直到满足企业数据标准的发布要求为止。标准通过审查后，由数据标准管理办公室面向全公司进行数据标准的发布。在该过程中数据标准管理执行组需要配合进行数据标准发布对现有应用系统、数据模型的影响的评估，并做好相应的应对策略。

4）标准执行落地

把已定义的数据标准与业务系统、应用和服务进行映射，标明标准和现状的关系及可能影响到的应用。在该过程中，对于企业新建的系统应当直接应用定义好的数据标准，对于旧系统则建议建立相应的数据映射关系，进行数据转换，逐步进行数据标准的落地。

5）标准维护增强

数据标准后续可能会随着业务的发展变化、国标行标的变化及监管要求的变化需要不断更新和完善。在数据标准维护阶段需要对标准变更建立相应的管理流程，并做好标准版本管理。

2. 数据标准的建设案例

图 3-5 所示为某银行建设的数据标准案例，在图中数据标准简称为数标。

在建设数据标准时，从软件生命周期来看，一般有以下几个步骤：

（1）需求分析。

（2）软件设计。

（3）软件开发。

（4）测试上线。

（5）运行维护。

从数据标准落地流程来看，一般有以下几个步骤：

（1）数据标准引用需求。

（2）模型设计审批。

（3）IT 开发数据标准修改流程。

（4）录入数据标准与元数据映射。

（5）运形态模型采集。

值得注意的是，在建设数据标准时应以落地实施为目的，并以国家、行业标准为基础，结合现有 IT 系统的现状，以对现有生产系统的影响最小为原则进行编制，确保标准切实可用，并最终让数据标准回归到业务中，发挥价值。

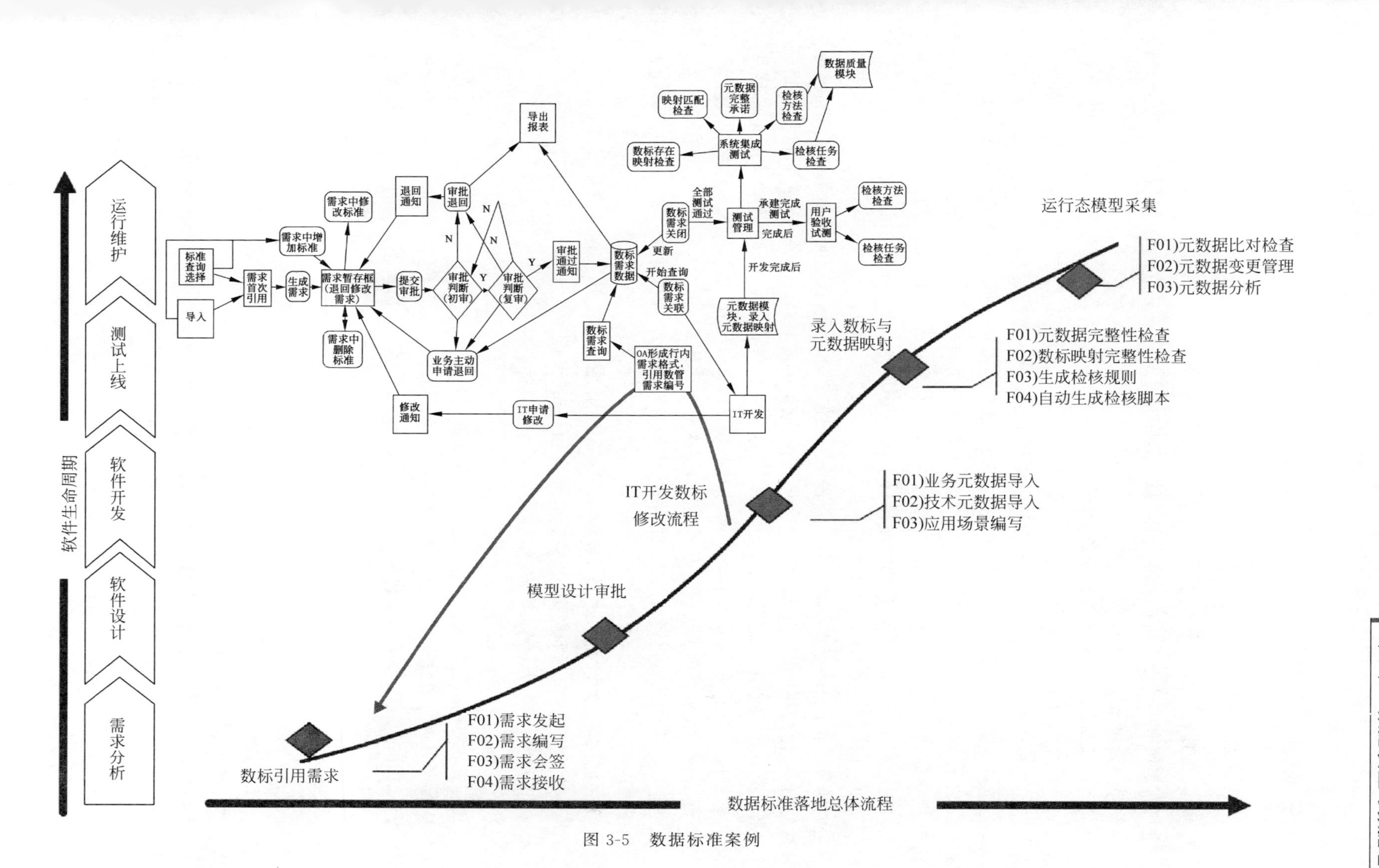

软件生命周期
运行维护
测试上线
软件开发
软件设计
需求分析
标准查询选择
导入
需求首次引用
需求中增加标准
生成需求
需求暂存框(退回修改需求)
需求中修改标准
需求中删除标准
退回通知
提交审批
审批判断(初审)
审批判断(复审)
审批退回
N
Y
审批通过通知
导出报表
业务主动申请退回
修改通知
IT申请修改
IT开发
数标需求数据
更新
开始查询
数标需求关闭
数标需求关联
数标需求查询
OA形成行内需求格式，引用数管需求编号
全部测试通过
测试管理
承建完成测试
完成后
用户验收试测
检核方法检查
检核任务检查
开发完成后
元数据模块，录入元数据映射
系统集成测试
数标存在映射检查
映射匹配检查
元数据完整承诺
检核方法检查
检核任务检查
数据质量模块
运行态模型采集
F01)元数据比对检查
F02)元数据变更管理
F03)元数据分析
录入数标与元数据映射
F01)元数据完整性检查
F02)数标映射完整性检查
F03)生成检核规则
F04)自动生成检核脚本
IT开发数标修改流程
F01)业务元数据导入
F02)技术元数据导入
F03)应用场景编写
模型设计审批
数标引用需求
F01)需求发起
F02)需求编写
F03)需求会签
F04)需求接收
数据标准落地总体流程

图 3-5 数据标准案例

3.3 主数据与元数据

3.3.1 主数据介绍

1. 认识主数据

主数据是用来描述企业核心业务实体的数据，它是具有高业务价值的、可以在企业内跨越各个业务部门被重复使用的数据，并且存在于多个异构的应用系统中。

由于主数据是具有共享性的基础数据，可以在企业内跨越各个业务部门被重复使用，所以通常长期存在且应用于多个系统。另外，主数据是企业基准数据，数据来源单一、准确、权威，具有较高的业务价值，因此是企业执行业务操作和决策分析的数据标准。

需要注意的是，主数据不是企业内所有的业务数据，只有有必要在各个系统间共享的数据才是主数据，比如大部分的交易数据、账单数据等都不是主数据，而描述核心业务实体的数据，像客户、供应商、账户、组织单位、员工、合作伙伴、位置信息等都是主数据。因此，主数据通常是企业内能够跨业务重复使用的高价值的数据，这些主数据在进行主数据管理之前经常存在于多个异构或同构的系统中。

主数据可以包括很多方面，除了常见的客户主数据之外，不同行业的客户还可能拥有其他各种类型的主数据。例如，对于电信行业客户而言，电信运营商提供的各种服务可以形成其产品主数据；对于航空业客户而言，航线、航班是其企业主数据的一种。对于某个企业的不同业务部门，其主数据也不同，例如市场销售部门关心客户信息，产品研发部门关心产品编号、产品分类等产品信息，人事部门关心员工机构、部门层次关系等信息。

在企业数据中涉及企业经营的人、财、物的数据最有可能纳入企业主数据管理的范畴，主要包括以下内容：

(1) 企业产品及其相关信息，例如企业相关产品、服务、版本、价格、标准操作等。

(2) 企业财务信息，例如业务、预算、利润、合同、财务科目等。

(3) 企业利益相关者，例如客户、供应商、合作伙伴、竞争对手等。

(4) 企业组织架构，例如员工、部门等。

由此可见，主数据就是企业被不同运营场合反复引用的关键的状态数据，它需要在企业范围内保持高度一致。主数据可以随着企业的经营活动而改变，例如客户的增加、组织架构的调整、产品下线等，但是主数据的变化频率应该是较低的。所以，企业运营过程中产生的过程数据，例如订购记录、消费记录等，一般不会纳入主数据的范围。

2. 主数据的特征

主数据具有以下几个特征。

(1) 超越部门。主数据是组织范围内共享的、跨部门的数据，不归属于某一特定的部门而归属于整个组织，是企业的核心数据资产。

(2) 超越业务。主数据是跨越了业务界限，在多个业务领域中被广泛使用的数据，其核心属性也来自业务。主数据在各个业务流程中都是唯一识别的对象，它不会依赖于业务流程存在，但它的价值是在业务交互中体现的。

(3) 超越系统。主数据是多个系统之间的共享数据，是应用系统建设的基础，同时也是数据分析系统重要的分析对象。因此，主数据应该保持相对独立，服务于但要高于其他业务信息系统。

(4) 超越技术。主数据是要解决不同异构系统之间的核心数据的共享问题,应当满足在不同业务系统架构下使用的情况,兼容多种系统架构,提供较多的数据接收及应用方式,不会局限于一种特定的技术。

3. 主数据管理概述

主数据通常需要在整个企业范围内保持一致性(consistent)、完整性(complete)、可控性(controlled),为了达成这一目标,需要进行主数据管理(Master Data Management,MDM)。集成、共享、数据质量、数据治理是主数据管理的四大要素。主数据管理要做的就是从企业的多个业务系统中整合最核心的、最需要共享的数据(主数据),集中进行数据的清洗和丰富,并且以服务的方式把统一的、完整的、准确的、具有权威性的主数据分发给企业范围内需要使用这些数据的操作型应用和分析型应用,具体包括各个业务系统、业务流程和决策支持系统等。

MDM 一方面可以保障主数据的规范性和唯一性。按规则和流程规范管理主数据,比如规定主数据名称要使用营业执照上的名称,社会统一信用代码、国别地区等必填,按姓名、信用代码等条件校验避免重复输入,系统内编码唯一,主数据要经流程审核后方能生效等。另一方面,MDM 使得主数据能够集中管理。主数据全部在 MDM 中产生或者受控,保障来源唯一从而避免歧义。同时,MDM 能够把主数据分发给相关系统,也可以接收外部系统产生的主数据,经处理后再分发出去。

在开始进行主数据管理之前,主数据管理策略应围绕以下 6 个领域构建。

(1) 建立组织体系。有效的组织机构是项目成功的有力保证,为了达到项目预期目标,在项目开始之前对于组织及其责任分工做出规划是非常必要的。主数据涉及的范围很广,涉及不同的业务部门和技术部门,是企业的全局大事,如何成立和成立什么样的组织应该依据企业本身的发展战略和目标来确定。在明确了组织机构的同时还要明确主数据管理岗位,例如主数据系统管理员、主数据填报员、主数据审核员、数据质量管理员、集成技术支持员等。主数据管理岗位可以兼职,也可以全职,根据企业的实际情况而定。在整个主数据管理中安排合适的人员,包括主数据所有者、数据管理员和参与治理的人员。

(2) 主数据梳理和调研。在进行主数据管理前,应当首先对所在单位信息的采集、处理、传输和使用做全面规划。其核心是运用先进的信息工程和数据管理理论及方法,通过总体数据规划,奠定资源管理的基础,促进实现集成化的应用开发,构建信息资源网,让企业能够对现有数据资源有一个全面、系统的认识。特别是通过对职能域之间交叉信息的梳理,使人们更加清晰地了解企业信息的来龙去脉,有助于人们把握各类信息的源头,有效地消除"信息孤岛"和数据冗余,控制数据的唯一性和准确性,确保所获取信息的有效性。在这个过程中,需要在既定的数据范围内摸透企业主数据的管理情况、数据标准情况、数据质量情况、数据共享情况等。这种方法适用于包含咨询的主数据项目的建设。

(3) 建立主数据标准体系。主数据标准体系主要包含主数据分类和编码标准化。没有标准化就没有信息化,主数据分类和编码标准是主数据标准中最基础的标准。数据分类就是根据信息内容的属性或特征,将信息按一定的原则和方法进行区分和归类,并建立起一定的分类系统和排列顺序,以便管理和使用信息。主数据编码就是在信息分类的基础上,将信息对象赋予有一定规律性的、易于计算机和人识别与处理的符号。主数据模型标准化就是根据前期的调研、梳理和评估定义出每个主数据的元模型,明确主数据的属性组成、字段类型、长度、是否唯一、是否必填及校验规则等。

(4) 建立评估与管理体系。主数据管理需建立评估体系,主要步骤是根据前期的业务调研情况和数据普查情况确定参评数据范围,准备出参评数据,并依据打分模板进行打分,识别出企业主数据。目前对于数据管理能力的评估已经有了比较成熟的评价模型，典型的有IBM数据治理成熟度评估模型、SEI数据能力成熟度模型、EDM数据能力成熟度模型、DataFlux数据治理成熟度模型等。表3-8显示了主数据管理的考核评价指标。

表3-8 主数据管理的考核评价指标

序号	考核方向	技术指标	衡量标准
1	及时性	及时率	满足时间要求的数据总数/总数据数
2	真实性和准确性	数据真实率	1－数据中失真记录总数/数据总记录数
		有效值比率	1－超出值域的异常值记录总数/数据总记录数
		流转过程失真率	数据传输失真记录总数/总记录数
		重复数据比率	重复记录数/总记录数
3	一致性	外键无对应主键的记录比率	外键无对应主键的记录总数/总记录数
		主数据一致率	一致的主数据总数/主数据总数
4	完整性	字段的空值率	空值记录总数/总记录数
		信息完备率	能够获取的指标数/总需求指标数

(5) 建立制度与流程体系。制度和流程体系的建设是主数据成功实施的重要保障。制度章程是确保对主数据管理进行有效实施的认责制度。建立主数据管理制度和流程体系时需要明确主数据的归口部门和岗位，明确岗位职责，明确每个主数据的申请、审批、变更、共享的流程。同时做好数据运营工作，定期检查数据质量，进行数据的清洗和整合，实现企业数据质量的不断优化和提升。

(6) 建立技术体系。主数据管理技术体系的建设应从应用层面和技术层面两方面考虑。在应用层面，主数据管理平台需具备元数据(数据模型管理)、数据管理、数据清洗、数据质量、数据集成、权限控制、数据关联分析，以及数据的映射(mapping)/转换(transforming)/装载(loading)能力。在技术层面，重点考虑系统架构、接口规范、技术标准。在主数据管理工具中，IBM InfoSphere MDM是当今市场上功能最强大的主数据管理(MDM)产品，用于处理完整范围的主数据管理需求和用例。为了给客户提供其MDM解决方案需求的最佳范围，IBM InfoSphere MDM有4个版本，即Collaborative Edition、Standard Edition、Advanced Edition及Enterprise Edition，其中，Enterprise Edition版本包含了其他3个版本的所有功能。

4. 主数据管理平台的建设

主数据是企业最基础、最核心的数据，企业的一切业务基本上都是基于主数据来开展的，所以主数据管理成为企业数据治理中最核心的部分。

为了更好地管理主数据，企业经常需要建设主数据管理平台，该平台从功能上主要包括主数据模型、主数据编码、主数据管理、主数据清洗、主数据质量和主数据集成等。

(1) 主数据模型提供主数据的建模功能，管理主数据的逻辑模型和物理模型等。

(2) 主数据编码支持各种形式主数据的编码，提供数据编码申请、审批、集成等服务。编码功能是主数据产品的初级形态，也是主数据产品的核心能力。

(3) 主数据管理主要提供主数据的增/删/改/查功能。

(4) 主数据清洗主要包括主数据的采集、转换、清理、装载等功能。

(5) 主数据质量主要提供主数据从质量问题发现到质量问题处理的闭环管理功能。

(6) 主数据集成主要提供主数据采集和分发服务，完成与企业其他异构系统的对接。

图3-6显示了某公司使用主数据管理平台(MDM平台)对输入数据进行管理。图3-7显示了某公司使用主数据平台为应用服务提供数据服务。图3-8显示了某高校建设的主数据管理

平台的整体架构，主要包含数据集成层、数据存储层和接口层。

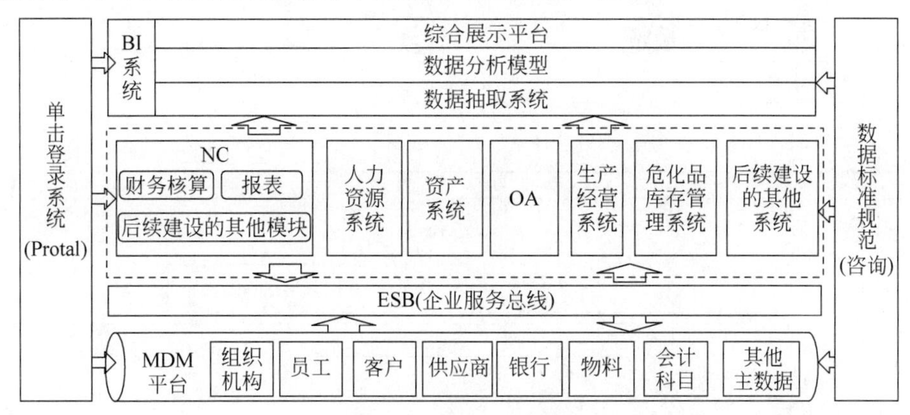

图 3-6　主数据管理平台

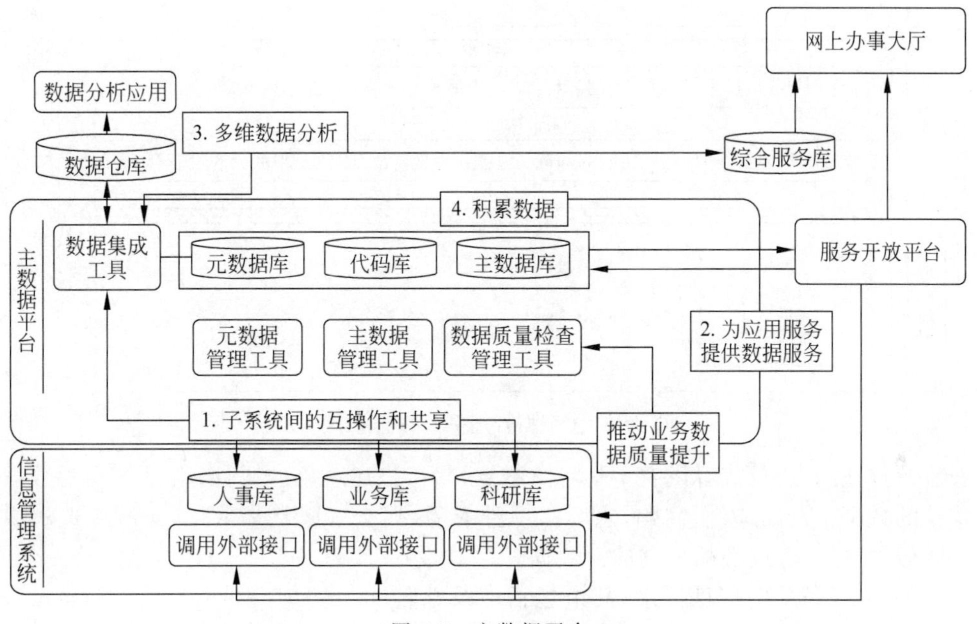

图 3-7　主数据平台

3.3.2　元数据概述

1. 认识元数据

元数据是描述企业数据的相关数据(包括对数据的业务、结构、定义、存储、安全等各方面的描述)，一般是指在 IT 系统建设过程中所产生的与数据定义、目标定义、转换规则等相关的关键数据，在数据治理中具有重要的地位。

元数据不仅仅表示数据的类型、名称、值等信息，它可以理解为一组用来描述数据的信息组/数据组，该信息组/数据组中的一切数据、信息都描述/反映了某个数据的某方面特征，则该信息组/数据组可称为一个元数据。例如，元数据可以为数据说明其元素或属性(名称、大小、数据类型等)，或其结构(长度、字段、数据列)，或其相关数据(位于何处、如何联系、拥有者)。在日常生活中，元数据无所不在。只要有一类事物，就可以定义一套元数据。

一般来讲，元数据主要用来描述数据属性的信息，例如记录数据仓库中模型的定义、各层级间的映射关系、监控数据仓库的数据状态及 ETL 的任务运行状态等。因此，元数据是对数

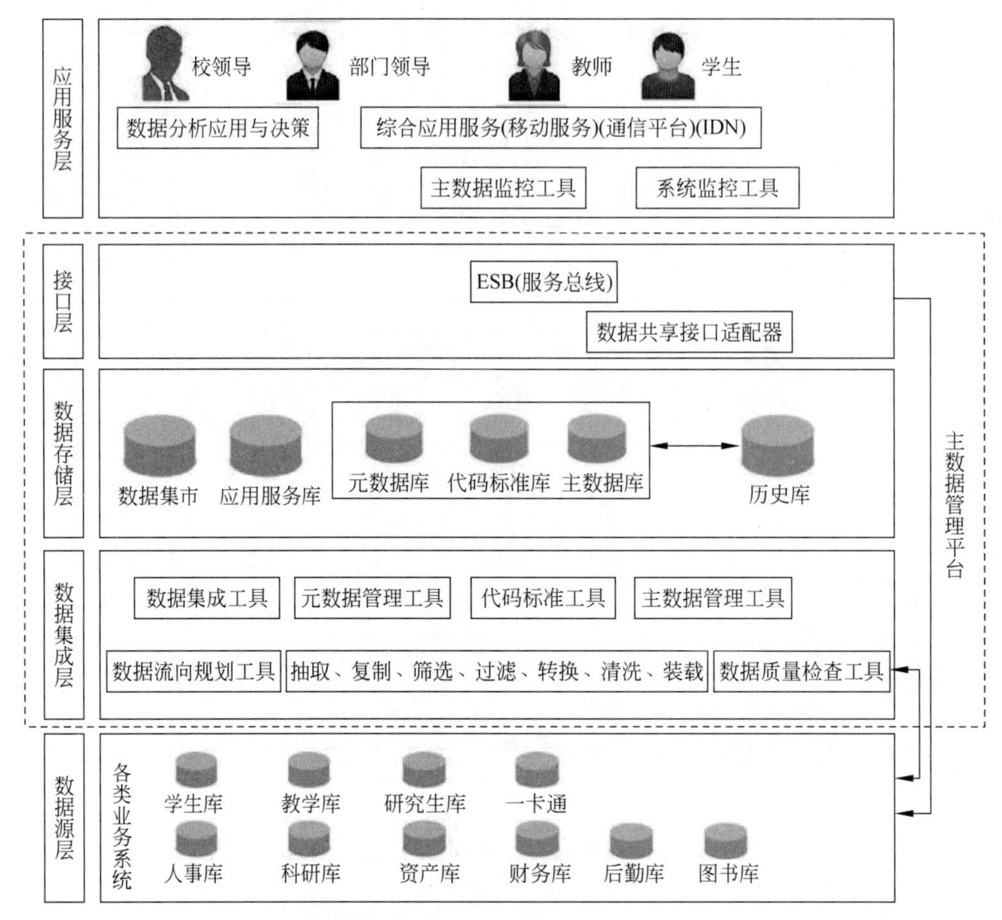

图 3-8 主数据管理平台的整体架构

据本身进行描述的数据，或者说它不是对象本身，它只描述对象的属性，就是一个对数据自身进行描绘的数据。例如，人们网购，想要买一件衣服，那么衣服就是数据，而所挑选衣服的色彩、尺寸、做工、样式等属性就是它的元数据。

又例如，有一条学生信息记录，其中包括字段姓名(name)、年龄(age)、性别(gender)、班级(class)等，那么姓名、年龄、性别、班级就是元数据。通过它们的描述，一条关于学生信息的数据记录就产生了。

再例如，在电影数据库 IMDB 上可以查到每部电影的信息。IMDB 本身也定义了一套元数据，用来描述每部电影。下面是它的元数据，可以从多方面刻画一部电影：Cast and Crew(演职人员)、Company Credits(相关公司)、Basic Data(基本情况)、Plot and Quotes(情节和引语)、Fun Stuff(趣味信息)、Links to Other Sites(外部链接)、Box Office and Business(票房和商业开发)、Technical Info(技术信息)、Literature(书面内容)、Other Data(其他信息)。

在实际应用中记录元数据时经常使用以下指标。

1) 总体概况

标题：生成它的数据集或项目的名称。

创建者：创建数据的组织或人员的姓名和地址，个人姓名的首选格式是姓氏。

标识符：用于标识数据的唯一编号，即使只是内部项目参考编号。

日期：与数据关联的关键日期，包括项目开始和结束日期、发布日期、数据涵盖的时间段，以及与数据生命周期相关的其他日期、例如维护周期、更新时间，其首选格式为 yyyy-mm-dd 或 yyyy. mm. dd-yyyy. mm. dd。

方法：如何生成数据，列出所使用的设备和软件（包括模型和版本号）、公式、算法等。

处理：数据如何被更改或处理（例如标准化）。

来源：来自其他来源的数据的引用，包括源数据的保存位置和访问方式的详细信息。

2）内容说明

主题：描述数据主题或者内容的关键字或短语。

地点：所有适用的物理位置。

语言：数据集中使用的所有语言。

变量列表：数据文件中的所有变量（如果适用）。

代码列表：文件名中使用的代码或缩写的说明或数据文件中的变量。

3）技术说明

文件清单：与项目关联的所有文件，包括扩展名。

文件格式：数据格式，例如 FITS、SPSS、HTML、JPEG 等。

文件结构：数据文件的组织和变量的布局（如果适用）。

版本：每个版本的唯一日期/时间戳和标识符。

权利：任何已知的知识产权、法定权利、许可或数据使用限制。

访问信息：可以在何处及如何访问该数据。

【例 3-1】 在 Tableau 中查看数据和元数据。

（1）下载并安装 Tableau。

（2）运行 Tableau，在已保存的数据源中选择“示例-超市”，如图 3-9 所示。

图 3-9 选择数据源

（3）选中“预览数据源”选项，查看“示例-超市”中的数据，如图 3-10 所示。

订单 Id	订单日期	发货日期	邮寄方式	客户名称	细分	城市	省/自治区	国家	地区	类别	子类别	产品名称
US-2018-1357144	2018/4/27	2018/4/29	二级	曾惠	公司	杭州	浙江	中国	华东	办公用品	用品	Fiskars 剪刀, 蓝色
CN-2018-1973789	2018/6/15	2018/6/19	标准级	许安	消费者	内江	四川	中国	西南	办公用品	信封	GlobeWeis 搭扣信封, ...
CN-2018-1973789	2018/6/15	2018/6/19	标准级	许安	消费者	内江	四川	中国	西南	办公用品	装订机	Cardinal 孔加固材料, ...
US-2018-3017568	2018/12/9	2018/12/13	标准级	宋良	公司	镇江	江苏	中国	华东	办公用品	用品	Kleencut 开信刀, 工业
CN-2017-2975416	2017/5/31	2017/6/2	二级	万兰	消费者	汕头	广东	中国	中南	办公用品	器具	KitchenAid 搅拌机, 黑色
CN-2016-4497736	2016/10/27	2016/10/31	标准级	俞明	消费者	景德镇	江西	中国	华东	技术	设备	柯尼卡 打印机, 红色
CN-2016-4497736	2016/10/27	2016/10/31	标准级	俞明	消费者	景德镇	江西	中国	华东	办公用品	装订机	Ibico 订书机, 实惠
CN-2016-4497736	2016/10/27	2016/10/31	标准级	俞明	消费者	景德镇	江西	中国	华东	家具	椅子	SAFCO 扶手椅, 可调
CN-2016-4497736	2016/10/27	2016/10/31	标准级	俞明	消费者	景德镇	江西	中国	华东	办公用品	纸张	Green Bar 计划信息表,...
CN-2016-4497736	2016/10/27	2016/10/31	标准级	俞明	消费者	景德镇	江西	中国	华东	办公用品	系固件	Stockwell 橡皮筋, 整包
CN-2015-4195213	2015/12/22	2015/12/24	二级	谢雯	小型企业	榆林	陕西	中国	西北	技术	设备	爱普生 计算器, 耐用
CN-2018-5801711	2018/6/1	2018/6/6	标准级	康青	消费者	哈尔滨	黑龙江	中国	东北	技术	复印机	惠普 墨水, 红色
CN-2016-2752724	2016/6/5	2016/6/9	标准级	赵婵	消费者	青岛	山东	中国	华东	办公用品	信封	Jiffy 局间信封, 银色
CN-2016-2752724	2016/6/5	2016/6/9	标准级	赵婵	消费者	青岛	山东	中国	华东	技术	配件	SanDisk 键区, 可编程
CN-2016-2752724	2016/6/5	2016/6/9	标准级	赵婵	消费者	青岛	山东	中国	华东	技术	电话	诺基亚 充电器, 蓝色

图 3-10 查看“示例-超市”中的数据

（4）选中“管理元数据”选项，查看“示例-超市”中的元数据，如图 3-11 所示。

（5）选中“订单日期”字段，在右侧的下拉菜单中选择“描述”，可查看该字段的描述信息，如图 3-12 所示。

图 3-11 查看“示例-超市”中的元数据

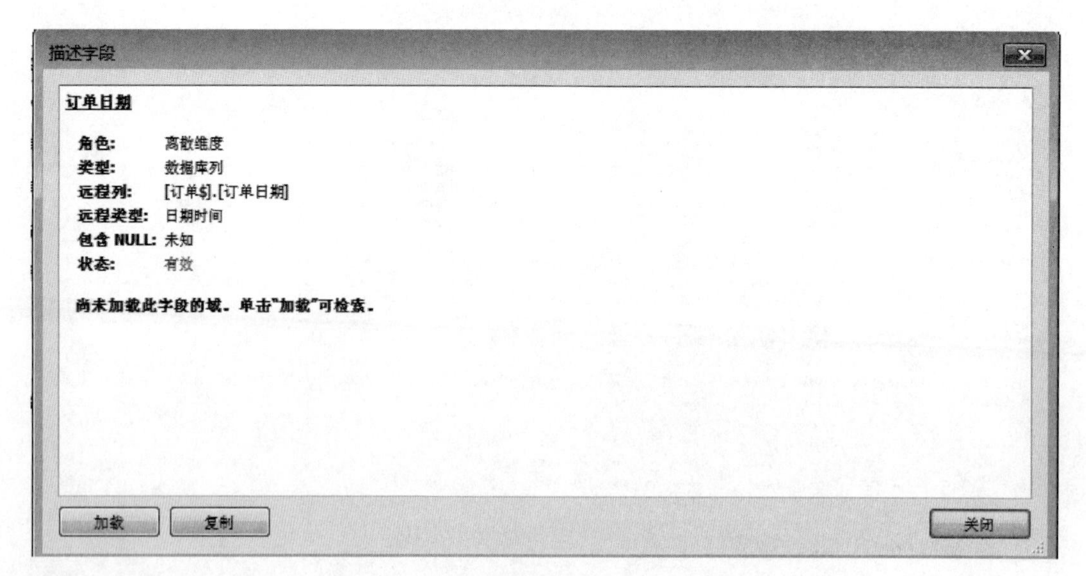

图 3-12 查看“订单日期”字段的描述信息

【例 3-2】 在 MySQL 中查看数据表的元数据。

(1) 运行 MySQL，输入命令“show databases;”，查看已创建好的数据库，如图 3-13 所示。

(2) 输入命令“use stu;”，选中 stu 数据库，如图 3-14 所示。

```
mysql> show databases;
+--------------------+
| Database           |
+--------------------+
| information_schema |
| company            |
| hy                 |
| library            |
| mysql              |
| performance_schema |
| stu                |
| student            |
| test               |
| user               |
+--------------------+
10 rows in set (0.54 sec)
```

图 3-13　查看数据库

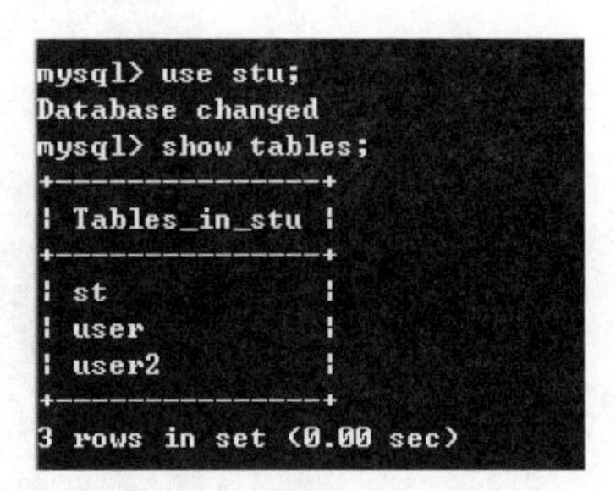

```
mysql> use stu;
Database changed
mysql> show tables;
+---------------+
| Tables_in_stu |
+---------------+
| st            |
| user          |
| user2         |
+---------------+
3 rows in set (0.00 sec)
```

图 3-14　选中 stu 数据库

(3) MySQL 用 show 语句获取元数据是最常用的方法。这里输入命令“show table status like 'user' \G;”查看数据表 user 的元数据(描述性信息),如图 3-15 所示。

```
mysql> show table status like 'user' \G;
*************************** 1. row ***************************
           Name: user
         Engine: InnoDB
        Version: 10
     Row_format: Compact
           Rows: 4
 Avg_row_length: 4096
    Data_length: 16384
Max_data_length: 0
   Index_length: 0
      Data_free: 0
 Auto_increment: NULL
    Create_time: 2018-12-25 22:35:55
    Update_time: NULL
     Check_time: NULL
      Collation: latin1_swedish_ci
       Checksum: NULL
 Create_options:
        Comment:
1 row in set (0.16 sec)
```

图 3-15　查看数据表 user 的元数据

【例 3-3】　在 MySQL 中查看 information_schema 数据库中的元数据。

(1) 运行 MySQL。

(2) information_schema 数据库是 MySQL 自带的信息数据库,主要用于存储数据库中的元数据(关于数据的数据),例如数据库名、表名、列的数据类型、访问权限等。这里输入命令“use information_schema;”和“show tables;”查看 information_schema 中的数据表,如图 3-16 所示。

(3) 输入命令“show character set;”查看 MySQL 中可用字符集的信息,如图 3-17 所示。

(4) 输入命令“select * from schemata;”查看当前 MySQL 实例中所有数据库的信息,如图 3-18 所示。

此外,用户也可以用代码来查看元数据,在 Kafka 中代码如下:

```
private final long metadataExpireMs;         //自动更新元数据,默认 5 分钟一次
private int version;                         //对于 Producer 端来说元数据是有版本号的,每次
                                             //更新元数据都会更新一下版本号
private long lastRefreshMs;                  //上一次更新元数据的时间
private long lastSuccessfulRefreshMs;        //上一次成功更新元数据的时间,可能有时更新不成功
private Cluster cluster;                     //Kafka 集群本身的元数据消息
private boolean needUpdate;                  //标识,用来判断是否更新元数据的标识之一
private final Map < String, Long > topics;   //存放当前所有的 topic
```

```
mysql> use information_schema;
Database changed
mysql> show tables;
+---------------------------------------+
| Tables_in_information_schema          |
+---------------------------------------+
| CHARACTER_SETS                        |
| COLLATIONS                            |
| COLLATION_CHARACTER_SET_APPLICABILITY |
| COLUMNS                               |
| COLUMN_PRIVILEGES                     |
| ENGINES                               |
| EVENTS                                |
| FILES                                 |
| GLOBAL_STATUS                         |
| GLOBAL_VARIABLES                      |
| KEY_COLUMN_USAGE                      |
| OPTIMIZER_TRACE                       |
| PARAMETERS                            |
| PARTITIONS                            |
| PLUGINS                               |
| PROCESSLIST                           |
| PROFILING                             |
| REFERENTIAL_CONSTRAINTS               |
| ROUTINES                              |
| SCHEMATA                              |
| SCHEMA_PRIVILEGES                     |
| SESSION_STATUS                        |
| SESSION_VARIABLES                     |
| STATISTICS                            |
| TABLES                                |
| TABLESPACES                           |
| TABLE_CONSTRAINTS                     |
```

图 3-16　查看 information_schema 中的数据表

```
mysql> show character set;
+----------+-----------------------------+---------------------+--------+
| Charset  | Description                 | Default collation   | Maxlen |
+----------+-----------------------------+---------------------+--------+
| big5     | Big5 Traditional Chinese    | big5_chinese_ci     |      2 |
| dec8     | DEC West European           | dec8_swedish_ci     |      1 |
| cp850    | DOS West European           | cp850_general_ci    |      1 |
| hp8      | HP West European            | hp8_english_ci      |      1 |
| koi8r    | KOI8-R Relcom Russian       | koi8r_general_ci    |      1 |
| latin1   | cp1252 West European        | latin1_swedish_ci   |      1 |
| latin2   | ISO 8859-2 Central European | latin2_general_ci   |      1 |
| swe7     | 7bit Swedish                | swe7_swedish_ci     |      1 |
| ascii    | US ASCII                    | ascii_general_ci    |      1 |
| ujis     | EUC-JP Japanese             | ujis_japanese_ci    |      3 |
| sjis     | Shift-JIS Japanese          | sjis_japanese_ci    |      2 |
| hebrew   | ISO 8859-8 Hebrew           | hebrew_general_ci   |      1 |
| tis620   | TIS620 Thai                 | tis620_thai_ci      |      1 |
| euckr    | EUC-KR Korean               | euckr_korean_ci     |      2 |
| koi8u    | KOI8-U Ukrainian            | koi8u_general_ci    |      1 |
| gb2312   | GB2312 Simplified Chinese   | gb2312_chinese_ci   |      2 |
| greek    | ISO 8859-7 Greek            | greek_general_ci    |      1 |
| cp1250   | Windows Central European    | cp1250_general_ci   |      1 |
| gbk      | GBK Simplified Chinese      | gbk_chinese_ci      |      2 |
| latin5   | ISO 8859-9 Turkish          | latin5_turkish_ci   |      1 |
| armscii8 | ARMSCII-8 Armenian          | armscii8_general_ci |      1 |
| utf8     | UTF-8 Unicode               | utf8_general_ci     |      3 |
| ucs2     | UCS-2 Unicode               | ucs2_general_ci     |      2 |
| cp866    | DOS Russian                 | cp866_general_ci    |      1 |
| keybcs2  | DOS Kamenicky Czech-Slovak  | keybcs2_general_ci  |      1 |
| macce    | Mac Central European        | macce_general_ci    |      1 |
| macroman | Mac West European           | macroman_general_ci |      1 |
| cp852    | DOS Central European        | cp852_general_ci    |      1 |
| latin7   | ISO 8859-13 Baltic          | latin7_general_ci   |      1 |
| utf8mb4  | UTF-8 Unicode               | utf8mb4_general_ci  |      4 |
```

图 3-17　查看可用字符集的信息

2. 电子文件元数据

电子文件的形成、捕获、登记、分类、存储和保管、利用、跟踪、处置、传输、归档移交及长期保存等都需要记录在元数据中，并应保持连续、一致，以确保电子文件的真实性、完整性与有效性。因此，电子文件元数据是描述电子文件数据属性的数据，包括文件的格式、编排结构、硬件和软件环境、文件处理软件、字处理软件和图形处理软件、字符集等数据。此外，电子文件元数

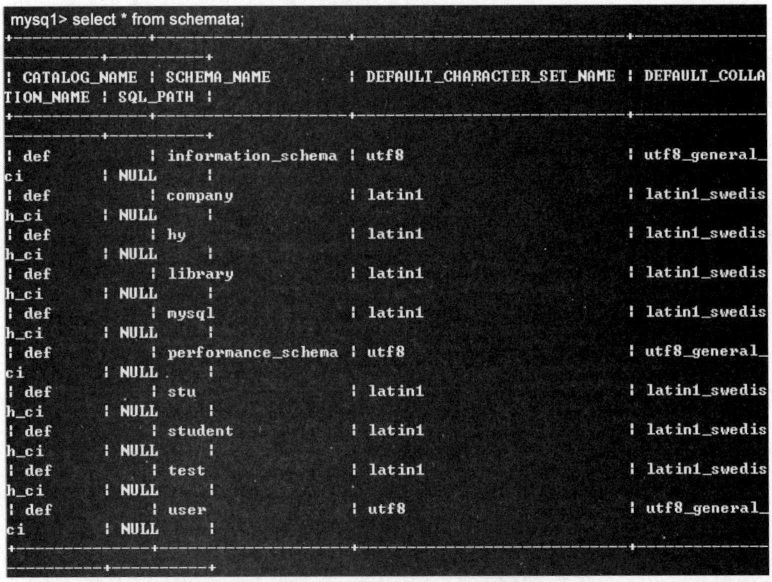

```
mysq1> select * from schemata;
+--------------+--------------------+----------------------------+-----------------
-------------+-----------+
| CATALOG_NAME | SCHEMA_NAME        | DEFAULT_CHARACTER_SET_NAME | DEFAULT_COLLA
TION_NAME | SQL_PATH |
+--------------+--------------------+----------------------------+-----------------
-------------+-----------+
| def          | information_schema | utf8                       | utf8_general_
ci        | NULL     |
| def          | company            | latin1                     | latin1_swedis
h_ci      | NULL     |
| def          | hy                 | latin1                     | latin1_swedis
h_ci      | NULL     |
| def          | library            | latin1                     | latin1_swedis
h_ci      | NULL     |
| def          | mysql              | latin1                     | latin1_swedis
h_ci      | NULL     |
| def          | performance_schema | utf8                       | utf8_general_
ci        | NULL     |
| def          | stu                | latin1                     | latin1_swedis
h_ci      | NULL     |
| def          | student            | latin1                     | latin1_swedis
h_ci      | NULL     |
| def          | test               | latin1                     | latin1_swedis
h_ci      | NULL     |
| def          | user               | utf8                       | utf8_general_
ci        | NULL     |
+--------------+--------------------+----------------------------+-----------------
-------------+-----------+
```

图 3-18　查看所有数据库的信息

据描述的数字对象为通用的电子文件核心元数据，主要为原生电子文件与数字化文件（文本、图像）元数据。

1）电子文件元数据模型

电子文件元数据模型的建立是以文件连续体理论为基础的。文件作为交流、传递、存储、利用信息的工具，其生成、处理、运转必然与文件责任者处理某项事务相关。对该事务的办理，形成文件的业务活动，构成了文件的来源。这种业务活动构成了文件的背景。文件管理业务系统的各个流程需要通过元数据实现对文件或档案的管理。

电子文件元数据体系由一系列元素组成，元素之间的相互关系形成了元数据的结构。元数据的结构与所描述及管理的资源对象的特性相关，并与元数据规范的设计思想与相关抽象模型相关。在电子文件元数据模型中，元数据的用途之一是用来描述业务系统中的实体。关键的实体如下：

- 文件实体。文件本身，不管是单份文件还是文件集合体。
- 责任者实体。业务环境中的人或组织结构。
- 业务实体。业务办理。

通常，可以将元数据分为下列几类：关于文件自身的元数据、关于责任者的元数据、关于业务工作或过程的元数据、关于业务规章制度与政策及法规的元数据、关于文件管理过程的元数据。

在电子文件元数据标准中，元数据元素的语义构成见表 3-9，元数据文件主体见表 3-10，元数据文件摘要见表 3-11，元数据文件日期见表 3-12。

表 3-9　元数据元素的语义构成

元素名称	元素描述
定义	对元素概念与内涵的说明
用途	表明元素的作用
必备性	说明元素必选、可选或条件必选
可重复性	说明元素是否可以重复出现

续表

元素名称	元素描述
取值范围	元素取值的允许范围，有可能从编码体系中获取
适用性	元素适用范围
限定元素	对现有的元素语义进行细化或者限定
默认值	一般情况下元素的取值
使用条件	使用该元素需满足的条件
来源	元素取值的信息来源
注释	对元素的补充说明

表 3-10　元数据文件主体

定义	用以表达文件主题内容的规范化词或词组。关键词是在标引和检索中取自文件、案卷题名或正文，用以表达文件主题并具有检索意思的词或词组			
用途	简略概括文件内容主题并便于检索利用；便于按主题进行文件组合			
必备性	必选			
可重复性	可重复			
取值范围	主题词编码表或自由文本，例如《公文主题词表》《档案主题词表》《中国档案分类表》，有助于规范文件的标引和检索过程，确保不同用户之间的一致性			
适用性	仅限于文件和文件组合(案卷)主题词的描述，描述系列和全宗时不可选			
限定元素	限定元素名称	取值范围	必备性	可重复性
	主题词或关键词	主题词编码表或自由文本	必选	可重复
	次关键词	主题词编码表或自由文本	可选	可重复
	第三关键词	主题词编码表或自由文本	可选	可重复
默认值	无			
使用条件	无			
来源	在创建或处理文件实体时产生。元数据文件主体的信息来源主要是在文件的创建或处理阶段，在这一阶段，负责文件管理的人员会根据文件的内容和上下文选择最合适的关键词，以便于未来的文件管理和检索			
著录细则	由文件创建者或处理人员手工著录，或根据主题词表选择著录			
注释	主题词或关键词作为限定元素名称，其取值范围包括主题词编码表或自由文本，且在文件元数据中是必选的，同时也支持可重复性，以适应可能的多主题描述需求			

表 3-11　元数据文件摘要

定义	对文件或文件组合内容的摘录、解释、附录及说明，能够反映主题内容、重要数据(包括技术参数等)
用途	便于对文件的了解、检索和利用
必备性	可选
可重复性	可重复
适用性	适用于文件实体的所有类型
默认值	无
使用条件	无
来源	在文件实体生成时由处理人员著录，或由档案管理人员著录
著录细则	需要文件创建者或处理人员手工著录。 如果文件用于描述单个文件，则著录为文件提要； 如果文件用于描述文件组合(案卷)，则著录案卷描述信息； 如果文件用于描述类别(系列)，则著录类别(系列)说明； 如果文件用于描述全宗，则著录全宗指南
注释	扼要介绍文件内容要点，指出文件的价值、特点、可靠程度等，要求评述中肯、文字简洁，不是文件题名的简单重复

表 3-12 元数据文件日期

<table>
<tr><td>定义</td><td colspan="4">文件生命周期某一事件相关的时间</td></tr>
<tr><td>用途</td><td colspan="4">提供对创立、登记和处理行为的系统确认；
提供文件真实性的证明；
限制或帮助对文件的获取；
提供对文件适当和可靠的管理</td></tr>
<tr><td>必备性</td><td colspan="4">必选</td></tr>
<tr><td>可重复性</td><td colspan="4">可重复</td></tr>
<tr><td>取值范围</td><td colspan="4">ISO 8601</td></tr>
<tr><td>适用性</td><td colspan="4">适用于文件实体所有类型</td></tr>
<tr><td rowspan="5">限定元素</td><td>限定元素名称</td><td>取值范围</td><td>必备性</td><td>可重复性</td></tr>
<tr><td>创建日期</td><td>ISO 8601</td><td>必选</td><td>不可重复</td></tr>
<tr><td>登记日期</td><td>ISO 8601</td><td>必选</td><td>不可重复</td></tr>
<tr><td>传输日期</td><td>ISO 8601</td><td>可选</td><td>可重复</td></tr>
<tr><td>归档日期</td><td>ISO 8601</td><td>可选</td><td>不可重复</td></tr>
<tr><td>默认值</td><td colspan="4">创建日期：文件创建时的系统日期/时间；
登记日期：文件登记时的系统日期/时间；
传输日期：文件被传输或共享时的日期/时间；
归档日期：文件被归档或存储时的日期/时间</td></tr>
<tr><td>使用条件</td><td colspan="4">当文件实体为文件时，属性 Type 的值可以为创建日期、登记日期、传输日期、归档日期；
当文件实体为案卷时，属性 Type 的值可以为创建日期、归档日期；
当文件实体为系列或全宗时，属性 Type 的值只为创建日期</td></tr>
<tr><td>来源</td><td colspan="4">来源于文件实体创建、登记、传输与归档过程。多数情况下，文件时间元数据由系统生成</td></tr>
<tr><td>注释</td><td colspan="4">适用性根据文件实体类型（文件、案卷、系列、全宗）有所不同；
取值范围采用的标准时间格式 ISO 8601 是国际标准组织定义的一种日期和时间表示方法</td></tr>
</table>

2）电子文件元数据的语法

电子文件元数据的语法（句法）是一个形式化描述的问题，即将元数据规范体系的所有语义、结构及描述的内容以人可读或计算机可读的形式化方式描述出来，从标准、开放、互操作角度，采用标记语言对元数据集进行描述，其中 XML 标记语言的应用较多。

元数据形式化描述包括两方面的内容，一是有关元数据规范的定义与描述；二是有关元数据记录的描述。从系统应用的角度来说，前者如数据词典或数据库结构，后者则为数据记录。因内容与要求不同，两者可采用不同的描述方法。

从描述元数据规范来说，主要有 DTD、XML Schema 和 RDFS3 种方法。其中，DTD 是通过 SGML 应用程序来使用的，但存在描述能力不强、重用的代价相对较高等缺点；XML Schema 是对 DTD 的扩展，采用了 XML 形式来定义描述 XML 文档的结构，因此可以很方便地利用 XML 解析器与相关工具进行处理，并且通过引入数据类型，大大提高了对数据的描述能力；RDFS 采用基于 RDF 的语法来进行 RDF 规范的描述，更多地用于描述属性及它们的意义与关系等。

由于 XML 具有过多的灵活性，在格式正确的前提下，对于元数据记录的描述有多种可能性，但灵活性对不同行业不同元数据规范之间的互操作具有负面作用。RDF 不仅具有清晰的描述结构，还具有较强的描述元数据结构与语义关系的能力，更适合展现元数据的内容，但存在体积大、增加系统负载等问题。用户在实际应用中要根据需要来选择。

编码不仅是元数据长期保存、互操作的基础，同时也可以在应用中直接作为元数据挖掘与展现的技术平台。在大数据量的实际应用中，鉴于应用的复杂程度与效率之间的矛盾，在系统内部采用自行定义的高效率编码或数据库设计也是一种选择，但前提是内、外接口必须能够支持标准的标记语言编码，以保证系统的互操作能力。

【例 3-4】 电子文件元数据实例。

```
<?xml version = "1.0" encoding = "gb2312" ?>
< saac:信息总体 xmlns:saac = "http://www.gov.cn">
< saac:文件实体>
< saac:文件层级>文件层级</saac:文件层级>
</saac:文件实体>
< saac:标识>
< saac:文件标识码>唯一标识码</saac:文件标识码>
< saac:文件编号>文件编号</saac:文件编号>
</saac:标识>
< saac:题名>
< saac:正题名>正题名</saac:正题名>
< saac:并列题名>并列题名</saac:并列题名>
< saac:副题名及说明题名文字>副题名及说明题名文字</saac:副题名及说明题名文字>
< saac:缩写题名>缩写题名</saac:缩写题名>
</saac:题名>
< saac:分类>
< saac:职能分类>职能分类</saac:职能分类>
< saac:主题分类>主题分类</saac:主题分类>
</saac:分类>
< saac:主题>
< saac:主题词或关键词>主题词或关键词</saac:主题词或关键词>
< saac:次关键词>次关键词</saac:次关键词>
< saac:第三关键词>第三关键词</saac:第三关键词>
</saac:主题>
< saac:语种>中文</saac:语种>
< saac:文种>公文</saac:文种>
< saac:位置>
< saac:当前位置>二级存储</saac:当前位置>
< saac:存储位置>\data\A1\A1 - 14 - 0034 - 117 </saac:存储位置>
< saac:存储说明 />
</saac:位置>
< saac:业务描述>
< saac:业务范围 />
< saac:业务名称 />
< saac:业务说明 />
</saac:业务描述>
</saac:信息总体>
```

3.3.3 元数据管理

1. 元数据管理模型

1）元数据管理概述

元数据管理是数据治理的基础和核心，是构建企业信息单一视图的重要组成部分，元数据管理可以保证在整个企业范围内跨业务竖井协调和重用主数据。元数据管理不会创建新的数据或新的数据纵向结构，而是提供一种方法使企业能够有效地管理分布在整个信息供应链中的各种主数据(由信息供应链各业务系统产生)。

从整个企业层面来说，各种工具软件和应用程序越来越复杂，相互依存度逐年增加，相应地追踪整个信息供应链各组件之间数据的流动、了解数据元素的含义和上下文的需求越来越强烈。在从应用议程向信息议程转变的过程中，元数据管理也逐渐从局部存储和管理转向共享。从总量上来看，整个企业的元数据越来越多，仅现有的数据模型中就包含了成千上万的表，并且还有更多的模型等着上线，同时随着大数据时代的来临，企业需要处理的数据类型越来越多。因此，企业为了更高效地运转，需要明确元数据管理策略和元数据集成体系结构，依托成熟的方法论和工具实现元数据管理，并有步骤地提升其元数据管理成熟度。

元数据管理一直比较困难，一个很重要的原因就是缺乏统一的标准。在这种情况下，各公司的元数据管理解决方案各不相同。近几年来，随着元数据联盟（Meta Data Coalition，MDC）的开放信息模型（Open Information Model，OIM）和 OMG 组织的公共仓库模型（Common Warehouse Model，CWM）标准的逐渐完善，以及 MDC 和 OMG 组织的合并，为数据仓库厂商提供了统一的标准，从而为元数据管理铺平了道路。

2）元数据管理策略

为了实现大数据治理，构建智慧的分析洞察，企业需要实现贯穿整个企业的元数据集成，建立完整且一致的元数据管理策略，该策略不仅仅针对某个数据仓库项目、业务分析项目、某个大数据项目或某个应用单独制定一个管理策略，而是针对整个企业构建完整的管理策略。元数据管理策略也不是技术标准或某个软件工具可以取代的，无论软件工具的功能多么强大都不能完全替代一个完整一致的元数据管理策略，反而在定义元数据集成体系结构及选购元数据管理工具之前需要定义元数据管理策略。

元数据管理策略需要明确企业元数据管理的愿景、目标、需求、约束和策略等，依据企业自身当前及未来的需要确定要实现的元数据管理成熟度及实现目标成熟度的路线图完成基础本体、任务本体和应用本体的构建，确定元数据管理的安全策略、版本控制及元数据的订阅和推送等。企业需要对业务术语、技术术语中的敏感数据进行标记和分类，制定相应的数据隐私保护政策，确保企业在隐私保护方面符合当地隐私方面的法律、法规，如果企业有跨国数据交换、元数据交换的需求，也要遵循所涉及国家的法律、法规要求。企业需要保证每个元数据元素在信息供应链中的每个组件中语义上保持一致，也就是语义等效。语义等效（平均）可以强也可以弱，在一个元数据集成方案中，语义等效越强则整个方案的效率越高。语义等效的强弱程度直接影响了元数据的共享和重用。

本体（ontology）是元数据管理中的核心概念，是领域概念及概念之间关系的规范化描述，并且这种描述是规范的、明确的、形式化的、可共享的。本体有时也被翻译成本体论，在人工智能和计算机科学领域中的本体最早源于 20 世纪 70 年代中期，随着人工智能的发展，人们发现知识的获取是构建强大人工智能系统的关键，于是开始将新的本体创建为计算机模型，从而实现特定类型的自动化推理。到了 20 世纪 80 年代，人工智能领域开始使用本体表示模型化时间的一种理论及知识系统的一种组件，认为本体（人工智能）是一种应用哲学。目前被人们广泛接受的一个本体定义为“本体是共享概念模型的明确形式化规范说明”。本体提供了一个共享词汇表，可以用来对一个领域建模，具体包括存在的对象或概念的类型，以及它们的属性和关系。随着时间的推移和技术的发展，本体从最开始的人工智能领域逐渐扩展到图书馆学、情报学、软件工程、信息架构、生物医学和信息学等越来越多的学科。本体（人工智能和计算机科学）依赖某种类别体系来表达实体、概念、事件及其属性和关系。一个本体可以由类（class）、关系（relations）、函数（function）、公理（axioms）和实例（instances）5 种元素组成。其中，类也称为概念。本体的核心是知识共享和重用，通过减少特定领域内概念或术语上的分歧，使不同的用户之间可以顺畅地沟通和交流并保持语义等效性，同时让不同的工具软件和应用系统之间实现互操作。

根据研究层次可以将本体划分为顶级本体（top-level ontology）、领域本体（domain ontology）、应用本体（application ontology）和任务本体（task ontology）几种类型。

（1）顶级本体。顶级本体也称为上层本体（upper ontology）或基础本体（foundation

ontology)，是指独立于具体的问题或领域，在所有领域都适用的共同对象或概念所构成的模型，主要用来描述高级别且通用的概念及概念之间的关系。顶级本体是指对某个特定的领域建模，显式地实现对领域的定义，确定该领域内共同认可的词汇、词汇业务的含义和对应的信息资产等，提供对该领域知识的共同理解。

(2) 领域本体。领域本体是专业性的本体，在这类本体中被表示的知识是针对特定学科领域的。这类本体描述的词表关系到某一学科领域，例如飞机制造、化学元素周期表等。它们提供了关于某个学科领域中概念的词表及概念之间的关系，或者该学科领域的重要理论。

(3) 应用本体。应用本体描述依赖于特定领域和任务的概念及概念之间的关系，是用于特定应用或用途的本体，其范畴可以通过可测试的用例来指定。

(4) 任务本体。任务本体是针对任务元素及其之间关系的规范说明或详细说明，用来解释任务存在的条件及可以被用在哪些领域或环境中，是一个通用术语的集合，用来描述关于任务的定义和概念等。

3) 元数据集成体系结构

在明确了元数据管理策略后需要确定实现该管理策略所需的技术体系结构，即元数据集成体系结构。元数据集成体系结构涉及多个概念，例如元模型、元-元模型、公共仓库元模型(CWM)等。

值得注意的是，统一、完整的元数据管理，特别是清晰的主题域划分、完善的元模型和元-元模型有利于更好地管理主数据。

(1) 元模型。模型(model)是对特定的系统、过程、事物或概念的准确而抽象的表示，是描述数据的数据。例如软件架构师可以用概要设计的形式建立一个应用系统的模型。从本质上来说，元数据是数据的形式化模型，是数据的抽象描述，该描述准确地描述了数据。元模型(meta model)也就是模型的模型(或者元-元数据)，是用来描述元数据的模型。使用元模型的目的在于识别资源，评价资源，追踪资源在使用过程中的变化，简单、高效地管理大量网络化数据，实现信息资源的有效发现、查找、一体化组织和对所使用资源的有效管理。图 3-19 显示了数据、元数据和元模型之间的关系。

人们可以将元模型想象成某种形式语言，这样模型就是一篇用该语言描述的文章，其中元模型中的元素就是该语言的词汇，元素之间的关系就是该语言的语法。元模型与形式语言的关系如图 3-20 所示。

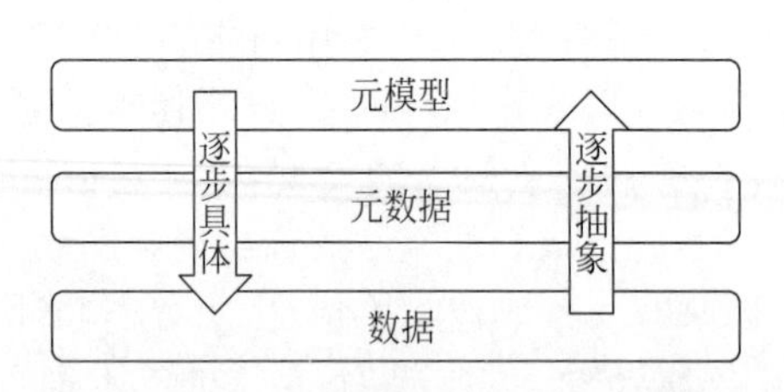

图 3-19 数据、元数据和元模型之间的关系

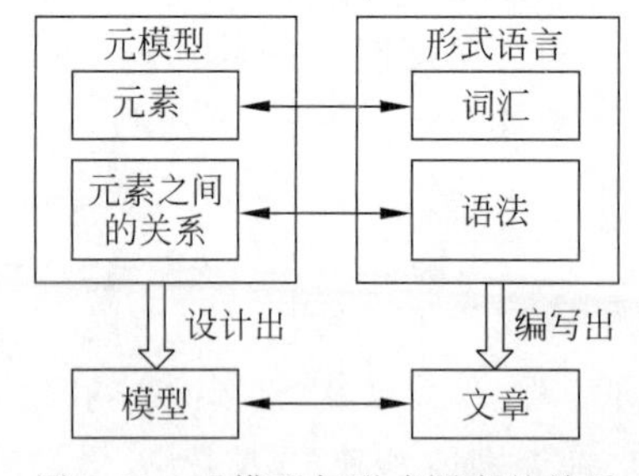

图 3-20 元模型与形式语言的关系

在具体应用中，如果要创建一个关系型表模型，基于该表元模型创建一个实例即可。比如创建一个常见的雇员表(Employees 表)模型，具体如图 3-21 所示，Employees 表中包含了 6 列，分别是编号(ID)、姓(First_name)、名字(Last_name)、部门编号(Depart_ID)、经理编号(Manager_ID)和职位编号(Job_ID)。

同样基于图 3-20 所示的简单关系型表元模型创建另一个实例——Department 表模型。Department 表中包含两列，分别是编号(ID)和部门名称(name)，具体如图 3-22 所示。由于

Department 表模型和 Employees 表模型基于相同的公共元模型，它们是同一个元模型的实例，所以其他工具和应用程序软件可以很容易地理解 Department 表和 Employees 表。

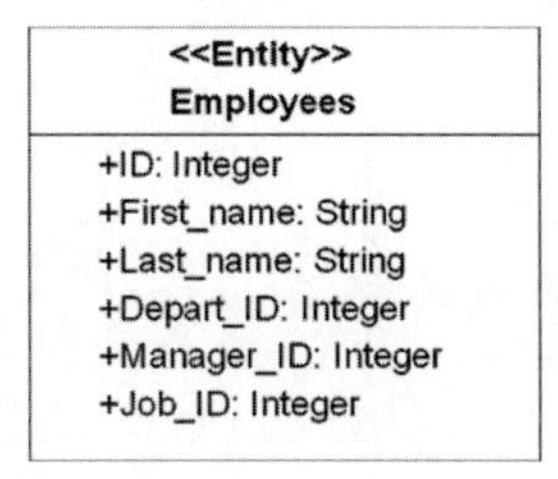

图 3-21 Employees 表模型

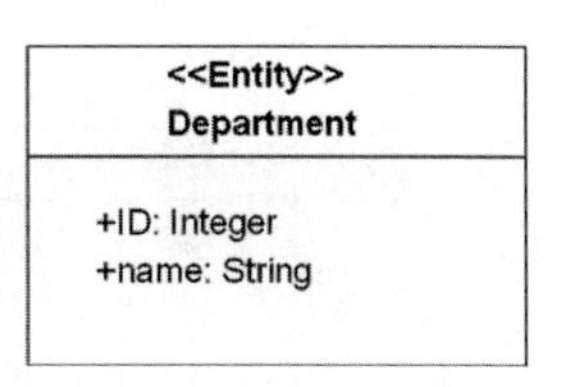

图 3-22 Department 表模型

当元模型在企业中实际应用时，例如在 Hadoop 环境下，通常会涉及大数据集群 NameNode 元数据，包括集群的运行监控信息及文件/目录元数据，表 3-13 为 NameNode 节点的元数据信息，表 3-14 为作业监控信息，表 3-15 为 DataNode 节点的元数据信息。

表 3-13 NameNode 节点的元数据信息

英 文 名	中 文 名	类 型	备 注
Configured Capacity	配置容量	double	
Present Capacity	当前总容量	double	
DFS Remaining	剩余容量	double	
DFS Used	已用容量	double	
DFS Used%	使用率	double	小数点后 4 位
Under replicated blocks	待复制数据块	double	
Blocks with corrupt replicas	中断复制数据块	double	
Missing blocks	丢失数据块	double	
Datanodes available	可用节点数	double	
Datanodes Non available	不可用节点数	double	

表 3-14 作业监控信息

英 文 名	中 文 名	类 型	备 注
Name	名称	text	
Description	描述	text	
LastModified	更新时间	date	
Steps	步骤	double	
Status	状态	text	
Owner	拥有人	text	

表 3-15 DataNode 节点的元数据信息

英 文 名	中 文 名	类 型	备 注
Name	节点名称	text	
Hostname	主机名	text	
Rack	所属机架	text	
Decommission Status	可用状态	text	
Configured Capacity	配置容量	double	
DFS Used	已用容量	double	
Non DFS Used	非 DFS 使用容量	double	
DFS Remaining	剩余容量	double	

续表

英 文 名	中 文 名	类 型	备 注
DFS Used%	使用率	double	小数点后 4 位
DFS Remaining%	剩余率	double	小数点后 4 位
Configured Cache Capacity	配置缓存容量	double	
Cache Used	缓存使用量	double	
Cache Remaining	缓存剩余量	double	
Cache Used%	缓存使用率	double	小数点后 4 位
Cache Remaining%	缓存剩余率	double	小数点后 4 位
Last contact	最近检查时间	date	

(2) 元-元模型。元-元模型就是元模型的模型，有时也被称为本体，是模型驱动的元数据集成体系结构的基础，其定义了描述元模型的语言，规定元模型必须依照一定的形式化规则来建立，以便所有的软件工具都能够对其进行理解。

元-元模型比元模型具有更高的抽象级别，一个元模型是一个元-元模型的实例，元模型比元-元模型更加精细，而元-元模型比元模型更加抽象。元数据(模型)是一个元模型的实例，遵守元模型的规定和约束。用户对象(或用户数据)是元数据(或者称为模型)的实例。元数据的层次结构如表 3-16 所示，共分为 4 层，最高层 L3 是元-元模型，之下是 L2(元模型)和 L1(模型/元数据)，最底层是 L0(用户对象/用户数据)。

表 3-16 元数据的层次结构

元层次	名 称	示 例
L3	元-元模型	元类、元属性、元操作
L2	元模型	类、属性、操作、构件
L1	模型/元数据	实体-关系(E-R)图
L0	用户对象/用户数据	交易数据、ODS 数据、数据仓库数据、数据集市数据、数据中心数据等

(3) 公共仓库元模型(CWM)。公共仓库元模型是被对象管理组织(Object Management Group，OMG)采纳的数据仓库和业务分析领域元数据交换开放式行业标准，在数据仓库和业务分析领域为元数据定义公共的元模型和基于 XML 的元数据交换(XMI)。CWM 作为一个标准的接口，可以使处于分布式、异构环境下的数据仓库元数据和商业智能元数据能方便地在不同的数据仓库工具、数据仓库平台和元数据仓库之间进行交换。CWM 提供一个框架为数据源、数据目标、转换、分析、流程和操作等创建和管理元数据，并提供元数据使用的世系信息。因此，CWM 实际上就是一个元数据交换的标准，是为各种数据仓库产品提出的一个标准。CWM 主要包含以下三方面的规范：

- CWM 元模型。CWM 元模型是描述数据仓库系统的模型。为了降低复杂度并达到重用，CWM 元模型采用分层的方式组织它所包含的包。CWM 元模型主要包括 4 层，即基础包 Foundation、资源包 Resource、分析包 Analysis 和管理包 Management。
- CWM XML 和 CWM DTD。DTD 和 XML 是对应于 CWM 中所有包的 DTD 和 XML，它们都遵循 XMI 规范。定义 CWM DTD 和 CWM XML 的主要目的是基于 XML 进行元数据交换，因为 XML 在各个领域的应用越来越广泛，CWM 提供元模型到 XML 的转换，无疑大大增加了自己的通用性，各种分析工具和元数据库可以利用这些模板为自己的元模型生成 DTD 和 XML 文档，这样就可以和其他的工具进行元数据交换。

- CWM IDL。CWM IDL 是共享元数据的应用程序访问接口(API)。CWM IDL 为上面所有的包定义了符合 MOF 1.3 的 IDL 接口,这样就可以利用 CORBA 进行元数据交换。用户可以创建一些具有分析功能的软件包,例如数据挖掘组件等。提供 CWM 中规定的 IDL 接口,就可以被其他支持 CWM 的工具和数据仓库调用,这样大大增强了 CWM 的灵活性和适用性。

CWM 1.1 是在 2003 年 3 月发布的,与之相关的 OMG 组织规范还有 MOF(元对象设施)、UML 和 XMI。这 3 个标准是 OMG 元数据库体系结构的核心,MOF 为构建模型和元模型提供了可扩展的框架,并提供了存取元数据的程序接口;UML 定义了表示模型和元模型的语法和语义;而利用 XMI 可以将元数据转换为标准的 XML 数据流或文件的格式,以便进行交换,这大大增强了 CWM 的通用性。

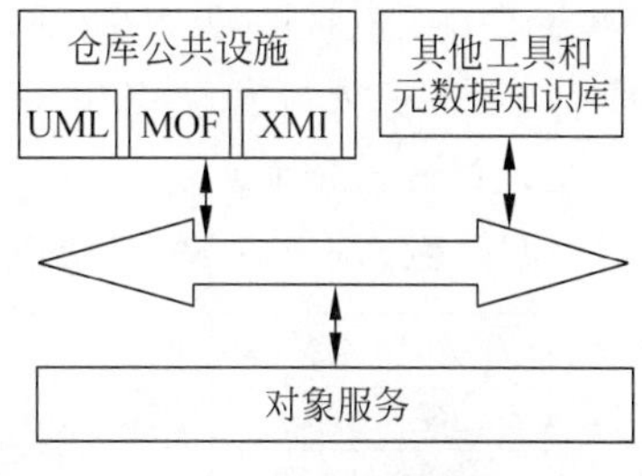

图 3-23 OMG 的元数据仓库体系结构

图 3-23 显示了 OMG 的元数据仓库体系结构,其中 UML 表示对 CWM 模型进行建模,而 MOF 则是 OMG 元模型和元数据的存储标准,它提供在异构环境下对元数据知识库的访问接口。

2. 元数据管理功能

元数据管理功能主要包含数据地图、元数据分析、辅助应用优化、辅助安全管理及基于元数据的开发管理。

1) 数据地图

数据地图是一种图形化的数据资产管理工具,数据地图以拓扑图的形式对数据系统中的各类数据实体、数据处理过程元数据进行分层次的图形化展现,并通过不同层次的图形展现粒度控制,满足开发、运维或者业务上不同应用场景的图形查询和辅助分析需要。数据地图提供的数据服务主要有以下几点:

(1) 快速进行搜索定位,找到企业的各种数据资产,形成有效的数据交汇。

(2) 提供各种数据资产快速展现的个性化形式,方便使用者获取所需要的关键信息。

(3) 在数据搜寻结果之上直接配备方便的分析工具。

(4) 建立数据资产分布及综合评估的入口,以便更好地了解数据资产的各方面信息。

数据地图包含数据的基本信息和统计信息两部分。其中,基本信息主要包含字段信息、存储信息和描述信息;统计信息主要包含数据表的大小、数据表的每天访问次数、数据表的更新时间等各种信息。

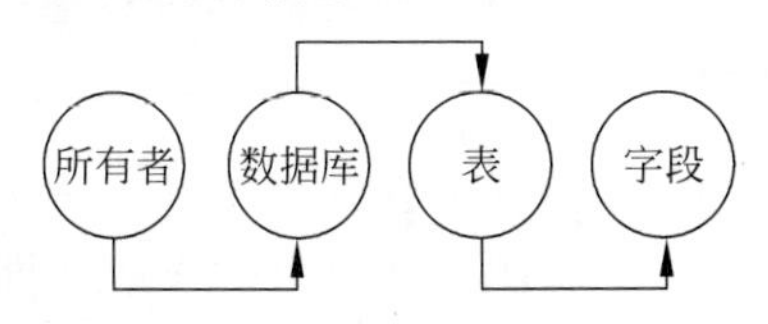

图 3-24 数据血缘关系的层次

2) 元数据分析

(1) 血缘分析。血缘分析(也称血统分析)是指从某一实体出发,往回追溯其处理过程,直到数据系统的数据源接口。图 3-24 描述了数据血缘关系的层次。

图 3-24 描述的是存储在数据库中的结构化数据血缘关系的层次结构,这是最典型的一种血缘关系的层次结构。一般来说,数据所有者是指数据归属于某个组织或者某个人;数据可以在不同的所有者之间流转、融合,形成所有者之间通过数据联系起来的一种关系,这种关系能够清楚地表明数据的提供者和需求者。值得注意的是,在血缘关系中,不同层级数据的血缘关系体现着不同的含义。所有者层次体现了数据的提供方和需求方,其他的层次则体现了数据的来龙去脉。通过不同层级的血缘关系,可以很清楚地了

解数据的迁徙流转，为数据价值的评估、数据的管理提供依据。不过对于不同类型的数据，血缘关系的层次结构会有细微的差别。

对于不同类型的实体，在血缘关系中涉及的转换过程可能有不同类型。例如，对于底层仓库实体，涉及的是 ETL 处理过程；对于仓库汇总表，可能既涉及 ETL 处理过程，又涉及仓库汇总处理过程；而对于指标，除了上面的处理过程，还涉及指标生成的处理过程。血缘分析正是提供了这样一种功能，可以让使用者根据需要了解不同的处理过程，了解每个处理过程具体做什么，需要什么样的输入，又会产生什么样的输出。

对数据进行血缘分析对于用户来说具有重要的价值，当在数据分析中发现问题数据时，可以依赖血缘关系追根溯源，快速地定位到问题数据的来源和加工流程，减少分析的时间和难度。例如，某业务人员发现“客户资产表”中的数据存在质量问题，于是向 IT 部门提出异议，技术人员通过元数据血缘分析发现“客户资产表”受到上游基础数据层中多张不同的数据表影响，从而快速定位问题的源头，低成本地解决问题。图 3-25 显示了血缘关系图。

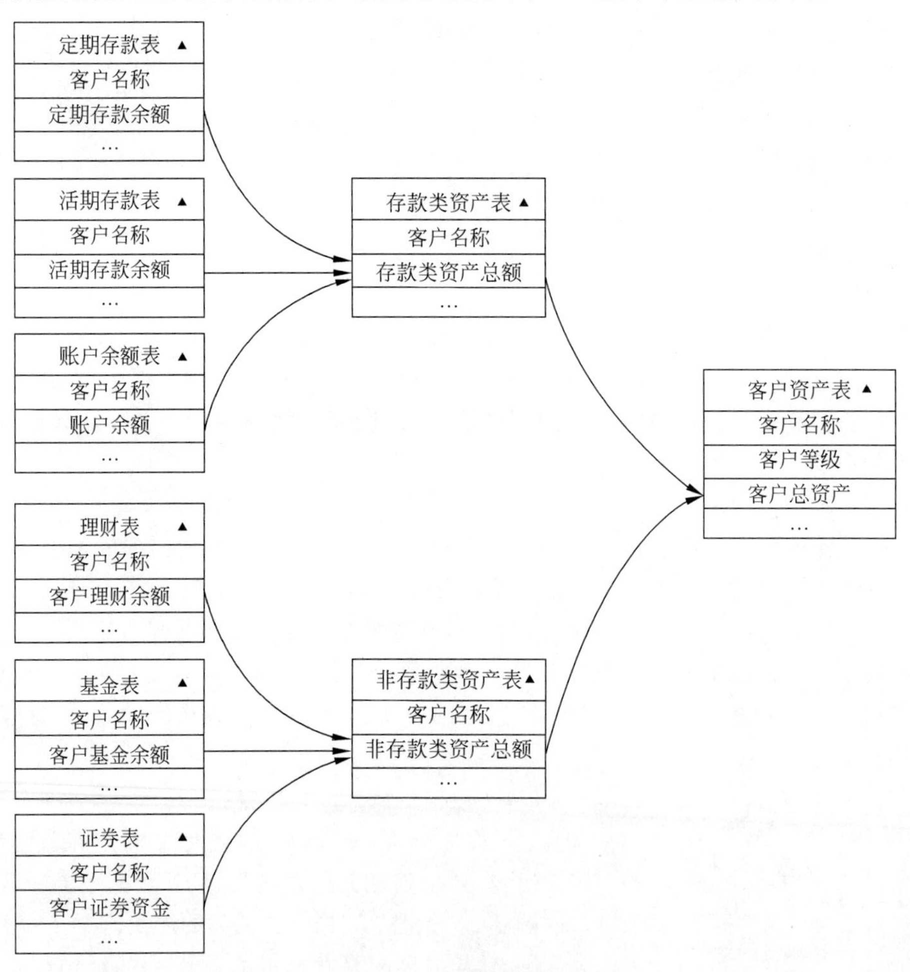

图 3-25　血缘关系图

为实现血缘分析，对于任何指定的实体，首先获得该实体的所有前驱实体，然后对这些前驱实体递归地获得各自的前驱实体，结束条件是所有实体到达数据源接口或者实体没有相应的前驱实体。

血缘分析实例见图 3-26。某数据开发工程师为了满足一次业务需求生成了该表，但是出于程序逻辑清晰或者性能优化的考虑，其中使用了很多份数据表。在这里 Table X 是最终给业务部门的表，Table A～Table E 是原始数据表，Table F～Table I 是计算出来的中间表，Table J 是其他人处理过的结果表。过了一段时间，业务部门感觉数据开发工程师提供的数据中有个字段异常，怀疑是数据出现了问题，因此需要追踪一下这个字段的来源。首先从 Table X 中找到了异常的字段，然后定位到它来源于 Table I，再从 Table I 定位到它来源于 Table G，接着从 Table G 追溯到了 Table D，最终发现某几天的来源数据有异常来自于数据表 Table D。

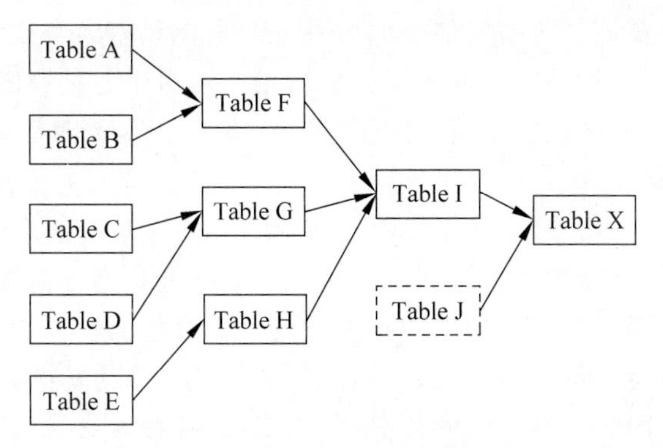

图 3-26 血缘分析实例

这就是血缘分析，它能够追根溯源，并最终找到问题数据的来源。

在 JSON 中包含的数据血缘分析的部分代码如下：

```
"relations": [
    {
        "id": "3",
        "type": "fdd",
        "effectType": "create_view",
        "target": {
            "id": "11",
            "column": "mySal",
            "parentId": "9",
            "parentName": "v_sal",
        },
        "sources": [
            {
                "id": "3",
                "column": "sal",
                "parentId": "2",
                "parentName": "emp",
            },
            {
                "id": "4",
                "column": "commission",
                "parentId": "2",
                "parentName": "emp",
            }
        ],
        "processId": "10"
    }
]
```

（2）影响分析。影响分析是指从某一实体出发，寻找依赖该实体的处理过程实体或其他实体。如果有需要可以采用递归方式寻找所有的依赖过程实体或其他实体。该功能支持当某些实体发生变化或者需要修改时评估实体影响范围。

(3) 实体关联分析。实体关联分析是从某一实体关联的其他实体和其参与的处理过程两个角度来查看具体数据的使用情况,形成一张实体和所参与处理过程的网络,从而进一步了解该实体的重要程度。本功能可以用来支撑需求变更影响评估的应用。

(4) 实体差异分析。实体差异分析是对元数据的不同实体进行检查,用图形和表格的形式展现它们之间的差异,包括名字、属性及数据血缘和对系统其他部分影响的差异等,在数据系统中存在许多类似的实体。这些实体(例如数据表)可能只有名字或者是属性存在微小的差异,甚至有部分属性、名字都相同,但处于不同的应用中。由于各种原因,这些微小的差异直接影响了数据统计结果,数据系统需要清楚地了解这些差异。本功能有助于进一步统一统计口径,评估近似实体的差异。

(5) 指标一致性分析。指标一致性分析是指用图形化的方式来分析比较两个指标的数据流图是否一致,从而了解指标的计算过程是否一致。该功能是指标血缘分析的一种具体应用。指标一致性分析可以帮助用户清楚地了解将要比较的两个指标在经营分析数据流图中各阶段所涉及的数据对象和转换关系是否一致,帮助用户更好地了解指标的来龙去脉,清楚地理解分布在不同部门且名称相同的指标之间的差异,从而提高用户对指标值的信任。

3) 辅助应用优化

元数据对数据系统的数据、数据加工过程以及数据间的关系提供了准确的描述,利用血缘分析、影响分析和实体关联分析等元数据分析功能可以识别与系统应用相关的技术资源,结合应用生命周期管理过程,辅助进行数据系统应用的优化。

4) 辅助安全管理

企业数据平台所存储的数据和提供的各类分析应用涉及公司经营方面的各类敏感信息,因此在数据系统建设过程中必须采用全面的安全管理机制和措施来保障系统的数据安全。数据系统安全管理模块负责数据系统的数据敏感度、客户隐私信息和各环节审计日志记录管理,对数据系统的数据访问和功能使用进行有效监控。为实现数据系统对敏感数据和客户隐私信息的访问控制,进一步实现权限细化,安全管理模块应以元数据为依据,由元数据管理模块提供敏感数据定义和客户隐私信息定义,辅助安全管理模块完成相关安全管控操作。

5) 基于元数据的开发管理

数据系统项目开发的主要环节包括需求分析、设计、开发、测试和上线。开发管理应用可以提供相应的功能,对以上各环节的工作流程、相关资源、规则约束、输入/输出信息等提供管理和支持。

3. 元数据管理的实施

在明确了元数据管理策略和元数据集成体系结构之后,企业可以根据需要选择合适的业务元数据和技术元数据管理工具,并制定相应的元数据管理制度进行全面的元数据管理。

大数据扩大了数据的容量、提高了速度、增加了多样性,给元数据管理带来了新的挑战。在构建关系型数据仓库、动态数据仓库和关系型数据中心时进行元数据管理,有助于保证数据被正确地使用、重用并满足各种规定。通常,大数据分析是受用例驱动的,企业可以通过梳理大数据用例的方式逐步完善大数据的元数据管理。针对大数据的业务元数据,依旧可以通过构建基础本体、领域本体、任务本体和应用本体等方式来实现。通过构建基础本体,实现对高级别且通用的概念以及概念之间关系的描述;通过构建领域本体,实现对领域的定义,并确定该领域内共同认可的词汇、词汇业务含义和对应的信息资产等,提供对该领域知识的共同理解;通过构建任务本体,实现任务元素及其之间关系的规范说明或详细说明;通过构建应用本体,实现对特定应用的概念描述,其是依赖于特定领域和任务的。这样就通过构建各种本体，在整个企业范围内提供一个完整的共享词汇表，保证每个元数据元素在信息供应链中的每个组件中语义上保持一致，实现语义等效。

简单来说，企业可以尝试以下步骤进行大数据的元数据管理：

（1）考虑到企业可以获取数据的容量和多样性，应该创建一个体现关键大数据业务术语的业务定义词库（本体），该业务定义词库不仅包含结构化数据，还可以将半结构化和非结构化数据纳入其中。

（2）及时跟进和理解各种大数据技术中的元数据，提供对其连续、及时的支持，比如 MPP 数据库、流计算引擎、Apache Hadoop/企业级 Hadoop、NoSQL 数据库以及各种数据治理工具（如审计/安全工具、信息生命周期管理工具等）。

（3）对业务术语中的敏感大数据进行标记和分类，并执行相应的大数据隐私政策。

（4）将业务元数据和技术元数据进行链接，可以通过操作元数据（例如流计算或 ETL 工具所生成的数据）监测大数据的流动；可以通过数据世系分析（血缘分析）在整个信息供应链中实现数据的正向追溯或逆向追溯，了解数据经历了哪些变化，查看字段在信息供应链中各组件间的转换是否正确等；可以通过影响分析了解某个字段的变更会对信息供应链中其他组件的字段造成哪些影响等。

（5）扩展企业现有的元数据管理角色，以适应大数据治理的需要，例如可以扩充数据治理管理者、元数据管理者、数据主管、数据架构师以及数据科学家的职责，加入大数据治理的相关内容。

元数据管理的实施通常用元数据管理模块来实现，如图 3-27 所示。

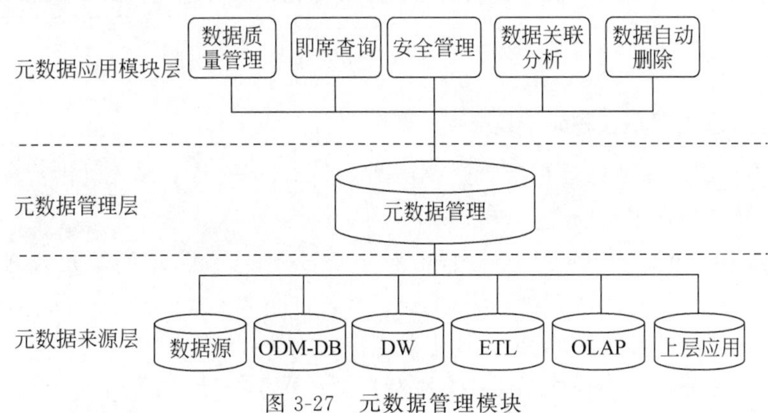

图 3-27　元数据管理模块

模块的常用功能如下：

（1）元数据管理从数据源、ODM-DB（数据挖掘）、DW（数据仓库）、ETL（数据仓库工具）、OLAP（联机分析处理）、上层应用等模块中获取元数据信息。

（2）元数据管理系统作为数据质量管理系统的依据，指导数据质量管理系统评价数据质量，主要体现在数据的完整性、准确性和关联一致性等方面。

（3）元数据管理系统提供指标库数据供页面呈现。

（4）元数据管理为综合分析系统的即席查询功能提供了基础。即席查询功能利用元数据中存储的业务元数据和技术元数据生成后台数据查询所需的 SQL 语句，得到最终的查询结果。

（5）元数据管理系统通过 API 接口调用向外部暴露数据。

（6）安全模块获取元数据的指标敏感度描述，为安全管理模块提供数据支持。

（7）元数据为 DW 数据的有效期管理提供指导，为实现数据自动删除提供数据支持。

此外，企业还可以考虑使用元数据平台来进行元数据管理，如图 3-28 所示。

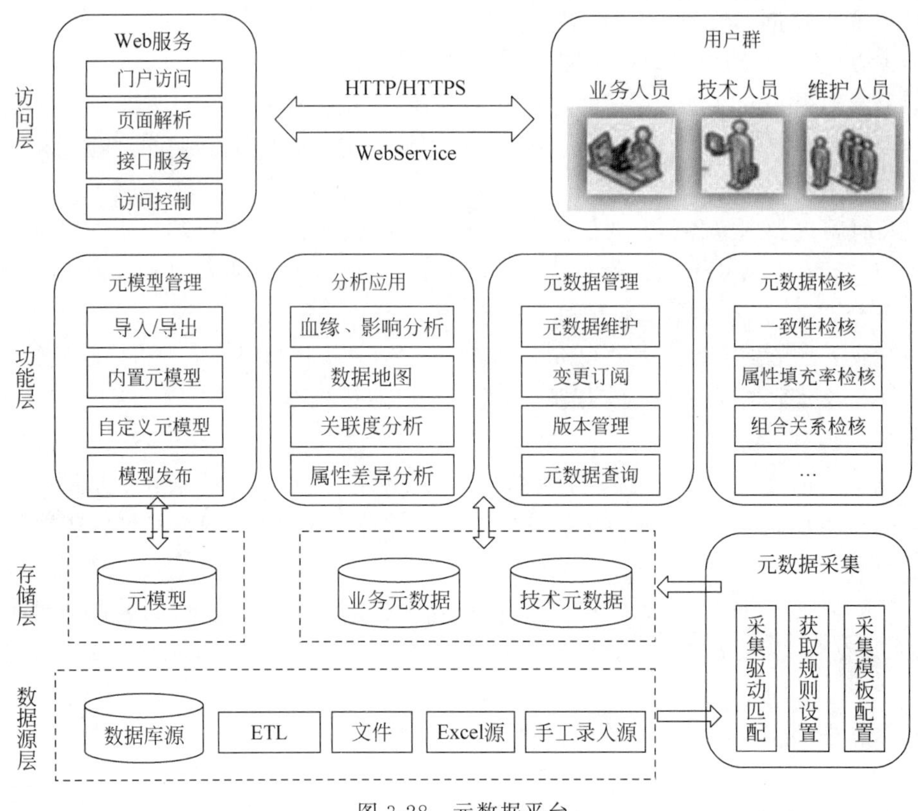

图 3-28 元数据平台

4. 元数据治理工具 Apache Atlas

目前企业中常用的元数据治理工具是 Apache Atlas，下面将对该工具做简单的介绍。

1）Apache Atlas 简介

Atlas 最早由 Hortonworks 公司开发，用来管理 Hadoop 项目里面的元数据，进而设计为数据治理的框架。后来其开源出来给 Apache 社区进行孵化，得到 Aetna、Merck、Target、SAS、IBM 等公司的支持并发展演进。因其支持横向海量扩展，并具有良好的集成能力和开源的特点，国内大部分厂家选择使用 Atlas 或对其进行二次开发。

ApacheAtlas 是 Hadoop 社区为解决 Hadoop 生态系统的元数据治理问题而产生的开源项目，它为 Hadoop 集群提供了包括数据分类、集中策略引擎、数据血缘、安全和生命周期管理在内的元数据治理核心能力，支持对 Hive、Storm、Kafka、HBase、Sqoop 等进行元数据管理以及以图库的形式展示数据的血缘关系。

2）Apache Atlas 的原理

在内部，Atlas 通过使用图形模型管理元数据对象，以实现元数据对象之间的灵活性和丰富的关系。图形引擎是负责在类型系统的类型和实体之间进行转换的组件，以及基础图形模型。除了管理图形对象之外，图形引擎还为元数据对象创建适当的索引，以便有效地搜索它们。在存储方面，目前 Atlas 使用 Titan 图数据库来存储元数据对象（使用 Titan 来存储它管理的元数据）。Titan 使用两种存储，默认情况下元数据存储配置为 HBase，索引存储配置为 Solr。另外，也可以通过构建相应的配置文件使用 BerkeleyDB 进行元数据存储和 Index 使用 ElasticSearch 存储 Index。Atlas 还定义了一套 Apache Atlas Api（Apache Atlas Api 主要是对 Type、Entity、Attribute 这 3 个构件增/删/改/查操作),允许采用不同的图数据库引擎来实现 API,便于切换底层存储,所以 Atlas 读/写数据的过程可以看作将图数据库对象映射成 Java 类的过程。

(1) Type(类型)。Atlas 中的“类型”是一个定义,说明如何存储并访问特定类型的元数据对象。类型表示一个特征或一个特性集合,这些属性定义了元数据对象。

(2) Entity(实体)。Atlas 中的一个“实体”是类型“Type”的特定值或实例,因此表示特定的现实世界中的元数据对象。

(3) Attribute(属性)。Atlas 中的“属性”定义了与类型系统相关的概念,例如是否复合、是否索引、是否唯一等。

Apache Atlas 为 Hadoop 的元数据治理提供了以下特性:

(1) 数据分类。Apache Atlas 为元数据导入或定义业务导向的分类注释,并自动捕获数据集和底层元素之间的关系。

(2) 集中审计。Apache Atlas 能够捕获所有应用、过程以及与数据交互的安全访问信息。

(3) 搜索与血缘。Apache Atlas 对数据集血缘关系的可视化浏览使用户可以下钻到操作、安全以及与数据起源相关的信息。

图 3-29 显示了用 Apache Atlas 展示数据血缘关系。

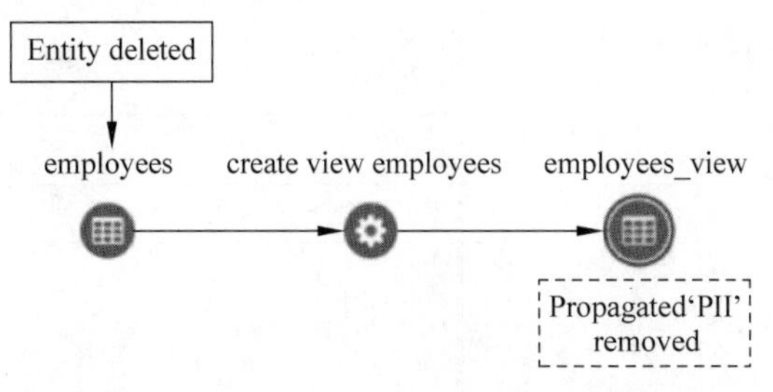

图 3-29 用 Apache Atlas 展示数据血缘关系

3.4 本章小结

(1) 数据质量正是企业应用数据的瓶颈,高质量的数据可以决定数据应用的上限,而低质量的数据必然拉低数据应用的下限。

(2) 数据质量管理是指对数据从计划、获取、存储、共享、维护、应用到消亡的生命周期的每个阶段里可能引发的各类数据质量问题进行识别、度量、监控、预警等一系列管理活动,并通过改善和提高组织的管理水平使得数据质量获得进一步提高。

(3) 数据是数字经济的核心,对企业而言,数据更是企业重要的资产。数据资产是指个人或企业的照片、文档、图纸、视频、数字版权等以文件为载体的数据,是相对于实物资产以数据形式存在的一类资产。

(4) 数据标准就是企业建立的一套符合自身实际,涵盖定义、操作、应用多层次数据的标准化体系。

(5) 主数据是用来描述企业核心业务实体的数据,它是具有高业务价值的、可以在企业内跨越各个业务部门被重复使用的数据,并且存在于多个异构的应用系统中。

(6) 主数据通常需要在整个企业范围内保持一致性、完整性、可控性,为了达成这一目标,需要进行主数据管理。

(7) 元数据是描述企业数据的相关数据,一般是指在 IT 系统建设过程中所产生的与数据定义、目标定义、转换规则等相关的关键数据,包括在数据的业务、结构、定义、存储、安全等各方面对数据的描述。

(8) 电子文件元数据是描述电子文件数据属性的数据,包括文件的格式、编排结构、硬件和软件环境、文件处理软件、字处理软件和图形处理软件、字符集等数据。

(9) 为了能够更高效地运转,企业需要明确元数据管理策略和元数据集成体系结构,依托成熟的方法论和工具实现元数据管理,并有步骤地提升其元数据管理成熟度。

3.5 实训

1. 实训目的

通过本章实训了解数据质量与管理的特点,能进行简单的有关操作。

2. 实训内容

1) 目前在企业中进行数据治理时经常使用数据治理管理平台(如图 3-30 所示)。

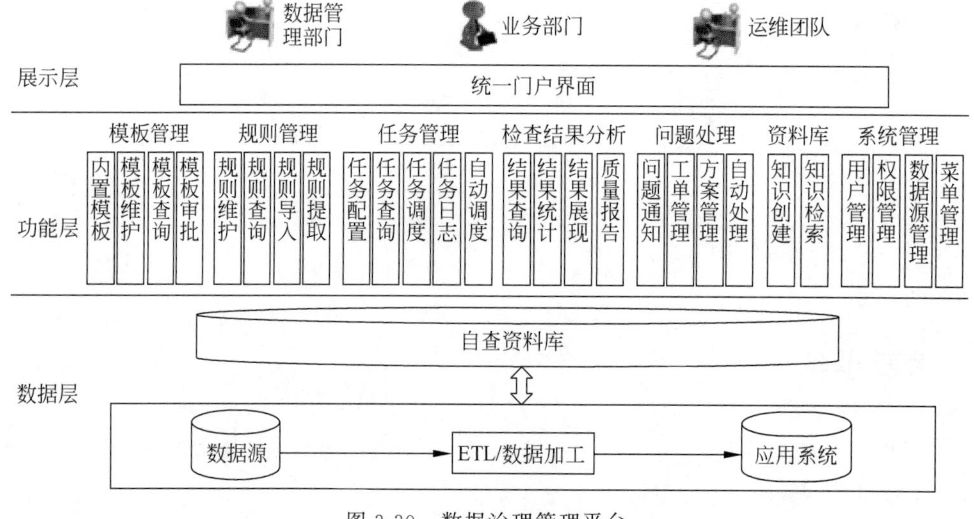

图 3-30 数据治理管理平台

该平台的主要功能如下:

(1) 模板管理。

(2) 规则管理。

(3) 任务管理。

(4) 检查结果分析。

(5) 问题处理。

(6) 资料库。

(7) 系统管理。

请根据本章内容描述各模块应具备哪些基本功能(提示:模板管理是数据质量管理平台数据展现功能、数据录入功能的基础,内置模板可以通过模板创建功能进行扩展)。

2）找出表 3-17～表 3-19 中的数据和元数据

表 3-17　student 表

s_no(学号)	s_name(姓名)	s_sex(性别)	s_department(系部)	s_age(年龄)
0501001	刘洋	男	计算机	21

表 3-18　score 表

s_no(学号)	c_course(课程号)	c_score(分数)
0501001	c1003	89

表 3-19　course 表

c_no(课程号)	c_name(课程名)
c1003	Python 程序设计

3）使用 DataCleaner 进行数据质量监控管理

DataCleaner 是一个简单、易于使用的数据质量应用工具，旨在分析、比较、验证和监控数据。它能够将凌乱的半结构化数据集转换为数据可视化软件可以读取的干净可读的数据集。此外，DataCleaner 还提供了数据仓库和数据管理服务。

（1）在网上下载该软件，本书使用的版本是 5.1.5（本书配有 DataCleaner 软件），然后直接解压运行即可。如果已经安装成功，则在安装目录下直接双击 DataCleaner 图标即可运行，如图 3-31 所示。

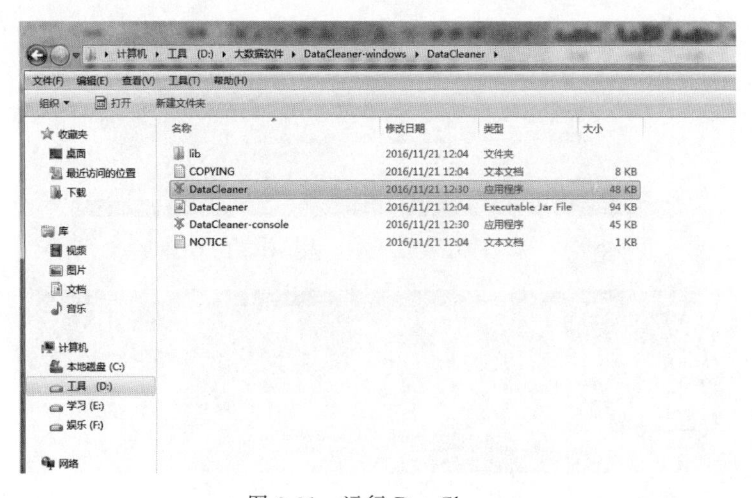

图 3-31　运行 DataCleaner

图 3-32 显示了 DataCleaner 的运行界面。

（2）打开 DataCleancr，在运行界面中选中 Build new job 选项，进入 Select datastore 界面，并选中 Customers 选项，如图 3-33 所示，表示使用 DataCleaner 自带的 customers.csv 数据集，除此以外使用者也可以导入外部数据文件。

customers.csv 数据集的部分内容如图 3-34 所示，该数据集共有 5115 行数据。

（3）在弹出的 Customers| Analysis Job 界面中左边显示的是 customers.csv 数据集的基本数据情况和每个字段的情况，中间工作区显示的是该数据集的名称，如图 3-35 所示。

（4）右击 customers.csv 图标，在弹出的快捷菜单中选择 Quick analysis 命令，该命令用于对所有的数据字段进行分析并查看，如图 3-36 所示。

（5）在弹出的分析数据对话框中可以清楚地看见该数据集中所有字段的情况，如图 3-37 所示。

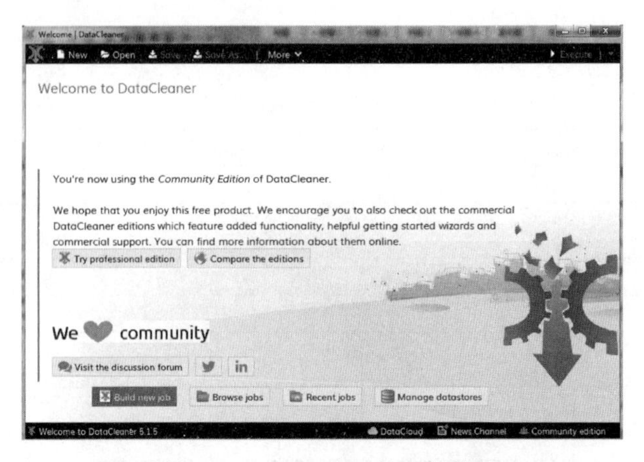

图 3-32　DataCleaner 的运行界面

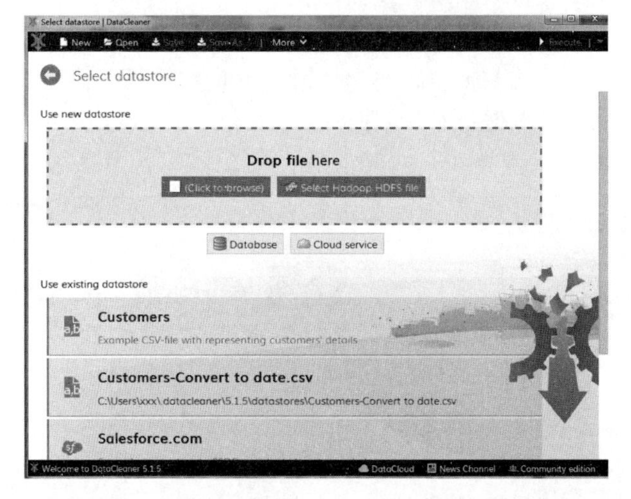

图 3-33　运行 DataCleaner 并选择自带的数据集

图 3-34　customers. csv 数据集的部分内容

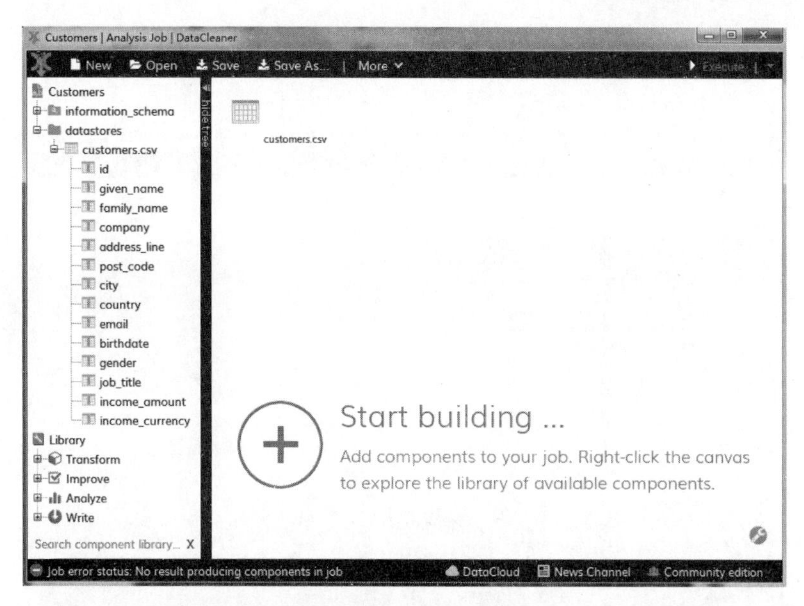

图 3-35　显示数据集情况

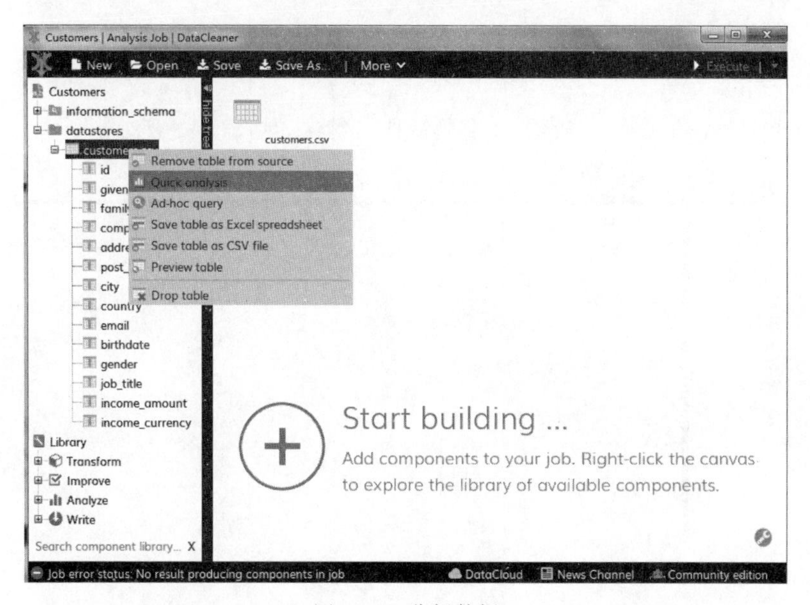

图 3-36　分析数据

Analysis results | Customers

String analyzer

Progress information

String analyzer

String analyzer

String analyzer

String analyzer

(5 columns)

	id	given_name	family_name	company	address_line
Row count	5115	5115	5115	5115	5115
Null count	0	0	0	0	0
Blank count	0	4	2	7	11
Entirely uppercase count	0	513	370	196	1281
Entirely lowercase count	0	70	4	0	0
Total char count	19353	31333	35843	66810	95447
Max chars	4	25	22	35	51
Min chars	1	0	0	0	0
Avg chars	3.784	6.126	7.007	13.062	18.66
Max white spaces	0	3	3	4	7
Min white spaces	0	0	0	0	0
Avg white spaces	0	0.162	0.059	0.865	2.23
Uppercase chars	0	7653	7425	10893	24103
Uppercase chars (excl. first letters)	0	2545	2394	5695	18903
Lowercase chars	0	22504	28026	50614	43503
Digit chars	19353	0	0	106	12678
Diacritic chars	0	87	229	48	351
Non-letter chars	19353	1176	392	5303	27841
Word count	5115	5928	5413	9473	16459
Max words	1	3	4	5	8
Min words	1	0	0	0	0

图 3-37　查看数据的分析结果

(6) 如果查看某一个字段的分析情况，也可以执行同样的操作，如图 3-38 所示为选中 id 字段的情况。

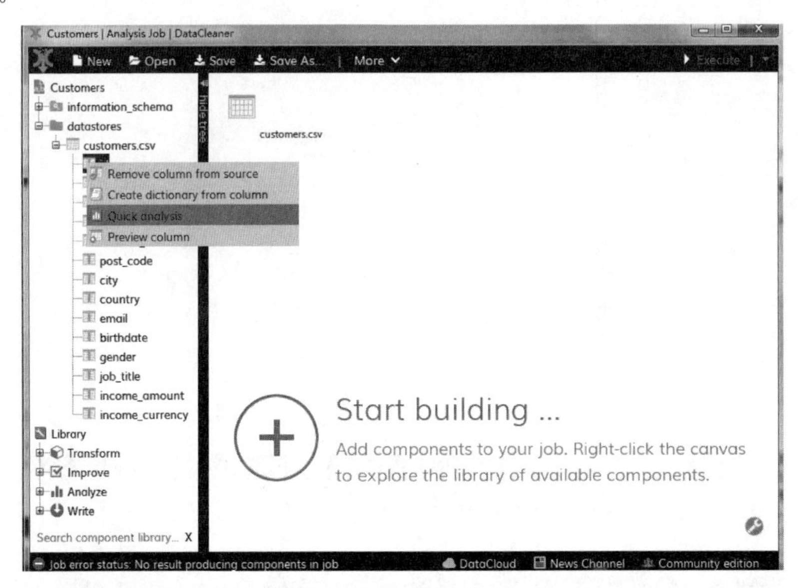

图 3-38　选中 id 字段

(7) 在弹出的对话框中可以查看 id 字段的所有情况，如图 3-39 所示。

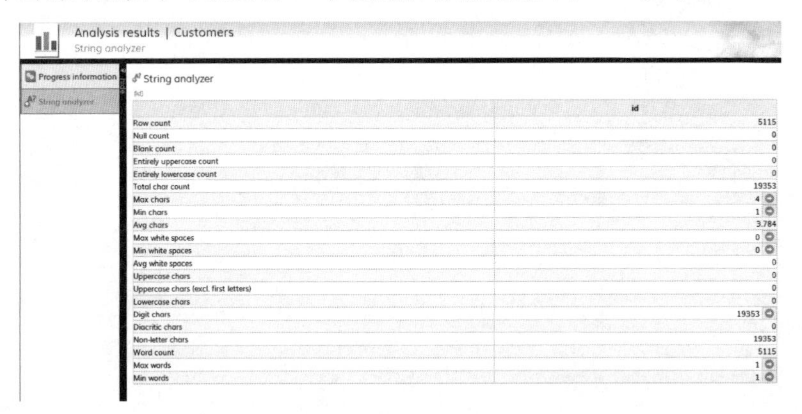

	id
Row count	5115
Null count	0
Blank count	0
Entirely uppercase count	0
Entirely lowercase count	0
Total char count	19353
Max chars	4
Min chars	1
Avg chars	3.784
Max white spaces	0
Min white spaces	0
Avg white spaces	0
Uppercase chars	0
Uppercase chars (excl. first letters)	0
Lowercase chars	0
Digit chars	19353
Diacritic chars	0
Non-letter chars	19353
Word count	5115
Max words	1
Min words	1

图 3-39　查看 id 字段

(8) 返回到 Customers| Analysis Job 界面，在工作区中右击 customers.csv 图标，在弹出的快捷菜单中选择 Preview data 命令，查看该数据集中的所有数据情况，如图 3-40 所示。

(9) 在弹出的对话框中显示的数据如图 3-41 所示。

(10) 在 Customers| Analysis Job 界面中选中 Analyze，然后在展开的列表中选中 Unique key check，以查看字段的数据重复率，如图 3-42 所示。

(11) 在工作区中右击 customers.csv 图标，在弹出的快捷菜单中选择 Link to 命令，并建立 customers.csv 图标和 Unique key check 图标的联系，如图 3-43 和图 3-44 所示。

(12) 双击 Unique key check 图标，在弹出的对话框中选中 id 选项，以查看 id 字段中数据的重复率，如图 3-45 所示。

(13) 返回到 Customers|Analysis Job 界面，选中右上角的 Execute，执行本次操作，并查看运行结果，如图 3-46 所示。

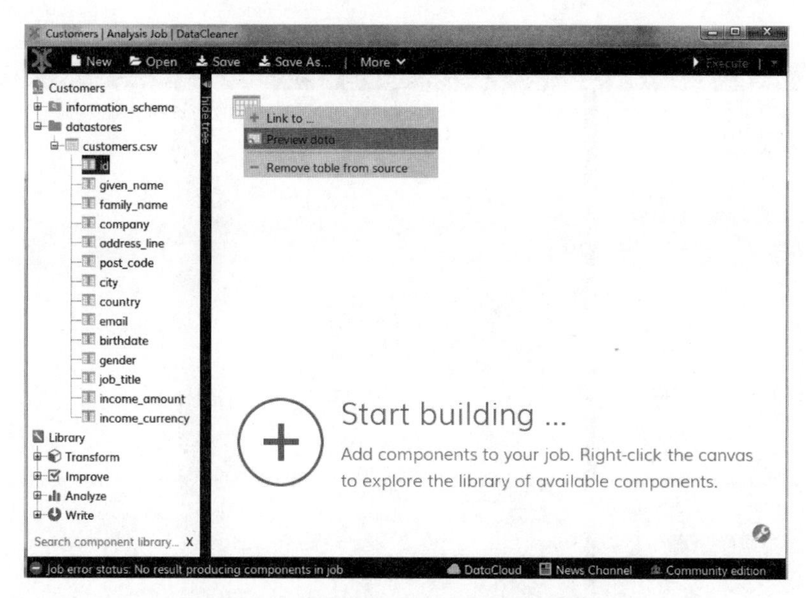

图 3-40　查看 customers. csv 的数据

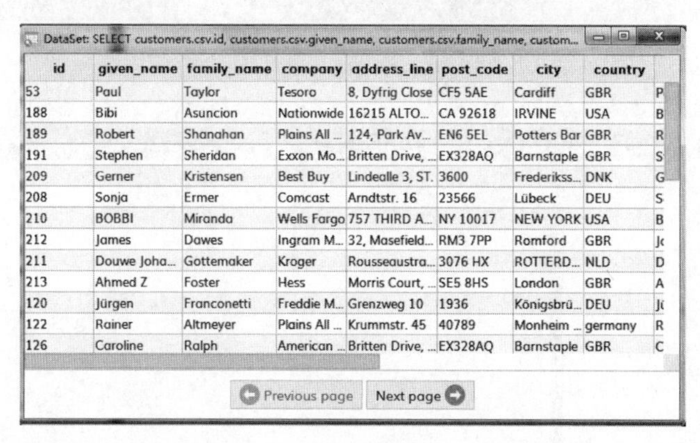
DataSet: SELECT customers.csv.id, customers.csv.given_name, customers.csv.family_name, custom...

id	given_name	family_name	company	address_line	post_code	city	country	
53	Paul	Taylor	Tesoro	8, Dyfrig Close	CF5 5AE	Cardiff	GBR	P
188	Bibi	Asuncion	Nationwide	16215 ALTO...	CA 92618	IRVINE	USA	B
189	Robert	Shanahan	Plains All ...	124, Park Av...	EN6 5EL	Potters Bar	GBR	R
191	Stephen	Sheridan	Exxon Mo...	Britten Drive, ...	EX328AQ	Barnstaple	GBR	S
209	Gerner	Kristensen	Best Buy	Lindealle 3, ST.	3600	Frederikss...	DNK	G
208	Sonja	Ermer	Comcast	Arndtstr. 16	23566	Lübeck	DEU	S
210	BOBBI	Miranda	Wells Fargo	757 THIRD A...	NY 10017	NEW YORK	USA	B
212	James	Dawes	Ingram M...	32, Masefield...	RM3 7PP	Romford	GBR	J
211	Douwe Joha...	Gottemaker	Kroger	Rousseaustra...	3076 HX	ROTTERD...	NLD	D
213	Ahmed Z	Foster	Hess	Morris Court, ...	SE5 8HS	London	GBR	A
120	Jürgen	Franconetti	Freddie M...	Grenzweg 10	1936	Königsbrü...	DEU	J
122	Rainer	Altmeyer	Plains All ...	Krummstr. 45	40789	Monheim ...	germany	R
126	Caroline	Ralph	American ...	Britten Drive, ...	EX328AQ	Barnstaple	GBR	C

Previous page　Next page

图 3-41　customers. csv 的数据

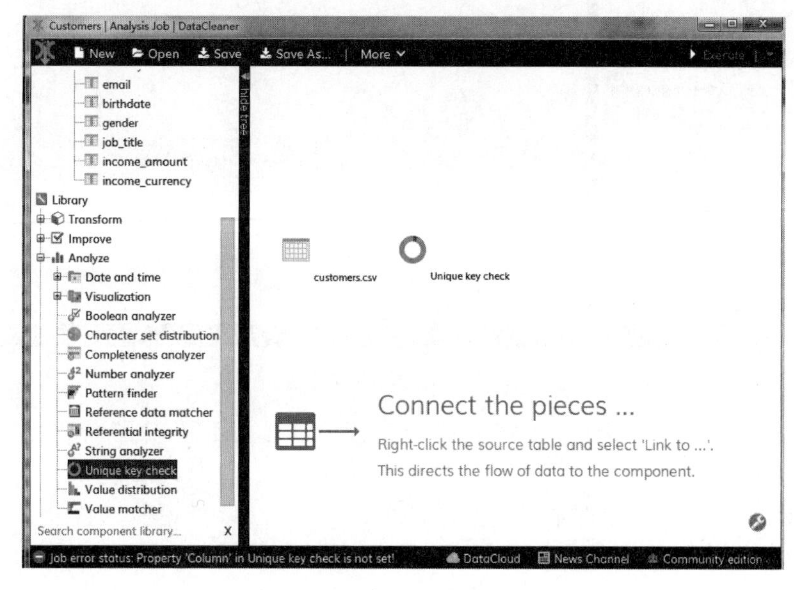

图 3-42　选中 Unique key check

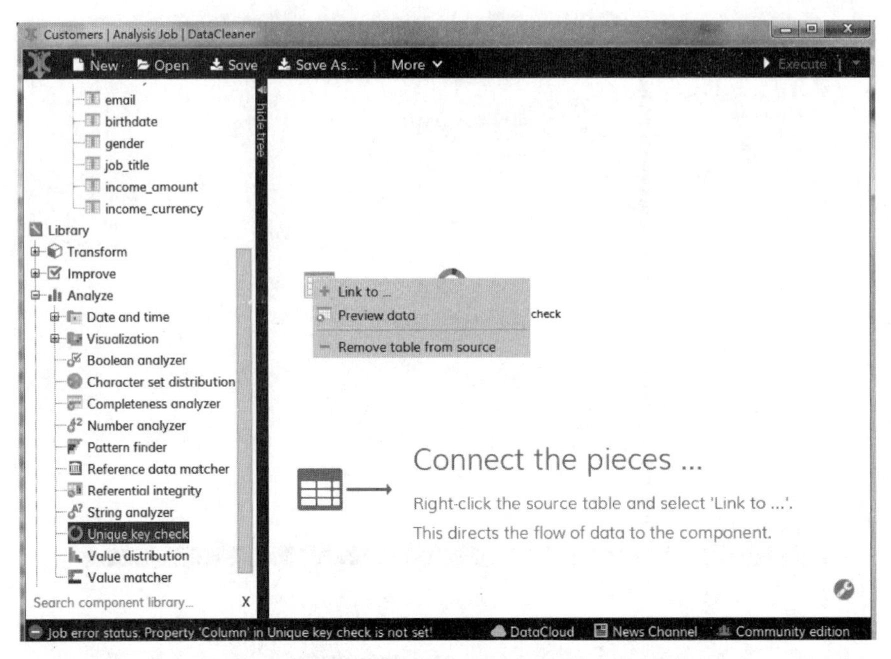

图 3-43 选择 Link to 命令

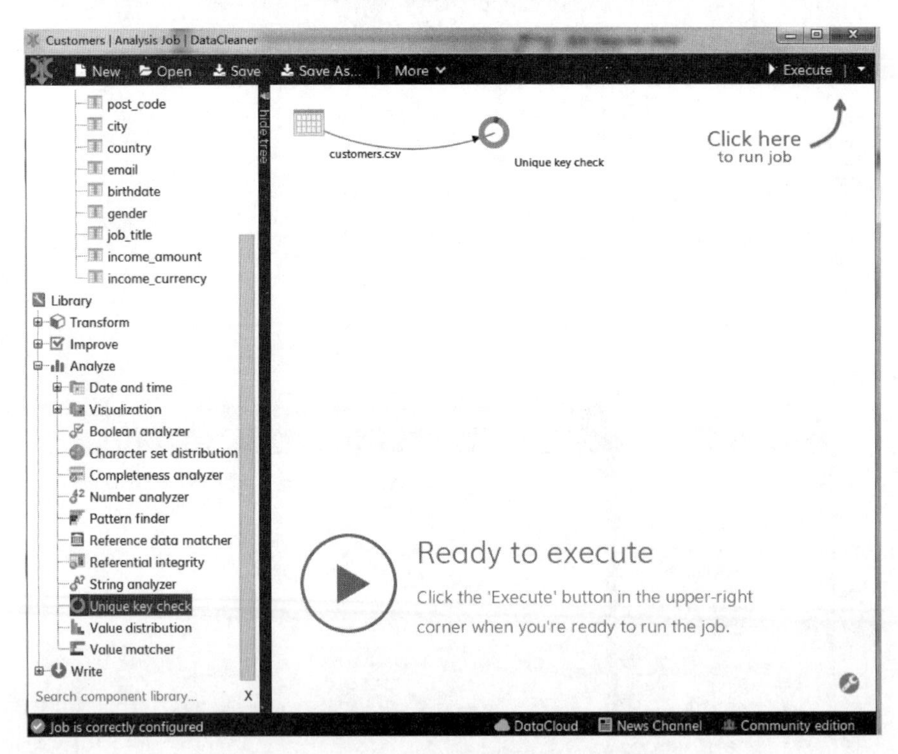

图 3-44 建立图标的联系

图 3-46 显示了 customers.csv 数据集中 id 字段的数据重复率，从图中可以看出该字段存在 15 个重复数据。

4）使用 Python 绘制桑基图描述数据管理过程

在实施数据治理时，人们需要使用编程工具来进行代码的编写。在本书中需要读者掌握的编程工具主要有 Python、MySQL（或其他数据库）、Kettle、Linux 以及 Hadoop 框架等。

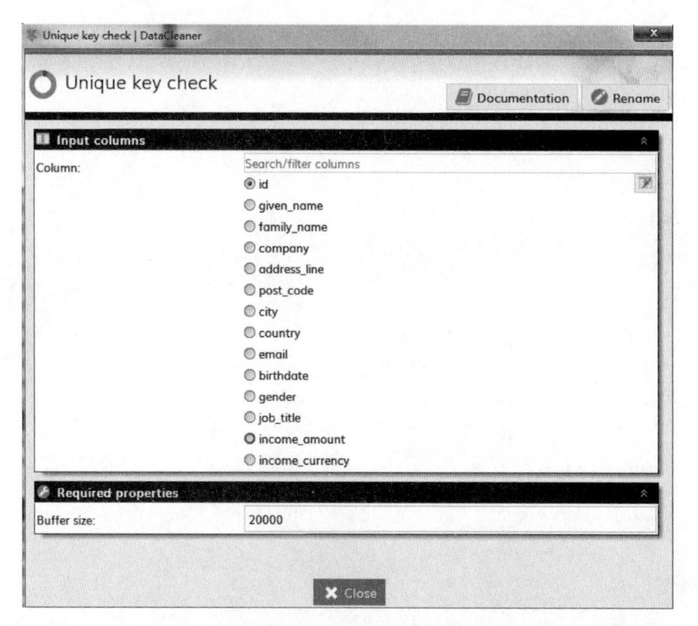

图 3-45　选中 id 选项

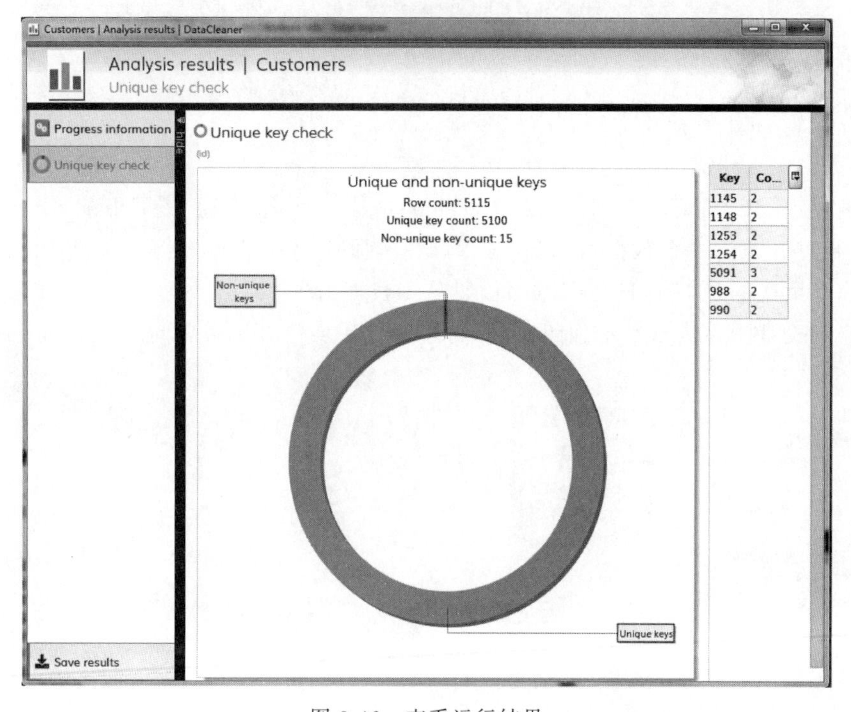

图 3-46　查看运行结果

桑基图也叫桑基能量分流图或者桑基能量平衡图。它是一种特定类型的流程图，主要由边、流量和节点组成，其中边代表了流动的数据，流量代表了流动数据的具体数值，节点则代表了不同分类。桑基图中延伸的分支的宽度对应数据流量的大小，所有主支宽度的总和应与所有分出去的分支宽度的总和相等，保持能量的平衡，因此其非常适用于用户流量等数据的可视化分析。

绘制项目管理的桑基图，Python 代码如下：

```
from pyecharts import options as opts
```

```
from pyecharts.charts import Sankey
nodes = [
    {"name": "项目 1"},
    {"name": "项目 2"},
    {"name": "项目 3"},
    {"name": "项目 4"},
    {"name": "项目 5"},
    {"name": "项目 6"},
]
links = [
    {"source": "项目 1", "target": "项目 2", "value": 10},
    {"source": "项目 2", "target": "项目 3", "value": 15},
    {"source": "项目 3", "target": "项目 4", "value": 20},
    {"source": "项目 5", "target": "项目 6", "value": 25},
]
c = (
    Sankey()
    .add(
        "桑基图",
        nodes,
        links,
        linestyle_opt = opts.LineStyleOpts(opacity = 0.2, curve = 0.5, color = "source"),
        label_opts = opts.LabelOpts(position = "right"),
    )
    .set_global_opts(title_opts = opts.TitleOpts(title = "标题"))
    .render("桑基图.html")
)
```

该实训使用 Pyecharts 库来实现，Pyecharts 是一个用于生成 Echarts 图表的类库。Echarts 是百度开源的一个数据可视化 JS 库。在本段代码中 Sankey 表示桑基图。

运行程序生成的是一个 HTML 页面，如图 3-47 所示。

尝试绘制桑基图来进行数据血缘分析，可使用代码或 Tableau 实现，如图 3-48 所示。

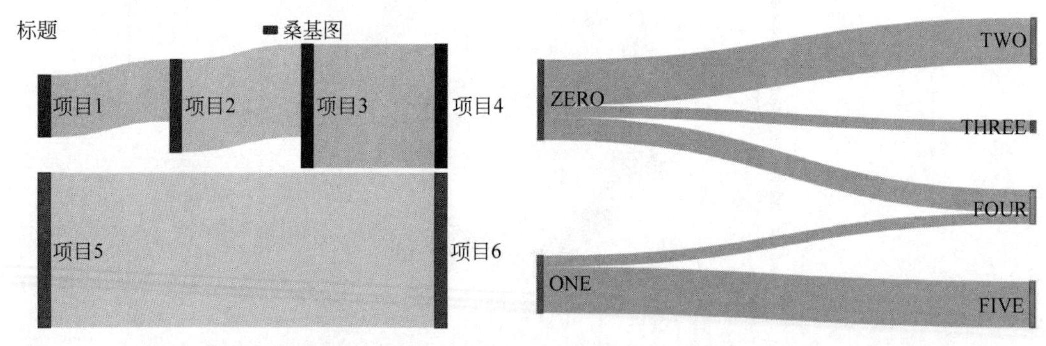

图 3-47　运行结果　　图 3-48　绘制桑基图进行数据血缘分析

5）使用 Tableau 绘制甘特图查看项目的活动情况

（1）运行 Tableau，在已保存的数据源中选择“示例-超市”。

（2）将“维度”中的“发货日期”拖到列中，并将“维度”中的“客户名称”和“细分”拖到行中，如图 3-49 所示。

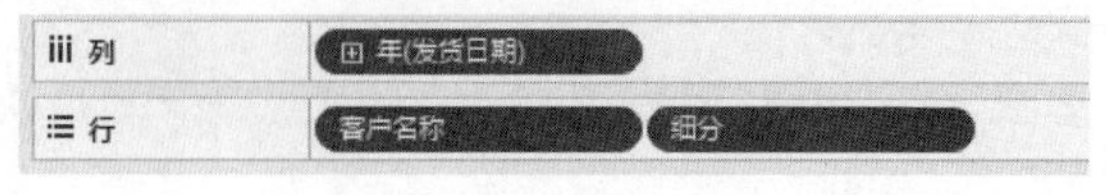

图 3-49　设置行和列

(3) 右击“发货日期”选项，在弹出的快捷菜单中选择“月”，如图 3-50 所示；并右击“细分”选项，在“筛选器”中选择“小型企业”，如图 3-51 所示。

(4) 在“标记”选项中选择图形为“甘特条形图”，如图 3-52 所示。

图 3-50 设置月份

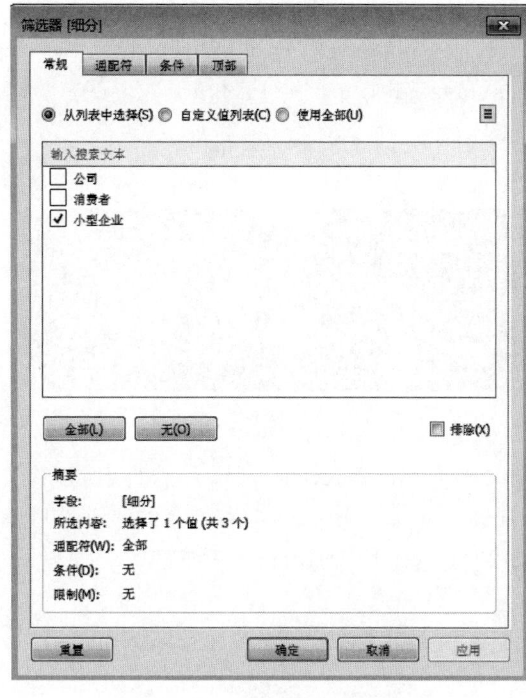

图 3-51 设置筛选器内容

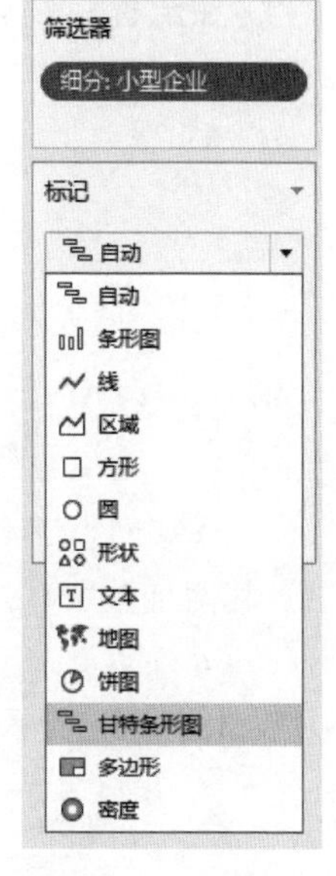

图 3-52 选择图形为甘特条形图

(5) 查看最终显示结果，如图 3-53 所示。

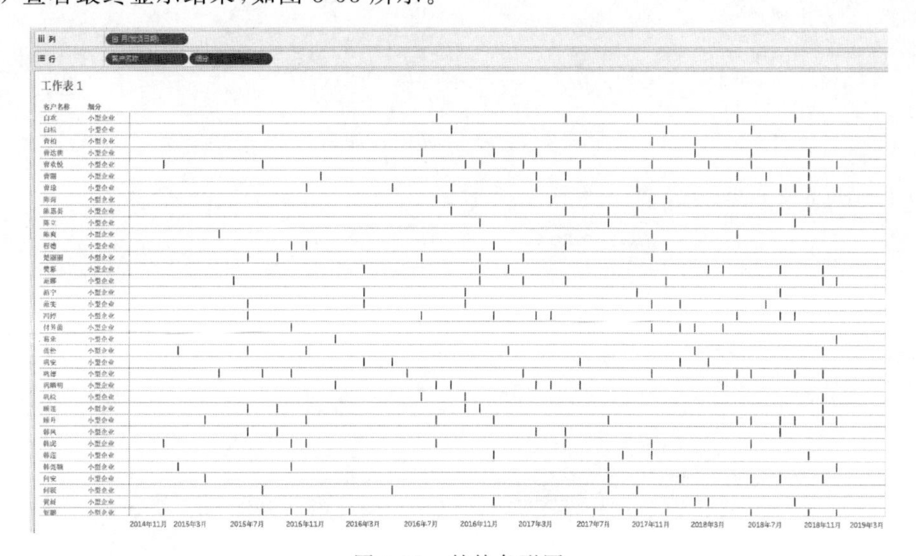

图 3-53 甘特条形图

6) 使用 Kettle 查看数据质量。

(1) 从官网上下载 JDK。

(2) 配置 path 变量。下载 JDK 之后进行安装，安装完毕后要进行环境配置。首先右击

“我的电脑”，选择“属性”，然后在弹出的“系统属性”对话框中选择“高级”选项卡，单击“环境变量”按钮，在弹出的对话框中找到 path 变量，并把 Java 的 bin 路径添加进去，用分号隔开，注意要找到自己安装的对应路径，例如“D:\Program Files\Java\jdk1. 8. 0_181\bin”。

(3) 配置 classpath 变量。在环境变量中新建一个 classpath 变量，里面的内容要填 Java 文件夹中 lib 下 dt. jar 和 tools. jar 的路径，例如“D:\Program Files\Java\jdk1. 8. 0_181\lib\dt. jar”和“D:\Program Files\Java\jdk1. 8. 0_181\lib\tools. jar”。

(4) 在配置完后运行 cmd 命令，输入命令 java，如果配置成功会出现如图 3-54 所示的界面。

```
C:\Users\xxx>java
用法: java [-options] class [args...]
           (执行类)
   或  java [-options] -jar jarfile [args...]
           (执行 jar 文件)
其中选项包括:
    -d32          使用 32 位数据模型 (如果可用)
    -d64          使用 64 位数据模型 (如果可用)
    -server       选择 "server" VM
                  默认 VM 是 server.
```

图 3-54　配置 JDK

(5) 从官网上下载 Kettle 软件，由于 Kettle 是绿色软件，所以在下载后可以解压到任意目录。其网址是“http://kettle. pentaho. org”。本书下载的是 8. 2 版本。

(6) 运行 Kettle。在安装完成之后双击目录下面的 Spoon. bat 批处理程序即可启动 Kettle，如图 3-55 所示。

runSamples.sh	2018/11/14 17:21	SH 文件	2 KB
set-pentaho-env	2018/11/14 17:21	Windows 批处理...	5 KB
set-pentaho-env.sh	2018/11/14 17:21	SH 文件	5 KB
Spark-app-builder	2018/11/14 17:21	Windows 批处理...	2 KB
spark-app-builder.sh	2018/11/14 17:21	SH 文件	2 KB
Spoon	2018/11/14 17:21	Windows 批处理...	5 KB
spoon.command	2018/11/14 17:21	COMMAND 文件	2 KB
spoon	2018/11/14 17:21	图片文件(.ico)	362 KB
spoon	2018/11/14 17:21	图片文件(.png)	1 KB
spoon.sh	2018/11/14 17:21	SH 文件	8 KB
SpoonConsole	2018/11/14 17:21	Windows 批处理...	2 KB
SpoonDebug	2018/11/14 17:21	Windows 批处理...	3 KB
SpoonDebug.sh	2018/11/14 17:21	SH 文件	2 KB
yarn.sh	2018/11/14 17:21	SH 文件	2 KB

图 3-55　启动 Kettle

(7) Kettle 8. 2 的运行界面如图 3-56 所示。

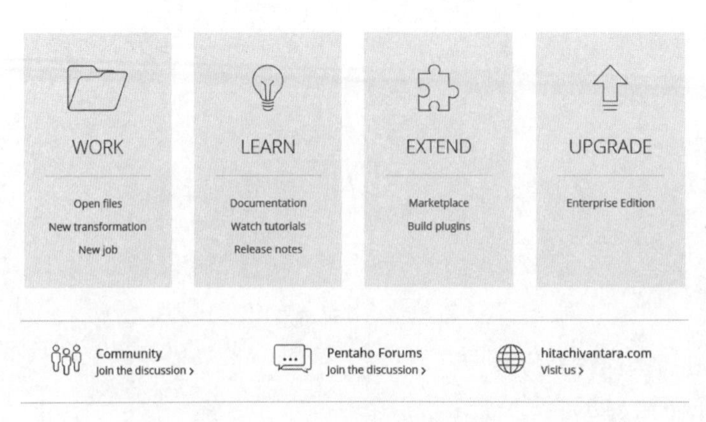

图 3-56　Kettle 8. 2 的运行界面

(8) 成功运行 Kettle 后在菜单栏中单击“文件”,在“新建”中选择“转换”,在“输入”中选择“Excel 输入”,在“脚本”中选择“JavaScript 代码”,在“统计”中选择“分组”,将其分别拖动到右侧工作区中,并建立彼此之间的节点连接关系,最终生成的工作流程如图 3-57 所示。

(9) 准备好 Excel 数据表 file3-13,内容如图 3-58 所示。首先双击“Excel 输入”图标,在“文件”选项卡中将 file3-13 添加到 Kettle 中,如图 3-59 所示。然后在“工作表”选项卡中将要读取的工作表的名称选中,如图 3-60 所示。接着切换到“字段”选项卡,获取工作表中的字段名称,如图 3-61 所示。

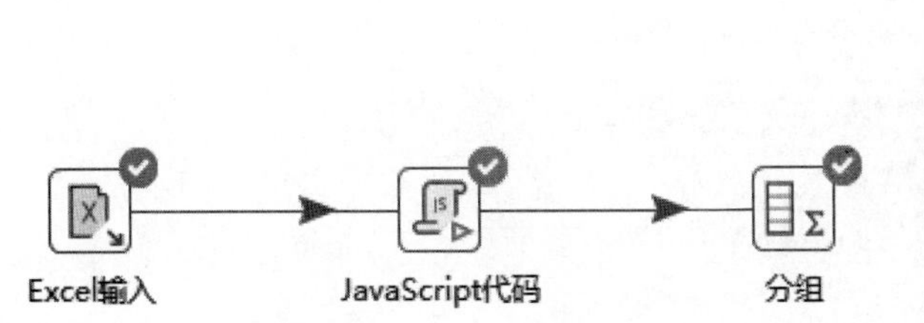

图 3-57　工作流程

	A	B	C	D	E	F
1	姓名	成绩				
2	蔡明	68				
3	张敏	57				
4	刘健					
5	王天一	78				
6	徐红	67				
7	洪智	84				
8	周明	61				
9	李凡	70				
10	刘甜	63				
11	张晓晓					
12	宗树生	73				

图 3-58　数据表内容

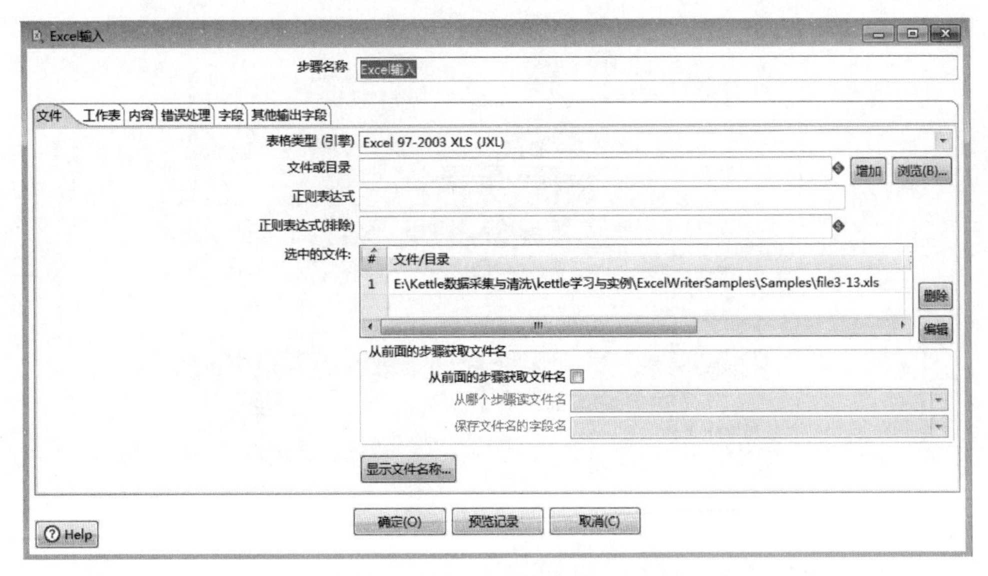

图 3-59　选中文件

(10) 双击“JavaScript 代码”图标,输入如下代码:

```
var 成绩为空 = 1;
if(成绩!= null){
成绩为空 = 0;
}
```

在“字段”中将“字段名称”设置为“成绩为空”,并设置“类型”为“Number”、“长度”为“16”、“精度”为“2”,如图 3-62 所示。

图 3-60 设置工作表名称

图 3-61 获取字段

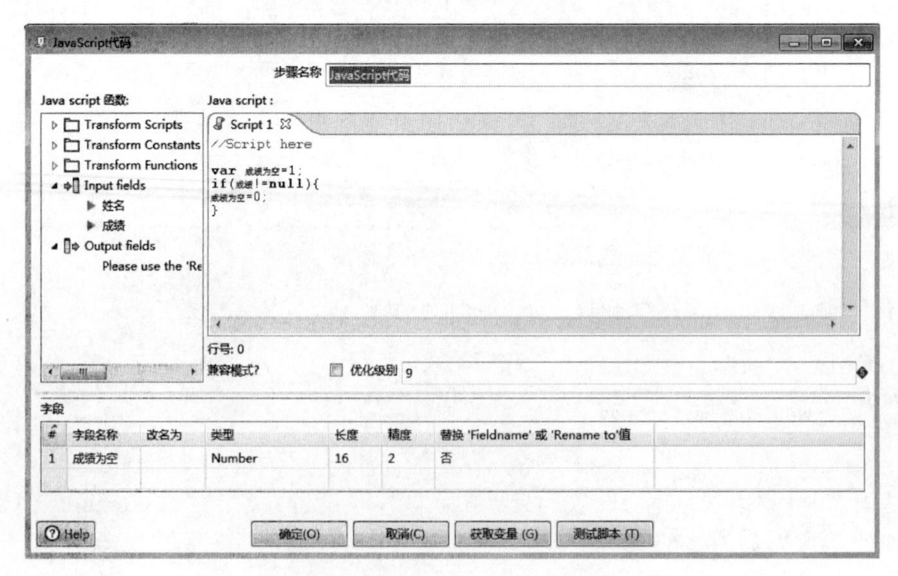

图 3-62 设置 JavaScript 代码

(11) 双击“分组”图标，在“聚合”中设置“名称”为“成绩为空”、“类型”为“求和”，如图 3-63 所示。

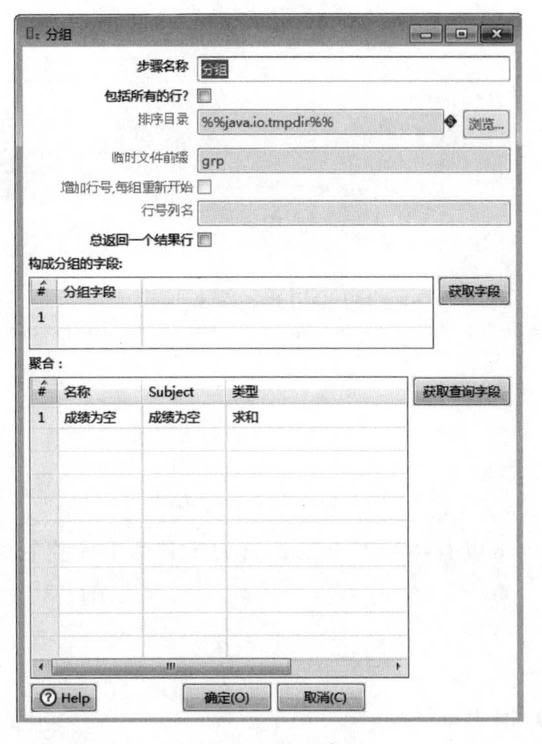

图 3-63　设置分组

(12) 保存该文件，选择“运行这个转换”选项，可以在“执行结果”的 Preview data 选项卡中查看该程序的执行状况，如图 3-64 和图 3-65 所示。

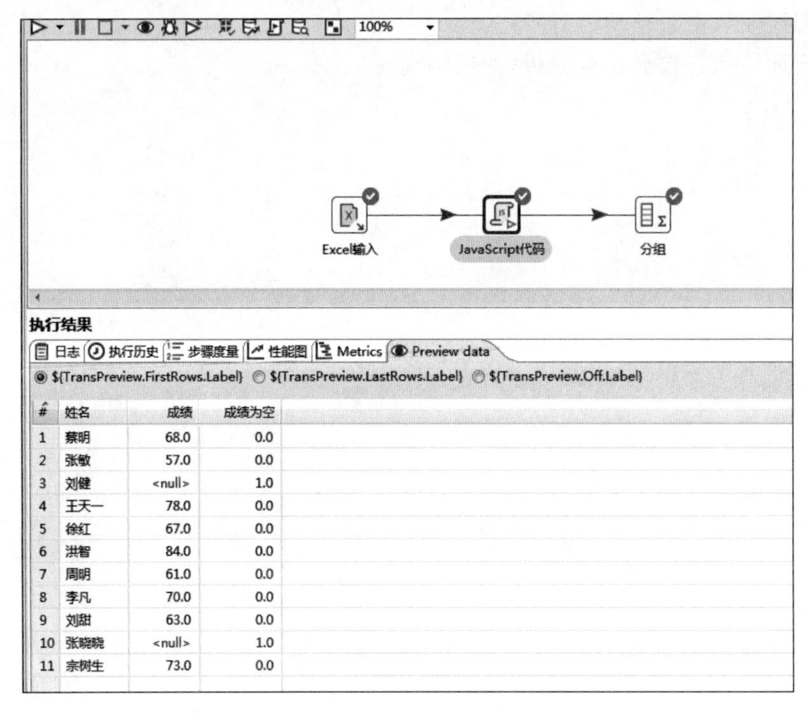

图 3-64　查看 JavaScript 代码结果

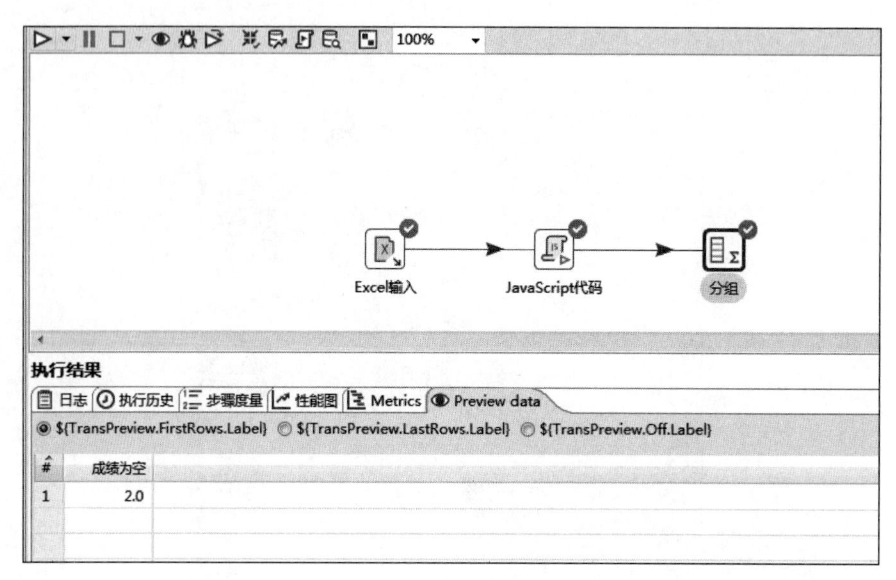

图 3-65 查看分组结果

最后在“成绩为空”中可以看到结果为 2.0，这表示有两个成绩值为空值。

习题 3

(1) 请阐述什么是数据质量。
(2) 请阐述什么是主数据。
(3) 请阐述什么是元数据。
(4) 请阐述元数据的特征。
(5) 请阐述元数据管理功能有哪些。
(6) 请阐述什么是数据血缘分析，如何实现？

第 4 章

数据交换与数据集成

本章学习目标

- 了解数据交换的概念
- 了解数据抽取的概念
- 了解数据交换中的常见格式
- 了解数据交换平台的概念
- 了解数据交换平台的核心技术
- 了解数据集成

本章先向读者介绍数据交换与数据抽取的概念，再介绍数据交换中的常见格式，接着介绍数据交换平台的概念和核心技术，最后介绍数据集成。

4.1 数据交换

4.1.1 数据交换概述

1. 数据交换介绍

企业大量的 IT 投资建立了众多的信息系统，但是随着信息系统的增加，各自孤立工作的信息系统将会造成大量的冗余数据和业务人员的重复劳动。企业急需通过建立底层数据集成平台来联系横贯整个企业的异构系统、应用、数据源等，完成在企业内部的 ERP、CRM、SCM、数据库、数据仓库以及其他重要的内部系统之间的无缝共享和交换数据。

数据是在流通、应用中创造价值的，这就涉及“数据共享”和“数据交换”。在实施数据交换的过程中，不同的数据内容、数据格式和数据质量千差万别，有时企业甚至会遇到数据格式不能转换或数据转换格式后丢失信息等棘手问题，严重影响了数据在各部门和各应用系统中的流动与共享。因此，对企业内各系统异构底层数据进行有效的整合已成为增强企业商业竞争力的必然选择。

数据交换就是连接各业务系统的信息孤岛，将单个业务单元中自有的数据共享出来，供其他业务单元使用，从而为企业管理提供可靠的数据支撑。

2. 数据交换常见问题

企业对数据服务的需求日趋迫切,如何有效地管理数据、高效地提供数据服务是目前企业所面临的关键挑战。目前在企业中存在的数据交换常见问题如下:

(1) 数据平台中的数据内容繁多。通过多年的信息化建设和运营,不少企业已经建立了自身完善的业务应用系统,有效地支撑了核心业务的创新和发展,但随着应用系统的增多,数据量增大、数据应用环境更广,在对这些数据进行使用的过程中逐渐存在不合理、不统一的问题。

(2) 数据平台中数据的流转和逻辑过程复杂。目前仍然有许多企业没有统一的数据资产标准,各业务系统中的数据质量参差不齐,存在信息孤岛现象。例如不同部门同一名称的数据可能有不同的含义,同一个数据可能有不同的命名,这使得数据有效交互和共享存在问题。甚至有的企业还存在部分系统数据更新不及时、报表重复建模等问题,导致核心业务数据无法溯源,数据不准确、不及时,数据的利用率和模型重复使用率较低。

(3) 业务部门对数据结构和质量无法管控。目前大多数企业的数据管控发展方向和需求由业务部门提出,但业务人员对公司复杂的系统无法进行全面、深入的掌握,特别是在技术层面。因此,为了使业务部门从数据结构到数据质量有更好的管控,梳理业务系统与数据库结构关系成为目前急需解决的问题之一。

3. 数据交换与数据标准

数据交换离不开数据标准,数据未动标准先行是构建优质数据交换的前提。但现实中许多企业没有做好数据标准,导致这些标准在数据交换或数据采集的时候进行,影响了数据的质量。例如出现数据被篡改、被泄露等安全性问题,轻则影响业务的开展,重则泄露核心机密,给企业造成重大损失。再例如复制的数据难以控制准确性和合规性,复制的数据流向哪里也无法控制,是谁复制了信息也无法掌控,一旦出现信息泄露,企业也无法追责。

因此,在数据交换中统一数据标准,可以极大程度上规范业务统计分析语言,帮助企业提升分析应用和监管报送的数据质量,进而全面提高数据质量和数据资产价值。

4. 数据交换与元数据

数据交换依托于元数据,数据交换是基于元数据的交换。元数据不仅定义了数据交换中的数据模式、来源以及抽取转换规则,还可以把数据交换系统中各个松散的组件联系起来,组成一个有机的整体。因此,在数据交换中整个数据交换系统的运行都应该是基于元数据的。

图 4-1 显示了在数据交换中对半结构化和结构化元数据的自动采集。

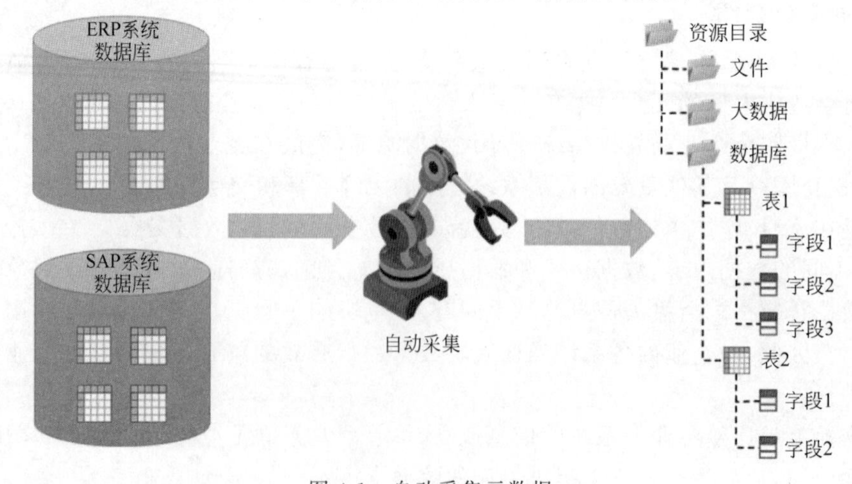

图 4-1 自动采集元数据

5. 数据交换与数据抽取

数据交换与数据抽取密不可分，数据抽取指把数据从数据源读出来，一般用于从源文件和源数据库中获取相关的数据，也可以从 Web 数据库中获取相关数据。

数据抽取的两个常用抽取方式为全量抽取和增量抽取。其中，全量抽取类似于数据迁移或数据复制，它将数据源中表或视图的数据原封不动地从数据库中抽取出来，并转换成自己的 ETL 工具可以识别的格式（ETL 是英文 Extract-Transform-Load 的缩写，指将数据从源端抽取、转换、加载到目标端的一个过程，ETL 常用在数据仓库中，但其实并不限于数据仓库）。全量抽取通常比较简单，而增量抽取只抽取自上次抽取以来数据库中要抽取的表中新增或修改的数据。在 ETL 的使用过程中，增量抽取比全量抽取的应用更广。

目前增量数据抽取中常用的捕获变化数据的方法主要有以下 5 种：

1）触发器方式

触发器方式是指在要抽取的表上建立需要的触发器，一般要建立插入、修改、删除 3 个触发器，每当源表中的数据发生变化时，变化的数据就被相应的触发器写入一个临时表，抽取线程从临时表中抽取数据，从临时表中抽取过的数据被标记或删除。

优点：数据抽取的性能高，ETL 加载规则简单，速度快，不需要修改业务系统表结构，可以实现数据的递增加载。

缺点：要求业务表建立触发器，对业务系统有一定的影响。

2）时间戳方式

时间戳方式是一种基于快照比较的变化数据捕获方式，在源表上增加一个时间戳字段，当系统中更新修改表数据的时候，同时修改时间戳字段的值。当进行数据抽取时，通过比较系统时间与时间戳字段的值来决定抽取哪些数据。有的数据库的时间戳支持自动更新，即表的其他字段的数据发生改变时自动更新时间戳字段的值；有的数据库不支持时间戳的自动更新，这就要求业务系统在更新业务数据时手动更新时间戳字段。

优点：和触发器方式一样，时间戳方式的性能也比较好，ETL 系统设计清晰，源数据抽取相对清楚、简单，可以实现数据的递增加载。

缺点：时间戳维护需要由业务系统完成，对业务系统也有很大的倾入性（加入额外的时间戳字段），特别是对不支持时间戳的自动更新的数据库，还要求业务系统进行额外的更新时间戳操作，工作量大，改动面大，风险大；另外，无法捕获对时间戳以前数据的删除和更新操作，在数据准确性上受到了一定的限制。

3）全表删除插入方式

全表删除插入方式是指每次 ETL 操作均删除目标表数据，由 ETL 全新加载数据。

优点：ETL 加载规则简单，速度快。

缺点：对于维表加代理键不适应，当业务系统产生删除数据的操作时，综合数据库将不会记录到所删除的历史数据，不可以实现数据的递增加载；同时，对于目标表所建立的关联关系，需要重新进行创建。

4）全表比对方式

全表比对的方式是采用 MD5 校验码，ETL 工具事先为要抽取的表建立一个结构类似的 MD5 临时表，该临时表记录源表的主键以及根据所有字段的数据计算出来的 MD5 校验码，每次进行数据抽取时，对源表和 MD5 临时表进行 MD5 校验码的比对，如有不同，则进行更新操作；如果目标表不存在该主键值，表示还没有该记录，则进行插入操作。

优点：对已有系统表结构不产生影响，不需要修改业务操作程序，所有抽取规则由 ETL

完成，管理维护统一，可以实现数据的递增加载，没有风险。

缺点：ETL 比对较复杂，设计较复杂，速度较慢。与触发器和时间戳方式中的主动通知不同，全表比对方式是被动地进行全表数据的比对，性能较差。当表中没有主键或唯一列且含有重复记录时，全表比对方式的准确性较差。

5）日志表方式

日志表方式是指在业务系统中添加系统日志表，当业务数据发生变化时，更新、维护日志表内容，当进行 ETL 加载时，通过读日志表数据决定加载哪些数据及如何加载。

优点：不需要修改业务系统表结构，源数据抽取清楚，速度较快，可以实现数据的递增加载。

缺点：日志表的维护需要由业务系统完成，需要对业务系统的业务操作程序进行修改，记录日志信息。日志表的维护较为麻烦，对原有系统有较大的影响，工作量较大，改动较大，有一定的风险。

图 4-2 显示了数据交换与数据抽取的基本工作方式。

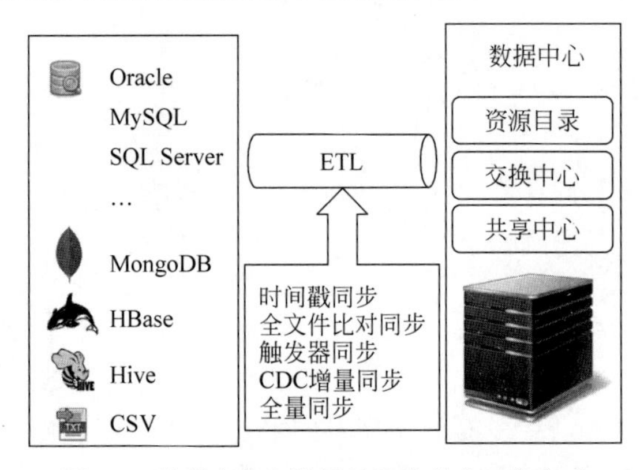

图 4-2 数据交换与数据抽取的基本工作方式

4.1.2 数据交换中的常见格式

1. XML

XML（可扩展标记语言）于 1998 年获得了其规范和标准，并一直沿用至今，是当今因特网（Internet）上保存和传输信息的主要标记语言。XML 的主要特点是将数据的内容和形式分离，以便在网络上进行传输。

在设计之初，人们便将 XML 的文档在网页中显示成树状结构，它的显示总是从“根部”开始，然后延伸到“枝叶”。

下面是一个完整的 XML 文档：

```
<?xml version = "1.0" encoding = "utf - 8"?>
< persons >
< person >
< full_name > Tony Smith </full_name >
< child_name > Cecilie </child_name >
</person >
< person >
< full_name > David Smith </full_name >
< child_name > Jogn </child_name >
</person >
< person >
< full_name > Michael Smith </full_name >
```

```
<child_name>kyle</child_name>
<child_name>klie</child_name>
</person>
</persons>
```

在该 XML 文档中，第一句<? xml version="1.0" encoding="utf-8"? >用来声明 XML 语句的规范信息，包含了 XML 声明、XML 的处理指令及架构声明。其中，version="1.0"指出版本，encoding="utf-8"给出语言信息。

XML 是基于互联网的文本传输和应用，比其他的数据存储格式更适合网络中的传输，它的文件比较小，浏览器对它的解析快，非常适合互联网中的各种应用。同时，XML 数据格式支持网络中的信息检索，并能降低网络服务器的负担，对智能网络的发展起到了关键的作用。由于 XML 具有强大的自描述能力，所以它非常适合作为数据交换中的媒介，为在异构系统之间进行数据交换提供一种理想的实现途径。

在 Web 中存储的 XML 数据如图 4-3 所示。

图 4-3　在 Web 中存储的 XML 数据

2. JSON

JSON(JavaScript Object Notation)来源于 JavaScript，是新一代的网络数据传输格式。JavaScript 是一种基于 Web 的脚本语言，主要用于在 HTML 页面中添加动作脚本。JSON 作为一种轻量级的数据交换技术，在跨平台的数据传输和交换中起到了关键的作用。

从技术上看，JSON 实际上是 JavaScript 的一个子集，所以 JSON 的数据格式和 JavaScript 是对应的。与 XML 格式相比，JSON 的书写更简洁，在网络中的传输速度也更快。图 4-4 显示了在 Web 中存储的 JSON 数据。

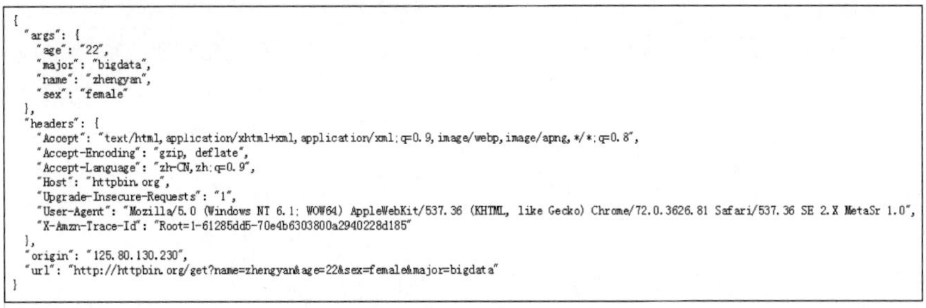

```
{
  "args": {
    "age": "22",
    "major": "bigdata",
    "name": "zhengyan",
    "sex": "female"
  },
  "headers": {
    "Accept": "text/html,application/xhtml+xml,application/xml;q=0.9,image/webp,image/apng,*/*;q=0.8",
    "Accept-Encoding": "gzip, deflate",
    "Accept-Language": "zh-CN,zh;q=0.9",
    "Host": "httpbin.org",
    "Upgrade-Insecure-Requests": "1",
    "User-Agent": "Mozilla/5.0 (Windows NT 6.1; WOW64) AppleWebKit/537.36 (KHTML, like Gecko) Chrome/72.0.3626.81 Safari/537.36 SE 2.X MetaSr 1.0",
    "X-Amzn-Trace-Id": "Root=1-61285dd5-70e4b6303800a2940228d185"
  },
  "origin": "125.80.130.230",
  "url": "http://httpbin.org/get?name=zhengyan&age=22&sex=female&major=bigdata"
}
```


图 4-4　在 Web 中存储的 JSON 数据

4.1.3　API 与数据交换

1. API 介绍

API(应用程序编程接口)是指为两个不同的应用之间实现流畅通信而设计的应用程序编

程接口，它其实是一组命令，控制外部应用如何接入系统内部的数据集和服务。API是目前数据和服务交易的标准方案，通常也被称为应用程序的“中间人”。对于开发人员而言，API是一个非常好的工具，它可以在微服务和容器之间交换信息，并实现快节奏的通信交流。正如集成和互连对于应用开发的重要性那样，API在某种程度上驱动并增强了应用程序的设计。

API作为方便信息交换的基本元素，被广泛用于Web应用程序的开发领域。在互联网的早期，API作为专有协议，在网络中往往被用于受限的区域、目的或组织，让不同网络架构的通信与计算成为可能。当Web 2.0出现以后，基于Web的工具广泛涌现，人们开始使用REST(Representational State Transfer)这一社区开发规范来构建实际应用的API接口，例如常见的OpenAPI。

目前API的收费模式通常是订阅模式，终端用户可以按使用次数付费，也可以按月付费，还可以按照某种阶梯制度付费。因此，数据提供商会得到经济激励生产数据，而终端用户无须自行生产这些数据。API提供方和付费用户之间还会签署具有法律效力的合约，以避免产生数据盗用或未经许可转卖等各种恶意行为，并约束数据提供商为自己的数据质量负责。例如，开发自动驾驶汽车的算法需要运用大量数据进行目标检测、目标分类、目标定位以及运动预测。开发者可以在内部产生这些数据，但代价是需要累计几百万英里的驾驶里程；而他们也可以通过API购买这些数据。

2. API安全的常见协议

1）SOAP

SOAP(Simple Object Access Protocol，简单对象访问协议)是一种基于XML的消息传递与通信协议。该协议可以扩展HTTP，并为Web服务提供数据传输。使用该协议，人们可以轻松地交换包含所有内容的文件或远程调用过程。SOAP与CORBA、DCOM和Java RMI等其他框架的不同之处在于，SOAP的整个消息都是被写在XML中的，因此它能够独立于各种语言。

2）REST

作为基于HTTP的Web标准架构，REST针对每个待处理的HTTP请求，可以使用GET、POST、PUT和DELETE 4种动词。对于开发人员来说，RESTful架构是理解API功能和行为的最简单工具之一。它不但能够使API架构易于维护和扩展，而且方便内、外部开发人员去访问API。

3）WebSocket

WebSocket是一种双向通信协议，可以在客户端和服务器之间提供成熟的双向通信通道，进而弥补了HTTP的局限性。例如应用客户端可以使用WebSocket来创建HTTP连接请求，并发送给服务器。当初始化通信连接被建立之后，客户端和服务器都可以使用当前的TCP/IP连接，并根据基本的消息框架协议来传输数据与信息。

4）WebHook

WebHook能够将自动生成的消息从一个应用程序发送到另一个应用程序。换而言之，它可以在两个应用之间实时建立、发送、提取更新的通信。由于WebHook可以包含关键信息，并将其传输到第三方服务器，所以人们可以通过在WebHook中执行基本的HTTP身份验证或TLS身份验证来保证API的相关安全实践。

5）AMQP

作为一个开放的协议，高级消息队列协议(Advanced Message Queuing Protocol，AMQP)规定了消息提供者的行为过程，可以被应用到应用层上，创建互操作式的系统。该协议由于是采用二进制实现的，所以不仅支持各种面向消息的中间件通信，还可以确保消息的全面妥投。

值得注意的是，随着云服务、集成平台和 API 网关等技术领域的发展，使得 API 提供商们能够以多种方式来保护 API。可以说，针对构建 API 所选择的技术栈类型，会对保护 API 产生直接的影响。

4.2 数据交换平台及应用

4.2.1 数据交换平台

1. 数据交换平台概述

数据交换平台就是把不同来源、不同特性的数据在逻辑上和物理上有机地集中，从而为企业应用系统提供全面的数据共享。它使若干个应用子系统进行信息/数据的传输及共享，提高信息资源的利用率，成为进行信息化建设的基本目标，保证分布异构系统之间互联互通，建立中心数据库，完成数据的抽取、集中、加载、展现，构造统一的数据处理和交换。通过数据交换平台解决企业的数据一致性和数据可靠传输问题，打通企业信息孤岛，建立企业数据中心，最终实现数据的共享与发布应用。

数据交换平台具有集成协议转换、加密、压缩、交换过程监控等多种功能，保证各系统之间数据的有效交换，在交换过程中涉及的功能调整均通过调整交换平台的应用得以实现，减少功能调整带来的对数据源系统和数据目标系统的影响。

数据交换平台通常有以下作用：

(1) 打通信息孤岛，形成全景数据视图。数据交换平台通过数据集成实现信息互联，为数据分析应用提供完整数据。

(2) 形成统一数据标准，实现多样数据融合共享。数据交换平台通过数据集成实现异构数据统一，减少冗余数据，方便数据共享应用。

(3) 保证信息可靠传输，提升数据质量。数据交换平台通过数据集成提高数据及时性、准确性、完整性，增加数据可信度。

从实际应用上来讲，数据交换平台其实就是 ETL 的一个扩展集，它可以对多个应用子系统进行信息/数据的传输及共享，对各种分布异构系统进行互联互通，建立中心数据库，完成数据的抽取、集中、加载、展现，有着统一的数据处理和交换方法。

例如，数据交换平台可以提供 XML 数据访问和交换的功能，包括以下方面：

(1) 数据发布与订阅服务。一个应用节点可以向交换中心发布共享数据，其他应用节点可以订阅该数据，并由交换中心将其"推送"到订阅的应用节点。

(2) 数据路由与交换服务。如果对数据的实时性要求较高，或者不希望存储数据时，数据中心将作为代理或服务，提供实时的数据交换服务。

(3) 数据链路连接服务。数据交换节点可以通过数据中心与另一个数据交换节点建立一个交换的连接通路。

(4) 数据查询服务。对数据交换节点提供查询中心数据仓库转储的数据的服务。

(5) 数据更新服务。对数据交换节点提供更新中心数据仓库转储的数据的服务。

图 4-5 显示了在数据交换平台中不同类型数据的交换方式。

2. 数据交换平台的组成

数据交换平台主要完成数据的存储、格式转换和数据交换，它由一系列中间件、服务、

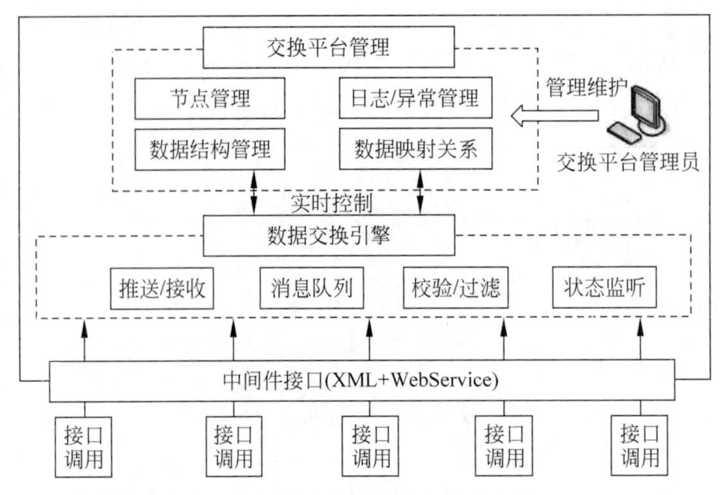

图 4-5 不同类型数据的交换方式

WebService 接口以及中心数据库组成,其核心组件包括数据交换引擎、安全管理、系统管理、Web 服务管理、WebService 接口以及中心数据库。

1）数据交换引擎

数据交换引擎实现交换和协同的核心功能,提供模式管理、数据变换和协同等服务。

2）安全管理

安全管理是利用系统的安全和信任服务,实现对用户的管理、身份认证和授权管理等,安全管理中的安全中间层还提供了安全的 WebService 服务,管理 Web 服务会话,从而实现数据安全交换。

3）系统管理

系统管理实现对系统的配置管理和状态监控,通过对系统管理配置数据交换中心各部分的运行参数,实现服务的启动控制,监控整个系统的运行状态。

4）Web 服务管理

提供 Web 服务的注册管理和发布功能,通过 Web 服务管理,各数据交换节点代理向数据中心注册自己的数据交换 Web 服务,数据中心根据注册的消息进行 Web 服务的路由,主动调用数据交换节点的数据访问服务向数据交换节点获取数据。

5）WebService 接口

WebService 接口向外部应用程序和数据交换节点展示数据交换的相关 Web 服务,Web 服务的实现可以是基于 HTTP、邮件 SMTP 以及 JMS 等各种协议的,可以是异步的,也可以是同步的。一般而言,WebService 接口通过安全管理来实现可信的 Web 服务调用。

6）中心数据库

中心数据库主要记录各种交换的情况,以供将来分析使用,例如性能分析、故障分析、数据流量分析和流向分析等,同时还存储相关的全局目录信息。它主要对数据交换中的情况和全局目录信息进行记录,定义需要转存的数据,并通过映射工具和引擎将其转存到数据存储服务系统中。

3. 数据交换平台的核心技术

一般来讲,数据交换平台中常用的核心技术是 WebService 技术以及 API 网关。目前这些技术均已成熟,并在各种场合被广泛应用。

基于 WebService 服务的数据交换方式主要用于外部机构部门与数据中心间的实时数据

交换和业务协同应用。WebService具有完好的封装性、松散耦合、使用标准协议规范、高度可集成能力，而与XML结合又使其具有了数据交换能力。采用基于XML和WebService技术实现跨网络异构数据交换也就成为了理想的交换方式，使跨网络协同的工作环境建设成为可能。

与此同时，API网关的使用能够对大量的API进行有序的管理，同时能对访问的API做到安全控制，特别是随着微服务架构的不断兴起，API网关也变得越来越重要。

1）WebService技术

WebService是不同技术平台下应用系统进行数据交换的最好方案，尤其是.NET平台和J2EE平台环境间的数据交换。

数据交换平台采用WebService技术进行组件和应用系统的包装，将系统的数据展示和需求都看作一种服务，通过服务的请求和调用实现系统间的数据交换和共享。其中，WebService是一个平台独立的、低耦合的、自包含的、基于可编程的Web应用程序，同时也是一种跨编程语言和跨操作系统平台的远程调用技术。WebService以HTTP为基础，通过XML进行客户端和服务器端的通信。通过WebService服务可以使运行在不同机器上的不同应用程序无须借助附加的、专门的第三方软件或硬件就可以相互交换数据。WebService是建立可互操作的分布式应用程序的新平台，是一个平台，是一套标准，并定义了应用程序如何在Web上实现互操作性。

在使用基于WebService的数据交换服务时，通常由数据提供方定义公开数据服务，以服务的形式封装数据交换的内容和协议。数据使用方调用数据提供方的公开数据服务以获取所需的数据，并且按照一定的数据转换和数据更新规则把数据更新到本地数据源。通过本地数据服务和公开数据服务的交互实现数据提供方和数据使用方之间的数据交换。

WebService原理如图4-6所示。

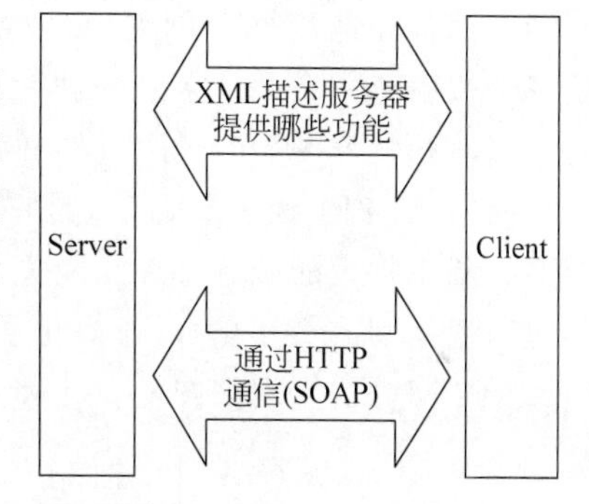

图4-6　WebService原理

WebService技术主要提供以下方面的服务：

（1）最新的信息服务。应用系统所能提供的数据并不需要复制到共享数据库里，而只是以WebService的形式发布出来，只有当用户发出服务请求的时候数据才从应用系统经过数据交换平台直接传输给用户，这样用户所得到的永远是最新的消息。

（2）应用系统之间松耦合。当应用系统中的数据格式变更或增加了新的数据时，只需以新的WebService发布出来，用户即可通过数据交换平台使用服务并获得相应数据。数据交换平台和客户端都不需要做任何改动，这样就实现了系统之间的低耦合。

（3）统一的安全机制。当应用系统申请进行数据查询和更新操作时，必须通过安全可信的WebService在权限管理的控制下进行数据的交换和传输，这样就提高了系统和数据的安全性。

WebService技术具有以下优点：

（1）跨防火墙的通信。WebService具有良好的跨防火墙通信的功能，能够解决传统客户端和服务器大量用户通信难的问题，WebService充当中间层组件，可以从用户界面直接调取中间层组件，相比于传统ASP页面，不仅缩短了开发周期，还降低了代码的复杂度，增强了应用程序的可维护性。

(2) 应用程序集成。WebService 可以实现应用程序集成,即应用程序可以用标准的方法把功能和数据“暴露”出来,供其他应用程序使用。WebService 提供了在低耦合环境中使用标准协议(HTTP、XML、SOAP 和 WSDL)交换消息的能力。消息可以是结构化的、带类型的,也可以是松散定义的。

(3) B2B 的集成。WebService 可用于 B2B 集成,通过 WebService,公司仅需把“商务逻辑”暴露给指定的合作伙伴,不管他们的系统在什么平台上运行,使用什么开发语言,均可轻松调用,还具有互操作性、运行成本低等特点。

2) API 网关

API 网关是微服务架构(Microservice Architecture)标准化服务的模式(微服务是一种用于构建应用的架构方案。微服务架构有别于更为传统的单体式方案,可将应用拆分成多个核心功能)。API 网关定位为应用系统服务接口的网关,区别于网络技术的网关,但是原理一样。API 网关统一服务入口,可方便地实现对平台的众多服务接口管控,例如对访问服务的身份认证、防报文重放与防数据篡改、功能调用的业务鉴权、响应数据的脱敏、流量与并发控制,甚至是基于 API 调用的计量或者计费等。

通过 API 网关,开发者可以封装各种后端服务,并以 API 的形式提供给企业内部或外部使用。API 网关方式的核心要点是,所有的客户端和消费端都通过统一的网关接入微服务,在网关层处理所有的非业务功能。API 网关负责服务请求路由、组合及协议转换。客户端的所有请求都首先经过 API 网关,然后由它将请求路由到合适的微服务。API 网关经常会通过调用多个微服务并合并结果来处理一个请求。它可以在 Web 协议(例如 HTTP 与 WebSocket)与内部使用的非 Web 友好协议之间转换。

使用 API 网关的最大优点是它封装了应用程序的内部结构。客户端只需要和网关交互,而不必调用特定的服务。API 网关为每一类客户端提供了特定的 API。这不仅减少了客户端与应用程序间的交互次数,还简化了客户端代码。

API 网关的实现如图 4-7 所示。

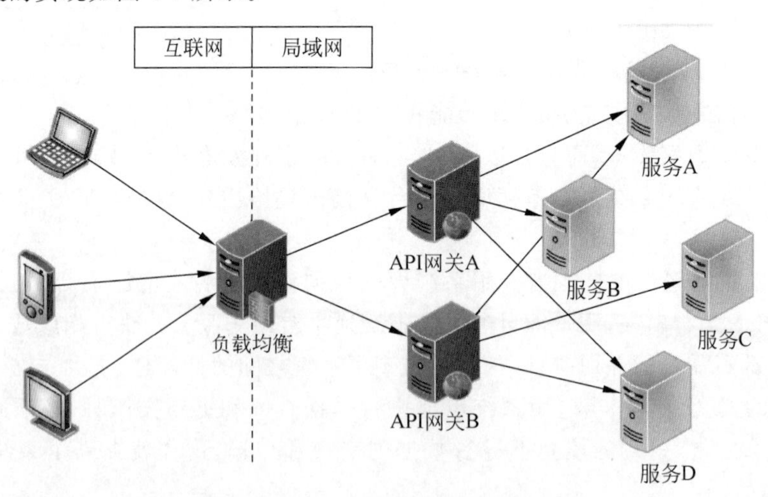

图 4-7 API 网关的实现

值得注意的是,API 网关也有一些不足,它增加了一个人们必须开发、部署和维护的高可用组件。图 4-7 中的负载均衡是高可用网络基础架构的关键组件,通常用于将工作负载分布到多个服务器来提高网站、应用、数据库或其他服务的性能和可靠性。在这里出现的“均衡”是指人们希望所有服务器都不要过载,并且能够最大程序地发挥作用。

4. 数据交换平台的规范

1) 基本技术规范

基本技术规范如下：

(1) 数据交换平台服务器采用满足 J2EE 规范的应用服务器实现。

(2) 数据交换平台包含的数据交换服务使用纯 Java 接口作为统一的抽象接口描述。

(3) 数据交换平台包含的数据交换服务可以发布为多种形式，例如 EJB、Servlet、WebService 等。

(4) 数据交换平台的数据使用 XML 格式进行表示。

(5) 数据交换平台要求提供安全认证和授权访问机制，确保数据交换的安全。

2) 数据交换接口规范

数据交换平台中的数据交换接口统一通过纯 Java 接口来进行表述，对于这类 Java 接口，要求满足以下规范：

(1) 接口方法的参数和返回值要求实现序列化接口。

(2) 接口方法的参数和返回值如果是数据集合，统一通过 RowSet 结构来实现，每个数据集合参数需要标明 RowSet 结构的名字。

下面是一个数据交换接口的例子：

```
/**
    *
    * 接口：客户基本信息查询
    * 说明：本接口提供对客户基本信息的查询功能
    */
public interface bo_cust_info {
        /**
         * 查询客户基本信息
         * @param custId: 客户号
         * @return: 包含客户信息的结果集,如果没有该客户数据,返回空结果集
         * 返回结果集名: epm/ar_cust_info
         */
    public DSRowSet queryByCustId (String custId);
}
```

在数据交换过程中，由于数据格式的混乱，常常带来很多附加的工作，这些工作往往导致系统出现错误或降低了系统的效率，所以应当采用尽量简单、统一的数据格式。数据集是在数据交换过程中经常会遇到的数据结构，例如查询结果往往包含多行数据。结果集可以有很多种实现方式，在数据交换平台中统一使用称为 RowSet 的数据集结构。

这里通过如下的例子来说明 RowSet 的结构：

```
<rowset label = "客户基本信息" name = "epm/AR_CUST_INFO">
    <row>
        <CUST_ID>0000669375</CUST_ID>
        <CUST_SC_ID>11000082</CUST_SC_ID>
        <CUST_SNAME></CUST_SNAME>
        <CUST_NAME>某客户名</CUST_NAME>
        <CUST_ADDR>客户地址</CUST_ADDR>
        <CONTACT></CONTACT>
        <CONT_TEL></CONT_TEL>
        <CUST_TYPE>22</CUST_TYPE>
        <AREA_SECT_ID>0100009</AREA_SECT_ID>
        <SUPPLY_DATE></SUPPLY_DATE>
```

```
            <CUST_STATUS>9</CUST_STATUS>
            <STATUS_CHG_DATE></STATUS_CHG_DATE>
            <ELEC_KIND>1</ELEC_KIND>
            <CONTACT_CAPA>4</CONTACT_CAPA>
            <INSTALL_CAPA>0</INSTALL_CAPA>
            <BALANCE_ID>0000669375</BALANCE_ID>
            <AREA_NO>01</AREA_NO>
            <POWER_CUT_TAG>0</POWER_CUT_TAG>
        </row>
    </rowset>
```

这个 RowSet 结构很容易理解，每个 rowset 节点描述一个数据集，每个 row 节点描述一个数据行，在 row 节点下，每个子节点描述一个数据列的值。

3）WebService 接口规范

在数据交换平台上通过 WebService 部署的接口服务要求满足如下规范：

(1) 接口的方法只包含一个字符串类型的输入参数，这个参数是一个 MsgInfo 结构，具体的参数打包在 MsgInfo 中进行传递。

(2) 接口的返回值也是一个字符串类型的参数，这个参数是一个 MsgInfo 结构，具体的返回数据打包在 MsgInfo 中，在这个 MsgInfo 中要求至少包含一个参数 returnCode，当 returnCode=0 时表示调用成功，否则表示调用失败，如果具体的错误代码代表不同的含义，由接口自己设定。另外，在 MsgInfo 中可以包含一个可选的 returnMessage 参数描述错误的信息。

值得注意的是，MsgInfo 是基于 XML 的描述接口参数和返回结果的数据结构。

如下是一个 MsgInfo 的结构：

```
<msginfo>
    <parameters>
        <parameter name="returnCode">0</parameter>
        <parameter name="returnMessage"></parameter>
        <parameter name="param1">value1</parameter>
    </parameters>
    <rowsets>
        <rowset label="客户基本信息" name="epm/AR_CUST_INFO">
            <row>
                <CUST_ID>0000669375</CUST_ID>
                <CUST_SC_ID>11000082</CUST_SC_ID>
                <CUST_SNAME></CUST_SNAME>
                <CUST_NAME>某客户名</CUST_NAME>
                <CUST_ADDR>客户地址</CUST_ADDR>
                <CONTACT></CONTACT>
                <CONT_TEL></CONT_TEL>
                <CUST_TYPE>22</CUST_TYPE>
                <AREA_SECT_ID>0100009</AREA_SECT_ID>
                <SUPPLY_DATE></SUPPLY_DATE>
                <CUST_STATUS>9</CUST_STATUS>
                <STATUS_CHG_DATE></STATUS_CHG_DATE>
                <ELEC_KIND>1</ELEC_KIND>
                <CONTACT_CAPA>4</CONTACT_CAPA>
                <INSTALL_CAPA>0</INSTALL_CAPA>
                <BALANCE_ID>0000669375</BALANCE_ID>
                <AREA_NO>01</AREA_NO>
                <POWER_CUT_TAG>0</POWER_CUT_TAG>
            </row>
```

```
        </rowset>
    </rowsets>
</msginfo>
```

在此结构中，根节点是 msginfo，包含一个 parameters 节点和一个 rowsets 节点，parameters 节点包含简单的变量参数，而 rowsets 包含多个 RowSet 数据集。

如下是一个请求参数的例子：

```
<msginfo>
    <parameters>
        <parameter name="custId">00001234</parameter>
    </parameters>
</msginfo>
```

如下是相应的成功返回值：

```
<msginfo>
    <parameters>
        <parameter name="returnCode">0</parameter>
        <parameter name="returnMessage"></parameter>
    </parameters>
    <rowsets>
        <rowset label="客户基本信息" name="epm/AR_CUST_INFO">
            <row>
                <CUST_ID>0000669375</CUST_ID>
                <CUST_SC_ID>11000082</CUST_SC_ID>
                <CUST_SNAME></CUST_SNAME>
                <CUST_NAME>某客户名</CUST_NAME>
                <CUST_ADDR>客户地址</CUST_ADDR>
                <CONTACT></CONTACT>
                <CONT_TEL></CONT_TEL>
                <CUST_TYPE>22</CUST_TYPE>
                <AREA_SECT_ID>0100009</AREA_SECT_ID>
                <SUPPLY_DATE></SUPPLY_DATE>
                <CUST_STATUS>9</CUST_STATUS>
                <STATUS_CHG_DATE></STATUS_CHG_DATE>
                <ELEC_KIND>1</ELEC_KIND>
                <CONTACT_CAPA>4</CONTACT_CAPA>
                <INSTALL_CAPA>0</INSTALL_CAPA>
                <BALANCE_ID>0000669375</BALANCE_ID>
                <AREA_NO>01</AREA_NO>
                <POWER_CUT_TAG>0</POWER_CUT_TAG>
            </row>
        </rowset>
    </rowsets>
</msginfo>
```

值得注意的是，数据交换平台提供对 MsgInfo 结构的解释 API。

5. 数据交换平台的监控与管理

1）数据交换平台的监控

数据交换平台的监控需要获取交换服务器的 CPU、内存以及磁盘，在作业运行时首先根据负载算法将收集到的 CPU、内存和磁盘信息进行负载运算，判断哪台交换服务器的负载较低，将作业分发到负载较低的交换服务器上运行。在具体实现中可通过负载均衡将多个作业服务器节点组合，将作业通过负载算法分摊到这些节点上进行 ETL 过程。负载均衡解决了单台作业服务器在进行多作业并发时数据 ETL 过程压力过大的一种多节点负载方案，使这些作业服务器能以最好的状态对外提供服务，这样系统吞吐量最大，性能更高，对于用户而言，处理数据的时间也更少。另外，负载均衡增强了系统的可靠性，最大化降低了单个节点过载甚至宕机的概率。

2）数据交换平台的管理

在数据交换过程中，平台管理系统负责监控作业的运行和调度情况，统计交换的过程和数据，形成图形化的报表进行统计数据的展现，以此能够清晰地体现数据交换过程中的各种状态和数据量。此外，数据交换平台还提供了总揽全局的总体监控和明细型的计划监控以及事件监控、可视化的多维度作业运行监控以及完善的资源监控功能，对作业及与作业相关的节点进行数据监控和统计。最后，平台管理还可统计作业交换过程中的调度日志、作业执行日志、历史日志、交换的数据量，以及统计数据交换的成功和失败次数，可以保证在第一时间发现系统存在的问题，并且及时排除，保证系统的正常运行。

4.2.2 数据交换平台的应用

1. 数据交换平台架构概述

在实际应用中，数据交换平台一般应具备共享数据库的数据采集、更新、维护；业务资料库、公共服务数据库的数据采集；提供安全可靠的共享数据服务；业务部门之间的业务数据交换；结合工作流的协调数据服务等功能。

数据交换平台架构包括以下内容：

- 数据供需方的接口数据系统。为了满足应用层交换和数据层交换，交换代理必须有应用层和数据层的连接和接口适配功能，数据代理必须有数据格式的转换功能。
- 数据传输。为了保证数据的正确传输和传输性能，必须有传输管理功能，包括传输协议管理和控制、传输过程控制、数据传输加密、压缩、网络故障检测和连接共享等功能。
- 会话管理。为了能提供数据的交换方式(例如主动(推)、被动(拉))，支持定时和实时策略，支持超时控制管理等功能，数据交换平台必须有会话策略、会话控制和管理功能。
- 数据管理。为了使数据能按标准进行交换，能按部署的路由规则进行交换，必须有数据路由、数据模板管理、数据解析、数据转换等功能。
- 系统管理。数据交换平台还应该提供服务管理功能，包括运行管理、部署管理、服务管理、系统日志等功能。

此外，数据交换平台还需要提供图形化的设计和管理工具，以方便业务人员的使用和管理，并提供与各类不同政务应用系统和数据库的接口组件，支持结构化文件与非结构化文件的读/写，对 XML、Domino、Excel、TXT 等结构化文件提供内容解析功能，支持大数据文件的读取，使业务流程能真正满足业务不断变化的需求。

2. 数据交换平台的常见功能

数据交换平台底层采用消息中间件技术，实现可靠的数据传输。在应用层基于服务实现数据交换，一般还需要支持数据采集、数据汇总、数据分发、数据更新通知、数据转发、数据转换等多个功能，支持实时、定时、按需的数据交换方式。该平台还需支持多种数据源，提供身份验证、用户授权、传输加密、数据完整性、数据可信性、数据有效性的支持，并支持数据分段传输、数据压缩/解压缩、数据缓存等多种技术。

图 4-8 显示了数据交换平台的参考功能架构。

数据交换平台的功能由支撑功能与应用功能两部分组成。支撑功能是数据交换平台的基

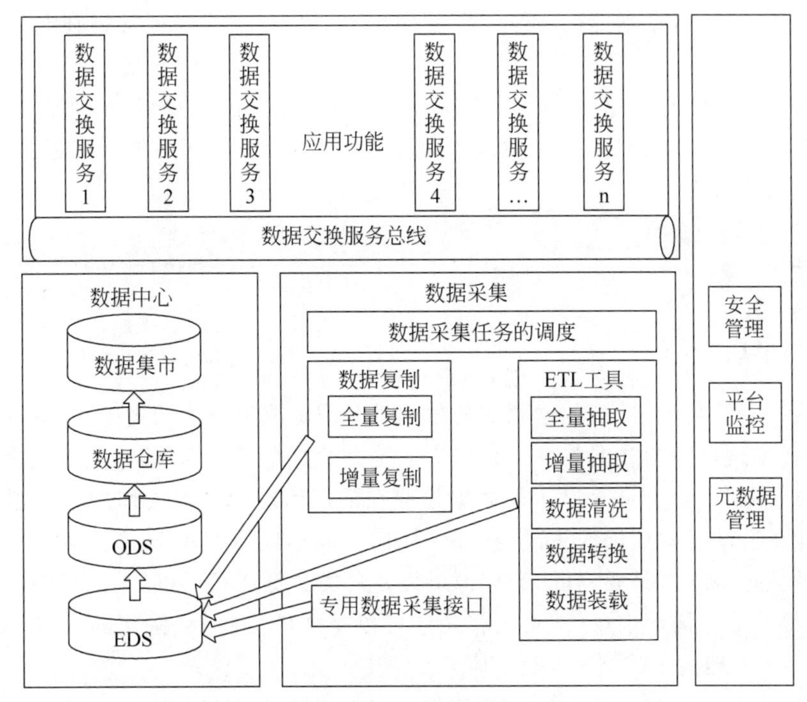

图 4-8 数据交换平台的参考功能架构

础,包括数据采集、元数据管理、数据交换服务总线、平台监控以及安全管理功能;应用功能与具体应用系统相关,应用功能利用数据交换平台的数据交换服务总线,以数据交换服务的形式为各应用系统提供服务。各功能内容如下:

(1) 数据采集。数据采集功能实现将数据源(业务系统)的数据采集到数据中心的操作型数据存储区(Operational Data Store,ODS)中,包含数据复制、ETL 工具以及专用数据采集接口 3 种方式。数据复制适用于被采集的数据无须进行复杂的数据转换的情形;ETL 工具采集方式适用于数据源中被采集的数据需要转换的情形;专用数据采集接口适用于数据复制及 ETL 工具难以满足数据采集任务的情形。通过对 3 种采集方式的支持,能够满足采集各种数据源数据的需求。数据在进入 ODS 之前的清洗与转换等工作在交换数据临时存储区(Exchange Data Store,EDS)中完成。最终数据通过 ODS 到达数据仓库和数据集市。

(2) 元数据管理。元数据管理提供对数据交换平台元数据的管理功能,包括对元数据的增加、修改、删除、浏览、查询等一般维护功能。这些元数据包括数据源元数据、目标数据元数据、数据转换元数据、数据采集任务调度元数据、数据交换服务元数据。数据交换平台所用到的元数据是数据中心元数据集合的一个子集。

(3) 数据交换服务总线。数据交换服务总线支持数据交换功能的实现,数据交换服务总线由一组基本的交换服务功能组成,包括接入服务、访问控制服务、消息转换服务、路由服务、适配器服务以及管理服务等。

(4) 平台监控。平台监控功能监测数据交换平台上各个系统组件的状态、日志异常等并进行记录、统计与分析,同时通过 Web 浏览器方式为系统管理员提供远程性能监控与远程日志查看功能。平台监控管理的基本功能包括平台参数与报警参数配置、监测各个系统组件的状态、记录平台日志和异常信息、监控对象的启/停控制、报警与监控信息统计分析。

(5) 安全管理。安全管理是数据交换平台实现数据安全的基础,包括平台访问安全和数据交换安全两个基本功能。前者提供身份验证和权限控制机制,保证只有合法用户才能访问平台，且能够控制平台各个功能的权限；后者采用数据加密方法保证数据在网络上传输的安全性。

（6）数据交换平台的应用功能。数据交换平台的应用功能是指使用平台支撑功能开发的、面向应用的数据交换功能，这些功能必须被封装成“数据交换服务”并注册到数据交换平台的数据交换服务总线上。

4.3 数据集成

4.3.1 数据集成介绍

数据集成把一组自治、异构数据源中的数据进行逻辑或物理上的集中，并对外提供统一的访问接口，从而实现全面的数据共享。数据集成是企业数据管理的基础，是伴随企业信息化建设的不断深入而形成的，图 4-9 显示了数据集成在数据治理中的重要作用。数据集成的核心任务是将互相关联的异构数据源集成到一起，使用户能够以透明的方式访问这些数据源。数据集成涉及的数据源通常是异构的，数据源可以是各类数据库，也可以是网页中包含的结构化信息（例如表格）、非结构化信息（网页内容），还可以是文件（例如结构化的 CSV 文件、半结构化的 XML 文件、非结构化的文本文件）等。

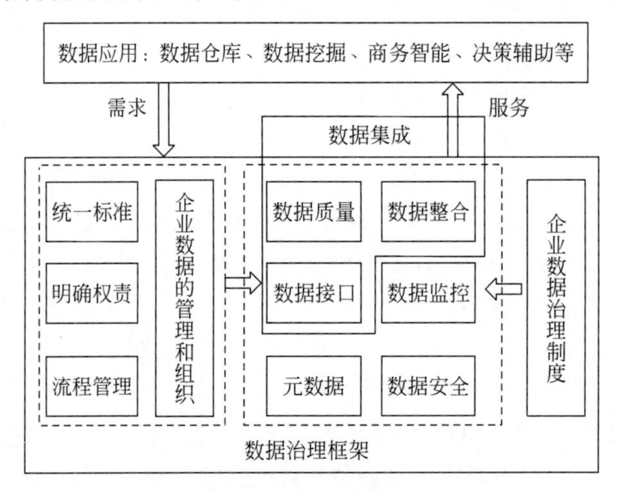

图 4-9 数据集成在数据治理中的重要作用

目前在企业数据集成领域已经有了很多成熟的框架和技术可以利用，这些框架和技术在不同的着重点和应用上解决数据共享和为企业提供决策支持。

1. 数据集成的方式

常见的数据集成方式主要有点对点数据集成、总线式数据集成、离线批量数据集成以及流式数据集成。

（1）点对点数据集成。点对点数据集成是最早出现的数据集成方式，采用点对点的方式开发接口程序，把需要进行信息交换的系统一对一地集成起来，从而实现整合应用的目标。点对点的方式在连接对象比较少的时候确实是一种简单、高效的连接方式，具有开发周期短、技术难度低的优势。其最大的问题是，当连接对象多的时候连接路径会呈指数级剧增，效率和维护成本成为最大的问题。

（2）总线式数据集成。总线式数据集成是在中间件上定义和执行集成规则，其拓扑结构不再是点对点集成形成的无规则网状，而主要是中心辐射型的（Hub 型）星状结构或总线结构。与采用点对点结构相比，采用总线结构可以显著地减少编写的专用集成代码量，提升了集成接口的可管理性。

（3）离线批量数据集成。在传统数据集成的语境下，离线批量数据集成通常是指基于 ETL 工具的离线数据集成。ETL 是数据仓库的核心和灵魂，能够按照统一的规则集成并提高数据的价值，是负责完成数据从数据源向目标数据仓库转化的过程，是实施数据仓库的重要步骤。在数据仓库、数据湖、数据资产管理等项目中，ETL 都是最核心的内容。ETL 通过 ETL 作业流（任务）从一个或多个数据源中抽取数据，然后将其复制到数据仓库。抽取类型有全量抽取、增量抽取、准实时抽取、文件提取等方式。针对不同的数据提取场景设计不同的数据抽取类型。在数据抽取过程中，需要将不符合规则的数据过滤掉，并按照一定的业务规则或数据颗粒度转换成数据仓库可用的数据，这个过程就是数据的清洗和转换。最后调用数据库的服务将数据装载至数据库中。

（4）流式数据集成。流式数据集成也叫流式数据实时数据处理，通常是采用 Flume、Kafka 等流式数据处理工具对 NoSQL 数据库进行实时监控和复制，然后根据业务场景做对应的处理（例如去重、去噪、中间计算等），之后再写入对应的数据存储中。因此，Kafka 就是一个能够处理实时的流式数据的新型 ETL 解决方案。

2. 数据集成的难点

（1）异构性。被集成的数据源通常是独立开发的，具备异构数据模型，给集成带来很大困难。这些异构性主要表现在数据语义、相同语义数据的表达形式、数据源的使用环境等方面。数据源之间的异构性主要体现在数据管理系统的异构性、通信协议异构性、数据模式的异构性、数据类型的异构性、取值的异构性以及语义异构性等方面。数据集成在将多个数据库整合为一个数据库的过程中需要着重解决模式匹配、数据冗余以及数据值冲突 3 个问题。来自多个数据集合的数据由于在命名上存在差异导致等价的实体具有不同的名称，这给数据集成带来了挑战。怎样才能更好地对来源不同的多个实体进行匹配是摆在数据集成面前的第一个问题，解决该问题需要用到前面提到的元数据。

（2）分布性。在数据集成中，有时数据源是异地分布的，极大程度上依赖网络传输数据，这就存在网络传输的性能和安全性等问题。

（3）自治性。在数据集成中，有时由于各个数据源有很强的自治性，使得数据源可以在不通知集成系统的前提下改变自身的结构和数据，所以给数据集成系统的鲁棒性提出挑战。

4.3.2 数据集成模式

目前常见的数据集成模式主要有 3 种，即联邦数据库模式、中间件模式和数据仓库模式。

1. 联邦数据库模式

联邦数据库模式是最简单的数据集成模式，它需要在每对数据源（Source）之间创建用于映射（Mapping）和转换（Transform）的软件，该软件称为包装器（Wrapper）。当数据源之间需要进行通信和数据集成时才建立包装器。图 4-10 所示为联邦数据库模式。

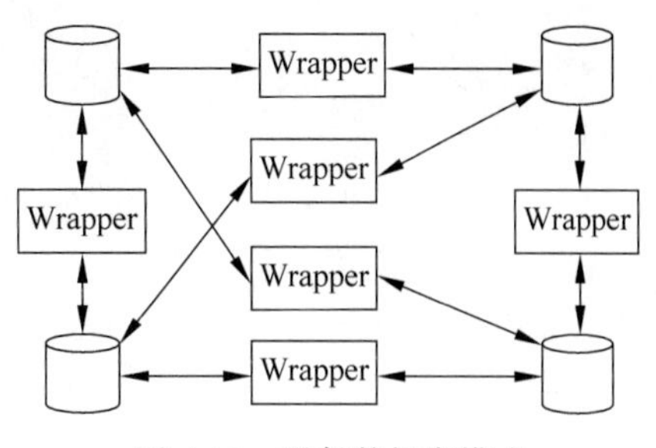

图 4-10　联邦数据库模式

2. 中间件模式

在数据集成的中间件模式中，中间件(Mediator)扮演的是数据源的虚拟视图(Virtual View)的角色，中间件本身不保存数据，数据仍然保存在数据源中。当用户提交查询时，查询被转换成对各个数据源的若干查询，这些查询分别发送到各个数据源，由各个数据源执行这些查询并返回结果。各个数据源返回的结果经合并(Merge)后返回给最终用户。图4-11显示了中间件模式。在该图中，User Query代表用户查询，Result代表查询结果，Source代表不同的数据源。

3. 数据仓库模式

数据仓库模式是最通用的一种数据集成模式，在数据仓库模式中，数据从各个数据源(Source)复制过来，经过转换，存储到一个目标数据库(Data Warehouse)中。在数据仓库模式下，数据集成过程实际上是一个ETL过程，它需要解决各个数据源之间的异构性问题。图4-12显示了数据仓库模式。

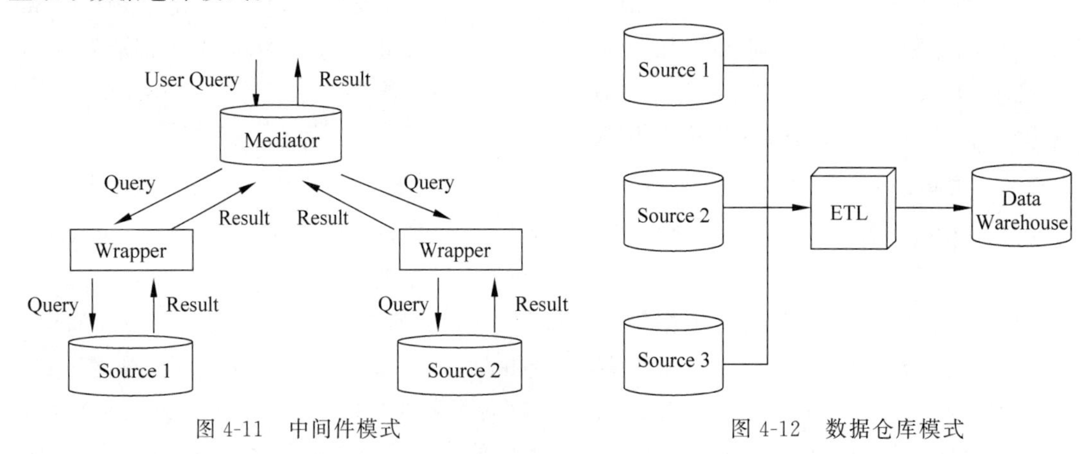

图4-11 中间件模式

图4-12 数据仓库模式

4.3.3 数据集成方法

数据集成方法主要有模式集成、数据复制和综合性集成3种。

(1) 模式集成。在构建集成系统时将各数据源的数据视图集成为全局模式，使用户能够按照全局模式透明地访问各数据源的数据。全局模式描述了数据源共享数据的结构、语义及操作等。用户直接在全局模式的基础上提交请求，由数据集成系统处理这些请求，转换成各个数据源在本地数据视图的基础上能够执行的请求。模式集成方法的特点是直接为用户提供透明的数据访问方法。

(2) 数据复制。数据复制是指将各个数据源的数据复制到与其相关的其他数据源上，并维护数据源整体上的数据一致性，提高信息共享利用的效率。数据复制方法在用户使用某个数据源之前将用户可能用到的其他数据源的数据预先复制过来，用户在使用时仅需访问某个数据源或少量的几个数据源，这会大大提高系统处理用户请求的效率，但数据复制通常存在延时，使用该方法很难保障数据源之间数据的实时一致性。

(3) 综合性集成。综合性集成方法通常是想办法提高基于中间件的系统的性能，该方法仍有虚拟的数据模式视图供用户使用，并且能够对数据源间常用的数据进行复制。对于用户简单的访问请求，综合性集成方法总是尽力通过数据复制方式在本地数据源或单一数据源上实现用户的访问需求，而对于复杂的用户请求，无法通过数据复制方式实现时才使用虚拟视图方法。

图 4-13 显示了数据集成系统架构,该架构采用了中间件模式。

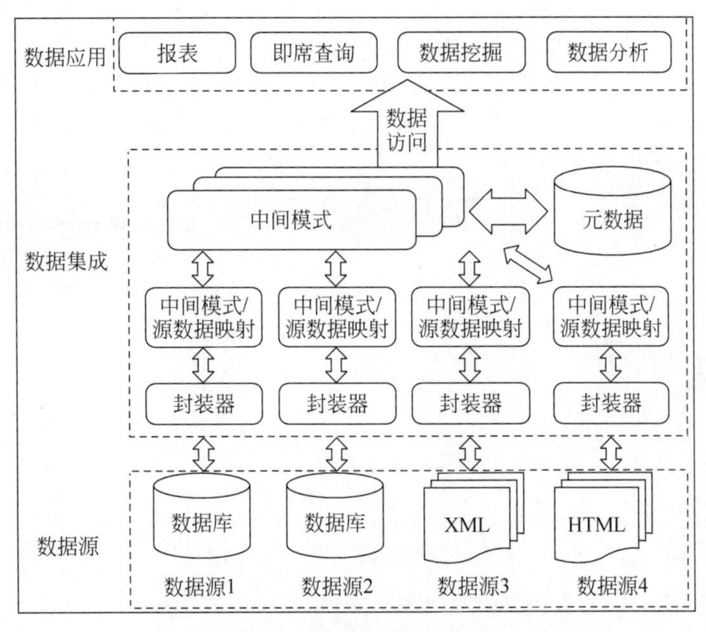

图 4-13 数据集成系统架构

4.4 本章小结

(1) 数据交换就是连接各业务系统的信息孤岛,将单个业务单元中自有的数据共享出来,供其他业务单元使用,从而为企业管理提供可靠的数据支撑。

(2) 数据交换与数据抽取密不可分,数据抽取指把数据从数据源读出来,一般用于从源文件和源数据库中获取相关的数据,也可以从 Web 数据库中获取相关数据。

(3) 数据交换中常见的数据格式是 XML 和 JSON。

(4) 数据交换平台就是把不同来源、不同特性的数据在逻辑上和物理上有机地集中,从而为企业应用系统提供全面的数据共享。

(5) 数据集成把一组自治、异构数据源中的数据进行逻辑上或物理上的集中,并对外提供统一的访问接口,从而实现全面的数据共享。

(6) 数据交换平台主要完成数据的存储、格式转换和数据交换,它由一系列中间件、服务、WebService 接口以及中心数据库组成,其核心组件包括数据交换引擎、安全管理、系统管理、Web 服务管理、WebService 接口以及中心数据库。

(7) 在传统的数据共享交换方式中,多种交换工具和多种交换方式并存,不易维护管理,因此企业需要将传统的离散工具数据交换方式向服务平台转型。自服务数据共享与服务架构是为了更好地解决数据管理者对数据管理中数据的交换、资源的管理、数据的共享以及带动业务创新而提出的数据管理框架。

4.5 实训

1. 实训目的

通过本章实训了解数据交换的特点,能进行简单的与数据交换有关的操作。

2. 实训内容

使用 Kettle 抽取网站页面中的数据。

(1) 准备一个网站页面，网址为“http://httpbin.org/get? name=zhengyan&age=20&sex=female&major=bigdata”，该网页的 JSON 数据内容如图 4-14 所示。该实训要读取其中 name、age 以及 sex 的数据。


```
{
  "args": {
    "age": "20",
    "major": "bigdata",
    "name": "zhengyan",
    "sex": "female"
  },
  "headers": {
    "Accept": "text/html,application/xhtml+xml,application/xml;q=0.9,image/webp,image/apng,*/*;q=0.8",
    "Accept-Encoding": "gzip, deflate",
    "Accept-Language": "zh-CN,zh;q=0.9",
    "Cache-Control": "max-age=0",
    "Host": "httpbin.org",
    "Upgrade-Insecure-Requests": "1",
    "User-Agent": "Mozilla/5.0 (Windows NT 6.1; WOW64) AppleWebKit/537.36 (KHTML, like Gecko) Chrome/72.0.3626.81 Safari/537.36 SE 2.X MetaSr 1.0",
    "X-Amzn-Trace-Id": "Root=1-60f54604-44a119c26835c0e32ceb10e8"
  },
  "origin": "125.80.130.20",
  "url": "http://httpbin.org/get?name=zhengyan&age=20&sex=female&major=bigdata"
}
```


图 4-14 要抽取网站网页中的 JSON 数据内容

(2) 成功运行 Kettle 后在菜单栏中单击“文件”，在“新建”中选择“转换”，然后在“输入”中选择“生成记录”，在“查询”中选择 HTTP client，在 Input 中选择 JSON input，将其分别拖到右侧工作区中，并建立彼此之间的节点连接关系，如图 4-15 所示。

图 4-15 工作流程

(3) 双击“生成记录”图标，设置名称为 url，并设置类型为 String，值为准备好的网址，如图 4-16 所示。

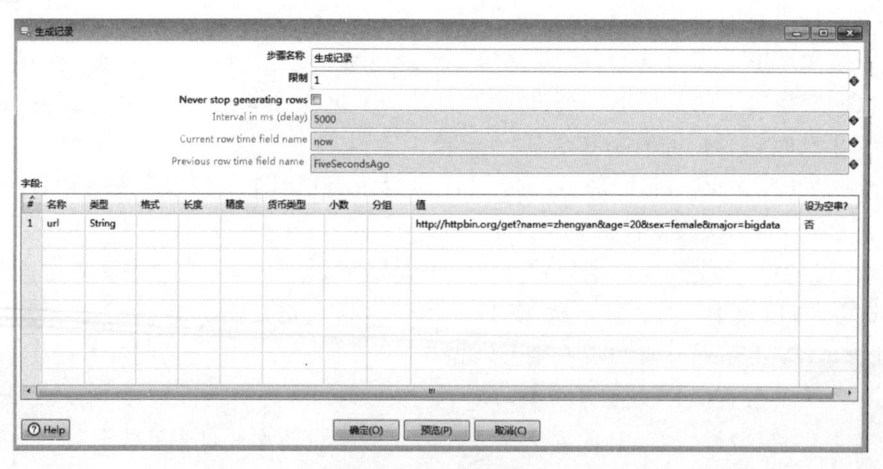

图 4-16 生成记录设置

(4) 选择 HTTP client 选项，手动设置数据内容，如图 4-17 和图 4-18 所示。

(5) 双击 JSON input 图标，在“文件”选项卡中设置内容如图 4-19 所示，在“字段”选项卡中设置内容如图 4-20 所示。

(6) 保存该文件，选择“运行这个转换”选项，可以在“执行结果”的 Preview data 选项卡中查看该程序的执行状况，如图 4-21 所示。

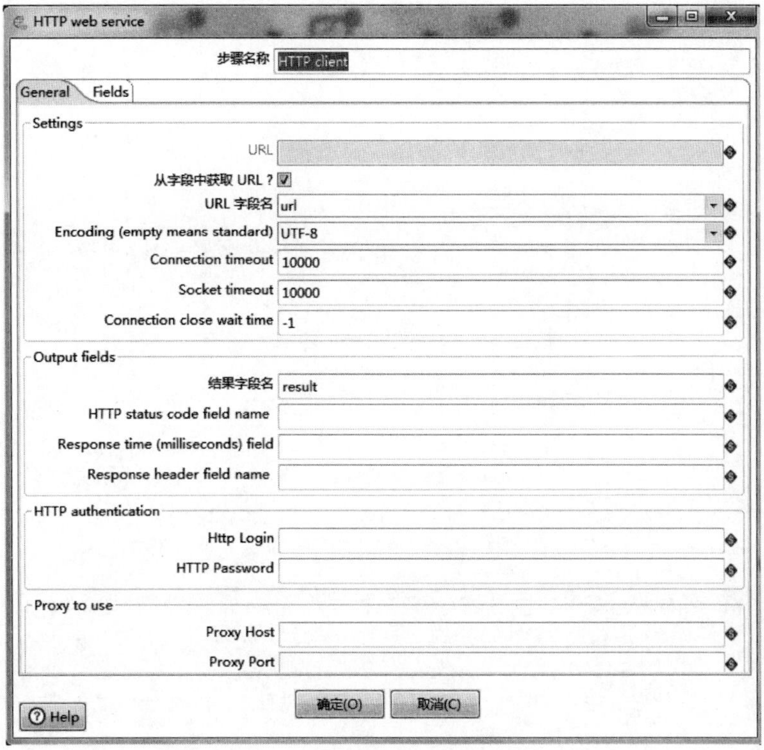

HTTP web service

步骤名称 HTTP client

General Fields

Settings

URL

从字段中获取 URL ? ☑

URL 字段名 url

Encoding (empty means standard) UTF-8

Connection timeout 10000

Socket timeout 10000

Connection close wait time -1

Output fields

结果字段名 result

HTTP status code field name

Response time (milliseconds) field

Response header field name

HTTP authentication

Http Login

HTTP Password

Proxy to use

Proxy Host

Proxy Port

Help 确定(O) 取消(C)

图 4-17 设置 General 内容

图 4-18 设置 Fields 内容

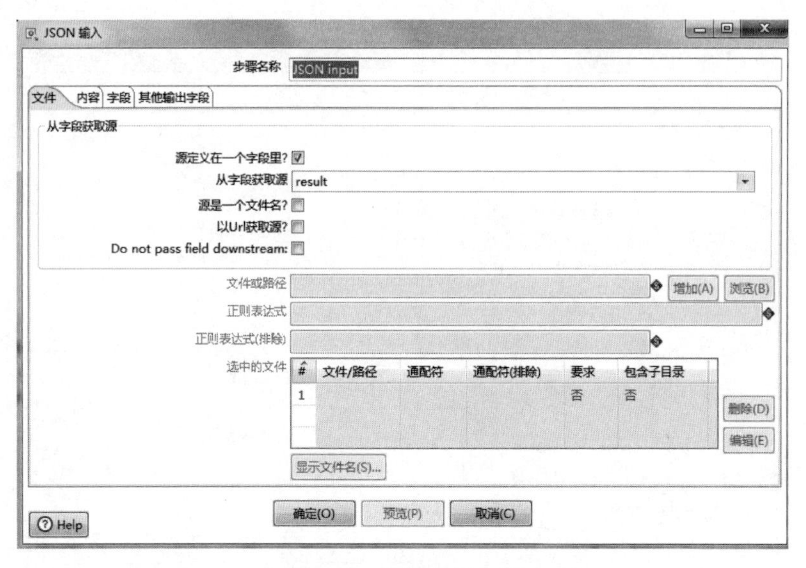

图 4-19　设置文件内容

图 4-20　设置字段内容

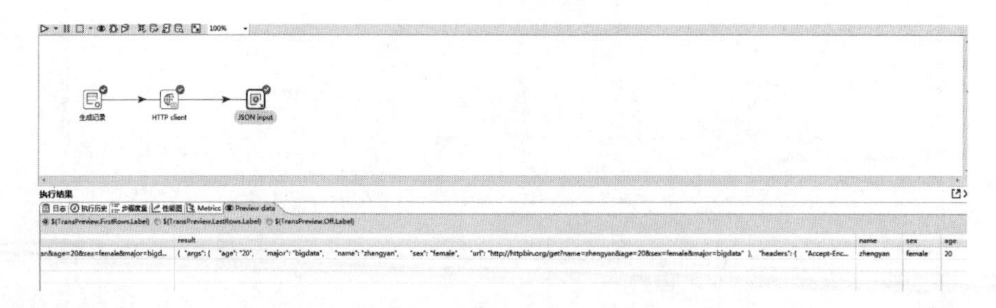

图 4-21　读取的 JSON 数据

习题 4

（1）请阐述什么是数据交换。

（2）请阐述什么是数据集成。

（3）请阐述什么是 WebService。

（4）请阐述数据交换平台的组成。

第5章

数据库设计与治理

本章学习目标

- 了解数据库的概念
- 了解数据模型
- 了解数据库治理
- 了解数据字典
- 掌握数据库设计的标准规范
- 了解图谱数据库

本章先向读者介绍数据库的概念，再介绍数据模型，接着介绍数据库治理，最后介绍数据字典、数据库设计的标准规范以及图谱数据库。

5.1 数据库概述

5.1.1 数据库介绍

在企业制造和生产过程中，需要把各种材料和成品按照一定的规格分门别类地存储在仓库中。计算机系统对现代化数据的处理过程有相似的地方，即把各种数据先分类，再将结果分别存放在数据仓库中，也就是数据库中。数据库技术是计算机领域中的重要技术之一，它将各种数据按一定的规律存放，以便于用户查询和处理。

例如，把学校的学生、课程、上课教师及学生成绩等数据有序地组织并存放在计算机中，就可以构成一个数据库。学生可以登录学校教务系统网站查询成绩，教师也可以登录该网站查询上课情况。因此，数据库是由一些彼此关联的数据集合构成的，并以一定的组织形式存放在计算机中。

5.1.2 数据库管理系统

数据库管理系统（Database Management System，DBMS）是一种操作和管理数据库的软件，它是数据库的核心，主要用于创建、使用和维护数据库。在 DBMS 中普通用户可以登录和查询数据库,管理员可以建立和修改数据库等。

数据库管理系统主要包含以下功能:

(1) 数据定义。DBMS 提供了各种数据定义语言,用户可以定义数据库中的各种数据对象。

(2) 数据操纵。DBMS 提供了大量的数据操纵语言,用户可以对数据库中的数据表进行各种操作,例如对数据表进行创建、删除、插入、修改以及查询等操作。

(3) 数据管理与安全保护。在 DBMS 中数据库的建立、运行和维护由数据库管理系统统一管理,以保证数据的完整性。此外,为了确保数据库的安全,只有被赋予权限的用户才可以访问数据库的相关数据。图 5-1 显示了数据库、数据库应用系统与数据库管理系统的关系。

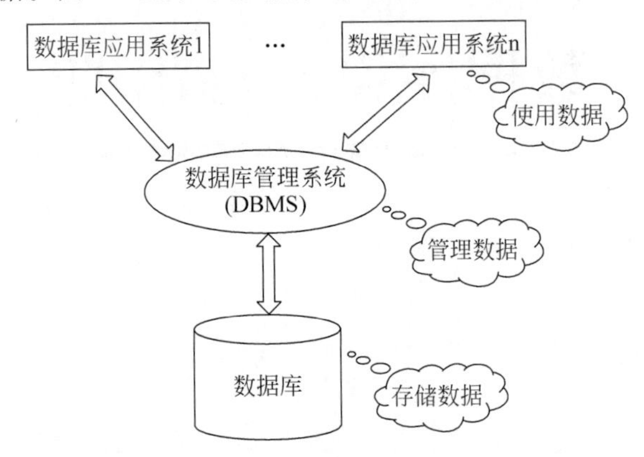

图 5-1 数据库、数据库应用系统与数据库管理系统的关系

从图 5-1 可以看出,数据库、数据库应用系统与数据库管理系统共同构成了数据库系统。其中,数据库管理系统是整个数据库系统的核心,编程人员可以通过数据库管理系统来操纵整个数据库系统。

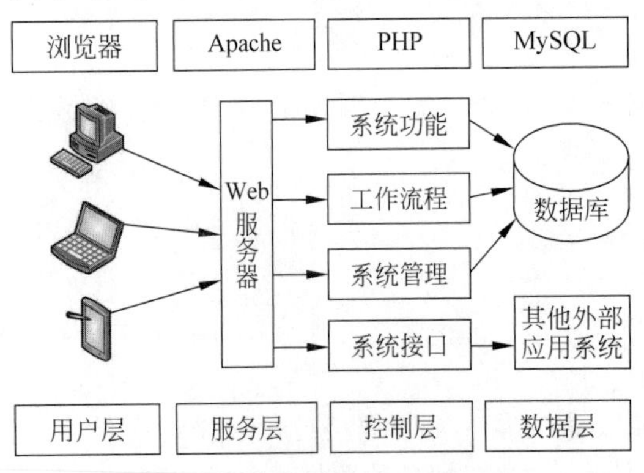

图 5-2 使用 MySQL 存储数据

按照目前流行的分类方式,数据库可根据数据结构的匹配关系分为关系型数据库和非关系型数据库。其中,关系型数据库是数据库应用的主流,许多数据库管理系统的数据模型都是基于关系数据模型开发的,而非关系型数据库在特定的场景下可以发挥出难以想象的高效率和高性能,是对传统关系型数据库的有效补充。目前在市场上比较流行的 DBMS 有 SQL Server、Oracle、MySQL、Sybase 以及 Access 等。图 5-2 所示为使用 MySQL 存储数据。

5.1.3 数据库系统的结构

数据库系统在总体结构上一般体现为三级模式,分别是模式、外模式和内模式。

(1) 模式。模式又叫概念模式或逻辑模式,它是数据库中全体数据的逻辑结构和特征的描述。模式位于三级结构的中间层,它以某一种数据模型为基础,表示了数据库的整体数据。在定义模式时,不仅要考虑数据的逻辑结构,例如数据记录的组成,数据项的名称、类型、长度等,还要考虑与数据有关的安全性、完整性等要求,并定义数据之间的各种关系。值得注意的是,一个数据库只有一个模式。

(2) 外模式。外模式又叫子模式或用户模式,它是一个或几个特定用户所使用的数据集合(外部模型),是用户与数据库系统的接口,是模式的逻辑子集。外模式面向具体的应用程序,定义在逻辑模式之上,但独立于存储模式和存储设备。在设计外模式时应充分考虑应用的扩充性。当应用需求发生较大的变化,相应的外模式不能满足其视图要求时,该外模式就必须做相应改动。值得注意的是,一个数据库可以有多个外模式。

(3) 内模式。内模式又叫存储模式,它是数据在数据库系统中的内部表示,同时也是数据库最低一级的逻辑描述。内模式描述了数据在存储介质上的存储方式和物理结构,对应实际存储在外存储介质上的数据库,主要包含记录的存储方式、索引的组织方式、数据是否压缩存储、数据是否加密、数据存储记录结构的规定等。值得注意的是,一个数据库只有一个内模式。

图 5-3 显示了数据库系统的模式结构。

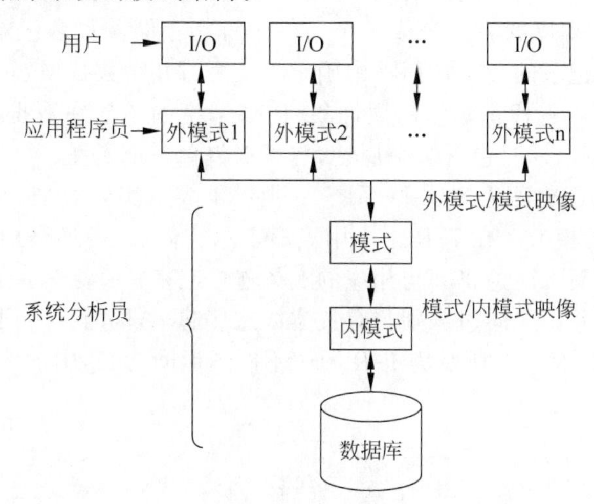

图 5-3　数据库系统的模式结构

5.1.4　数据模型

模型是现实世界中某些特征的模拟和抽象,模型一般可以分为实物模型与抽象模型。实物模型通常是客观事物的外观描述或功能描述,例如汽车模型、飞机模型、轮船模型、火箭模型等。抽象模型通常是客观事物的内在本质特征,例如模拟模型、数学模型、图示模型等。图 5-4 所示为模型的分类。

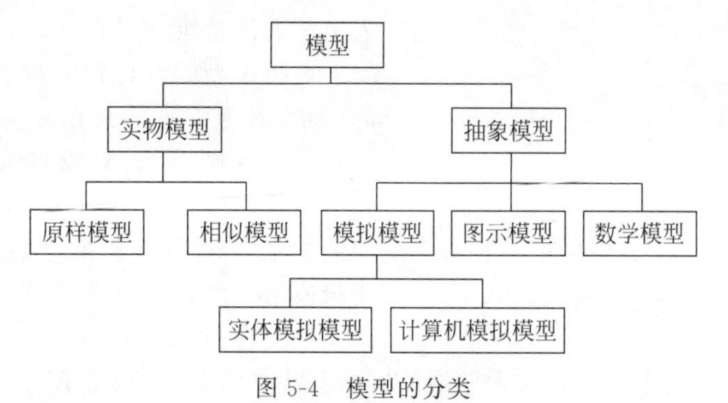

图 5-4　模型的分类

通常在建立数据库模型时会涉及 3 种具体的数据模型,分别是概念模型、逻辑模型和物理模型。

1) 概念模型

概念模型是现实世界到数据世界的一个过渡层次,它是数据库设计人员进行数据库设计的有力武器,也是数据库设计人员与用户交流的语言,因此概念模型具有简单、易懂的特点。

概念模型的相关概念如下：

（1）实体。实体是客观存在并相互区别的事物与事物之间的联系，例如一棵树、一个水杯、一本图书等都是实体。

（2）实体集。实体集是指同类实体的集合，例如全体学生就是一个实体集。

（3）属性。属性是指实体所具有的某一特性，例如学生的学号、姓名、性别、年龄、籍贯等都是学生实体的属性。

（4）联系。联系是指实体与实体之间以及实体与组成它的各个属性间的关系。在具体的表示中，一般常用 E-R 图来描述实体集及其之间的联系，即用矩形框表示实体，用圆角矩形表示属性，用菱形表示实体与实体之间的联系，用线段连接实体集与属性。

（5）关键字。在数据库的一个表或一个文件中可能存储着很多记录，为了能唯一地标识一个记录，必须在一个记录的各个数据项中确定出一个或几个数据项，它们的集合称为关键字(keyword)。关键字是唯一标识实体的属性集，例如学生的学号在数据库设计中就是学生实体的关键字。关键字可以同时包含多个属性，也可以包含一个属性。

（6）E-R 图。E-R 图也称为实体-联系图，它提供了表示实体类型、属性和联系的方法，用来描述现实世界的概念模型。在 E-R 图中用矩形表示实体名，矩形框内写出实体名；用椭圆表示实体的属性名，并用无向边将其与相应的实体连接起来；用菱形表示实体之间的联系，在菱形框内写出联系名，并用无向边分别与有关实体连接起来，同时在无向边旁标上联系的类型(1∶1、1∶n 或 m∶n)。图 5-5 所示为 E-R 图中不同图形的含义，图 5-6 所示为用户与角色之间的 E-R 图。

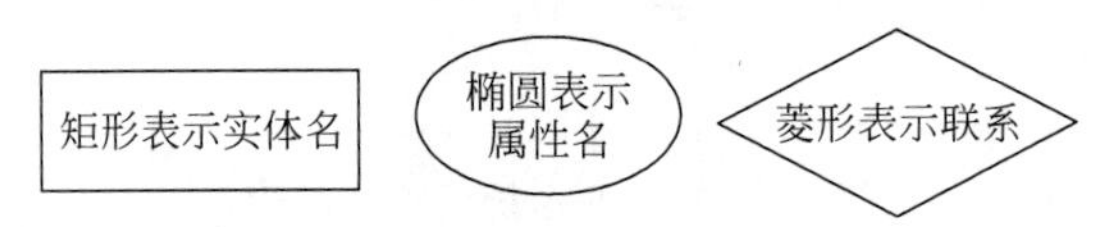

图 5-5　E-R 图中不同图形的含义

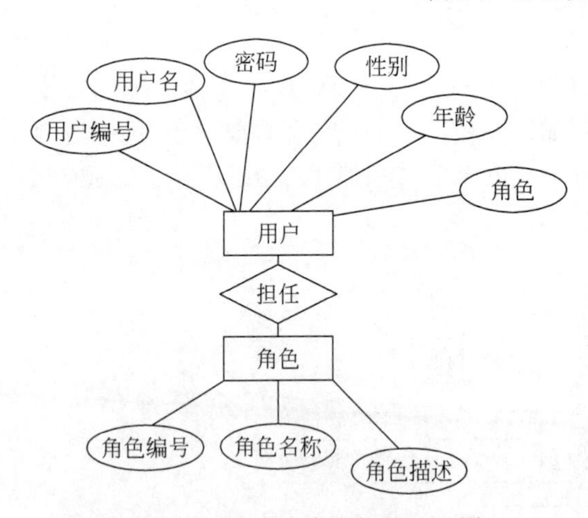

图 5-6　用户与角色之间的 E-R 图

2）逻辑模型

从定义上讲，逻辑模型是以概念模型为基础，对概念模型的进一步细化、分解。逻辑模型通过实体和实体之间的关系描述业务的需求和系统实现的技术领域，是业务需求人员和技术人员沟通的桥梁和平台。

逻辑模型的设计是数据仓库实施中最重要的一步，因为它直接反映了业务部门的实际需求和业务规则，同时对物理模型的设计和实现具有指导作用。它的特点是通过实体和实体之间的关系勾勒出整个企业的数据蓝图和规划。逻辑模型一般遵循第三范式，与概念模型不同，它主要关注细节性的业务规则，同时需要解决每个主题域包含哪些概念范畴及跨主题域的继承和共享问题。图 5-7 所示为逻辑模型。

值得注意的是，逻辑数据建模不仅会影响数据库设计的方向，还间接影响最终数据库的性能和管理。如果在实现逻辑数据模型时投入得足够多，那么在进行物理数据模型设计时就有许多可以选择的方法。

3）物理模型

物理模型是对真实数据库的描述，是逻辑模型的延伸。物理模型能够针对逻辑模型所说

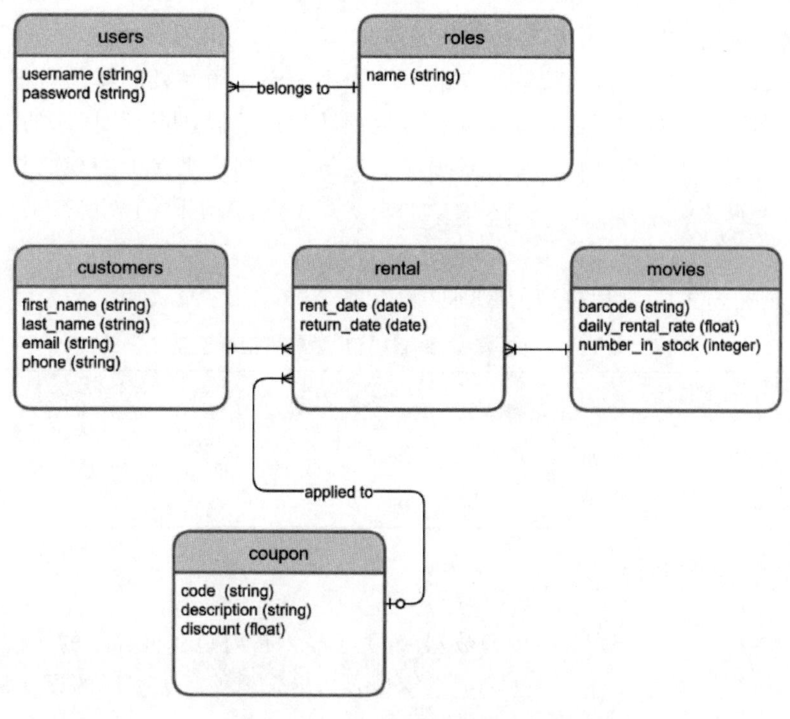

图 5-7 逻辑模型

的内容在具体的物理介质上实现出来。

具体来说，物理模型是在逻辑数据模型的基础上考虑各种具体的技术实现因素进行数据库体系结构设计，真正实现在数据库中存放数据。物理数据模型的内容包括确定所有的表和列、定义外键用于确定表之间的关系、基于用户的需求可能要进行反范式化等内容。在物理实现上的考虑可能会导致物理数据模型和逻辑数据模型有较大的不同。图 5-8 所示为物理模型。

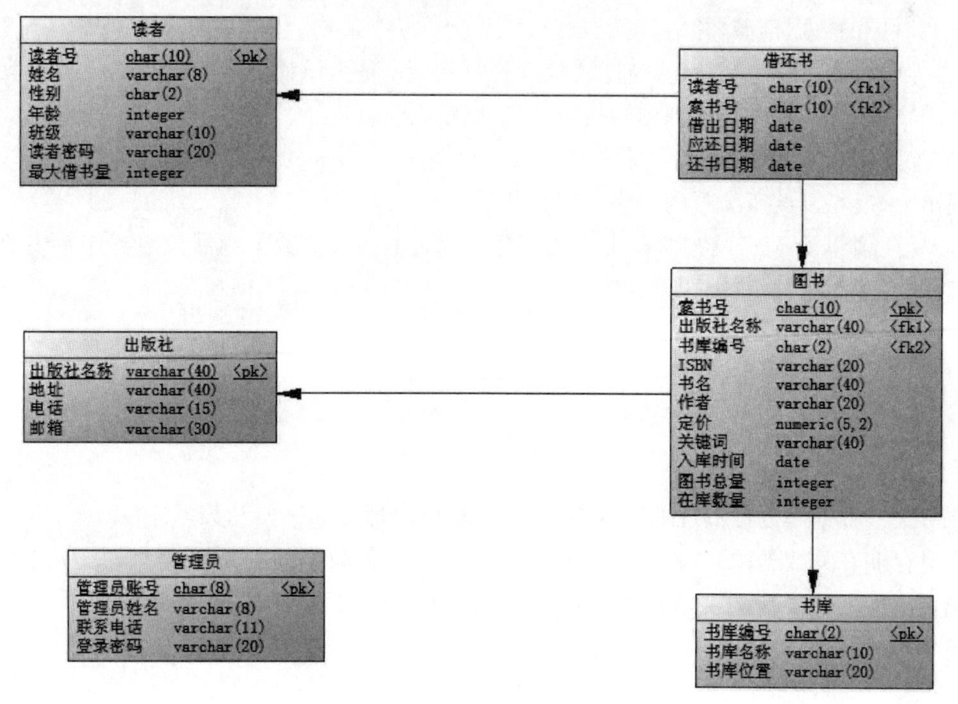

图 5-8 物理模型

在物理模型确定以后，就可以进一步确定数据的存放位置和存储空间的分配，最后生成定义数据库的 SQL 命令。值得注意的是，在逻辑结构中人们无须顾及具体的数据库实现，只要关注业务含义即可。一旦到了逻辑模型向物理模型转化的阶段，进行数据库的选择就是一件不可以忽略的事情。进行物理数据库设计要考虑在最终数据库平台上实现的具体部署模型，这部分设计将严重依赖于目标 RDBMS 的功能和实现手段，而不同的数据库平台会有不同的解决方案。

概念模型、逻辑模型、物理模型的区别见表 5-1。

表 5-1　概念模型、逻辑模型、物理模型的区别

模型	概念模型	逻辑模型	物理模型
属性	不需要完整定义实体的属性	完整定义实体的属性	确定字段名、长度、数据类型、是否可以为空、初始值等
主键	无须确定主键	无须确定主键	确定主键

5.1.5　关系数据库的设计流程

关系数据库是一种基于关系模型的数据库，关系模型折射现实世界中的实体关系，将现实世界中各种实体及实体之间的关系通过关系模型表达出来。关系数据库的设计常包含需求分析、概念结构设计、逻辑结构设计、物理结构设计、编码设计和运行维护 6 个步骤。

(1) 需求分析。需求分析阶段的工作主要是充分进行调查研究，了解用户的需求，了解系统的运行环境，并收集数据，为以后的步骤做准备。

(2) 概念结构设计。概念结构是整个系统的信息结构，概念结构设计阶段的主要工作是对收集到的数据进行分析，确定实体、实体属性及实体之间的联系，并画出实体-联系图。

(3) 逻辑结构设计。逻辑结构设计阶段的主要工作是将概念结构设计的实体图转换为与 DBMS 相对应的数据模型，并对该模型进行优化。

(4) 物理结构设计。物理结构设计阶段的主要工作是为设计好的逻辑数据模型选取一个较合适的物理结构，并对该物理结构进行评估和优化。

(5) 编码设计。编码设计阶段的主要工作是利用 DBMS 的数据定义语言将数据库描述与实现出来，反复调试所编写的程序并保证能够运行。

(6) 运行维护。运行维护阶段的主要工作是通过输入大量数据测试该数据库系统的各项性能，以便发现问题，改正问题。

5.2　数据库治理

5.2.1　数据库治理概述

在对关系数据库进行治理的时候有两个关键因素，即数据字典和数据库设计标准。其中，数据字典存储有关数据的来源、说明、用途、格式和与其他数据的关系等信息，是数据库治理的基础；数据库设计标准则对数据库命名、数据表命名、数据表中的字段命名、数据表索引以及各种数据操作和数据约束等做了规范。表 5-2 所示为数据字典，图 5-9 所示为数据关系。

表 5-2 数据字典

数据字典名称	说 明
dba_tablespaces	关于表空间的信息
dba_ts_quotas	所有用户表空间限额
dba_free_space	所有表空间中的自由分区
dba_segments	描述数据库中所有段的存储空间
dba_extents	数据库中所有分区的信息
dba_tables	数据库中所有数据表的描述
dba_tab_columns	所有表、视图以及簇的列
dba_views	数据库中所有视图的信息
dba_synonyms	关于同义词的信息查询
dba_sequences	所有用户序列信息
dba_constraints	所有用户表的约束信息
dba_indexs	关于数据库中所有索引的描述
dba_ind_columns	在所有表及簇上压缩索引的列
dba_triggers	所有用户的触发器信息
dba_source	所有用户存储过程信息

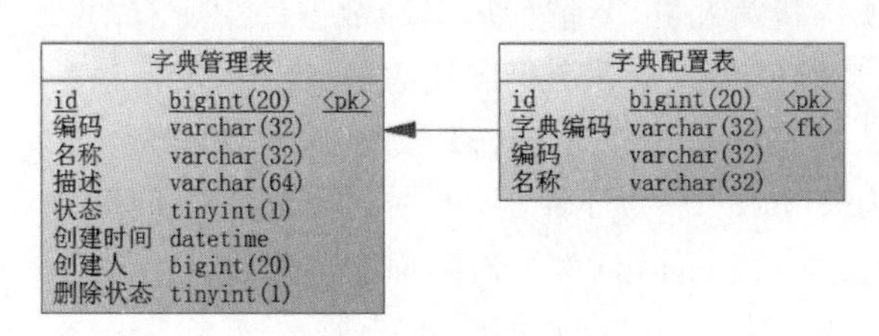

图 5-9 数据关系

5.2.2 数据字典设计

1. 数据字典概述

数据字典(Data Dictionary)是一种用户可以访问的记录数据库和应用程序元数据的目录,是对于数据模型中的数据对象或者项目的描述的集合。数据字典存放数据库所用的有关信息,在数据库设计初期将数据库中各类数据的描述集合在一起,用于在开发、维护或者其他需要的时候使用。

数据字典通常包括数据项、数据结构、数据流、数据存储以及处理过程 5 个部分。数据字典通过对数据项和数据结构的定义来描述数据流和数据存储的逻辑内容。

(1) 数据项。数据项是数据的最小组成单位,是不可再分的数据单位,若干个数据项可以组成一个数据结构。

(2) 数据结构。数据结构反映了数据之间的组合关系,一个数据结构可以由若干个数据项组成,也可以由若干个数据结构组成,或由若干个数据项和数据结构混合组成。

(3) 数据流。数据流是数据结构在系统内传输的路径。

(4) 数据存储。数据存储是数据结构停留或保存的地方,也是数据流的来源和去向之一。

(5) 处理过程。处理过程是具体处理逻辑,一般用判定表或判定树来描述。

2. 数据字典的作用

人们可以把数据字典看作指南,它为数据库提供了“路线图”,而不是“原始数据”。换句话说，数据字典通常是指数据库中数据定义的一种记录，类似一个数据库的数据结构，但其内容要比数据库的数据结构描述丰富得多。

数据字典有以下几个主要作用：

(1) 提高开发效率，降低研制成本。数据字典是数据库开发者、数据监管人和用户之间的共同约定，是系统说明书的一个重要组成部分。一个统一的数据字典有助于开发者建立数据模型以及程序和数据库之间的数据转换接口，为规范化设计和实施数据管理系统铺平了道路。

(2)促进数据共享，提高数据的使用效率。通过数据字典，用户可以方便地知道每项数据的意义，了解数据的来源和使用方法，从而帮助用户迅速地找到所需的信息，并按照正确的方法使用数据。

(3)控制数据的使用。在某些特定的场合，可以通过对数据字典的控制达到控制数据使用的目的。

3. 数据字典的设计实例

某开发者设计了一张表 user，该表中包含一个属性“证件”，其属性值为“身份证”，并且该表中已经保存了大量数据，如图 5-10 所示。

如果某一天客户对属性“身份证”不满意，需要将其更换为“居民身份证”，作为这个项目开发人员，要把代码里和数据库中所有的“身份证”都变成“居民身份证”，这是一个很麻烦的操作。

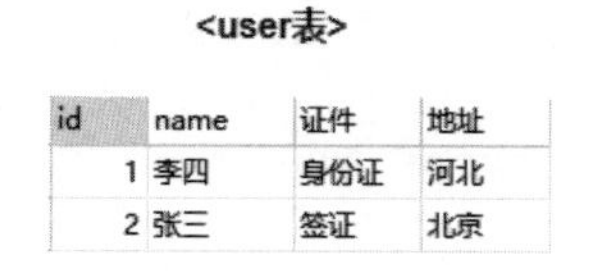

<user表>

id	name	证件	地址
1	李四	身份证	河北
2	张三	签证	北京

图 5-10 user 表中的属性

如果事先设计了数据字典就可以很轻松地完成这一操作。在数据字典设计中可以为表 user 中的“证件”新建一个属性表——“证件表”，将属性值(证件类型)和主体(证件)分离，而主体表(表 user)只保存属性的代码，这样就可以达到快速修改表 user 中属性的目的，如图 5-11 所示。

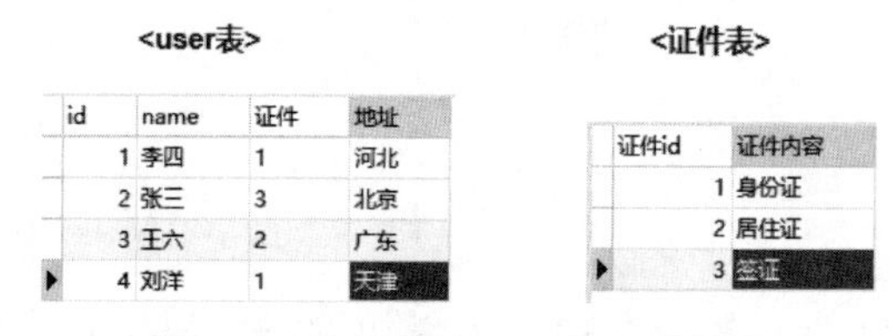

<user表>

id	name	证件	地址
1	李四	1	河北
2	张三	3	北京
3	王六	2	广东
4	刘洋	1	天津

<证件表>

证件id	证件内容
1	身份证
2	居住证
3	签证

图 5-11 快速修改 user 表中的属性

从该例可以看出，数据字典是一种通用的程序设计方法。可以认为，不论什么程序都是为了处理一定的主体，这里的主体可能是人员、商品、网页、接口、数据库表甚至是需求分析等。当主体有很多属性，每种属性有很多取值，而且属性的数量和属性取值的数量是不断变化的，特别是当这些数量的变化很快时，就应该考虑引入数据字典的设计方法。数据字典的实际应用如图 5-12 所示。

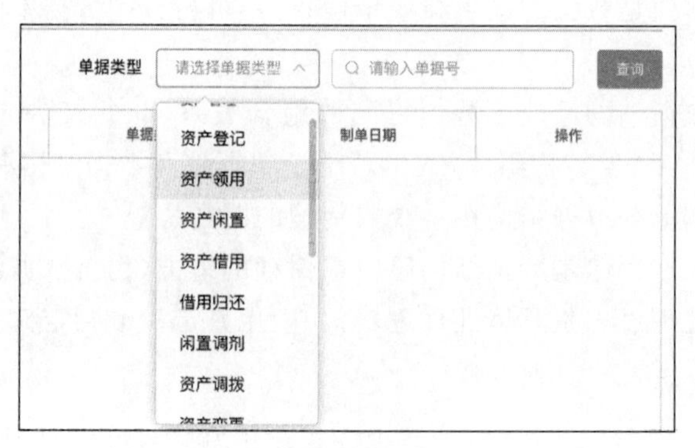

图 5-12 数据字典

4. 数据字典的应用

设计商品数据库,数据项设计见表 5-3、数据结构设计见表 5-4、数据流设计见表 5-5、数据存储设计见表 5-6、处理过程设计见表 5-7。

表 5-3　数据项

数据项名	数据项含义	别　　名	数据类型	取值范围	取值含义
spbh	唯一标识每一个商品	商品编号	char(15)	0～999 999 999 999 9	前 3 位是厂商所在国家的国际代码,它和 4～7 位一起构成厂商识别代码,即厂商的注册号,8～12 位是商品项目代码,最后一位是校验码
spmc	标识商品的名称	商品名称	char(30)		
jj	标识商品的进价	进价	money		
gysbh	唯一标识商品的供应商	供应商编号	char(8)		前 3 位是厂商所在国家的国际代码,它和 4～7 位一起构成厂商识别代码,即厂商的注册号
kcsl	标识库存的数量	库存数量	char(8)		
gysmc		供应商名称	char(30)		
dz		地址	char(30)		
lxfs		联系方式	char(15)		
lxr		联系人	char(16)		
ygbh		员工编号	char(8)		前两位是部门号,3～10 位是加入日期,11～13 位是顺序编号
ygxm		员工姓名	char(8)		
zw		职务	char(8)		
bmbh		部门编号	char(4)		顺序编号
dhdbh		订货单编号	char(8)		
dgrq		订购日期	smalldatetime		
jhrq		交货日期	smalldatetime		
rkdh		入库单号	char(8)		
rksl		入库数量	char(8)		
rkrq		入库日期	smalldatetime		
ckdh		出库单号	char(8)		
cksl		出库数量	char(8)		
ckrq		出库日期	smalldatetime		
gkbh		顾客编号	char(10)		
sgsp		所购商品	char(60)		

续表

数据项名	数据项含义	别　　名	数据类型	取值范围	取值含义
zj		总价	numeric(5,1)		
rq		日期	smalldatetime		

表 5-4　数据结构

数据结构名	含义说明	组　　成
商品	商品管理子系统的主体数据结构，定义了商品的有关信息	商品编号、商品名称、供应商、单价
供应商	进货管理子系统的主体数据结构，定义了供应商的有关信息	供应商编号、供应商名称、联系方式、地址、联系人
员工	员工子系统的主体数据，定义了员工的有关信息	员工编号、员工姓名、年龄、职务、所属部门
顾客	销售子系统的主体数据，定义了顾客的有关信息	顾客编号、所购商品
订货单	订货子系统的主体数据	订货单编号、供应商编号、采购员工号、订购日期、交货日期
入库单	入库子系统的主体数据	入库单号、商品编号、入库数量、入库日期
出库单	出库子系统的主体数据	出库单号、商品编号、出库数量、出库日期
销售单	销售子系统的主体数据	顾客编号、商品编号、总价、日期

表 5-5　数据流

数据流名	说　　明	数据流来源	数据流去向	组　　成	平均流量	高峰期流量
入库单	供应商供应的货物	供应商供货处理	入库单存储	入库单号、商品编号、供应商编号、入库数量、入库日期	每天 20 个	每天 100 个
出库单	库中商品出库	出库处理	出库单存储	出库单号、商品编号、出库数量、出库日期	每天 20 个	每天 100 个
销售单	商店中商品出售	销售处理	销售单存储	顾客编号、商品编号、总价、日期	每天 20 个	每天 100 个

表 5-6　数据存储

数据存储名	说　　明	流入的数据流	流出的数据流	组　　成	数据量	存取方式
入库	商品入库	入库单	入库单	入库单	1 000 000 个记录	随机存取
出库	商品出库	商品信息、出库信息	出库单	出库单	1 000 000 个记录	随机存取
销售	商品销售	商品信息、销售信息	销售单	销售单	1 000 000 个记录	随机存取

表 5-7 处理过程

处理过程名	说明	输入数据流	输出数据流	处理
入库	商品存入仓库	入库单	入库单	记录入库单号、商品编号、入库数量、入库日期
出库	商品从仓库中取出	出库单	出库单	记录出库单号、商品编号、出库数量、出库日期
销售	商品从商店中售出	销售单	销售单	记录顾客编号、商品编号、总价、日期

5.2.3 数据库设计

1. 数据库设计的标准规范

在数据库设计中数据模型标准规范见表 5-8,通用命名规范见表 5-9。

表 5-8 数据模型标准规范

规则	描述
规则 1	标注出表与表间的关系,例如一对一、一对多等
规则 2	在数据库设计文档中,表与字段都要增加备注,以表明表与字段的具体含义及用处
规则 3	若无特别说明,每个表的索引不得超过 5 个
规则 4	基于多表关联的视图,必须在字段名前指定表别名
规则 5	在存储过程中必须有异常捕获代码
规则 6	如果在存储过程中使用了游标,则当存储过程正常或者异常退出时必须关闭所有打开的游标
规则 7	如果在存储过程中有更新,必须在异常捕获代码中做回退操作
规则 8	在函数中如果进行了事务处理,必须有异常捕获代码
规则 9	在函数中如果使用了游标,则在函数正常或者异常退出时必须关闭所有打开的游标
规则 10	在函数中如果对数据进行了更新操作,必须在异常捕获代码中做回退操作
规则 11	对于需要同步到数据仓库的表,原则上必须包含同步频率以及同步机制
规则 12	频繁出现在 where 子句里的字段建议建立索引
规则 13	用来和其他表关联的字段建议建立索引
规则 14	在 where 子句里作为函数参数的字段不能创建索引
规则 15	在建立索引的时候,建议考虑 select 和 insert、update、delete 的平衡
规则 16	一般建议查询数据量在 10%以下时使用索引
规则 17	选择性更高的字段放在组合字段索引的前导字段
规则 18	如果字段的查询频率相同,则把表中数据的排列顺序所依据的字段放在前面
规则 19	函数尽量只实现复杂的计算功能,不对数据库进行更新操作

表 5-9 通用命名规范

规则	描述
规则 1	任何数据库对象的命名,一般情况下不建议使用汉字
规则 2	同类业务的表以相同的英文开头
规则 3	命名不得使用数据库保留字
规则 4	命名应使用富有意义的英文,一般情况下不建议使用拼音命名
规则 5	临时表以“tmp_”开头,后接功能描述
规则 6	同种用途的字段,在同一个业务的所有表中应有同样的字段类型和字段长度,并尽量保持一致的字段命名
规则 7	对于数据不定长的字段,字段类型定义为 varchar 类型
规则 8	在数据库中同一信息的字段名一样,字段类型也一样

续表

规则	描　　述
规则9	函数以“func_”开头，后接函数的功能
规则10	在表中引用其他表的主键时，用部分表名加Id

2. 数据库设计的工作流程

数据库设计的工作流程根据先后次序分为数据库设计、数据库安装、数据采集与历史数据迁移、数据库测试与调整四方面。

1）数据库设计

数据库设计工作分为数据库的概念设计、逻辑设计、物理设计3个层次。

（1）概念设计。概念设计是将需求分析得到的各专业应用领域的数据描述抽象为信息结构的过程，需要在充分理解业务流程和应用环境的基础上对这些业务信息用E-R图的形式设计出来，同时要考虑系统正常运行所必需的用户管理、运行平台等功能需要用到的支撑表。概念设计是整个数据库设计的关键所在。

（2）逻辑设计。在逻辑设计阶段将概念设计的E-R图转换为具体的数据库产品支持的数据模型，例如关系模型，需要在进行数据库管理系统选择的基础上针对选定的DBMS将字段的类型、名称等做调整，要求数据库逻辑设计的范式至少满足3NF。

（3）物理设计。在物理设计阶段将为逻辑设计模型选取一个最适合应用环境的物理结构（包括存储结构和存取方法），并根据DBMS的特点和处理的需要，针对特定数据库管理系统的优化，进行物理存储安排，设计索引，形成数据库内模式。

2）数据库安装

将数据库物理设计模型应用特定DBMS工具生成数据库SQL脚本或使用嵌入式SQL语言工具生成数据库脚本，并在生产环境下运行脚本生成大数据平台系统相关数据库物理结构。

3）数据采集与历史数据迁移

（1）基础数据采集。组织内部负责采集工作人，对外部数据通过采集加工系统录入、审核，最终存入采集加工数据库和存储共享数据库中。

（2）历史数据清洗和迁移。对于旧系统遗留下来的业务数据或者从业务上引入的数据，为了使这些数据能够利用到新系统中，首先对这些数据做数据质量清洗工作，包括检查数据是否有重复、缺失等问题；其次对这些数据做格式转换，做旧系统数据库表结构和新系统数据库表结构的映射关系；最后将对应好的数据关系数据通过ETL工具或者开放软件的方式迁移到新系统数据库中。

4）数据库测试与调整

在模拟环境数据库（ODS）中注入模拟数据，通过使用应用系统相应子功能和专业数据库测试工具对数据库的响应速度、存储空间、安全性等性能进行单独测试；对测试过程中出现的数据库结构问题、索引问题、数据库性能参数问题进行查找分析，制定相应的修改方案对数据库进行调整优化。

3. 数据库设计的命名规范

（1）数据库对象的名称，不建议使用汉字。

例如以下语句不符合规范（表名和字段名使用了汉字）：

```
create table hr.用户
(
用户名 varchar2(100),
password varchar2(16)
);
```

以下语句符合规范：

```
create table hr.wap_user
(
username varchar2(100),
password varchar2(16)
);
```

(2) 命名应使用富有意义的英文，一般情况下不建议使用拼音命名。

例如以下语句不符合规范(表名和字段使用了拼音首字母简写)：

```
create table wap.wap_yonghu
(
yhm varchar2(100),
password varchar2(16)
);
```

以下语句符合规范：

```
create table wap.wap_user
(
username varchar2(100),
password varchar2(16)
);
```

(3) 同类业务的表以相同的英文开头(在逻辑上清晰，且可避免维护过程中对该类表的误操作)。

例如以下语句不符合规范(假定 wap_user 表和 user_login_log 表都属于 wap 类业务)：

```
create table wap.wap_user
(
username varchar2(100),
password varchar2(16)
);
create table wap.user_login_log
(
username varchar2(100),
logindate date
);
```

以下语句符合规范：

```
create table wap.wap_user
(
username varchar2(100),
password varchar2(16)
);
```

```
create table wap.wap_user_login_log
(
username varchar2(100),
logindate date
);
```

(4) 临时表以“tmp_”开头,后接功能描述。

例如以下语句不符合规范:

```
create global temporary table wap.tab_tmp1
(
username varchar2(100),
password varchar2(16)
);
```

以下语句符合规范:

```
create global temporary table wap.tmp_wap_user
(
username varchar2(100),
password varchar2(16)
);
```

(5) 同种用途的字段,在同一个业务的所有表中应有同样的字段类型和字段长度,并尽量保持一致的字段命名。

例如以下语句不符合规范(username 字段在两个有业务关系的表中字段长度不一致,易导致业务接口冲突):

```
create table wap.wap_user
(
username varchar2(100),
password varchar2(16)
);
create table wap.wap_user_login_log
(
username varchar2(80),
logindate date
);
```

以下语句符合规范:

```
create table wap.wap_user
(
username varchar2(100),
password varchar2(16)
);
create table wap.wap_user_login_log
(
username varchar2(100),
logindate date
);
```

5.3 图谱数据库

5.3.1 知识图谱概述

在数据治理过程中，当海量的信息以文本形式出现时，通过搜索所产生的结果的数据量也需要大量人工进行操作判断和应用。通常人工操作不利于大数据应用，这时候需要一些自动化的工具帮助数据管理者和数据应用者在海量的信息源中迅速找到真正需要的信息和线索或者数据关系，而对这些关系最好的描述就是知识图谱。

1. 认识知识图谱

知识图谱是指用可视化的方式描述人类随时间拥有的知识资源及其载体，绘制、挖掘、分析和显示科学技术知识以及它们之间的相互联系，在组织内创造知识共享的环境，以促进科学技术研究的合作和深入。

知识图谱本质上是一种揭示实体之间关系的语义网络。知识图谱以结构化的形式描述客观世界中的概念、实体及其关系，将互联网的信息表达成更接近人类认知世界的形式，提供了一种更好地组织、管理和理解互联网海量信息的能力。知识图谱给互联网语义搜索带来了活力，同时也在智能问答中显示出强大威力，已经成为互联网知识驱动的智能应用的基础设施。知识图谱最初是由谷歌提出用来优化搜索引擎的技术，在不断发展中外延也一度扩大。盘点目前知识图谱的发展，其实它已经助力了很多热门的人工智能场景的应用，例如语音助手Siri、聊天机器人、智能问答等。知识图谱与大数据和深度学习一起，成为推动互联网和人工智能发展的核心驱动力之一。

2. 知识图谱的构建

在构建知识图谱时，由于信息来源具有多样性，如何对半结构化、非结构化的信息进行处理，抽取出有效的知识单元是一个重要的议题。图5-13显示了从原始数据到形成知识图谱经历了知识抽取、知识融合(实体对齐)、模型构建、质量评估等步骤。

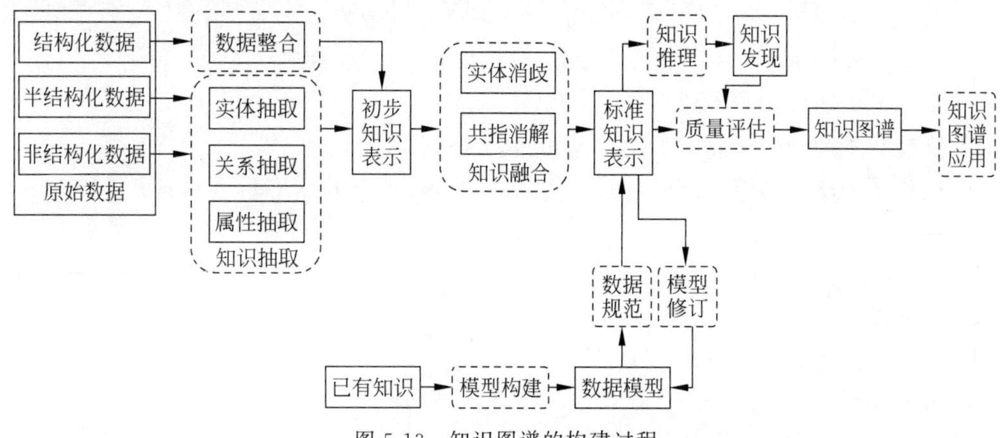

图5-13 知识图谱的构建过程

此外，为了发现知识间的关系，更好地展示各单元，需要对样本数据进一步处理，即进行简化分析，当前采用较多的方式为关联分析、因子分析、多维尺度分析、自组织映射图(SOM)、寻址网络图谱(PTNET)、聚类分析、潜在语义分析、最小生成树法等。

知识图谱可以通过对关系的梳理或者对语义分析的知识抽取来绘制。知识图谱的构建可以基于结构化信息规范资源描述框架；对半结构化数据，采用模式学习的方式来实现自动化信息抽取，这里需要通过人工调整或者新增模式等方法进行数据或者关系准确性描述；对非结构化数据，例如图像，可以基于深度学习图像智能识别化来进行定义，比如犯罪人员经常出现的场所附近的摄像头所采集的图像，哪些人经常出现在一个图像里面，然后进行数据关联并且分析应用。

5.3.2 知识图谱与图谱数据库

在知识图谱的存储研究中，目前主要是 RDF 数据库和图形数据库。从顶向下设计的 RDF 数据库没有从底向上设计的图形数据库成功，因此图形数据库在存储知识图谱的知识单元和单元关系上效果最佳。目前，图形数据库并没有一套完整的标准，但是大部分图形数据库都包含了节点、关系、属性 3 个元素。节点可以用来存储知识单元，关系可以用来展示知识单元之间的联系，属性可以表征知识单元的相关特性。

常见的图谱相关数据存储在 Neo4j 图形数据库中，以便于知识图谱的绘制和查询。Neo4j 是一个稳定且成熟的，具有较高性能的图形数据库，并且具有完整的 ACID 支持、高可用性、可扩展性，通过 Neo4j 的遍历工具可以高速检索数据。

Neo4j 的查询语言是一种可以对图形数据库进行查询和更新的图形查询语言——Cypher（也称为 CQL），它类似于关系数据库的 SQL。Cypher 的语法并不复杂，然而它的功能却非常强大，可以实现 SQL 难以实现的功能。例如，六度分割理论中曾指出任何两个人之间所间隔的人不会超过 6 个。因此，只要数据足够完整，采用 Cypher 可以很容易地找到任何两个人之间是通过哪些人联系起来的，而这一点 SQL 很难实现。

Neo4j 的特点如下：

（1）用 Cypher 作为查询语言。

（2）遵循属性图数据模型。

（3）通过使用 Apache Lucene 支持索引。

（4）支持 UNIQUE 约束。

（5）包含一个用于执行 Cypher 命令的 UI——Neo4j 数据浏览器。

（6）支持完整的 ACID（原子性、一致性、隔离性和持久性）规则。

（7）采用原生图形库与本地 GPE（图形处理引擎）。

（8）支持将查询的数据导出为 JSON 和 XLS 格式。

（9）提供了 REST API，可以被编程语言（例如 Java、Spring、Scala 等）访问。

（10）提供了可以通过 UI MVC 框架（例如 Node JS）访问的 Java 脚本。

（11）支持 Cypher API 和 Native Java API 两种 Java API 来开发 Java 应用程序。

Neo4j 的优点如下：

（1）很容易表示连接的数据。

（2）检索/遍历/导航更多的连接数据是非常容易和快速的。

（3）非常容易地表示半结构化数据。

（4）查询语言 Cypher 的命令是人性化的可读格式，非常容易学习。

（5）使用简单而强大的数据模型。

（6）不需要复杂的连接来检索连接的/相关的数据，因为很容易检索其相邻节点或关系细节没有连接或索引。

Neo4j 存储如图 5-14 所示。

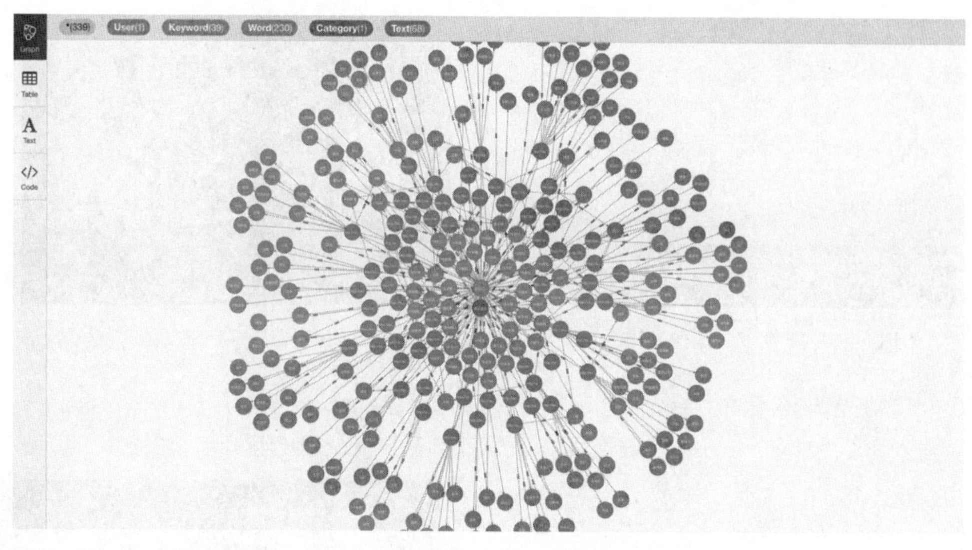

图 5-14　Neo4j 存储

5.4　本章小结

(1) 数据库技术是计算机领域中的重要技术之一，它将各种数据按一定的规律存放，以便于用户查询和处理。

(2) 数据库管理系统(Database Management System，DBMS)是一种操作和管理数据库的软件，它是数据库的核心，主要用于创建、使用和维护数据库。

(3) 数据库系统在总体结构上一般体现为三级模式，分别是模式、外模式和内模式。

(4) E-R 图也称为实体-联系图，它提供了表示实体类型、属性和联系的方法，用来描述现实世界的概念模型。

(5) 通常在建立数据库模型时会涉及 3 种具体的数据模型，分别是概念模型、逻辑模型和物理模型。

(6) 数据字典(Data Dictionary)是一种用户可以访问的记录数据库和应用程序元数据的目录，是对于数据模型中的数据对象或者项目的描述的集合。

5.5　实训

1. 实训目的

通过本章实训了解数据库治理的特点，能进行简单的与数据库治理有关的操作。

2. 实训内容

(1) 在 MySQL 当前会话中使用命令 show profiles 分析 SQL 语句执行时的资源消耗情况，该命令可以用于 SQL 的调优测量。在默认情况下，该命令处于关闭状态。

① 启动 MySQL 并输入命令“show profiles;”，可以看到在默认情况下该命令是关闭的，如图 5-15 所示。

② 查看当前的 MySQL 版本是否支持，命令为“show variables like"%pro%";”。

该命令默认是关闭的，在使用前需要开启，如图 5-16 所示。

```
mysql> show profiles;
Empty set, 1 warning (0.00 sec)
```

图 5-15 查看该命令的状态

```
mysql> show variables like "%pro%";
+---------------------------+-------+
| Variable_name             | Value |
+---------------------------+-------+
| have_profiling            | YES   |
| profiling                 | OFF   |
| profiling_history_size    | 15    |
| protocol_version          | 10    |
| proxy_user                |       |
| slave_compressed_protocol | OFF   |
| stored_program_cache      | 256   |
+---------------------------+-------+
7 rows in set (0.00 sec)
```

图 5-16 查看当前的 MySQL 版本是否支持

③ 开启功能,输入命令"set profiling=1;",如图 5-17 所示。

④ 输入命令"show variables like "%pro%";",查看到该命令已经开启,如图 5-18 所示。

```
mysql> set profiling=1;
Query OK, 0 rows affected, 1 warning (0.00 sec)
```

图 5-17 开启功能

```
mysql> show variables like "%pro%";
+---------------------------+-------+
| Variable_name             | Value |
+---------------------------+-------+
| have_profiling            | YES   |
| profiling                 | ON    |
| profiling_history_size    | 15    |
| protocol_version          | 10    |
| proxy_user                |       |
| slave_compressed_protocol | OFF   |
| stored_program_cache      | 256   |
+---------------------------+-------+
7 rows in set (0.00 sec)
```

图 5-18 已经开启该命令

⑤ 运行 SQL 命令,例如:

```
help profiles;
show variables like "%pro%";
select * from emp group by id%10 limit 150000;
select * from user group by id%10 limit 150000;
```

输入命令"show profiles;",查看 SQL 语句执行时的资源消耗情况,如图 5-19 所示。

```
mysql> show profiles;
+----------+------------+------------------------------------------------+
| Query_ID | Duration   | Query                                          |
+----------+------------+------------------------------------------------+
|        1 | 0.04312350 | help 'profiles'                                |
|        2 | 0.00176800 | show variables like "%pro%"                    |
|        3 | 0.00008400 | select * from emp group by id%10 limit 150000  |
|        4 | 0.00014250 | select * from user group by id%10 limit 150000 |
+----------+------------+------------------------------------------------+
4 rows in set, 1 warning (0.00 sec)
```

图 5-19 查看 SQL 语句执行时的资源消耗情况

⑥ 分析第 4 条 SQL 语句,输入以下命令:

```
show profile block io,cpu for query 4;
```

运行结果如图 5-20 所示。

图 5-20 中字段的含义如下。

Status:SQL 语句执行的状态。

Duration:SQL 执行过程中每一个步骤的耗时。

CPU_user:当前用户占有的 CPU。

CPU_system:系统占有的 CPU。

```
+----------------+----------+----------+------------+--------------+-
--+
| Status         | Duration | CPU_user | CPU_system | Block_ops_in |
t |
+----------------+----------+----------+------------+--------------+-
--+
| starting       | 0.000082 | 0.000000 |   0.000000 |         NULL |
L |
| freeing items  | 0.000127 | 0.000000 |   0.000000 |         NULL |
L |
| cleaning up    | 0.000008 | 0.000000 |   0.000000 |         NULL |
L |
+----------------+----------+----------+------------+--------------+-
```

图 5-20　查看分析结果

Block_ops_in：I/O 输入。

Block_ops_out：I/O 输出。

(2) 使用命令 show processlist 显示 MySQL 中哪些线程正在运行。需要注意的是，如果使用者有 SUPER 权限，则可以看到全部的线程。

① 运行 MySQL，输入命令"show processlist;"，如图 5-21 所示。

```
mysql> show processlist;
+----+------+-----------------+------+---------+------+-------+-----------------
-+
| Id | User | Host            | db   | Command | Time | State | Info
 |
+----+------+-----------------+------+---------+------+-------+-----------------
-+
|  3 | root | localhost:18654 | NULL | Query   |    0 | init  | show processlist
 |
|  4 | root | localhost:18660 | NULL | Sleep   |  231 |       | NULL
 |
+----+------+-----------------+------+---------+------+-------+-----------------
-+
2 rows in set (0.00 sec)
```

图 5-21　显示哪些线程正在运行

图 5-21 中字段的含义如下。

Id：用户登录 MySQL 时系统分配的 connection_id，可以使用 connection_id()函数查看。

User：显示当前用户。如果不是 root，则该命令只显示用户权限范围的 SQL 语句。

Host：显示该语句是从哪个 IP 的哪个端口上发的，可以用来跟踪出现问题语句的用户。

db：显示进程目前连接的是哪个数据库。

Command：显示当前连接执行的命令，一般取值为 Sleep(休眠)、Query(查询)、Connect(连接)等。

Time：显示状态持续的时间，单位是秒。

State：显示使用当前连接的 SQL 语句的状态。

Info：显示这个 SQL 语句。

② show processlist 只能列出前 100 条线程，如果想列出全部线程，可以使用命令 show full processlist 来实现，如图 5-22 所示。

(3) MySQL 数据库安全。

①下载并安装 MySQL，设置 root 密码为 123456，进入 MySQL 中创建数据库 test1、test2 和 test3，如图 5-23 所示。

② 使用命令 create user 创建新的 MySQL 账户 user1 和 user2，user1 的密码为 1234，user1 的密码为 12345，如图 5-24 所示。

```
mysql> show full processlist;
+----+------+-----------------+------+---------+------+-------+----------------------
-------+
| Id | User | Host            | db   | Command | Time | State | Info
       |
+----+------+-----------------+------+---------+------+-------+----------------------
-------+
|  3 | root | localhost:18654 | NULL | Query   |    0 | init  | show full proces
slist |
|  4 | root | localhost:18660 | NULL | Sleep   |  258 |       | NULL
       |
+----+------+-----------------+------+---------+------+-------+----------------------
-------+
2 rows in set (0.00 sec)

mysql>
```

图 5-22　使用 show full processlist 列出全部线程

```
mysql> create database test1;
Query OK, 1 row affected (0.01 sec)

mysql> create database test2;
Query OK, 1 row affected (0.00 sec)

mysql> create database test3;
Query OK, 1 row affected (0.01 sec)

mysql> show databases;
+--------------------+
| Database           |
+--------------------+
| information_schema |
| mysql              |
| performance_schema |
| sakila             |
| test               |
| test1              |
| test2              |
| test3              |
| world              |
+--------------------+
9 rows in set (0.00 sec)
```

图 5-23　进入 MySQL 中创建数据库

```
mysql> create user
    -> 'user1'@'localhost' identified by '1234',
    -> 'user2'@'localhost' identified by '12345';
Query OK, 0 rows affected (0.02 sec)
```

图 5-24　创建新的 MySQL 账户

③ create user 会在 MySQL 系统自身的 MySQL 数据库的 user 表中添加新记录。输入以下命令查看刚才添加的记录：

```
use mysql
show tables;
select * from user
```

运行结果如图 5-25 和图 5-26 所示。

```
mysql> use mysql
Database changed
mysql> show tables;
+---------------------------+
| Tables_in_mysql           |
+---------------------------+
| columns_priv              |
| db                        |
| event                     |
| func                      |
| general_log               |
| help_category             |
| help_keyword              |
| help_relation             |
| help_topic                |
| innodb_index_stats        |
| innodb_table_stats        |
| ndb_binlog_index          |
| plugin                    |
| proc                      |
| procs_priv                |
| proxies_priv              |
| servers                   |
| slave_master_info         |
| slave_relay_log_info      |
| slave_worker_info         |
| slow_log                  |
| tables_priv               |
| time_zone                 |
| time_zone_leap_second     |
| time_zone_name            |
| time_zone_transition      |
| time_zone_transition_type |
| user                      |
+---------------------------+
28 rows in set (0.01 sec)
```

图 5-25　查看 MySQL 库中的表

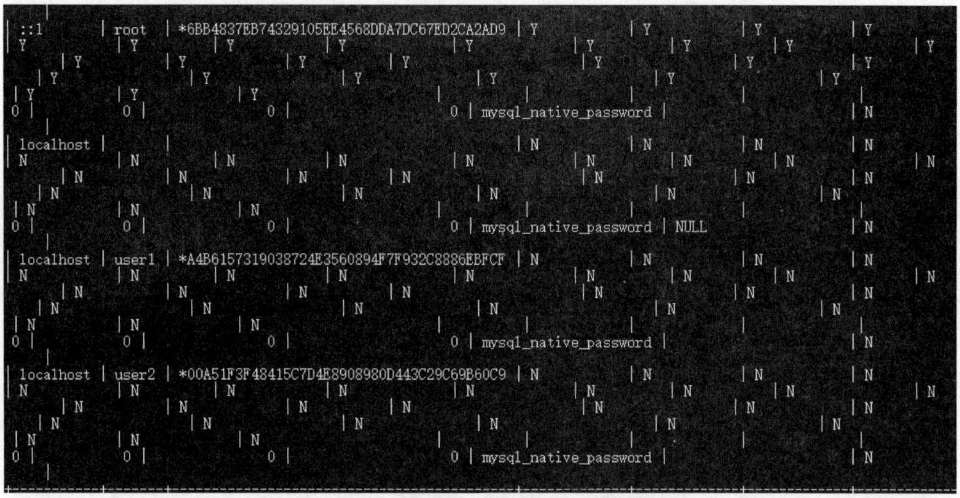

```
|
| ::1       | root  | *6BB4837EB74329105EE4568DDA7DC67ED2CA2AD9 | Y | Y | Y | Y
Y | Y | Y | Y | Y | Y | Y | Y | Y | Y
| Y | Y | Y | Y | Y | Y | Y | Y | Y
| Y | Y | Y | Y | Y | Y | Y
| Y | Y | Y | | | | |
0 | 0 | 0 | 0 | mysql_native_password | | N
|
| localhost | | | N | N | N | N
N | N | N | N | N | N | N | N | N
| N | N | N | N | N | N | N
| N | N | N | N | N | N | N
| N | N | N | | | | |
0 | 0 | 0 | 0 | mysql_native_password | NULL | N
|
| localhost | user1 | *A4B6157319038724E3560894F7F932C8886EBFCF | N | N | N | N
N | N | N | N | N | N | N | N | N
| N | N | N | N | N | N | N
| N | N | N | N | N | N | N
| N | N | N | | | | |
0 | 0 | 0 | 0 | mysql_native_password | | N
|
| localhost | user2 | *00A51F3F48415C7D4E8908980D443C29C69B60C9 | N | N | N | N
N | N | N | N | N | N | N | N | N
| N | N | N | N | N | N | N
| N | N | N | N | N | N | N
| N | N | N | | | | |
0 | 0 | 0 | 0 | mysql_native_password | | N
|
```

图 5-26　查看已经创建的新账户

④ 新的 SQL 用户不能访问其他 SQL 用户的表，也不能创建自己的表，除非被授予权限。在 MySQL 中给用户授予权限可以用命令 grant 来实现。

授予 user1 在 test 数据库中的所有表的 SELECT 权限，如图 5-27 所示。

```
mysql> grant select
    -> on test .*
    -> to user1@localhost;
Query OK, 0 rows affected (0.02 sec)
```

图 5-27　授予 user1 在 test 数据库中的所有表的 SELECT 权限

⑤ 授予 user2 在 test 数据库中的所有数据库权限，如图 5-28 所示。

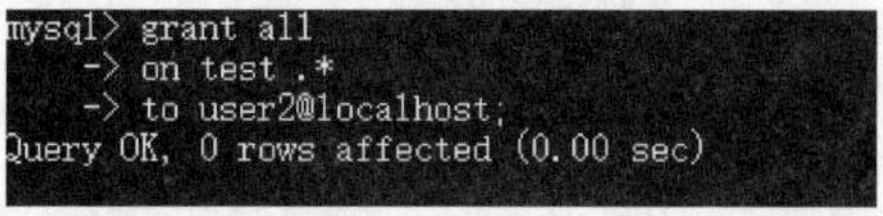

```
mysql> grant all
    -> on test .*
    -> to user2@localhost;
Query OK, 0 rows affected (0.00 sec)
```

图 5-28　授予 user2 在 test 数据库中的所有数据库权限

(4) 使用 Power Designer 实现数据模型。

① 下载并安装 Power Designer 16.5，启动界面如图 5-29 所示。

② 在菜单栏中选中 File|New Model，并选择 Conceptual Data Model，如图 5-30 所示。

③ 在打开的界面中，将右侧的 Toolbox 栏中的 Entity 图标拖动到设计面板中，如图 5-31 所示。

④ 双击 Entity 图标，在弹出的 General 标签页和 Attributes 标签页中分别设置内容如图 5-32 和图 5-33 所示。General 标签页设置表的基本信息；Attributes 标签页设置该表的属性。

⑤ 继续拖动 Entity 图标到设计面板中，命名为“学生表”，具体设置信息如图 5-34 和图 5-35 所示。

⑥ 使用 Relationship(关系)为班级表和学生表建立关系，具体设置如图 5-36 和图 5-37 所示。在图 5-37 中设置一对多关系(班级对学生)。

最终效果如图 5-38 所示。

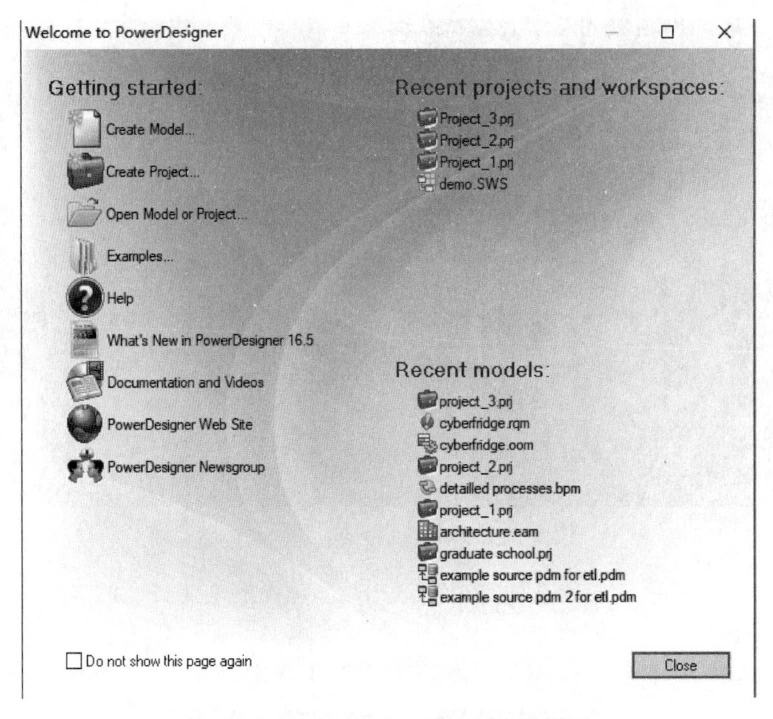

图 5-29 Power Designer 16.5 启动界面

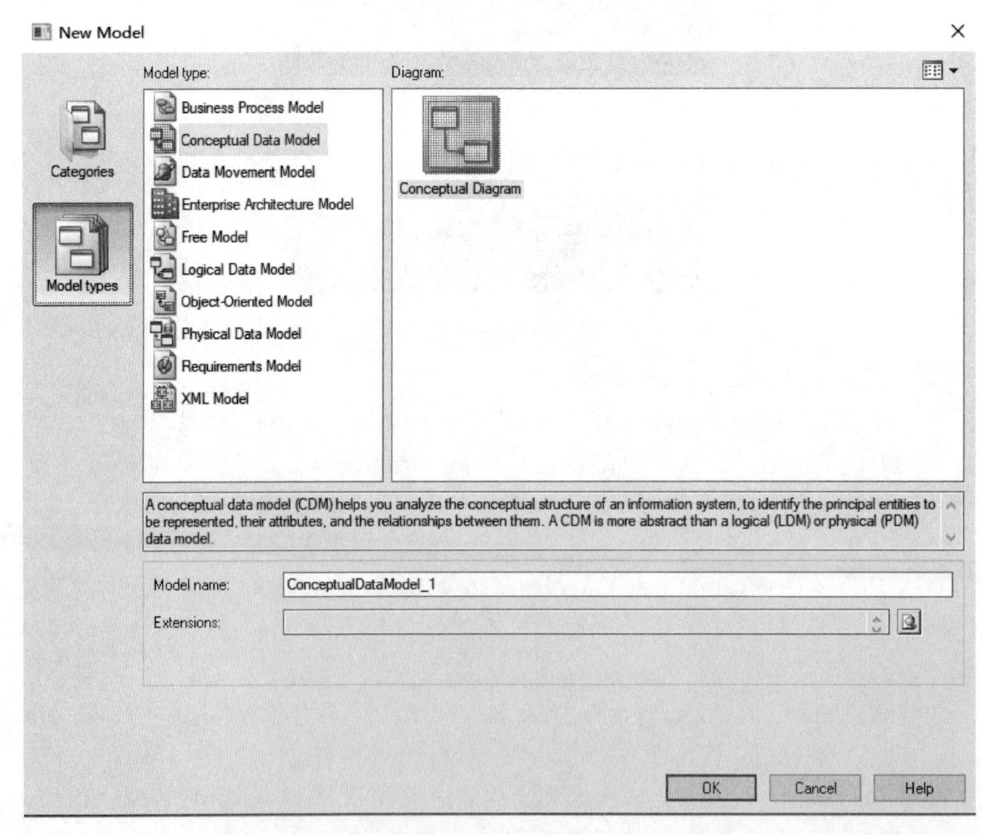

图 5-30 新建模型

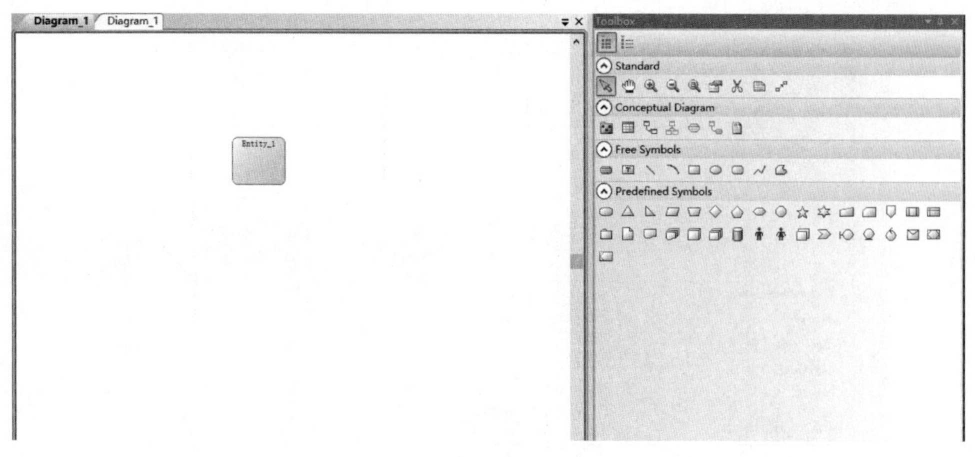

图 5-31　拖动 Entity 图标

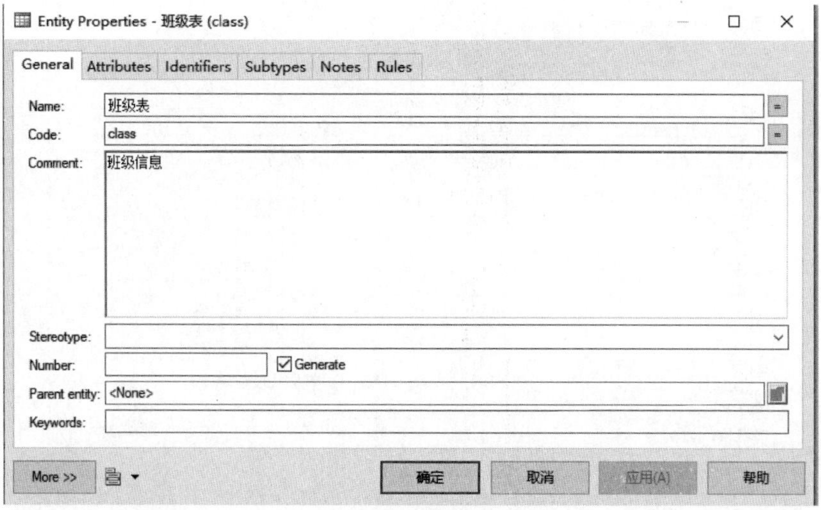

图 5-32　设置表基本信息

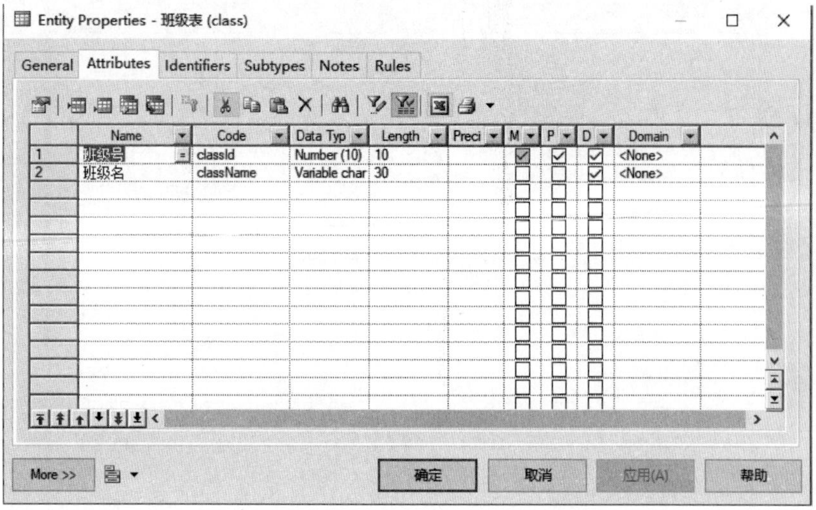

图 5-33　设置表属性

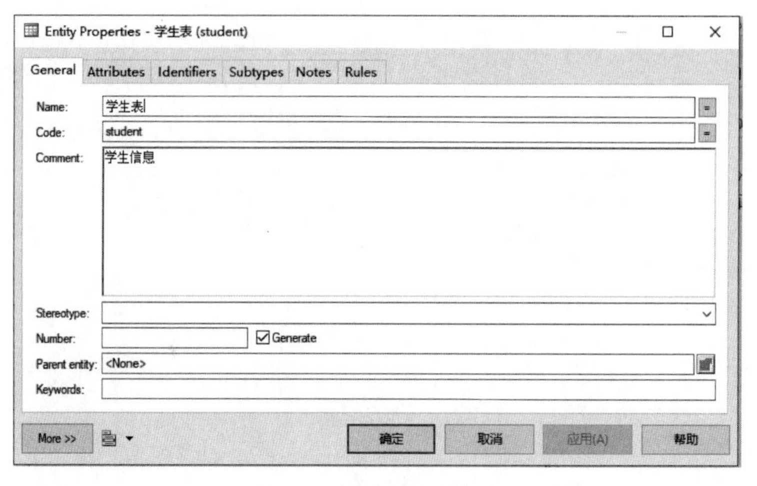

图 5-34 设置表基本信息

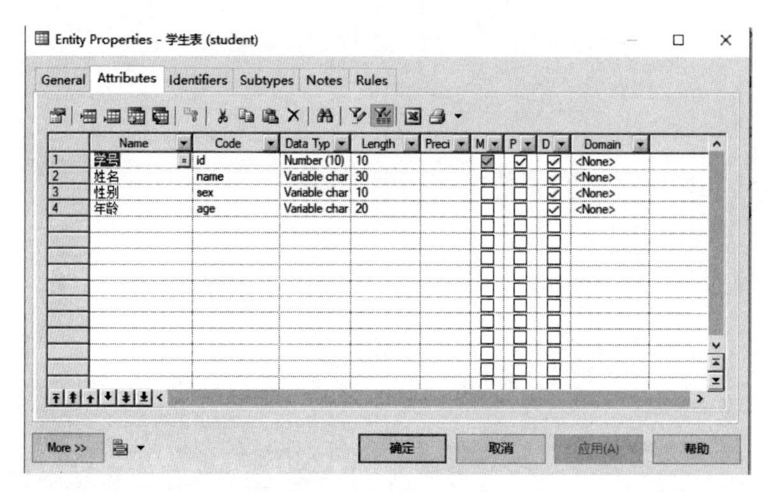

图 5-35 设置表属性

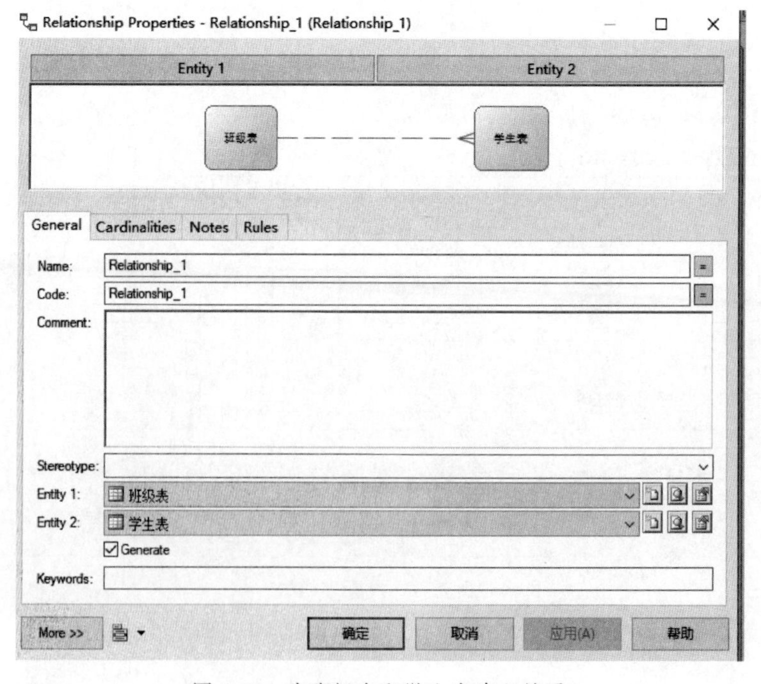

图 5-36 为班级表和学生表建立关系

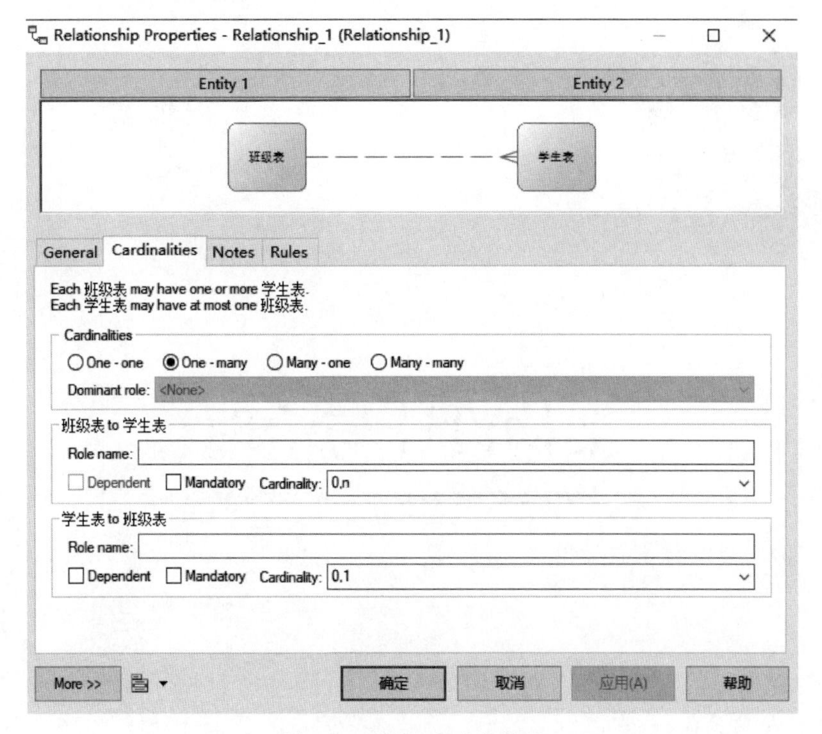

图 5-37 设置一对多关系

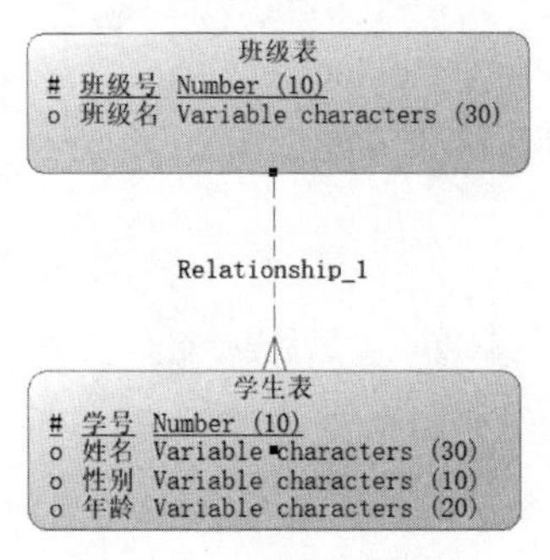

图 5-38 最终的数据模型

习题 5

（1）请阐述什么是数据库。

（2）请阐述数据库系统的结构。

（3）请阐述什么是数据字典。

第 6 章

架构设计与治理

本章学习目标

- 了解数据架构的概念
- 理解企业架构的含义
- 了解主流的企业架构
- 了解架构建模语言 ArchiMate
- 了解数据治理框架
- 了解大数据架构

本章先向读者介绍数据架构的概念，再介绍企业架构的含义，接着介绍主流的企业架构和架构建模语言 ArchiMate，最后介绍数据治理框架和大数据架构。

6.1 认识数据架构

6.1.1 数据架构介绍

数据架构是企业架构的一部分，而企业架构是构成组织的所有关键元素和关系的综合描述，指整个公司或企业的软件和其他技术的整体观点和方法。

自 20 世纪中后叶以来，随着信息技术的发展，各个工业、制造业领域，甚至是在人们的日常生活领域中，自动化以及效率提升等方面均得到了长足的发展，因此各个领域也纷纷加大了对信息技术的投资，从而形成了一个良性的循环。可以说，借助于信息技术的发展，人们的工作方式得以从传统的“蓝领式”的工作方式逐步转变为“白领式”的工作方式。不过随着时间的推移，企业中的信息系统越来越复杂，而且业务与信息系统的关系也日趋紧密，企业逐渐开始面对以下两个问题：

(1) 系统复杂度升高，并且越来越难以进行管理。

(2) 业务和信息技术之间的关系虽然越来越紧密，但是越来越不同步。

这两个问题的本质可以概括为“复杂”二字，因此这些问题的解决最终还是要落实到“复杂度管理”之上，而企业架构以及企业架构框架理论在本质上正是将企业或组织看作复杂的客观对象，并对其在各个领域（战略决策、业务、数据、应用、技术和项目实施）中的复杂度进行有效管理，从而辅助企业或组织健康发展的学说。由此可见，解决以上两个问题的方法就是以企业架构以及企业架构框架理论为指导，在企业或组织中建立完备并且准确的企业架构。

通常，企业架构不仅仅是组织各种内部基础架构的结构，还包含业务流程管理和数据分析等其他业务需求。通过将部门的战略目标、部门的投资以及需要达到的可测量的性能改善结合起来，企业架构实践领域可以最大限度地将部门的资源、IT 投资和系统开发活动的效能发挥出来，从而实现部门的性能目标。

6.1.2　企业架构的核心概念

本节主要讲述与企业架构有关的核心概念。

（1）企业。企业是从事生产、流通与服务等经济活动的营利性组织，企业通过各种生产经营活动创造物质财富，提供满足社会公众物质和文化生活需要的产品服务，在市场经济中占有非常重要的地位。TOGAF（开放群组架构框架）将“企业”定义为有着共同目标集合的组织的聚集，例如企业可能是政府部门、一个完整的公司、公司部门、单个处/科室，或通过共同拥有权连接在一起的地理上疏远的组织链。

（2）战略。战略回答的是企业要做什么，在哪个领域参与竞争以及达成目标的关键举措。麦肯锡把战略分为几个层次：首先是企业战略，以企业整体为研究对象，研究整个企业生存和发展中的一些基本问题，是企业总体的最高层次的战略，是整个企业发展的总纲，是企业最高管理层指导和控制企业一切行为的最高行动纲领；其次是业务战略，是在企业总体战略指导下经营某一特定经营单位所制定的战略计划，是企业战略的子战略；最后是职能战略，为实施和支持企业战略与业务战略而在特定的职能领域内所制定的实施战略，包括生产战略、市场营销战略、财务战略、人事战略、研发战略等，由一系列具体详细方案和计划构成。

（3）运营。运营就是对运营过程的计划、组织、实施和控制，是与产品生产和服务创造密切相关的各项管理工作的总称，是为了向客户交付产品和服务，在业务流程集成和标准化方面必须要达到的要求。

（4）框架。框架是内容或者过程的结构化表述，可以作为一种结构化思考的工具，确保一致性和完整性。简单地理解，框架就是让做事情的步骤通过条条框框的约束来达到一致性和完整性，同时也降低了风险，因为框架一般来源于实践。

（5）系统。系统由组件构成，这些组件组织起来完成一个或多个功能。系统这个术语包括了独立的应用、传统意义上的系统、子系统、系统中的系统、产品线、产品家族乃至整个企业，以及其他关注点的集合。简单来说，系统有结构、有行为、有内外部交互、有边界。比如说航空母舰、神舟飞船，每个人类的个体，都是一个个的系统。对于自然界的物质系统，一般可以从系统与其要素、系统结构与功能、系统与其环境等方面进行分析。

（6）架构。架构是针对某种特定目标系统的具有体系性的、普遍性的问题而提供通用的解决方案，是对复杂形态的一种共性的体系抽象架构。通常来讲架构是系统的基本组织形式，体现在构成系统的组件、组件之间的关系、组件与环境之间的关系以及用于系统的设计和演进的治理原则上。

（7）参考架构。参考架构为开展具体的架构设计提供了一个模板，通常是来自对具体解决方案实践的总结和提炼，具有一定的通用性。

（8）架构愿景。架构愿景是架构赞助者向各干系人以及决策者推广其所提出的能力的绝佳工具，它描述了新的能力如何满足组织的战略和业务目标，以及当这些能力实现时，相关干系人所关注的问题又是如何获得解决的。因此针对架构愿景的创建实际上就是对架构的目标进行明确，并对如何通过架构开发来达成这些目标进行阐明。理清架构活动的目的，以及论证如何通过架构开发达成这个目的，是架构愿景的全部关注点。一般来说，关键的架构愿景元素，例如企业使命、愿景、战略和目标等，都被记录为广泛的具有自身生命周期的业务战略或企业规划活动。

(9) 业务方案。业务方案是一项适合并有用的技术，用于发现和记录业务需求，并阐明反映这些需求的架构愿景。

(10) 模型。模型是对某一个关注主题的描述。模型给出的是事物小范围内简化的、抽象的描述。由于模型揭示事务的本质，所以人们通过建模(Modeling)的过程找出构成事物的要素以及要素之间的关系，比如业务流程模型等。

(11) 能力。能力的概念按照常识去理解是最容易的，简单地说就是能做什么，这个主体是泛指，包括组织(营利、非营利)、人和系统。企业的运营就是为了构建这些核心能力，通过这些能力创造经济和社会价值，企业业务和 IT 建设就是围绕着这些核心能力展开。

(12) 能力增量。能力的交付是个长期的过程，通常需要多个项目支撑，为了让交付过程可见、可控，一般要将能力进一步拆分成更小的单位，实现持续交付，这些拆分后的粒度更小的能力就叫能力增量。能力增量是迁移架构的直接输入。此外，能力也有分类(能力增量同样)，这就是能力维度的概念，常见的能力维度包括人、流程、物料。

(13) 能力架构。能力架构这个概念产生自架构分割。企业架构设计是个复杂的工程，涉及各个层面的干系人，需要多个团队参与和协同工作，所以要拆分。能力架构是在深度(Depth)这个维度上的划分，深度这个维度可以进一步划分为战略架构、分段(某个领域)架构和能力架构，体现的是渐进明细的思想。战略架构是给公司管理层看的，是比较概括的；分段架构的主要干系人是业务线主管(经理)，对应的是业务线这个级别；能力架构在分段架构的基础上进一步细化，对应的是具体的解决方案这个级别。

(14) 业务能力。业务能力是业务为实现特定目的或结果而可能拥有或交换的特定能力或产能。业务能力是粗粒度的概念，能够从不同的视角进行业务规划。

(15) 架构能力建设。其用于指导企业如何通过架构开发方法来对架构能力进行建设。

(16) 企业架构框架。企业架构框架是用来构建企业架构的工具集和方法论。从某种意义上说，企业架构框架是企业架构的元模型，通过它可以帮助企业全面且有条理地定义自己的企业架构。

(17) 架构制品。架构制品是用来描述架构的具体体现形式，例如特定文档、报告、分析结果、模型或者其他形式的事物等。

(18) 架构描述。架构描述是用于对架构进行表述的工作产品。

(19) 企业 IT。企业将信息技术手段应用到企业的生产和运营管理中，利用信息技术来提升自己的管理水平。企业 IT 是一项相当艰巨、复杂的工程，具有很大的风险。

6.1.3 企业架构

1. 企业架构简介

企业架构(Enterprise Architecture，EA)是对企业事业信息管理系统中具有体系的、普遍性的问题而提供的通用解决方案，更确切地说，是基于业务导向和驱动的架构来理解、分析、设计、构建、集成、扩展、运行和管理信息系统。

企业架构最早由 IT 架构发展而来。20 世纪 70 年代美国军方想要建立一个庞大的系统来管理通信指挥作战的所有相关资源，于是开始建立理论基础和系统模型。在军方发展了这样的企业架构框架理论后，企业也紧跟军方的脚步，开始了企业架构框架理论的研究。1987年美国人 John Zachman 发表论文首次提出了“信息系统架构框架”的概念（后改称“企业架构框架”），奠定了企业架构的理论基础。企业架构最早应用在美国的政府机构，可以说美国政府对企业架构应用的推动也发挥了重要的作用。在企业架构从美国联邦政府兴起后，企业架构的理念很快就得到各个咨询公司和研究机构的认可。伴随着20世纪80年代的主机发展浪潮，90年代的信息化和互联网化浪潮，21世纪初的移动互联网浪潮，直到今天的云计算、物联网、大数据、人工智能、区块链时代，企业架构涌现了一大批专家模型和方法论。随着政府、企业、咨询公司、研究机构以及厂商的不断进入，企业架构的理念越来越深入人心，其标准化的工作也日趋重要，从而催生了一些研究团体和标准框架。其中最重要的也是目前影响最大的企业架构框架理论便是由 OpenGroup 创立的 TOGAF。TOGAF 9 于2009年推出，TOGAF 9.1 于2012年6月实施，TOGAF 9.2 于2018年4月发布。其中，TOGAF 9.2 标准是对 TOGAF 9.1 标准的更新，提供了改进的指导，纠正错误，改进了文档结构，并删除了过时的内容。此版本中主要的增强功能包括对业务体系结构和内容元模型的更新，所有这些变化使 TOGAF 框架更易于使用和维护。

值得注意的是，企业架构理论和实践在国外尤其是欧美国家已经发展得非常成熟，应用历史超过了20年，一方面源于欧美国家信息化发展得早，另一方面受益于他们善于将知识体系化的传统。

虽然企业架构框架理论种类繁多，但是其目的还是用于指导人们创建符合自己企业特点的企业架构，以及使用何种方式维护企业架构，使之与企业的发展同步。为了达到这一目标，各种企业架构框架基本上都在以下两个方面阐述创建企业架构的方法论：

（1）创建和维护企业架构的过程，即如何创建企业架构，以及如何确保企业架构正确演进。

（2）企业架构的内容描述，即企业架构的内容如何分类，以及每一类都应该包含哪些内容。

实际上当前企业架构理论的发展逐渐趋同。基本上所有的企业架构框架都有关于创建企业架构过程的描述。在这些企业架构框架中，企业架构的生命周期都被描述成一个循环演进的过程，并且在演进过程中还需要施以适当的治理，从而保证每一次的演进都是在一种有序、受控的环境下进行。在企业架构的开发过程中，大多数框架理论还推荐使用企业架构成熟度模型来对企业架构的状态进行评估。

2. 企业架构的构成

企业架构通常分为两大部分，即业务架构和 IT 架构。

1）业务架构

业务架构是以实现企业战略为目标，构建企业整体业务能力规划并将其传导给技术实现端的结构化企业能力分析方法。业务架构能够帮助技术人员理解、归纳业务人员的想法和目标，从而让业务和技术处于同一个语境之中。同时，业务架构也是企业治理结构、商业能力与价值流的正式蓝图，它定义了企业的治理架构（组织结构）、业务能力、业务流程以及业务数据。其中，能力定义企业做什么，而业务流程定义企业该怎么做。例如，一个在银行的信息科技部工作的业务架构师，要研究战略、领会战略，把战略作为推动业务架构设计的原动力，定义出详细的业务架构蓝图。此外，在具体实施中业务架构还包括企业业务的运营模式、流程体系、组织结构、地域分布等内容，并体现企业从大到板块、小到最细粒度的流程环节之间的所有业务逻辑。图 6-1 显示了业务架构。

2）IT 架构

IT 架构是指导 IT 投资和设计决策的 IT 框架，是建立企业信息系统的综合蓝图，主要包括数据架构、应用架构和技术架构等多个组成部分。数据架构是一套对存储数据的架构逻辑，它会根据各个系统应用场景、不同时间段的应用场景对数据进行诸如数据异构、读写分离、缓存使用、分布式数据策略等划分。在数据架构设计过程中主要涉及数据定义、数据分布与数据管理，如图 6-2 所示。应用架构体现实现业务逻辑的各个应用的定位、分工逻辑和衔接关系，在应用架构设计过程中主要涉及应用需求、应用项目、应用集成以及研发管理，如图 6-3 所示。技术架构也叫 IT 基础设施架构，它支撑应用的实现和数据模型的落地，在技术架构领域当前的主导思想是平台化和组件化，近年来的企业数字化转型和企业计算云化大趋势都对当前企业技术架构设计有较大的影响，在技术架构设计过程中主要涉及技术需求、技术选型、物理选型、分布设计以及选型管理，如图 6-4 所示。

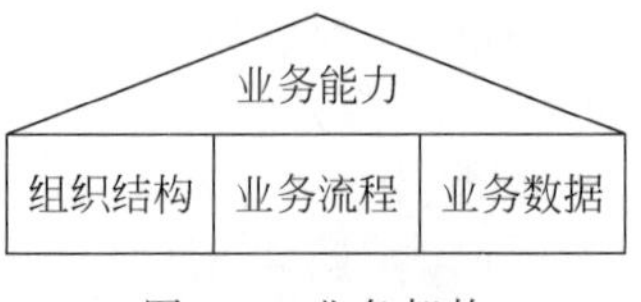

图 6-1 业务架构

图 6-5 显示了业务架构与 IT 架构的关系。业务架构是跨系统的业务架构蓝图，而应用架构、数据架构、技术架构是解决方案的不同方面。具体来讲，业务架构是连接业务与 IT 的纽带，可以帮助企业完成深刻的数字化转型，使企业通过信息技术将内部、业务与 IT 深刻地连接起来，成为高效的数字化企业。一般而言，业务架构的范围是可以大于 IT 架构范围的。

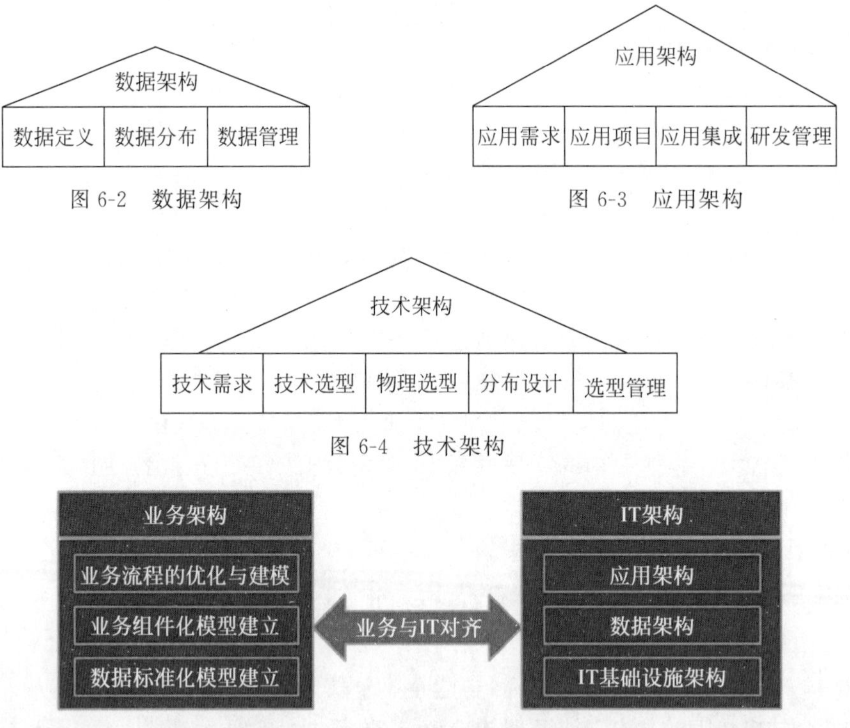

图 6-2 数据架构

图 6-3 应用架构

图 6-4 技术架构

图 6-5 业务架构与 IT 架构的关系

要想成功实现 IT 架构，提高企业的竞争力，需要从合理、有效的规划开始。因此，企业作为 IT 的主体从一开始就应该对自身的 IT 有一个整体的科学规划，所有的 IT 工作都应该紧紧围绕着这个规划分步展开。在企业发展战略目标的指导下，在理解企业发展战略目标与业务规划的基础上，诊断、分析、评估企业管理和 IT 现状，优化企业业务流程，结合所属行业 IT 方面的实践经验和对最新信息技术发展趋势的掌握，提出企业 IT 建设的远景、目标和战略，制定企业IT的系统架构，确定信息系统各部分的逻辑关系，以及具体信息系统的架构设计、选型和实施策略。

综上所述，企业架构是业务流程和IT基础设施的组织逻辑，体现了企业运营模式对业务流程集成和标准化的要求，如图6-6所示。一个有效的企业架构关键是要识别出能够将运营模式落地的业务流程、数据、技术和客户接口。企业架构如同战略规划，可以帮助企业执行业务战略规划及IT战略规划。在业务战略方面，可以使用TOGAF及其架构开发方法(ADM)来定义企业愿景/使命、目标/目的/驱动力、组织架构、职能及角色；在IT战略方面，TOGAF及ADM详细描述了如何定义业务架构、数据架构、应用架构和技术架构，是IT战略规划的最佳实践指引。

值得注意的是，企业管理层通常是企业战略的提出者，而业务架构师通常是业务蓝图的设计师，最后的解决方案则是由数据架构师、应用架构师和技术架构师来完成，企业架构实施全景如图6-7所示。

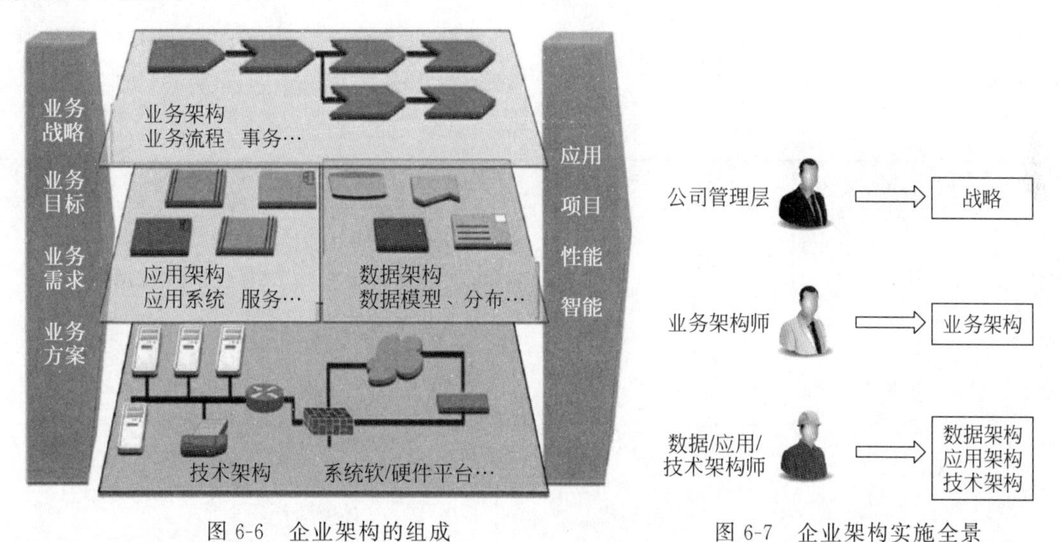

图6-6　企业架构的组成　　　　图6-7　企业架构实施全景

6.1.4　主流的企业架构

虽然企业架构(框架)理论所面对的问题都是同样的，但是由于它们出现的历史背景和研发团体不同，所以它们的适用范围和侧重角度有较大的差异。本节主要介绍几种主流的企业数据架构。

1. Zachman 框架

Zachman框架是一种企业本体，是企业架构的基本结构，它提供了一种从不同角度查看企业及其信息系统的方法，并显示企业的组件是如何关联的。作为一个被广泛承认的企业架构框架理论，Zachman首先提出了一种根据不同干系人的视角来对信息系统的各个方面进行描述的方法，从而使得站在不同角度的干系人可以针对信息系统的建设使用相同的描述方式进行沟通，而这也对其后的各种企业架构框架理论的发展指明了方向。同时，Zachman框架提供了一种对组织架构进行分类的方法。它是一种前瞻性的业务工具，可用于建模组织的现有功能、元素和流程，并帮助管理业务变更。

Zachman框架是一种逻辑结构，目的是为IT企业提供一种可以理解的信息表述，它对企业信息按照特定的要求进行分类，从不同角度进行描述。在实现上Zachman采用了一种6行

6列的格式，其中6行(即纵向维度)反映了IT架构层次，从上到下包括了范围模型、企业模型、系统模型、技术模型、详细模型、功能模型；而6列(即横向维度)采用5W1H(What、How、Where、Who、When、Why)进行组织，分别为做什么(数据)、如何做(功能)、什么地点(网络)、谁来做(人)、何时做(时间)、为什么做(原因)。Zachman框架见表6-1。表6-1中的36个方格，每个方格就是一个角色(例如商业拥有者)和每个描述焦点(例如数据)的交汇。当人们在表格中水平移动(例如从左到右)时，从同一个角色的角度会看到系统的不同描述；而当人们在表格中竖直移动(例如从上到下)时，则会看到从不同角色的角度如何观察同一个焦点。

同时，Zachman框架也是一个综合性分类系统，它通过分类矩阵，把企业架构涉及的基本要素(而不是企业本身)划分成不同的单元(Cells)，并清楚地定义了每个单元中的内容(组件、模型等)性质、语义、使用方法等。在实际应用中Zachman框架可以提供关于在过程的不同阶段需要什么类型的工件的指导。根据Zachman框架提供的基本结构，组合后的应用程序可以产生可预测的、可重复的结果。不过由于Zachman框架并没有提供一个判别标准，也没有给出一步一步构造一个构架的过程，所以人们无法了解按照此种方式组织的企业架构是否为一个好的架构，也就是说该框架缺乏成熟度框架。表6-2显示了Zachman框架的具体化标志。

表6-1 Zachman框架

项目	数据(What)	功能(How)	网络(Where)	人(Who)	时间(When)	原因(Why)
范围模型	列出对业务至关重要的元素(或事件)	列出业务执行的流程	列出与业务运营有关的地域分布要求	列出对业务重要的组织部门	列出对业务重要的事件及时间周期	列出企业目标、战略
企业模型	实体-联系图	业务流程模型	物流网络	基于角色的组织层次图	业务主进度表	业务计划
系统模型	数据模型	关键数据流程图、应用架构	分布系统架构	人机界面架构(角色、数据、入口)	相依关系图、数据实体生命历程(流程结构)	业务标准模型
技术模型	数据架构(数据库中的表格列表及属性)、遗产数据图	系统设计结构图、伪代码	系统架构(硬件、软件类型)	用户界面(系统如何工作)、安全设计	控制结构	业务标准设计
详细模型	数据设计(反向规格化)、物理存储器设计	详细程序设计	网络架构	屏显、安全机构(不同种类数据源的开放设定)	时间、周期定义	程序逻辑的角色说明
功能模型	转化后的数据	可执行程序	通信设备	受训的人员	企业业务	强制标准

表6-2 Zachman框架的具体化标志

具体化层次	矩阵左侧标签	矩阵右侧标签	单元举例("Who"列)
Identification 辨别	Scope Contexts 范围语境	Strategists as Theorists 战略家，相当于理论家	名称：组织识别/边界列表 组件：组织类型/类型定义 说明：列出业务上重要的组织

续表

具体化层次	矩阵左侧标签	矩阵右侧标签	单元举例("Who"列)
Definition 定义	Business Concepts 业务概念	Executive Leaders as Owners 执行领导,相当于所有者	名称:组织定义/语义模型 组件:组织角色、组织工作 说明:工作流模型
Representation 表达	System Logic 系统逻辑	Architects as Designers 架构师,相当于设计者	名称:组织表达/图解(Schematic)模型 组件:系统角色、系统工作 说明:人类界面架构
Specification 规定	Technology Physics 技术物理学	Engineers as Builders 工程师,相当于建造者	名称:组织规范/蓝图(Blueprint)模型 组件:技术角色、技术工作 说明:呈现(presentation)架构
Configuration 配置	Component Assemblies 部件组装	Technicians as Implementers 技师,相当于实施者	名称:组织配置/清单 组件:组件角色、组件工作 说明:安全架构
Instantiation 实例化	Operations Classes 操作类	Workers as Participants 工作者,相当于参与者	名称:企业组织实例 组件:组织角色、组织工作 说明:实际的人和它们的工作

综上所述,Zachman 框架认为一个关于客观事物(可以是房子或飞机这种有形实体,也可以是诸如企业这样的无形概念对象)的架构描述应包括两个维度,其中,一个维度表示了对架构进行描述所应采用的 6 种视角,而另一个维度则代表了架构描述所需要回答的 6 个方面的问题。这两个维度正交交叉,从而形成了 36 个交汇点,其中的每一个交汇点代表了架构描述的某一具体架构制品。举例来说,不论是规划师还是设计师,在描述一个系统时都需要描述系统的数据、功能等方面,但是对于某一个具体方面,例如数据,不同的角色有着不同的理解。对于业务拥有者来说,数据指的是诸如客户、产品这样的业务实体以及它们之间的关系;而对于执行系统设计的设计师来说,数据指的是完全信息化意义上的数据信息片段。

2. FEA 架构

1999 年预算管理办公室(OMB)提出了"联邦政府组织架构"(Federal Enterprise Architecture,FEA),并成立了"FEA 项目管理办公室(FEAPMO)"。FEA 的目的是将整个联邦政府所有机构的错综复杂的关系当成一个大型的组织系统,根据信息化和电子政务的基本规律,大胆地规划网络环境下的全新的联邦政府行政管理体系。值得注意的是,FEA 并不是一种理论化的企业架构开发方法论,而是联邦政府所要建立的企业架构本身,以及在联邦企业架构的建设过程中所需要的各种管理和规划工具。FEA 用于指导联邦政府改善其对信息技术的投资,并着眼于在全联邦政府范围内共享可重用的信息技术资源。该架构分为 5 个参考模型,共同提供了联邦政府的业务、绩效与技术的通用定义和架构。在 FEA 模型体系中,业务参考模型(BRM)是其基础,决定后面的性能参考模型(RPM)、服务组件参考模型(SRM)、数据参考模型(DRM)、技术参考模型(TRM)的具体评估内容。

(1) 业务参考模型。业务参考模型为联邦政府的各条业务线(Line-of-Business,LOB)提供了一个功能性的视图,包括各机构的内部运营行为(对内)和对公民提供的各种服务(对外)。

(2) 性能参考模型。通过使用性能参考模型,各个机构可以在战略层面以业务线的方式裁剪和描述其任务目标,并且该参考模型还对业务线中的各个组成部分如何进行性能评估提出了可供借鉴的参考指标及其定义。

(3) 服务组件参考模型。服务组件参考模型是一个业务驱动的功能性框架，它依据服务组件如何对业务和性能目标进行支持而对其分类归纳。

(4) 数据参考模型。数据参考模型旨在通过标准的数据描述、通用数据的发现以及统一的数据管理实践的推广使得联邦政府实现跨机构的信息共享和重用。该模型采用了一种灵活的且基于标准的方式对数据的描述、分类和共享进行定义。数据参考模型作为一个参考模型为各机构提供了一套抽象的框架(标准性)，而对于其具体实现则由各机构在符合参考模型原则的基础上自行决定(灵活性)。此外，由于各个机构可以将组成其数据架构的各种元素与该抽象框架相关联，从而使得原本隔绝的不同机构在数据方面得到了沟通途径，促进了不同机构之间的互操作。

(5) 技术参考模型。技术参考模型是一个组件驱动的技术框架，它对用于支持服务组件和能力的各种技术与标准进行了分类归纳，同时技术参考模型还联合了各机构已经存在的技术参考模型和电子政府指南，从而可以站在整个联邦政府的角度为技术和服务组件的标准化以及重用的提升打下基础。

3. TOGAF 架构

TOGAF 是开放群组架构框架(The Open Group Architecture Framework)的英文缩写，它是一个架构框架或工具，用来帮助架构的创建、使用和维护。TOGAF 基于一个迭代的过程模型，由一些最佳实践和一套可重用的已有架构资产支持，由国际标准权威组织 The Open Group 制定。TOGAF 是一个可靠的行之有效的方法，以发展能够满足商务需求的企业架构，它主要描述了如何定义企业架构中的业务架构、数据架构、应用架构和技术架构，见表 6-3。TOGAF 中业务架构与数据架构、应用架构和技术架构的关系如图所示。

表 6-3 TOGAF 对企业架构的描述

架构类型	描　述
业务架构	业务战略、治理、组织和关键业务流程
数据架构	组织的各类逻辑和物理资产以及数据管理资源的结构
应用架构	描述被部署的单个应用系统、系统之间的交互，以及它们与组织核心业务流程之间关系的蓝图
技术架构	对于支持业务、数据和应用服务的部署来说必需的逻辑软、硬件能力

TOGAF 所包含的各种企业架构相关方法与工具在企业的业务愿景、驱动力和业务能力之间建立起了一座沟通的桥梁，从而使得作为企业发展蓝图的业务愿景与各种驱动力可以一起通过一种有条理的方式促进企业业务能力的实现和发展。借助 TOGAF 理论体系帮助企业建设企业级架构，将有助于国内企业大大节约成本，增加业务模式的灵活性，更加个性化，随需应变，并提高信息系统的应用水平，同时还可以对客户的业务模式创新起到推动作用。在最新的 TOGAF 9 版本中提供了架构开发方法、架构内容框架、架构能力框架、企业连续体和工具等多个组件。

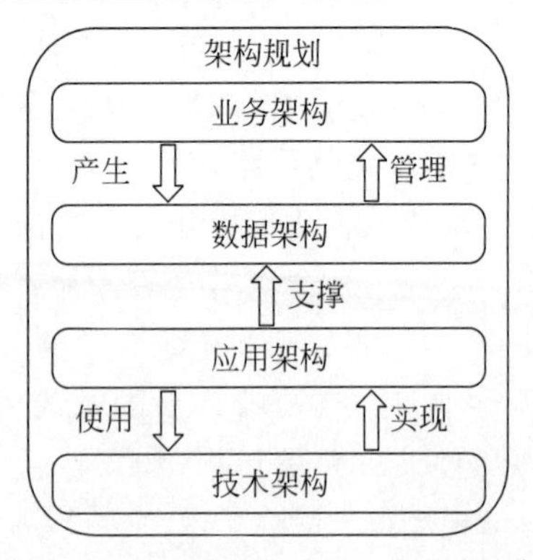

图 6-8 TOGAF 中业务架构与数据架构、应用架构和技术架构的关系

1) 架构开发方法

架构开发方法的英文全称为(Architecture Development Method，简称为 ADM)。ADM 是一种通用的架构开发方法，用来处理大多数的系统和组织需求。ADM 描述了一个流程，使

得企业从一个基线状态过渡到符合其战略目标的目标状态。这个流程是一个动态的过程，具有对外界环境变化的自适应特性，从而保证企业能够按照一种适应性很强的方式进行有序、透明的演进。因此，架构开发方法是 TOGAF 框架的核心部分，是 TOGAF 针对企业架构建设方法的论述。在 ADM 的整个构建过程中都提示了架构师可以使用架构资产库中的哪些(如果有)架构资产。比如，在构建技术架构时可能会用到 TOGAF 组合架构。再比如，在构建业务架构时可能会用到电子商务产业的大规模设计模型。由于架构建设是一项持续性、周期性的流程，所以在反复执行 ADM 的过程中(ADM 将架构过程看成一个循环迭代的过程)架构师逐步添加越来越多的内容到组织架构资产库中。尽管 ADM 主要关注构建企业特定的架构，但从广义上来说，ADM 也被看作以相关的可重复使用的模块复制进企业自身架构资产库的流程，这是企业统一体的一个更加通用的方面。

值得注意的是，第一次实施 ADM 通常是最难的，因为可重用的架构资产相当缺乏。然而，即使是在这个开发阶段，也是会有外部的架构资产可用的，比如 TOGAF，并且大多数的 IT 产业都可以为执行 ADM 提供支持。不过接下来的实施会更加容易，因为越来越多的架构资产被定义，被收集进组织架构资产库中，进而可供将来重复使用。

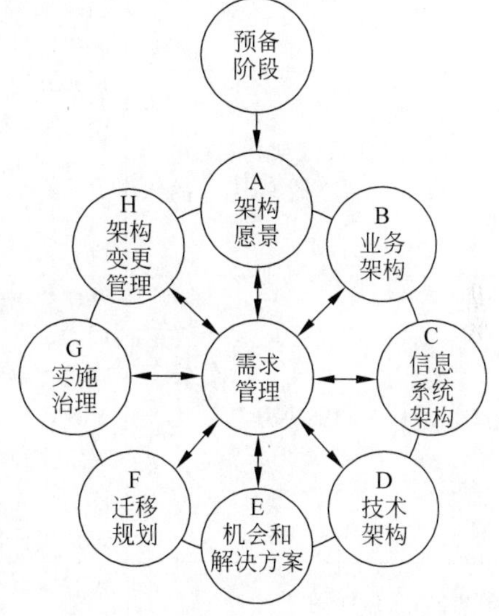

图 6-9 TOGAF 架构开发方法

TOGAF 架构开发方法如图 6-9 所示。需要注意的是，ADM 各阶段的产出物可能会在稍后的阶段被修改。产出物的版本信息通过版本号来进行管理。无论在什么情况下，ADM 的编号方案仅作为例子提供，架构师需要进行适当的修改以适应组织需求，并能更好地使组织花钱买来的架构工具和资源库发挥作用。

在 ADM 的整个开发周期中，无论是整个流程，还是流程中的特定阶段，都需要频繁地校验结果是否符合预期。

此外，ADM 开发周期中的各个阶段还可以进一步分解成步骤。例如，架构开发周期中的(B、C、D)阶段可以分解成以下步骤：

- 选择相关模型、视角和工具；
- 开发基线架构描述；
- 开发目标架构描述；
- 实施差距分析；
- 定义候选蓝图组件；
- 解决整个架构体系间的影响；
- 引导利益相关者进行正式审核；
- 完成架构；
- 创建架构定义文档。

ADM 将架构过程看成一个循环迭代的过程，并且此迭代过程可以是分层级的，即企业可以使用一个小组负责整个企业架构的迭代开发，也可以由多个架构开发小组针对每一部分进行迭代开发，并最终归为一体。ADM 的活动过程见表 6-4。此外，ADM 使用版本编号规范来说明基线和目标架构定义的演变，表 6-5 描述这些规范是如何被使用的。

表 6-4 ADM 的活动过程

ADM 阶段	活 动
预备阶段	为实施成功的企业架构项目做好准备，包括定义组织机构特定的架构框架、架构原则和工具
需求管理	完成需求的识别、保管和交付，相关联的 ADM 阶段则按优先级顺序对需求进行处理
阶段 A：架构愿景	设置 TOGAF 项目的范围、约束和期望； 创建架构愿景； 定义利益相关者； 确认业务上下文环境； 创建架构工作说明书； 取得上层批准
阶段 B：业务架构 阶段 C：信息系统架构（应用架构和数据架构）阶段 D：技术架构	从业务、信息系统和技术 3 个层面进行架构开发，在每一个层面分别完成以下活动： 开发基线架构描述； 开发目标架构描述； 执行差距分析
阶段 E：机会和解决方案	进行初步实施规划，并确认在前面阶段中确定的各种构建块的交付物形式； 确定主要实施项目； 对项目分组并纳入过渡架构； 决定途径（制造/购买/重用、外包、商用、开源）； 评估优先顺序； 识别相依性
阶段 F：迁移规划	对阶段 E 确定的项目进行绩效分析和风险评估；制订一个详细的实施和迁移计划
阶段 G：实施治理	定义实施项目的架构限制； 提供实施项目的架构监督； 发布实施项目的架构合同； 监测实施项目以确保符合架构要求
阶段 H：架构变更管理	提供持续监测和变更管理的流程，以确保架构可以响应企业的需求，并且将架构对于业务的价值最大化

在 ADM 中阶段 B 的业务架构核心内容见表 6-6，阶段 C 的信息系统架构的数据架构核心内容见表 6-7，阶段 C 的信息系统架构的应用架构核心内容见表 6-8，阶段 D 的技术架构核心内容见表 6-9。总体来说，业务架构包含产品/服务策略，以及业务环境在组织、功能、流程、信息和地域等方面的内容。对业务架构的了解是架构工作在其他领域（数据架构、应用架构、技术架构）的前提条件，因此如果不是需要迎合其他已经存在的组织过程（企业规划、业务战略规划、重组的业务流程等），业务架构是第一个需要去实践的架构活动。事实上，业务架构作为向重要股东证实随后架构工作的业务价值的一种方法是必需的，也是这些股东们投资在支持和参与后续工作上的一种回报。

表 6-5 ADM 版本编号规范

阶 段	可交付物	内 容	版 本	描 述
A：架构愿景	架构愿景	业务架构	0.1	版本 0.1 表示高阶的架构轮廓已基本到位
		数据架构	0.1	版本 0.1 表示高阶的架构轮廓已基本到位

续表

阶　　段	可交付物	内　容	版　本	描　　述
A：架构愿景	架构愿景	应用架构	0.1	版本0.1表示高阶的架构轮廓已基本到位
		技术架构	0.1	版本0.1表示高阶的架构轮廓已基本到位
B：业务架构	架构定义文档	业务架构	0.1	版本0.1表示架构细节已通过正式审核
C：信息系统架构	架构定义文档	数据架构	0.1	版本0.1表示架构细节已通过正式审核
		应用架构	0.1	版本0.1表示架构细节已通过正式审核
D：技术架构	架构定义文档	技术架构	0.1	版本0.1表示架构细节已通过正式审核

表6-6　业务架构核心内容

目　　标	步　　骤
描述基线业务架构； 开发目标业务架构； 执行以上两者间的差距分析； 选择和开发相关的架构视角，通过这些视角架构师可以阐述业务架构是如何对各干系人的关注点进行解答的； 确定与架构视角相关的工具和技术	选择参考模型、视角和工具； 开发基线业务架构描述； 开发目标业务架构描述； 执行差距分析； 定义架构路线图组件； 分析对整个架构的影响； 涉众评审； 最终确定业务架构； 创建架构定义文档
输　　入	**输　　出**
架构工作要求书； 业务原则、业务目标和驱动力； 能力评估； 沟通计划； 企业架构的组织模型； 得到批准的架构工作说明书； 业务架构原则，包括在此之前已经存在的业务原则； 定制的架构框架； 企业连续体； 架构资源库，包括： • 可重用的构件块； • 公开且可得的参考模型； • 组织特定的参考模型； • 组织标准； 架构愿景，包括： • 经过改善的关键高层次干系人的需求； • 基线业务架构0.1版； • 基线数据架构0.1版； • 基线应用架构0.1版； • 基线技术架构0.1版； • 目标业务架构0.1版； • 目标应用架构0.1版； • 目标数据架构0.1版； • 目标技术架构0.1版	架构工作说明书； 经过验证的业务原则、业务目标和驱动力； 详细的业务架构原则； 架构定义文档草稿； 架构需求说明书草稿； 架构路线图中的业务架构组件

表 6-7　数据架构核心内容

目　　标	步　　骤
定义业务运行所需的数据源和数据类型	选择参考模型、视角和工具； 开发基线数据架构 1.0 版； 开发目标数据架构 1.0 版； 执行差距分析； 定义组件； 分析对整个架构的影响； 涉众评审； 确定最终的数据架构； 完善架构定义文档
输　　入	**输　　出**
架构工作要求书； 能力评估； 沟通计划； 企业架构的组织模型； 定制的架构框架； 数据原则(如果有)； 架构工作说明书； 架构资源库,包括： • 架构定义文档草稿； • 架构需求说明书草稿； • 架构路线图中的业务架构组件	经过改善或更新的架构愿景阶段中的各交付物； 更新的架构定义文档草稿； 更新的架构需求说明书草稿； 架构路线图中的数据架构组件

表 6-8　应用架构核心内容

目　　标	步　　骤
定义处理数据并支撑业务运行所需的各种应用系统	选择参考模型、视角和工具； 开发基线应用架构 1.0 版； 开发目标应用架构 1.0 版； 执行差距分析； 定义组件； 分析对整个架构的影响； 涉众评审； 最终确定应用架构； 完善架构定义文档
输　　入	**输　　出**
架构工作要求书； 能力评估； 沟通计划； 企业架构的组织模型； 定制的架构框架； 应用原则； 架构工作说明书； 架构资源库,包括： • 架构定义文档草稿； • 架构需求说明书草稿； • 架构路线图中的业务架构组件和数据架构组件	经过改善和更新的架构愿景阶段中的各交付物； 更新的架构定义文档； 更新的架构需求说明书； 架构路线图中的应用架构组件

表 6-9　技术架构核心内容

目　标	步　骤
开发一个目标技术架构，并以此作为后续的实施和迁移计划的基础； 将应用架构中定义的各种应用组件映射为相应的技术组件，这些技术组件代表了各种可以从市场或组织内部获得的软件和硬件组件	选择参考模型、视角和工具； 开发基线应用架构 1.0 版； 开发目标应用架构 1.0 版； 执行差距分析； 定义组件； 分析对整个架构的影响； 涉众评审； 最终确定应用架构； 完善架构定义文档
架构工作要求书； 能力评估； 沟通计划； 企业架构的组织模型； 定制的架构框架； 技术原则； 架构工作说明书； 架构资源库，包括： • 架构定义文档草稿； • 架构需求说明书草稿； • 架构路线图中的业务、数据和应用架构组件	经过改善和更新的架构愿景阶段中的各交付物； 更新的架构定义文档； 更新的架构需求说明书； 架构路线图中的技术架构组件

ADM 采用了自上而下的原则通过逐步细化的方式将企业高层的策略过渡到详细的技术实施，从而构建涵盖所有干系人角度的企业架构。需要注意的是，虽然 ADM 中的各大步骤在表面上有着先后依赖的关系，但是这种关系并不是硬性规定的，一个企业可以根据自己的需要调换这些步骤的顺序，甚至是跳过某些步骤，而这也是 TOGAF 所提倡的。

2）架构内容框架

架构内容框架的英文全称为 Architecture Content Framework。架构内容框架对企业架构开发方法中各阶段的输入和输出信息进行了分类总结，并通过内容元模型（Content Metamodel）对构成企业架构内容的各个元素（即企业架构中的各个构建块的类型）以及它们之间的关系进行了定义。架构内容框架针对企业架构中所包含的各种工作产品以及它们之间的关系做出了详细的描述，从此改变了只重视架构开发过程和方法的风格，填补了以往没有架构内容描述和指导方面的空白。企业架构开发方法和架构内容框架的结合使 TOGAF 成为一套完整的企业架构框架标准，其中架构内容框架对于企业架构内容的描述可以说是将在企业中客观存在的各种构建块进行了抽象和组织，而这种抽象和组织的方式是通过内容元模型来进行定义的。值得注意的是，企业架构的核心目标是为具有不同视角的干系人根据其关注点提供准确的视图，从而使得不同的干系人虽然采用了不同的观察角度和描述方式，但的确是在为共同的目标而进行着无障碍沟通和协作。为了达到这一目标，架构内容框架对于各种视角（Viewpoint）从表现形式和内容方面都进行了归纳总结，并对一些视图的开发提出了建议和指南。TOGAF 是一个通用性的标准，它的内容不可能涵盖企业中的所有视角，因此在具体实践中各个企业完全可以根据自身需要对这些视角进行引用、修改和组合，以总结出适合的视角，并借此开发出相应的视图，以满足企业中具体干系人的需要。

3）架构能力框架

架构能力框架的英文全称为 Architecture Capability Framework。为确保架构功能在企业中能够被成功运用，企业需要通过建立适当的组织结构、流程、角色、责任和技能来实现其自身的企业架构能力。这正是 TOGAF 的架构能力框架的关注点所在。架构能力框架为企业如何建立这样一种架构能力提供了一系列参考材料。不过 TOGAF 的架构能力框架在当前还不是一套全面的关于如何运用架构能力的模板，它只是为企业架构能力建设和运用过程中的各项关键活动提供了一系列导则和指南，其实现方式是建立相应的组织结构和流程，并对所需的角色、责任和技能进行定义和分配，为企业中各架构的交付和治理提供环境和资源。

值得注意的是，企业的架构能力一定是运行在某一成熟度水平之上，并且在此背景之下，治理组织将对企业中各架构功能的运作进行监管、评测和指导，主要包含了技能资源池和实施项目。技能资源池为各实施项目以及项目治理设定了相应的参与角色和责任，并对能够胜任这些角色和责任的专业人员所需的各种技能进行了定义和组织，同时通过培训的建设来建立或提高专业人员所需的各种技能。此外，架构功能的实现和维护最终需要落实到一个个实施项目之上，这些项目在其整个生命周期内都需要处在一定的架构治理之下，从而使其能够与架构的定义始终保持一致，为了在明确和标准化的前提下达成这一目标，这些实施项目与相应的项目治理之间需要通过合同来进行沟通和约束。

4）企业连续体和工具

企业连续体和工具的英文全称为 Enterprise Continuum and Tools。企业架构并不是一个单一的架构，而是由多个具有各自背景且面向不同目标的子架构所组成的，这些子架构或存在于企业之中或来源于企业之外，它们包括了架构描述、模型、构件块、模式、视角以及其他的架构制品。例如，对于存在于企业内部的架构制品来说，包括了在之前的架构工作中所产出的各种交付物；对于外部的制品来说，则包括了各行业中的各种参考模型和架构模式等。面对如此繁复的架构以及更为繁复的架构间的关系，企业必须通过一种合理的分类方法对它们进行组织和界定，从而使它们成为一个协调的有机整体，而这正是企业连续体的用武之地。简单地讲，企业连续体可以看作用来对所有架构资产进行存储的资源库的一个视图，其目标就是对企业内外的各种架构和解决方案制品进行分类，它为企业中的各种架构和解决方案制品提供了一种分类和组织的方法。值得注意的是，企业架构过程是一个动态的过程，因而这一针对工作制品进行组织分类的方式不仅仅是一个静态方法，还是一种能够随着企业架构演进而变化其分类方式的动态方法。在此方法的视角中，随着企业架构的演进发展，其内容也从通用走向特化，其详细程度也由简略转为详尽，而随着实践的沉淀，原来特化的架构或解决方案制品也可能成为在更广泛范围内通用的制品。除此之外，该部分内容还提供了几个用于帮助企业架构建设的参考模型以及其他的一些辅助工具。

此外，在一个企业，尤其是在一个大型企业中，建设一个成熟的架构往往会产生大量的工作产品。为了很好地管理和利用这些工作产品，企业需要制定一个正式的针对不同类型架构资产的分类方法，还需要专门的流程和工作来辅助这些内容的存储和管理，而这正是架构资源库所关心的。在 TOGAF 中架构资源库包括架构元模型、架构能力、架构情景、标准信息库、参考库以及治理日志等几个方面的信息。

在 TOGAF 组件中，能力框架方面的内容着重于帮助企业更好地使用企业架构，架构开发方法和内容框架着重于帮助企业提高其企业架构建设和维护过程的标准化水平和执行效率，而企业连续体和工具更关注于为企业在企业架构的开发、使用和维护过程中提供参考和最佳实践。虽然这几个部分相对独立，但是一个优良的企业架构的创建、使用和维护是它们紧密配合、相互作用的结果。由此可见，TOGAF 相对于其他框架理论具有更加标准、更加通用的特点，而且自从在 TOGAF 9 中增加了内容框架之后，此企业架构框架理论的完整度也大幅度提高，也正因为如此，TOGAF 发展至今已经得到了最广泛的应用，堪称业界最流行的企业架构框架理论。

4. Gartner

与上述的企业架构框架不同，Gartner 既不提供企业架构内容的分类法，也不提供企业架构的建设过程指南，它是以其在企业架构建设领域中积累的大量实践经验为基础，对外提供关于企业架构方面的各种最佳实践。因而从架构框架的定义来看，Gartner 不能算是一个严格意义上的企业架构框架理论。如果企业要借助 Gartner 的力量来建设企业架构，要么出资购买其资讯服务，要么以 Gartner 公司提供的数个企业架构建设实例为参考来构建自身的企业架构。虽然没有高度抽象且规范化的通用方法论来指导企业架构的建设，但是 Gartner 关于企业架构的建设有着自己的理念和实际案例。Gartner 将企业架构看作一个动态的过程，而不仅仅是一个静态的名词。在 Gartner 的观念中，企业架构建设的起点应该是对企业发展方向的明确，而不是仅仅对企业当前状态的描述，并且一个成功的企业架构应该能将业务拥有者、信息专家和技术实现者联系起来，并为他们提供一个统一的针对企业现状和发展方向的愿景。

值得注意的是，在公司管理层面上，Gartner 提出了技术成熟度曲线。技术是驱动企业战略和商业模式变革的关键力量，任何技术从萌芽到最终的大规模应用，从线性积累到指数型发展的过程，往往要花上 10 年甚至更长时间，但其演变过程有着诸多相似之处，其中 Gartner 提出的“技术成熟度曲线”就是一个对跟踪技术创新发展阶段非常有帮助的工具。技术成熟度曲线是跟踪一项技术处在何种发展过程的有力工具，企业的战略投资部门、技术创新人员等可据此对感兴趣的技术做出自己的技术成熟度曲线，同时，Gartner 公司每年也会将当年各流行技术做在一条技术成熟度曲线上，并标识出每项前沿技术处在萌芽期、泡沫期、低谷期还是成熟期，以及每种未达成熟期的技术还需要几年才会真正成熟起来，这对企业也有很好的参考价值，可据此来判断时代的技术潮流，选择投资方向。

Gartner 自 1995 年起开始采用技术成熟度曲线，该曲线是对各种新技术或其他创新的常见发展模式的图形描述。技术成熟度曲线主要用于描述创新的典型发展过程，即从过热期发展到幻灭低谷期，再到人们最终理解创新在市场或领域内的意义和角色。在技术成熟度曲线报告中，技术被划分为 5 个类别，分别代表技术成熟度曲线的各不同阶段，见图 6-10。在这些阶段，分析师在确定技术在技术成熟度曲线上的位置时使用的投资、产品和市场模式各不相同。当技术规划人员要绘制自己的技术成熟度曲线或添加自己的技术时，可以使用这些模式指导定位。

技术成熟度曲线的横轴为时间，表示一项技术将随时间发展经历各个阶段。实际上，大多数 Gartner 技术成熟度曲线描述的都是在一个时间点一套技术的相对位置。技术成熟度曲线的纵轴是预期（热度、期望值），技术成熟度曲线的不同纵向形状显示在技术发展过程中预期随时间的膨胀和收缩情况，是由市场对技术的预计未来价值的评估决定的。

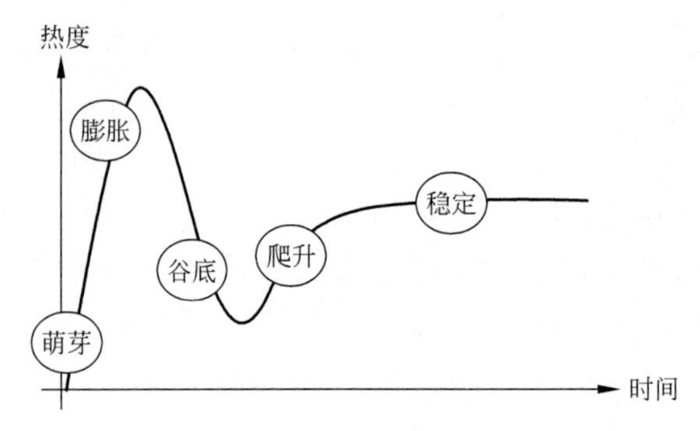

图 6-10　技术成熟度曲线

Gartner 认为一项技术(或相关创新)在从发展到最终成熟的过程中经历多个阶段：

(1) 创新萌发期(以前称为技术萌发期)。技术成熟度曲线从突破、公开示范、产品发布或引起媒体和行业对一项技术创新的兴趣的其他事件开始。

(2) 过热期(膨胀期)。在这种新技术上的建设和预期出现高峰,超出其能力的当前现实。有些情况下会形成投资泡沫,就像在 Web 和社交媒体上发生的情况一样。

(3) 幻灭低谷期。不可避免地,人们对结果的失望开始取代人们最初对潜在价值的热望。绩效问题、低于预期的采用率或未能在预期时间获得财务收益都将导致预期破灭。

(4) 复苏期(爬升期)。一些早期采纳者克服了最初的困难,开始获得收益,并继续努力前行。基于早期采纳者的经验,人们对可以获得良好效果的技术应用区域和方法加深了理解,更为重要的是,人们知道了这种技术在哪些方面没有或几乎没有价值。

(5) 生产力成熟期(稳定期)。在技术的实际效益得到证明和认可后,越来越多的企业感到可以接受当前已经大幅度降低的风险水平。由于生产价值和使用价值,技术采用率开始快速上升,渗透很快加速。

虽然很多 Gartner 技术成熟度曲线都是针对特定技术的,但是这种过热和低谷的模式也适用于高层面概念,例如 IT 方法、管理领域等。Gartner 认为在迈向数字化业务的过程中数据管理仍会处在核心地位。因此,随着组织架构的要求发生变化以及对相关技术的需求逐渐加大,技术成熟度曲线中所强调的多项技术的成熟度与功能将迅猛发展。图 6-11 所示为 Gartner 于 2018 年发布的技术成熟度曲线。

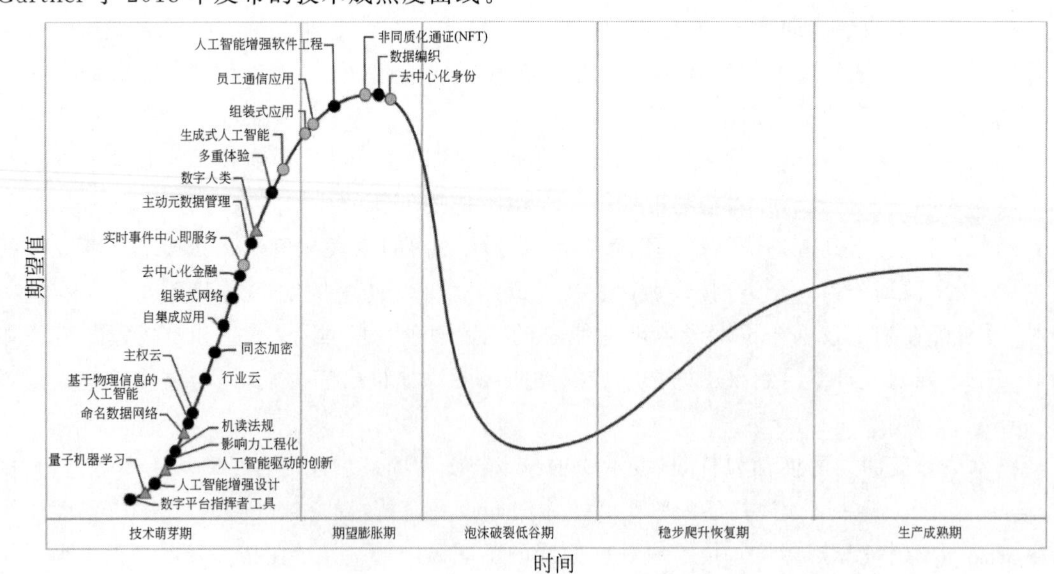

图 6-11　2018 年发布的技术成熟度曲线

6.1.5 ArchiMate 语言

1. ArchiMate 简介

ArchiMate 起源于 21 世纪初的荷兰，是由荷兰在信息技术领域的研究组织 Telematica Institute(2009 年重组并重命名为 Novay)组建的开发团队定制而成。ArchiMate 提供了一种用于表示企业体系结构的图形化语言，目前有 1.0、2.0 以及 3.1 几个版本。ArchiMate1.0 时仅包括业务(Business)、应用(Application)、技术(Technology)三层建模内容，ArchiMate 2.0 时扩展了动机(Motivation)、实施和迁移(Implementation and Migration)，将架构与机构的宏观规划过程、实施过程紧密衔接。ArchiMate 3.1 版本是一个相对"圆满"的架构设计语言，它在 2.0 的基础上扩展了战略(Strategy)和物理(Physical)两层，同时对于各层架构元素设计进行了统一化、规范化的设计，要素增加了很多，但是在描述跨层逻辑(Cross-Layer Dependencies)关系的时候反而更加简洁。战略层的出现对于 IT 与业务的与时俱进是非常重要的，因为只有双方实现动态一致性才能体现架构的实际意义，战略层建模恰好解决了架构"从哪里来，到哪里去"的动态过程；而物理环境部分对于更多依靠硬件、智能机器、设备的 IT 行业而言具有前瞻性。以行业应用为例，如何将后台大数据分析结果直接作用于可抛掷机器人、无人机、非接触式检测设备，这些内容都是实实在在提高生产率、降低人工劳动的关键内容。

特别的，对于企业架构师而言，ArchiMate 提供了一种通用语言来描述企业的各个部分如何构建以及如何运作，包括业务流程、组织结构、信息流、IT 系统以及技术和物理基础架构。在许多企业正在经历快速变化的时代，ArchiMate 模型帮助利益相关者设计、评估和沟通体系结构域内和之间的这些变化，并检查整个组织内决策的潜在影响。

图 6-12 显示了 ArchiMate 3 中完整的 TOGAF ADM。在新的 ArchiMate 中，企业架构模型分为 6 层，即战略(Strategy)层、业务(Business)层、应用(Application)层、技术(Technology)层、物理(Physical)层以及实施和迁移(Implementation and Migration)层。

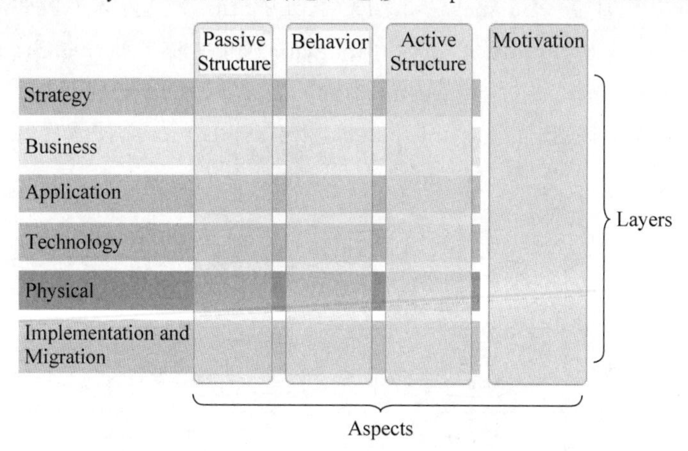

图 6-12 ArchiMate 3 中完整的 TOGAF ADM

2. ArchiMate 建模概念

ArchiMate 语言由 ArchiMate 核心语言组成，其中包括业务、应用程序和技术层，还有用于模拟架构下的战略和动机以及其实施和迁移的元素。ArchiMate 的建模概念元素虽然种类繁多，但究其性质而言不外乎结构元素(Structure Element)和行为元素(Behavior Element)两种(也可称为静态元素和动态元素)，前者代表了各种结构化的实体(例如参与者、应用组件以及数据等)，后者用来描述结构化元素所能执行的各种行为(例如业务活动、应用功能以及服务等)。此外，根据与行为元素之间的关系进一步划分，结构元素又可被分为主动性结构元素(Active Structure Element)和被动性结构元素(Passive Structure Element)，前者表示发起动作的结构元素(例如参与者、应用组件等)，后者被用来描述行为元素的各种目标(例如业务数据、信息数据等)，如图 6-13 所示。由此可见，ArchiMate 所使用的描述方式与很多标准化的描述方式(例如 RDF 语言)有着异曲同工之妙，基本采用"主动对象(主语)、行为(谓语)、被动对象(宾语)+相互之间的关系"进行建模描述。

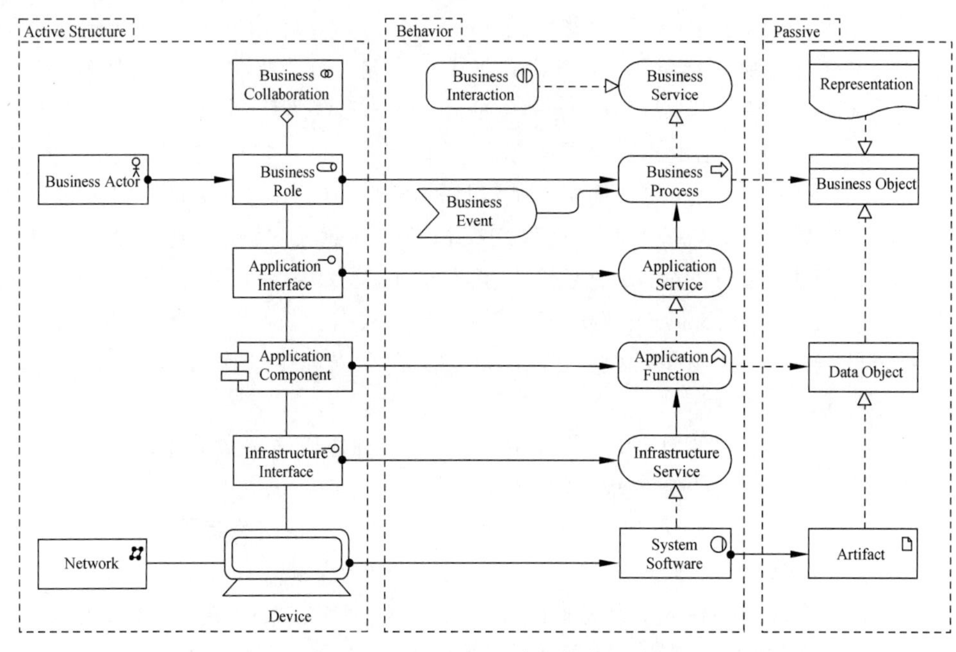

图 6-13　ArchiMate 中的结构元素

ArchiMate 可以从业务(Business)、应用(Application)和技术(Technology)3 个层次(Layer)，对象(Passive Structure)、行为(Behavior)和主体(Active Structure)3 个方面(Aspect)以及产品(Product)、组织(Organization)、流程(Process)、信息(Information)、数据(Data)、应用(Application)、技术基础(Technical Infrastructure)、技术领域(Domain)来进行描述，如图 6-14 所示。

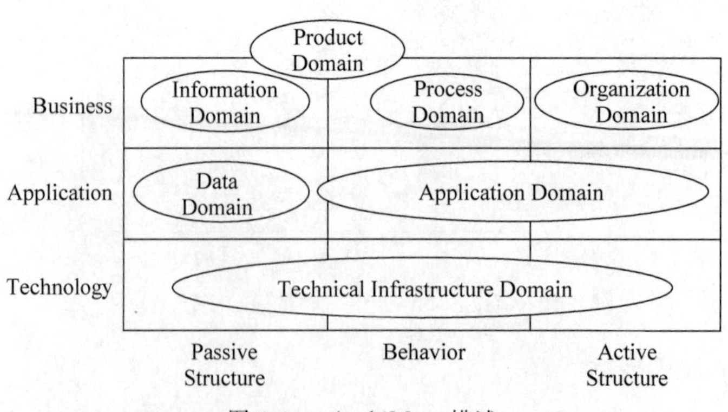

图 6-14　ArchiMate 描述

此外，ArchiMate 中的行为元素还可以从内和外两个维度进行进一步区分，前者用于描述某种功能的内部实现方式，后者用于表述系统对于外界所能提供的(或外界需要系统能够提供的)具有价值且隐藏了内部实现的功能单元。通过借鉴面向服务架构(SOA)中的概念,ArchiMate 用“服务(Service)”这一行为概念元素来代表这种功能的外部表现形式,而对于用来实现服务的内部行为元素则包括了业务流程、业务功能、应用功能等多种行为概念元素。

值得注意的是,视图是 ArchiMate 中非常重要的概念之一。每个视图都包含一组专用的 ArchiMate 元素,允许架构设计人员对企业架构的特定方面建模。正式的 ArchiMate 3 规范提供了 23 个 ArchiMate 示例视图供架构设计人员遵循。

ArchiMate 的成功在于其很好地平衡了功能性、针对性和复杂性三者的关系,也就是很好地平衡了架构工作中面、线、点的关系。

图 6-15 显示了 ArchiMate 图例,图 6-16 显示了用 ArchiMate 绘制的公司结构图,图 6-17 显示了用 ArchiMate 建立的汽车模型图,图 6-18 显示了用 ArchiMate 建立的某保险公司的模型图。

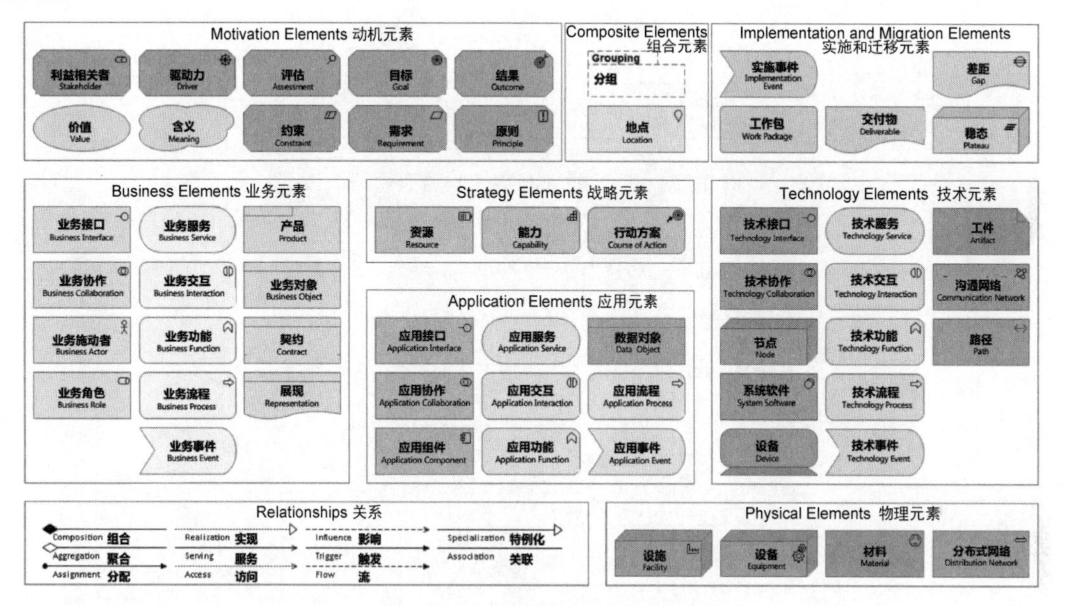

图 6-15 ArchiMate 图例

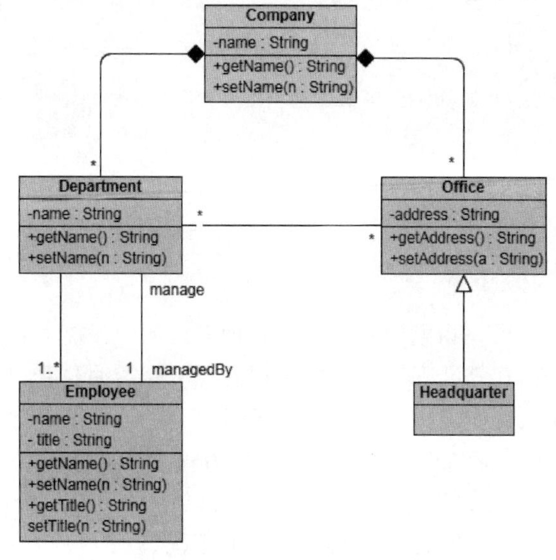

图 6-16 用 ArchiMate 绘制的公司结构图

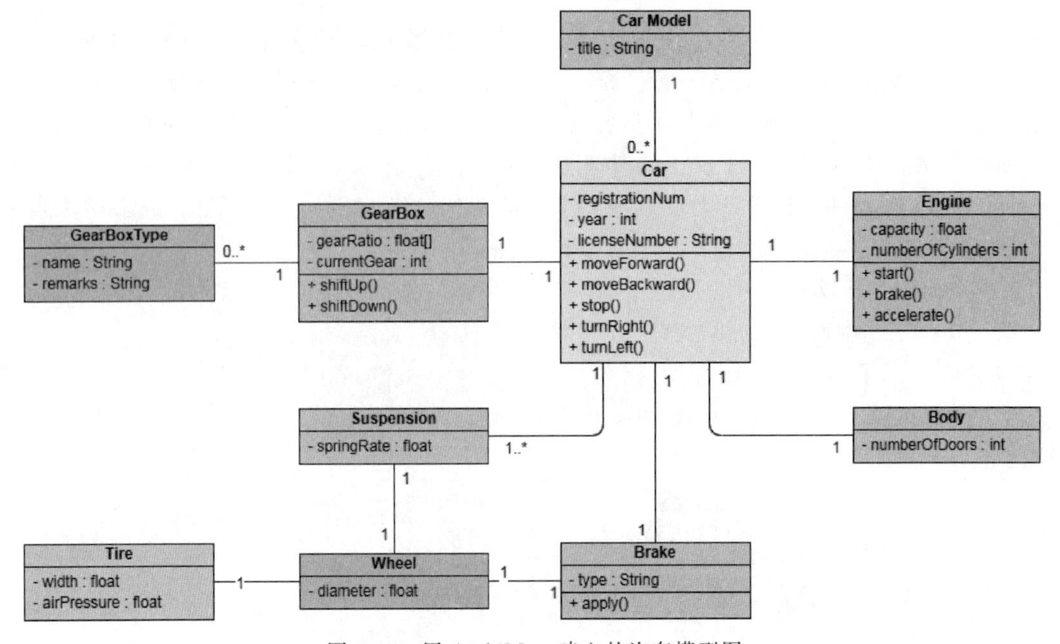

图 6-17 用 ArchiMate 建立的汽车模型图

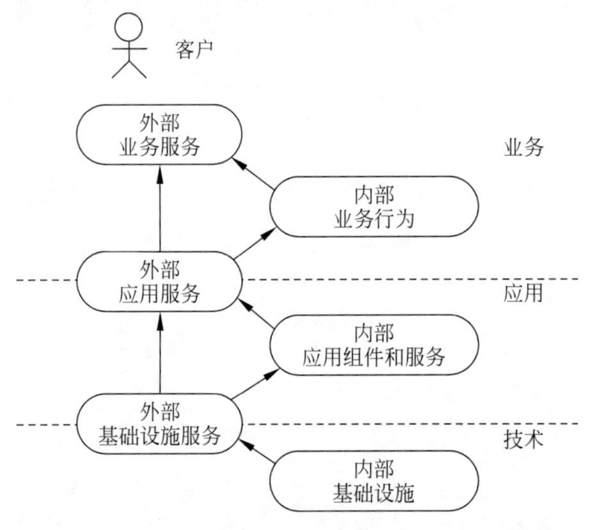

图 6-18 用 ArchiMate 建立的某保险公司的模型图

6.2 架构治理概述

6.2.1 治理的分类

简单来讲，企业架构能力是指企业对于其内各种架构的建设能力，这里所说的建设能力不仅指企业中各架构的实现，还需要保证架构的实现处在一个透明且受控的环境之中，从而使架构的建设得以正确进行。架构能力中有关这种保障架构建设和交付的内容就是架构治理(Architecture Governance)，而这也是架构能力中最为核心的部分。

在典型情况下，架构治理并非孤立地运行，而是在治理结构的层级内部运行，特别是在大型复杂组织中，可以包括所有具有各自规则和流程的不同领域。无论何种企业总有其需要进行管理的地方，因此即便是没有涉及任何架构的企业也总会有针对其他方面的治理体系，这也注定了架构治理必定不会独立并隔绝地存在着，而应该存在于一个层次化的治理结构之中，这对于大型企业来讲尤其重要。按照所处领域的不同，TOGAF 将这一层次化的治理结构划分为以下几种，其中的每一种都具有各自的规则和流程，并且可以存在于多个地理区域层次之上（包括全球、地区和本地 3 种地理区域种类）。

1. 技术治理

技术治理控制了一个组织如何将技术应用于针对其产品和服务的研究、开发和生产之中。技术治理与 IT 治理的关系非常紧密，而且技术治理往往会涵盖 IT 治理中的各种活动，技术治理的内容范畴更广。在现代企业中，越来越多的组织将注意力的重心逐渐放到无形资产上，而不是仅仅关注于有形资产管理。由于大部分无形资产是信息化或数据资产，这正说明现代企业的业务与 IT 之间的关系越来越紧密，因而针对 IT 的治理（即 IT 治理）成为技术治理的一个重要组成部分。这一针对无形资产逐渐重视的趋势同时也凸显了企业的业务不仅仅依赖于信息本身，还依赖于用于产生、交付和使用这些信息的各种流程、系统和结构。此外，随着无形资产价值的比重在各个行业中不断攀升，风险管理也需要作为一个重点加以考虑，从而使得新的挑战、威胁和机会能够得以被理解和缓和。

2. IT 治理

IT 治理是企业治理的一部分，是通过明确 IT 决策归属和责任承担机制确保 IT 促进企业发展，并管理与 IT 相关的风险。IT 治理的目的是实现组织的业务战略，促进管理创新，合理管控信息化过程的风险，建立信息化可持续发展的长效机制，最终实现 IT 商业价值。目前，信息资源的开发和利用是企业信息化建设的核心任务，是信息化取得实效的关键，是衡量信息化水平的一个重要标志。通过 IT 治理可以对信息资源的管理职责进行有效的制度设计，保证投资的回收，并支持业务战略的发展，避免出现投资过大、效果不佳；信息孤岛、无法共享；工程超期、不满足需求等问题。在实际应用中，IT 治理侧重于企业中信息资源的有效利用和管理，提升企业信息化的核心价值。值得注意的是，成功的 IT 治理首先需要有一个明晰的 IT 治理组织机构，并且组织机构中的各个部门（包括人员）都有明确的角色和相关职责的定义。另外，为了保证 IT 治理有效，下层应和企业总体目标采用相同的原则，提供评估业绩的衡量方法。目前，我国的信息化建设向着纵深发展，必然要在更深层面上解决体制和机制问题，因此 IT 治理不仅仅是动态地管理控制架构，还需要落实到组织内部控制及政府与市场监督体系的动态机制。图 6-19 显示了公司治理与 IT 治理的关系。

3. 架构治理

架构治理是确保组织架构完整和有效的一种实施途径、一系列流程、一种文化定位和一套特有责任。TOGAF 指出：架构治理是在整个组织层级下管理和控制企业架构及其他架构所借助的实践和方向。

一般来说，架构治理具有以下几个方面的特性：

（1）实现一个系统来控制所有架构组件和活动的创建，并对它们进行监督，从而确保在组织内有效地引入、实现各种架构，并保障这些架构的顺利演进。

（2）实现一个系统用于确保各种架构对于企业内外的标准和法律法规的遵守。

（3）建立各种流程，用于在已达成共识的各因素的约束之下对上述流程的有效管理进行支持。

（4）开发各种实践，用于在组织内/外确保对于一个经过清晰定义的干系人团体的问责性。

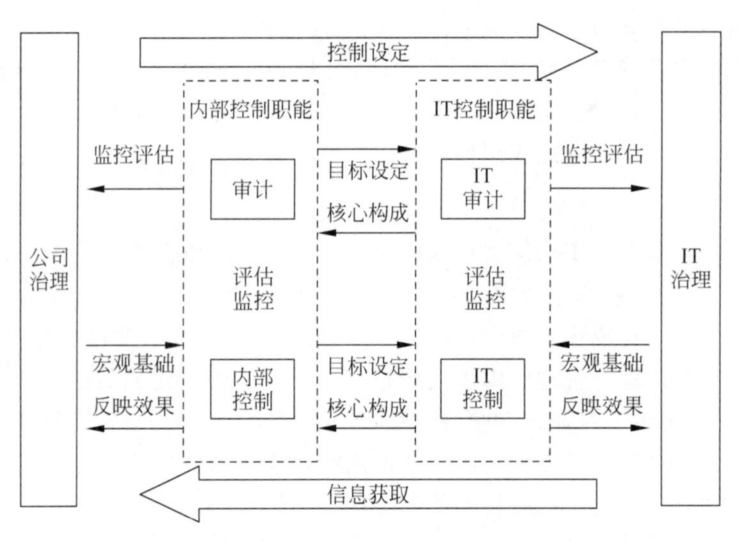

图 6-19　公司治理与 IT 治理的关系

6.2.2　架构治理的内容

架构治理主要包括以下内容：

(1) 架构治理框架。架构治理需要有效流程的架构治理框架的支持，以便可以有效地阐明、沟通和管理与架构治理相关的业务职责。例如，TOGAF 的架构治理框架将流程、内容和背景环境分开是支持架构治理举措的关键，使得在不对流程产生不当影响的情况下能引入新的治理资料(法律的、法规的、基于标准的或立法的)。

(2) 方针管理与采纳。所有架构修正案、契约和支持性信息必须通过一种正式流程进行治理，以便注册、确认、正式批准、管理和发布全新的或更新后的内容。这些流程会确保与现有治理内容的有序集成，以便管理和审核所有相关方、文件、契约和支持性信息。

(3) 合规性评估。持续地对服务水平协议(SLA)、运行水平协议(OLA)、标准和法规要求进行合规性评估，以确保稳定性、符合性和绩效监控。这些评估会接受审视，并依据治理框架中定义的准则予以接受或拒绝。

(4) 合规性审查。针对架构合规性的审查是架构治理战略的核心环节，也是决定其能否成功的重要因素。架构合规性审查是针对各个具体项目与已经建立的架构标准、精神以及业务目标的相符合情况所进行的审议，而一个关于这些审议的正规流程正是企业的架构合规性策略的核心内容。值得注意的是，架构合规性审查并不是一个一次性的活动，它应该在适当的项目里程碑或项目生命周期的各个检查点进行。

(5) 监控与报告。通过绩效管理，确保运行要素和服务要素按照已商定的准则集进行管理，并对其中的各种服务进行监控和反馈。

(6) 业务控制。业务控制与各个流程相关，这些流程的引发被用来确保与组织的业务策略相符合。

(7) 环境管理。明确了各种服务，这些服务确保了以资源存储库为基础的环境对治理框架进行支持是有效且高效的。这包括针对所有用户的物理和逻辑资源存储库的管理、访问、沟通、培训和评审。为了形成一个受管的服务和流程环境，在治理环境中将会定义一些管理流程，这些流程包括用户管理、内部服务水平协议(为了控制这些管理流程本身而定义)以及针对管理信息的汇报。

6.3　数据治理框架与规划

6.3.1　数据治理框架概述

在流量为王的时代，数据已经成为企业竞争的重要武器，但是还有很多企业对自身经营活动产生的数据没有进行有效的管理，形成杂乱、相互冲突与相互矛盾的数据。要实现数据化转型充分利用数据信息，第一步就是进行企业范围的数据治理，建立数据治理体系，将组织经营活动产生的数据按照数据资产进行有效管理，最终实现商业智能。

目前，国际、国内上常见的数据治理框架有国际标准组织 ISO 38500 治理框架、国际数据管理协会数据治理框架、国际数据治理研究所数据治理框架、IBM 数据治理框架、DCMM 数据治理框架以及 ISACA 数据治理框架等。

1. 国际标准组织 ISO 38500 治理框架

国际标准组织于 2008 年推出第一个 IT 治理的国际标准——ISO 38500，它的出现标志着 IT 治理从概念模糊的探讨阶段进入了正确认识的发展阶段，而且也标志着信息化正式进入 IT 治理时代。ISO 38500 提出了 IT 治理框架(包括目标、原则和模型)，并认为该框架同样适用于数据治理领域。

在目标方面，ISO 38500 认为 IT 治理的目标就是促进组织高效、合理地利用 IT。在原则方面，ISO 38500 定义了 IT 治理的 6 个基本原则，即职责、策略、采购、绩效、合规和人员行为，这些原则阐述了指导决策的推荐行为，每个原则描述了应该采取的措施，但并未说明如何、何时及由谁来实施这些原则。在模型方面，ISO 38500 认为组织的领导者应重点关注 3 项核心任务：一是评估现在和将来的 IT 利用情况，二是对治理准备和实施的方针和计划做出指导，三是建立“评估→指导→监控”的循环模型，该治理模型如图 6-20 所示。

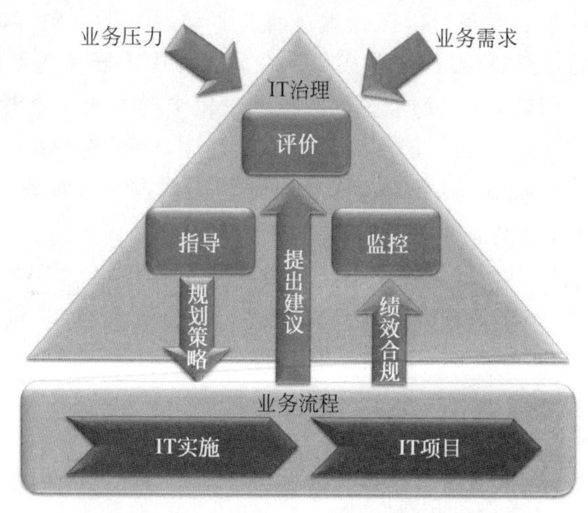

图 6-20　ISO 38500 数据治理模型

2. 国际数据管理协会数据治理框架

国际数据管理协会(DAMA International)成立于 1988 年，其借助丰富的数据管理经验，提出了最为完整的数据治理体系。DAMA 首先总结了数据管理的主要功能，包括数据治理、数据架构管理、数据开发、数据操作管理、数据安全管理、主数据管理、文档和内容管理、元数据管理以及数据质量管理，并把数据治理放在核心位置，如图 6-21 所示；然后详细阐述了数据治理的核心环境要素，例如目标和原则、活动、主要交付物、角色和职责、技术、实践和方法以及组织和文化等；并最终建立起主要功能和核心环境要素之间的对应关系，认为数据治理的重点就是解决功能与环境要素之间的匹配问题。功能模块是DAMA数据治理中的核心议题，这些议题构成了数据治理的主要内容。如何进行有效的数据治理，需要在DAMA数据治理商业要素中按照一定的逻辑结构进行分析，保证数据治理的目标和实际商业过程的贡献。

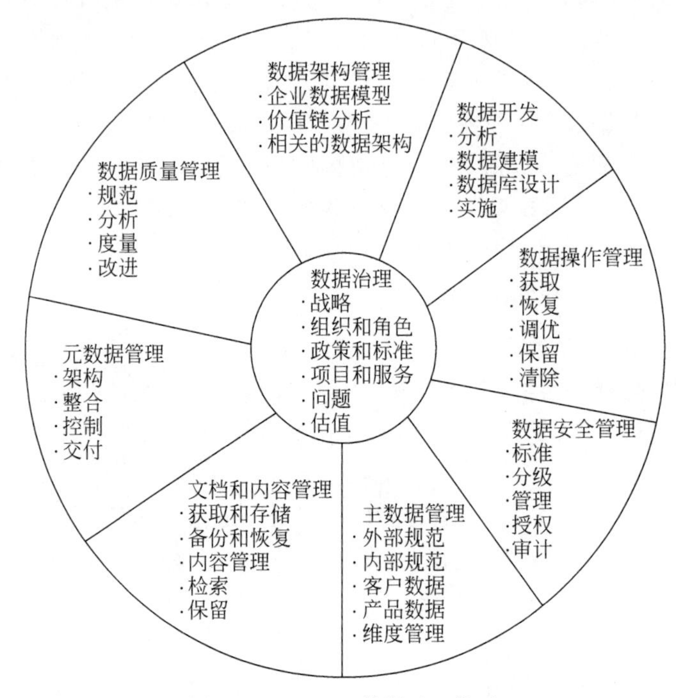

图6-21 DAMA数据治理体系

DAMA数据治理的核心逻辑可以概括为在商业驱动因素下从数据治理的输入端(input)到主要的活动(activities)再到主要的交付成果。在此过程中需要首先明确数据治理过程对供应方、参与方与消费者的影响，并在每个数据治理的车轮维度上认真思考商业价值导向与目标导向，最终才能形成可以实施的数据治理的可行方案。因此，尽管数据治理的DAMA体系非常复杂，但商业价值驱动目标导向是DAMA体系的最大特点。理解数据治理的商业驱动，有利于在进行数据治理的时候保证方向正确，使数据治理真正服务于企业的经营，服务于企业市场竞争能力的提升，从而使得数据化转型不能只为转型而转型，必须服务于企业战略。

此外，DAMA认为数据治理是对数据资产管理行使权力和控制，包括规划、监控和执行。它还对数据治理和IT治理进行了区分：IT治理的对象是IT投资、IT应用组合和IT项目组合，而数据治理的对象是数据。

DAMA提出的数据治理模型是至今为止最为系统的数据治理框架，被大数据公司、数据治理顾问所广泛使用，其优点在于系统性，不会遗漏任何重要的过程，并且重视商业过程与数据资产的增值，使数据治理最终服务于整个商业战略。

3. 国际数据治理研究所数据治理框架

国际数据治理研究所(Data Governance Institute，DGI)认为数据治理不同于IT治理，应建立独立的数据治理理论体系。DGI认为数据治理指的是对数据相关事宜的决策制定与权利控制，具体来说，数据治理是处理信息和实施决策的一个系统，即根据约定模型实施决策，包括实施者、实施步骤、实施时间、实施情境以及实施途径与方法。因此，DGI从组织、规则、流程3个层面总结了数据治理的10个关键要素，创新地提出了DGI数据治理框架。DGI框架以一种非常直观的方式展示了10个基本组件之间的逻辑关系，形成了一个从方法到实施的自成一体的完整系统。组件按职能划分为3组，即规则与协同工作规范、人员与组织结构、过程。

人员与组织结构是指在数据治理过程中承担执行和控制数据治理规则和规范的组织机构，其中主要从决策层、管理层和执行层3个维度构建数据治理人员与组织结构。规则与协同工作规范是指制定一套统一的数据治理工作制度和规则，并协调各个不同的业务部门之间的治理工作。过程即数据治理流程中的步骤，主要包括主动、被动和正在进行的数据治理过程。

DGI数据治理模型以简单、明了、目的清晰著称，在实施的过程中以数据治理的价值来判断其实施的效果，并形成关键的管理闭环，是一种可以操作的、实际可行的数据治理模型。

4. IBM数据治理框架

在众多的数据治理框架中，IBM可能是最先提出数据治理概念的公司，基于其非凡的管理咨询与IT咨询的经验，同时也基于其大数据平台的开发，IBM提出了数据治理统一流程理论(The IBM Data Governance Unified Process)。这个数据治理流程由14个步骤组成，如图6-22所示，具体包括定义业务问题、获取高层支持、执行成熟度评估、创建路线图、建立组织蓝图、创建数据字典、理解数据、创建元数据存储库、定义度量指标、治理主数据、治理分析、管理安全和隐私、治理信息生命周期、度量结果等步骤。

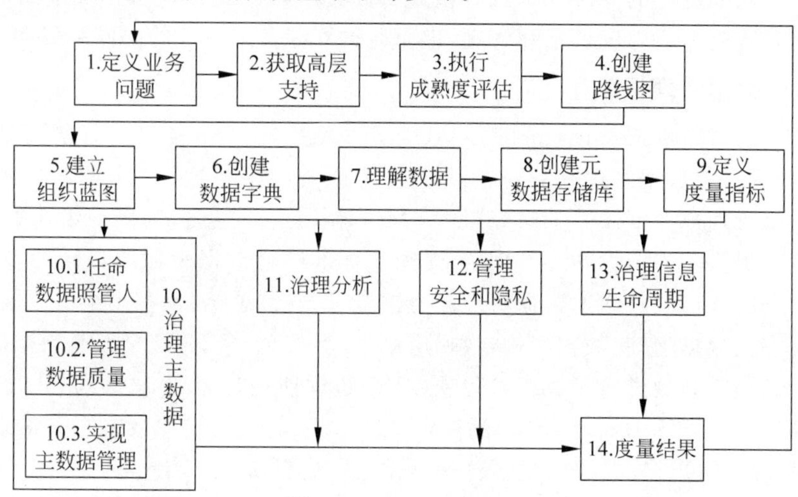

图6-22 IBM数据治理流程

IBM的数据治理流程是一个操作流程和项目导向的流程，最终形成了一次数据治理的闭环。值得注意的是，IBM的数据治理流程拥有InfoSphere Business Glossary与IBM InfoSphere Discovery工具，能够把数据管理的深层次问题揭示出来，方便企业进行大数据配置方案的选择，从而使其数据治理方案能够彻底落地实施。

此外，IBM数据治理委员会结合数据的特性有针对性地提出了数据治理的成熟度模型。IBM数据治理成熟度模型是由55个专家组成的专家委员会，通过计划、设计、实施、验证阶段开展数据治理业务、技术、方法和最佳实践，提出通过数据治理获得一致性和高质量数据的成熟度模型，帮助组织有效改善数据管理环境，进而有效利用数据。

IBM数据治理成熟度模型如图6-23所示。该成熟度模型在构建数据治理统一框架方面提出了数据治理的要素模型，并认为业务目标(成果)是数据治理的关键命题。在要素模型中有3个促成因素会影响业务目标的实现，即组织结构和感知、策略(政策)和照管(数据相关责任者);在促成因素之外,必须重点关注数据治理的核心要素和支撑要素,具体包括数据质量管理、信息生命周期管理、信息安全和隐私、数据架构、分类和元数据,以及审计信息、日志记录和报告。

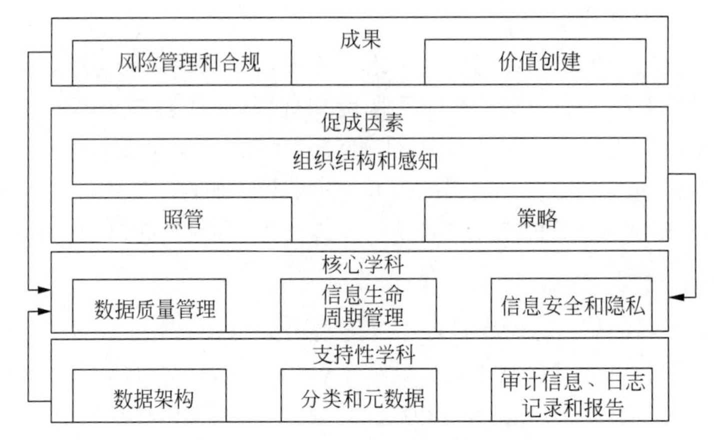

图 6-23　IBM 数据治理成熟度模型

值得注意的是,数据治理成熟度工作的推进者通常是企业的信息管理者,他们关注需要跨职能、跨流程、跨功能边界的标准化,考虑信息生命周期中数据质量、数据安全的需求,针对组织级数据治理规程开展成熟度评估和管理,进而通过管理实现有效的协同一致性。

5. DCMM 数据治理框架

DCMM(Data Management Capability Maturity Assessment Model,数据管理能力成熟度评估模型)是我国首个数据管理领域的国家标准,与欧美国家相比,在数据管理领域我国一直缺乏完善的数据管理成熟度体系的研究,DCMM 填补了这一空白,为国内组织的数据管理能力的建设和发展提供了方向性指导。DCMM 国家标准结合数据生命周期管理各个阶段的特征,按照组织、制度、流程、技术对数据管理能力进行了分析、总结,提炼出组织数据管理的八大过程域(数据战略、数据治理、数据架构、数据应用、数据安全、数据质量管理、数据标准、数据生命周期),并对每项能力域进行了二级过程项(28 个过程项)和发展等级的划分(5 个等级)以及相关功能介绍和评定指标(441 项指标)的制定。DCMM 的八大过程域中的主要指标如下:

(1) 数据战略其包括数据战略规划、数据职能架构、数据战略实施等。

(2) 数据治理其包括数据治理组织、数据治理沟通、数据制度建设等。

(3) 数据架构其包括数据模型、数据分布、元数据管理、数据集成与共享等。

(4) 数据应用其包括数据分析、数据服务、数据开放共享等。

(5) 数据安全其包括数据安全策略、数据安全管理、数据安全审计等。

(6) 数据质量管理其包括数据质量需求、数据质量检查、数据质量提升等。

(7) 数据标准其包括业务术语、指标数据、数据元等。

(8) 数据生命周期包括数据需求、数据设计与开发、数据运维等。

通过 DCMM 评估,有利于帮助企业更加熟练地管理数据资产,增强数据管理和应用的能力,并提供一致和可比较的基准,以衡量一段时间内的进展。因此,DCMM 适用于信息系统的建设单位、应用单位等进行数据管理时的规划、设计和评估,也可以作为针对信息系统建设状况的指导、监督和检查的依据。

6. ISACA 数据治理框架

ISACA 是国际信息系统审计和控制协会的简称。ISACA 制定的 COBIT 是 IT 治理的一个开放性标准,该标准目前已成为国际上公认的最先进、最权威的信息技术管理和控制的标准。COBIT 标准体系已在世界一百多个国家的重要组织与企业中运用,指导这些组织有效地利用信息资源,有效地管理与信息相关的风险。

ISACA 数据治理模型是从企业愿景和使命、策略与目标、商业利益和具体目标出发,通过对治理过程中人的因素、业务流程的因素和技术的因素进行融合和规范,提升数据管理的规范性、标准化、合规性,保证数据质量。ISACA 认为,要实现数据治理的目标企业应在人力、物力、财力上给予相应的支持,同时进行全员数据治理的相关培训和培养,通过管理指标的约束和企业文化的培养双重作用,使相关人员具备数据思维和数据意识,是企业数据治理成功落地的关键。

6.3.2 数据治理架构规划

现代社会,数据是公司的资产,组织必须从中获取业务价值,最大限度地降低风险并寻求方法进一步开发和利用数据。因此,数据治理的实施是一个长期而复杂的过程,成功的数据治理应当首先支持企业的发展战略,并在企业战略规划上实施数据战略规划,最后还要有一定的组织和人员保障。

1. 明确公司治理与数据治理的关系

一直以来,数据治理有两个大的误区:一是认为数据治理是 IT 的事,从技术的角度去做数据治理,缺乏统筹治理能力,这就导致企业上了很多数据治理的产品和工具,却没有解决数据的实际问题;二是有某业务部门主导数据治理,从单个业务角度设计数据治理的相关规则,这就是所谓的项目级治理或点状治理,这样的治理结果只不过是将企业中的部分“信息孤岛”连接在了一起,形成了一个更大的“信息孤岛”,在公司整体层面的数据问题依然存在。而在公司治理驱动下的数据治理,是以公司利益最大化为目标,从企业战略层面设计数据治理的策略、组织、制度和标准,避免了单纯由“业务驱动”数据治理或“IT 驱动”数据治理的片面性。

公司治理是一套指导和控制公司的体系,董事会负责公司的治理。股东在公司治理中的作用是任命董事和审计人员,并使自己确信公司已具备适当的治理结构,董事会的职责包括制定公司的战略目标,提供实施这些目标的领导力,监督企业的管理,并向股东报告他们的管理情况。董事会的行为受法律法规和股东大会的约束。

公司治理的第一个要求是企业愿景。组织想要实现的长期目标,这一总体方向将确定信息愿景。例如,如果快递公司将其企业愿景视为交付到人,而不是地址,那么信息愿景的关键部分就是客户精确且及时的位置。公司治理的第二个要求是公司战略。这就决定了如何实现企业愿景。企业战略与数据战略有直接关系,对于企业战略中的每个要求,几乎都会有一个与数据相关的要素与之对应。公司治理的第三个要求是董事会的信息要求。这可能包括历史关键绩效指标,例如每个客户的利润、营业利润率、收入增长或资产效率,或面向未来的衡量指标,例如市场机会、风险评级或竞争定位。

公司治理和数据治理,一个面向公司,目的是协调利益相关者之间的关系,维护公司各方面的利益,实现企业利益最大化;一个面向数据,目的是协调数据资产相关方的关系,确保数据在管理和使用过程中的质量、安全和合法合规,以促进数据价值的最大化。因此,与其说数据治理是公司治理的一部分,不如说它们之间是相互依赖的。离开了数据治理的公司治理是残缺、不完整的,没有及时、准确的数据支撑,企业的利益就无法得到最大化的保障;而离开了公司治理的数据治理是缺乏原动力的,没有战略层面的目标和顶层策略支撑,数据治理就如无根之水，治理过程不仅困难重重，更无法持续实现数据价值。

图 6-24 显示了公司治理的内容，图 6-25 显示了数据治理与公司治理的关系。

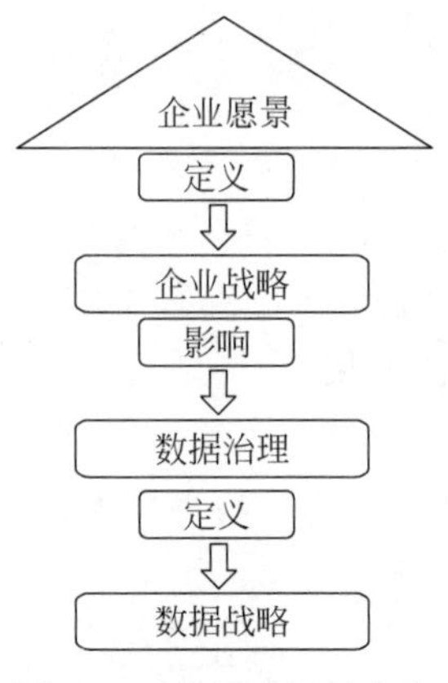

图 6-24 公司治理的内容

从图 6-25 可以看出，公司治理驱动的是关乎企业战略的机制。在组织机构层面，可以将数据治理职责细化到董事会、监事会、高级管理层、归口管理部门、业务部门等各相关部门；在制度和标准制定层面，可以统筹各部门需求，形成企业级的数据标准和管理规范；在提高数据管理和数据质量质效方面，建立问责和激励机制、自我评估机制，确保数据管理高效运行，确保数据的真实性、准确性、连续性、完整性和及时性。

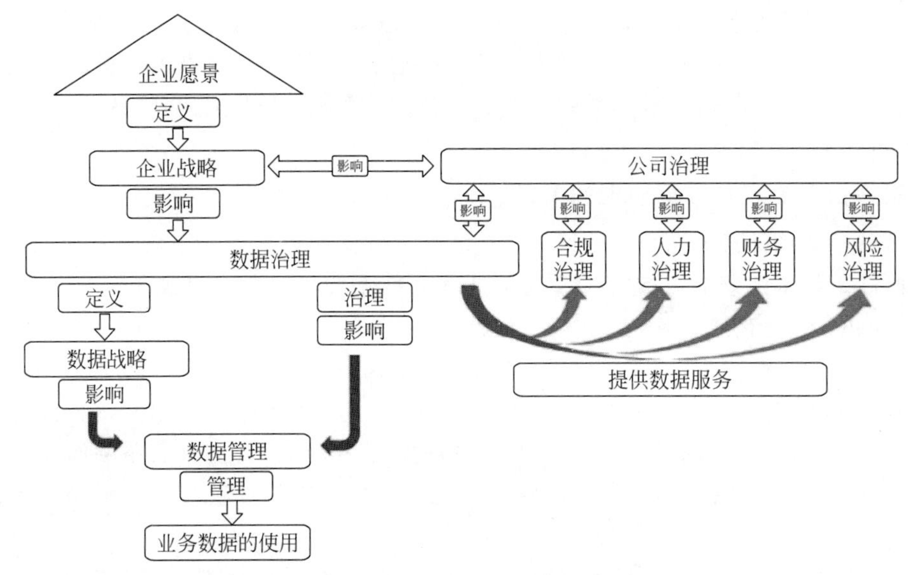

图 6-25 数据治理与公司治理的关系

2. 企业战略规划

企业战略是实现企业愿景的规划和部署。企业愿景是企业利益相关者的本质诉求的整合，是企业战略的最高指引，可以理解为企业的长期战略。通常来讲，企业战略决定了战略定位，即公司通过什么方式和途径为哪些客户提供什么产品和服务的决策，以获取和保持经营优势，实现公司战略目标。在实际规划中企业战略规划包含了业务战略和 IT 战略，如图 6-26 所示。

图 6-26 中的 IT 战略是在诊断和评估企业信息化现状的基础上制定和调整企业信息化的指导纲领，争取企业以最适合的规模、最适合的成本去做最适合的信息化工作。IT 战略能全面系统地指导企业信息化的进程，协调发展地进行企业信息技术的应用，及时地满足企业发展的需要，有效充分地利用企业的资源，促进企业战略目标的实现，满足企业可持续发展的需要。一般来说，IT 战略包含使命、愿景、原则、关键 IT 举措及其演进计划，并为企业数字化转型提供方向指引。图 6-27 显示了 IT 战略。

值得注意的是，无论是业务战略还是 IT 战略无疑都是服务于公司治理的。

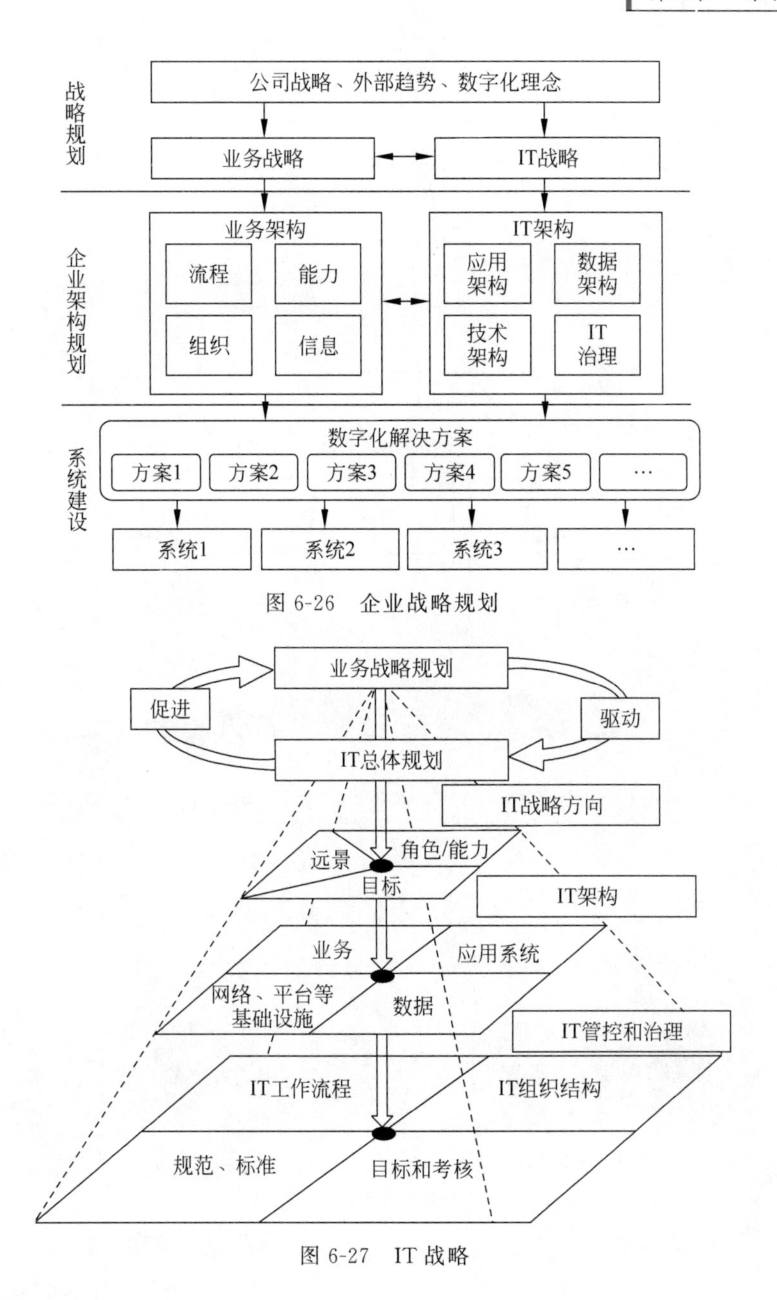

图 6-26 企业战略规划

图 6-27 IT 战略

3. 数据战略规划

数据战略是制定企业数据资产管理的总体目标和发展路线图，指导企业在各阶段根据路线图中的工作重点开展数据治理和运营工作，如图 6-28 所示。数据战略治理的目标是提高数据的质量(准确性和完整性)，保证数据的安全性(保密性、完整性及可用性)，实现数据资源在各组织机构部门的共享；推进信息资源的整合、对接和共享，从而提升集团公司或政务单位的信息化水平，充分发挥信息化的作用。

图 6-29 显示了数据战略规划，主要包括以下三部分的内容：

(1) 进行数据应用与服务，例如数据服务管理、数据需求管理、数据服务以及各种应用系统的建设。

(2) 为数据管理实践制定企业范围的原则、标准、规则和策略，例如数据架构与模型管理、

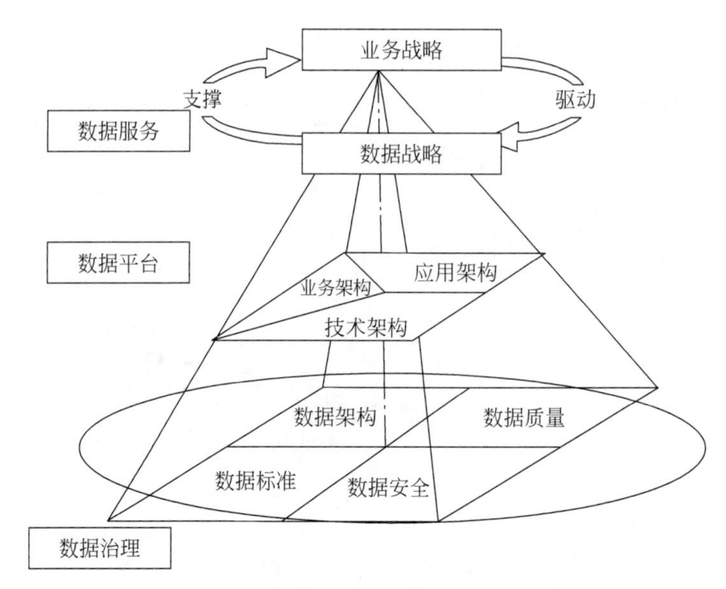

图 6-28　数据战略

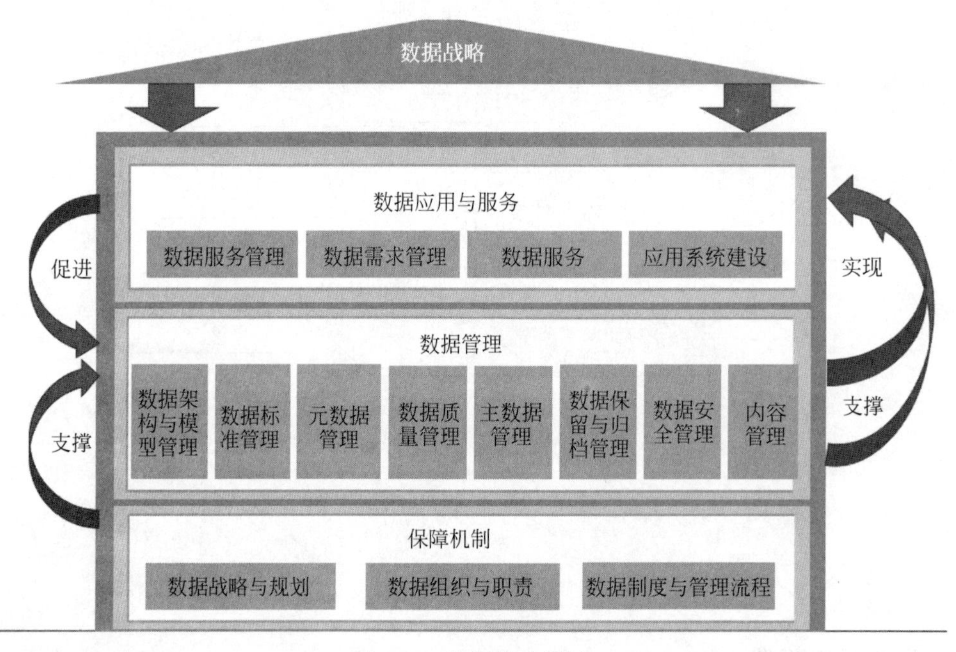

图 6-29　数据战略规划

数据标准管理、元数据管理、数据质量管理、主数据管理、数据保留与归档管理、数据安全管理以及内容管理等。在数据管理中，数据的一致性、可信性和准确性对于确保企业的增值决策至关重要。

(3) 建立必要的流程，以提供对数据的连续监视和控制实践，并帮助在不同组织职能部门之间执行与数据相关的决策。

实施数据治理能够有效帮助企业利用数据建立全面的评估体系，实现业务增长；通过数据优化产品，提升运营效率，真正实现数据系统赋能业务系统，提升以客户为中心的数字化体验能力，实现生意的增长。

不过值得注意的是，数据战略不是一个临时性的运动，从业务发展、数据治理意识形成、数据治理体系运行的角度上来看，数据战略需要一个长效机制进行保证。

4. 组织和人员保障

在数据治理中企业需要一定的组织和人员保障，例如应当包含至少一个总架构师、多个全局应用架构师和全部技术架构师，以及若干现场架构师，并成立方案架构委员会（架构委员会），如图 6-30 所示。

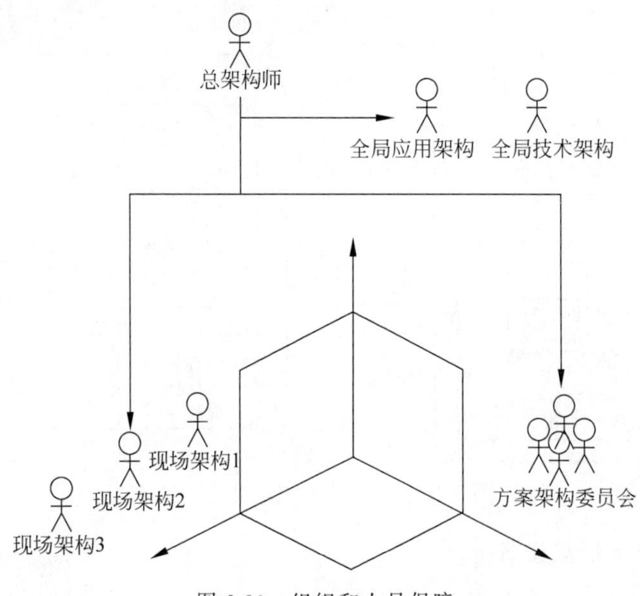

图 6-30　组织和人员保障

值得注意的是，架构委员会的常驻人员规模不宜过大，按照 TOGAF 的建议，一个架构委员会的常驻人员规模应为 4～5 人，不超过 10 人。为了使架构委员会随着事件的推移一直保持合理的规模，并同时确保其在企业范围内的代表性，架构委员会的成员需要采用轮换制，从而给予各个高级经理决策权和相关责任。除此之外，由于现实中的各种原因，这一轮换机制还有存在的必要性，例如当有些架构委员会成员受时间所限不能长期承担其职责时。虽然采用了轮换制，但为了确保架构委员会的决策不会变化无常，企业需要主动采用某种机制来确保其核心理念的稳定，例如为成员设置任期，并将不同成员的离退时间交错开来。

此外，架构委员会的运行的核心以及在形式上的表现就是按照清晰的日程安排所进行的架构委员会会议，并且这些日程安排需要具有明确的目标、所涵盖的内容和经过定义的行为。架构委员会会议需要为以下方面提供指导：

（1）对高质量的治理材料和活动的产生进行支持。

（2）通过共识和被授权的发布为架构的正式接受提供一个机制。

（3）为确保有效的架构实现提供一个基本控制机制。

（4）在架构的实现、包含在企业架构中的架构战略和目标以及业务的战略目标之间建立关联，并对其进行维护。

（5）为通过豁免或策略更新与合同进行重新校准而对合同和规划活动之间的差异进行明确。

每个会议的参与者在开会前会收到一份日程描述和相关支持文档，他们需要在开会前对这些内容进行熟悉，并且被分配进行某项活动的与会人员还需要报告其执行进度。此外，每个与会人员还必须确认其是否参加架构委员会会议。

6.3.3 数据治理顶层架构设计

1. 数据治理核心领域设计

数据治理核心领域设计可分为两方面，一是数据治理核心领域；二是数据治理保障机制，涵盖数据交换、数据质量、元数据、主数据、数据生命周期、数据安全、数据标准以及数据模型等内容，如图 6-31 所示。

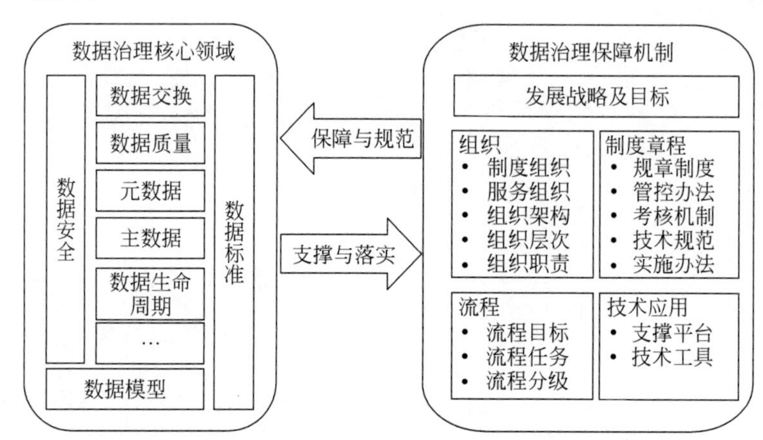

图 6-31 核心领域设计

2. 数据治理参考框架设计

一个好的数据治理框架能够帮助人们对复杂和模糊的概念做出清晰的梳理，以便明确目标和行动计划，从而提高项目的成功率。

数据治理框架应当包括支撑体系层(组织＋技术标准规范＋流程)、管理体系层(静态模型＋动态生命周期)和价值体系层(共享＋数据应用)。

支撑体系层包括了数据治理的驱动源头，即数据治理组织体系和责权利建设，支撑体系本身可进一步分解为静态和动态支撑。静态支撑包括技术体系、标准体系和规范体系；动态支撑包括流程执行体系、绩效评估体系等。

管理体系层首先要关注静态和动态两个维度。对于静态部分，核心是数据架构，在数据架构中又包括数据模型和元数据两个内容；对于动态部分，核心是数据生命周期管理，其中包括数据创建、变更、废弃等流程管理。另外，围绕静态和动态生命周期还需要做好数据质量管理、数据安全管理两个纵向维度内容。

在数据管理层做好后，需要对数据能力进行集成和共享，将数据服务能力开放为更多的应用服务，进一步实现数据价值，即数据应用层。数据应用层包括数据集成共享、数据服务开放、数据应用分析 3 个关键内容。

数据治理参考框架见图 6-32。值得注意的是，在数字化环境下，企业需要的不仅仅是管理数据，更需要一个“合适”的数据治理框架，通过该体系设置数据治理活动的参与规则，以实现企业的数据价值，减少成本和复杂性，规避风险，并确保数据的使用符合法律、监管和其他要求。由于每个企业都有独一无二的成熟度、文化、技术平台和各种其他原因，所以每个企业的数据治理规划都应该是独特的，以满足企业特定的数据管理的需求和目标。

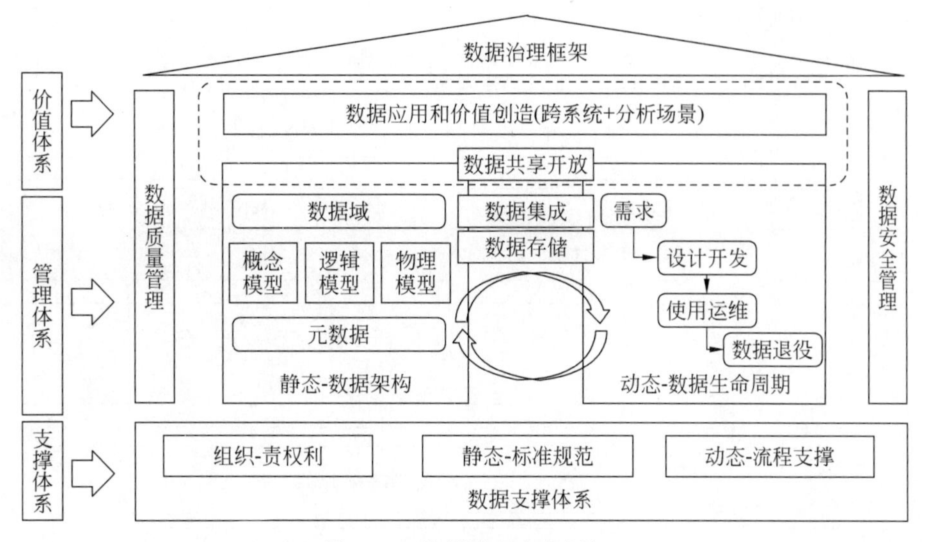

图 6-32　数据治理参考框架

6.4　大数据架构

6.4.1　大数据架构简介

1. 大数据架构概述

大数据架构也称为大数据体系结构，是用于摄取和处理大量数据（通常称为“大数据”）的总体系统，以便可以出于业务目的对其进行分析。根据组织的业务需求，可以将体系结构视为大数据解决方案的蓝图。大数据架构旨在进行大数据的批处理、大数据的实时处理以及对海量数据的预测分析等工作。

使用大数据架构可以帮助企业节省资金并做出关键决策，包括以下几个方面：

(1) 降低成本。使用 Hadoop 和基于云的分析之类的大数据技术可以显著降低存储大量数据的成本。

(2) 做出决策。使用大数据架构的流组件可以帮助企业更快、更好地做出决策。

(3) 预测未来需求。使用大数据架构可以帮助企业评估客户需求并使用分析预测未来趋势。

2. 大数据架构的组成

大数据架构会根据公司的基础架构和需求有所不同，但通常包含以下组件：

(1) 数据来源。所有大数据架构都需要数据的输入，这可以包括来自数据库的数据、来自实时源（例如 IoT 设备）的数据，以及从应用程序生成的静态文件（例如 Windows 日志）。

(2) 数据存储。企业需要存储将通过大数据架构处理的数据。通常，数据将存储在数据仓库或者数据湖中，这是一个易于扩展的大型非结构化数据库。

(3) 批处理与实时处理相结合。企业需要同时处理实时数据和静态数据，因此应将批处理和实时处理结合到自己的大数据体系结构中。这是因为使用批处理可以有效地处理大量数据，而实时数据需要立即处理以带来价值。

(4) 数据分析工具。在摄取和处理各种数据源后，企业数据分析师需要有一个分析数据的工具。通常，人们使用 BI 工具来完成这项工作，并且可能需要数据科学家来探索数据。

图 6-33 显示了大数据架构的组成。

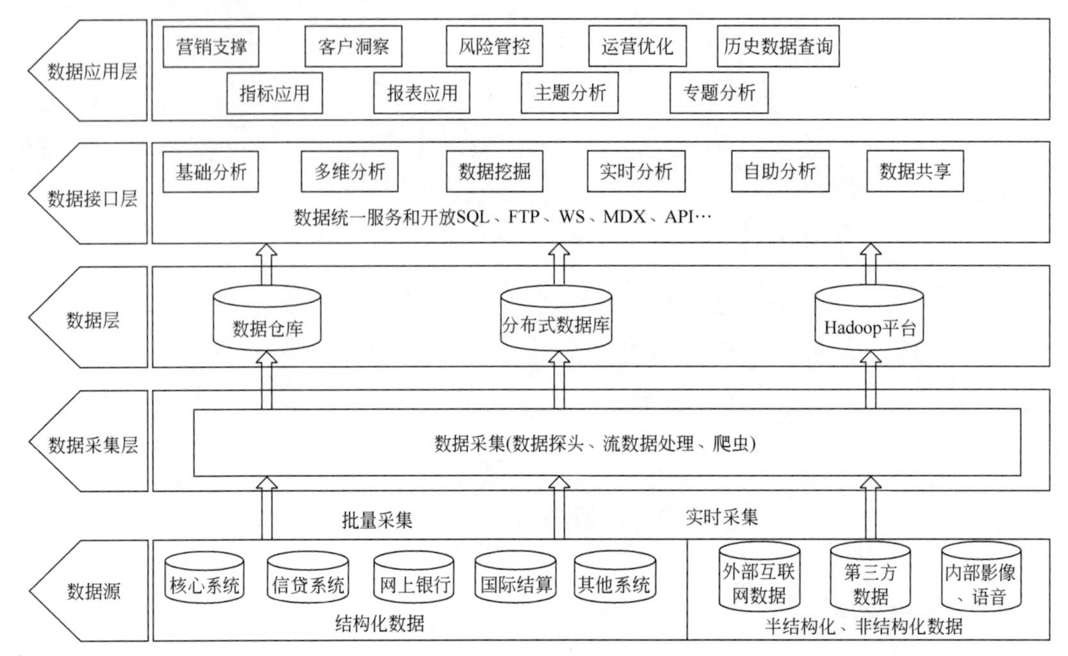

图 6-33 大数据架构的组成

6.4.2 大数据架构的分类

目前围绕 Hadoop 体系的大数据架构主要有传统大数据架构、流式架构、Lambda 架构、Kappa 架构以及 Unifield 架构等。

1. 传统大数据架构

这种架构之所以称为传统大数据架构，是因为其目标定位是为了解决传统商业智能所存在的问题。简单来说，基本的数据分析业务没有发生任何本质上的变化，但是因为数据量越来越大、性能越来越低等问题导致商业智能系统无法正常使用，所以需要进行升级改造，那么传统的大数据架构就是为了解决这些问题，例如大数据量存储、提高应用系统等问题。可以看到，其依然保留了抽取、转换、加载的动作，将数据经过抽取、转换、加载数据采集操作进入数据存储。这种架构在很多场景中都有作用。

优点：简单、易懂，对于 BI 系统来说，基本思想没有发生变化，变化的仅仅是技术选型，用大数据架构替换掉 BI 的组件。

缺点：对于大数据来说，没有 BI 下如此完备的 Cube 架构，虽然目前有 Kylin，但是 Kylin 的局限性非常明显，远远没有 BI 下的 Cube 的灵活度和稳定度，因此对业务支撑的灵活度不够，所以对于存在大量报表或者复杂钻取的场景，需要太多的手工定制化，同时该架构依旧以批处理为主，缺乏实时的支撑。

适用场景：数据分析需求依旧以 BI 场景为主，但是因为数据量、性能等问题无法满足日常使用。

2. 流式架构

在传统大数据架构的基础上，流式架构非常激进，直接拔掉了批处理，数据全程以流的形式处理，所以在数据接入端没有 ETL，转而替换为数据通道。经过流处理加工后的数据以消息的形式直接推送给了消费者。虽然有一个存储部分，但是该存储更多地以窗口的形式进行存储，所以该存储并非发生在数据湖，而是发生在外围系统。

优点：没有臃肿的ETL过程，数据的实效性非常高。

缺点：对于流式架构来说，不存在批处理，因此对于数据的重播和历史统计无法很好地支撑，对于离线分析仅支撑窗口之内的分析。

适用场景：预警、监控、对数据有有效期要求的情况。

3. Lambda 架构

Lambda架构算是大数据系统里面举足轻重的架构，大多数架构基本上都是Lambda架构或者基于其变种的架构。Lambda的数据通道分为两条分支——实时流和离线流。实时流依照流式架构，保障了其实时性。实时流在具体应用中通常包含实时处理查询和实时数据处理。离线流则以批处理方式为主，保障了最终一致性。离线流在具体应用中通常包含批处理查询、批处理预计算和批处理存储。Lambda架构的组成如图6-34所示。

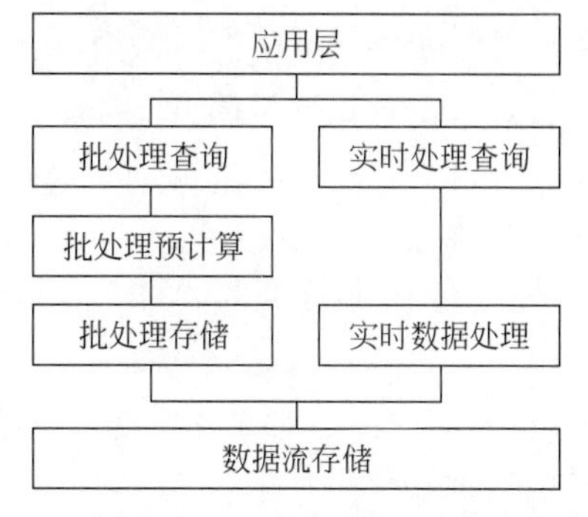

图6-34 Lambda架构的组成

Lambda是充分利用了批(batch)处理和流处理(stream-processing)各自强项的数据处理架构。它平衡了延迟、吞吐量和容错，利用批处理生成正确且深度聚合的数据视图，同时借助流处理方法提供在线数据分析。在展现数据之前，可以将两者的结果融合在一起。Lambda的出现与大数据、实时数据分析以及map-reduce低延迟的推动是密不可分的。

优点：既有实时又有离线，对于数据分析场景涵盖得非常到位。

缺点：离线层和实时流虽然面临的场景不相同，但是其内部处理的逻辑却相同，因此有大量冗余和重复的模块存在。

适用场景：同时存在实时和离线需求的情况。

4. Kappa 架构

Kappa架构在Lambda的基础上进行了优化，将实时和流部分进行了合并，将数据通道以消息队列进行替代。因此对于Kappa架构来说，依旧以流处理为主，但是数据却在数据湖层面进行了存储，当需要进行离线分析或者再次计算的时候，将数据湖的数据再次经过消息队列重播一次即可。

优点：Kappa架构解决了Lambda架构里面的冗余部分，以数据可重播的思想进行了设计，整个架构非常简洁。

缺点：虽然Kappa架构看起来简洁，但是实施难度相对较高，尤其是对于数据重播部分。

适用场景：和Lambda类似，该架构是针对Lambda的优化。

5. Unifield 架构

以上几种架构都以海量数据处理为主，Unifield架构则将机器学习和数据处理融为一体，从核心上来说，Unifield依旧以Lambda为主，不过对其进行了改造，在流处理层新增了机器学习层。可以看到数据在经过数据通道进入数据湖后新增了模型训练部分，并且将其在流式层进行使用。同时流式层不只使用模型，也包含着对模型的持续训练。

优点：Unifield架构提供了一套数据分析和机器学习相结合的架构方案，非常好地解决了机器学习如何与数据平台进行结合的问题。

缺点：Unifield架构实施的复杂度更高，对于机器学习架构来说，从软件包到硬件部署都和数据分析平台有着非常大的差别，因此在实施过程中的难度系数更高。

适用场景：有着大量数据需要分析，同时对机器学习方便又有着非常大的需求或者有规划。

6.4.3 Hadoop 架构

Hadoop 是一个开源的数据分析平台，解决了大数据（大到一台计算机无法进行存储，一台计算机无法在要求的时间内进行处理）的可靠存储和处理，适合处理非结构化数据。

1. Hadoop 架构简介

Hadoop 是 Apache 软件基金会旗下的一个开源分布式计算平台。以 Hadoop 分布式文件系统（Hadoop Distributed File System，HDFS）和 MapReduce（Google MapReduce 的开源实现）为核心的 Hadoop 为用户提供了系统底层细节透明的分布式基础架构。Hadoop 本质上起源于 Google 的集群系统，Google 的数据中心使用廉价 Linux PC 组成集群，在上面运行各种应用，即使是分布式开发新手也可以迅速使用 Google 的基础设施。如今广义的 Hadoop 已经包括 Hadoop 本身和基于 Hadoop 的开源项目，并已经形成了完备的 Hadoop 生态链系统。

1）HDFS

HDFS 是整个系统的核心，负责分布式地存储数据。HDFS 把整个的分布式存储系统抽象出来，使得用户不需要真正关心它的分布式，只需要关心要存储和处理的数据本身。一个完整的 HDFS 运行在一些节点之上，这些节点运行着不同类型的守护进程，例如 NameNode、DataNode、SecondaryNameNode 等，不同类型的节点相互配合，相互协作，在集群中扮演不同的角色，一起构成了 HDFS。

（1）NameNode。元数据节点 NameNode 也被称为名称节点，一个 Hadoop 集群只有一个 NameNode 节点，它是一个通常在 HDFS 实例中的单独机器上运行的软件。NameNode 不用来存储数据，只负责记录有哪些 DataNode，什么文件保存在哪个 DataNode 中等信息。在一套 HDFS 系统中必须至少有一个 NameNode，如果需要对 NameNode 本身做热备份，防止单一 NameNode 出问题，那么可以再添加一个。因为 NameNode 本身不保存数据，只是做类似索引的工作，而且在与 HDFS 交互的时候都需要先跟 NameNode 交互，它再去分配实际存储所需数据的 DataNode，所以 NameNode 对存储空间的要求不高，但对运算能力的要求高一些。

（2）DataNode。HDFS 存储的数据都保存在 DataNode 中。DataNode 是文件系统的工作节点，负责管理连接到节点的存储（一个集群中可以有多个节点），每个存储数据的节点运行一个 DataNode 守护进程。DataNode 根据客户端或者 NameNode 的调度存储和检索数据，并且定期向 NameNode 发送它们所存储的块（block）的列表。DataNode 可以随时扩充，个数越多整个系统可以保存的数据量就越大。DataNode 虽然需要的存储空间大一些，但运算能力不需要太强，所以成本可以很低。

（3）SecondaryNameNode。SecondaryNameNode 也叫第二名称节点。第二名称节点是用于定期合并命名空间镜像和命名空间镜像的编辑日志的辅助守护进程。每个 HDFS 集群都有一个 SecondaryNameNode，在生产环境下，一般 SecondaryNameNode 也会单独运行在一台服务器上。

2）YARN

YARN（Yet Another Resource Negotiator，另一种资源协调者）是一种新的 Hadoop 资源管理器，它是一个通用资源管理系统，可以为上层应用提供统一的资源管理和调度，它的引入为集群在利用率、资源统一管理和数据共享等方面带来了巨大的好处。

从 YARN 的架构来看，它主要由 ResourceManager、ApplicationMaster、NodeManager、

Container 等组件组成。

(1) ResourceManager。ResourceManager 把所有的处理请求拿过来分配给相应的 NodeManager。

(2) ApplicationMaster。ApplicationMaster 管理一个在 YARN 内运行的应用程序的每个实例,负责协调来自 ResourceManager 的资源,并通过 NodeManager 监视容器的执行和资源使用(CPU、内存等的资源分配)。

(3) NodeManager。NodeManager 负责在相应的 DataNode 上执行 ResourceManager 分配过来的任务。

(4) Container。Container(容器)是 YARN 对资源做的一层抽象,YARN 将 CPU 核数、内存这些计算资源都封装成一个个 Container。因此,Container 实际上是对任务运行环境进行的抽象,它封装 CPU、内存等多维度的资源以及环境变量、启动命令等与任务运行相关的信息。

3) MapReduce

MapReduce 是整个 Hadoop 生态中的核心组件,它负责真正数据处理的逻辑,用户可以通过程序来实现对 Hadoop 环境中分布式大数据的处理。MapReduce 指的是两个函数 Map()和 Reduce()。Map()负责把基础数据进行筛选、归类、排序等操作,它输出的是很多的键值对,这些键值对传给 Reduce()处理。Reduce()则把 Map()得出的结果进行统计等操作。

4) PIG

PIG 是一种为了简化 MapReduce 实现过程而做的封装,PIG 包含两个部分,一是 Pig Latin,它是一种类似脚本语言的语言,但目标只是为了实现对 Hadoop 中大数据集的处理,所以比较简单;二是 Pig Latin 语言的运行环境。

5) Hive

Hive 可以将结构化的数据映射为一张数据库表,并提供 HQL 的查询功能,它是建立在 Hadoop 之上的数据仓库基础架构,是为了减少 MapReduce 编写工作的批处理系统,它的出现可以让精通 SQL 技能但是不熟悉 MapReduce、编程能力较弱和不擅长 Java 的用户能够在 HDFS 大规模数据集上很好地利用 SQL 语言查询、汇总、分析数据。

6) Mahout

Mahout 是 Hadoop 家族中针对分布式大数据集合进行机器学习相关工作的一个组件。它可以用来做聚类、分类、智能推荐等。Mahout 可以通过编程来访问,也可以通过它提供的命令行工具直接调用各种算法。

7) Spark

Spark 是一个可以实时处理分布式大数据的工具。Spark 是用 Scala 这种编程语言实现的,所以可以使用 Scala 访问它,而 Scala 天然支持 Java,因此也可以用 Java 访问它。Spark 扩展了 MapReduce 模型,以有效地将其用于多种计算,包括流处理和交互式查询。Spark 的主要功能是内存中的群集计算,可以提高应用程序的处理速度。与传统的 MapReduce 大数据分析相比,Spark 的效率更高、运行时的速度更快。

8) HBase

HBase 是一种建立在 HDFS 上的 NoSQL 数据库,在 HBase 中可以保存任何类型的数据,所以理论上所有保存在 HDFS 中以及经过处理的和处理过程中的各种数据都可以保存在 HBase 中。在大数据平台框架中,Hadoop 凭借相对全面且成熟的技术体系成为企业的首选。大数据存储是大数据处理的底层支持,只有实现稳定、灵活的存储,下一步才能进行高效的数据处理。企业在搭建大数据存储系统时,基于 Hadoop 的数据存储主要通过 HBase 来实现。

值得注意的是,在 Hadoop 中 HBase 是一个分布式数据库,而 HDFS 是一个分布式文件系统。

9) ZooKeeper

ZooKeeper 是一个开放源代码的分布式应用程序协调服务,是 Google 的 Chubby 的开源实现,是 Hadoop 和 HBase 的重要组件,是一个典型的分布式数据一致性解决方案。ZooKeeper 管理整个生态中的不同组件,确保它们一致地对外服务,不存在信息不透明导致的混乱。分布式应用程序可以基于 ZooKeeper 实现数据发布/订阅、负载均衡、命名服务、分布式协调/通知、集群管理、Master 选举、分布式锁和分布式队列等功能。ZooKeeper 主要有领导者(Leader)和学习者(Learner)两种角色,其中学习者又包含跟随者(Follower)和观察者(Observer)。

10) Oozie

Oozie(工作流调度器)是一个可扩展的工作体系,集成于 Hadoop 的堆栈,用于协调多个 MapReduce 作业的执行。Oozie 能够管理一个复杂的系统,并基于外部事件来执行。

2. Hadoop 集群下的安全认证机制 Kerberos

很多企业在最早部署 Hadoop 集群时并没有考虑安全问题,随着集群的不断扩大,各部门对集群的使用需求增加,集群的安全问题就显得颇为重要。目前 Hadoop 集群下的安全问题主要是指任何用户都可以伪装成其他合法用户,访问其在 HDFS 上的数据,获取 MapReduce 产生的结果,从而存在恶意攻击者假冒身份,篡改 HDFS 上他人的数据,提交恶意作业破坏系统、修改节点服务器的状态等隐患。

1) Kerberos 协议

为了解决 Hadoop 集群下的安全,需要引入 Kerberos 认证机制。Kerberos 是一种计算机网络授权协议,诞生于 20 世纪 90 年代,用于在非安全的网络环境下对个人通信进行加密认证,目前被广泛应用于各大操作系统和 Hadoop 生态系统中,因此了解 Kerberos 认证的流程将有助于解决 Hadoop 集群安全配置过程中的问题。

Kerberos 协议的特点是用户只需输入一次身份验证信息就可以凭借此验证获得的票据访问多个服务,即 SSO(Single Sign On)。由于在每个 Client(客户端)和 Service(服务器)之间建立共享密钥,使得该协议具有相当的安全性。

目前,Kerberos 协议的基本应用是在一个分布式的 Client/Server 体系结构中采用一个或多个 Kerberos 服务器提供鉴别服务。当客户端想请求应用服务器上的资源时,首先由客户端向密钥分发中心请求一张身份证明,然后将身份证明交给应用服务器进行验证,在通过服务器的验证后,服务器就会为客户端分配所请求的资源。

2) Kerberos 原理

在网络中,认证主要用来解决各个通信实体之间相互证明彼此身份的问题。对于如何进行认证,人们通常会采用这样的方法:如果一个秘密仅有认证方和被认证方知道,认证方可以通过让被认证方提供这个秘密来证明对方的身份。这个过程实际上涉及认证的 3 个重要方面,即秘密如何表示、被认证方如何向认证方提供秘密、认证方如何识别秘密。基于这 3 个方面,Kerberos 认证可以最大限度地简化成 Client 和 Server 两个通信实体,它们之间共同的秘密用 KServer-Client(密钥)来表示。Client 在认证过程中向 Server 提供以明文形式表示的 Client 标识和使用 KServer-Client 加密的 Client 标识,以便于让 Server 进行有效的认证。由于这个秘密仅被 Client 和 Server 知晓,所以被 Client 加密过的 Client 标识只能被 Client 和 Server 解密。Server 接收到 Client 传送的这两组信息,先通过 KServer-Client 对后者进行解密,随后将解密的数据与前者进行比较,如果完全一样,则可以证明 Client 能够提供正确的

KServer-Client，而这个世界上只有真正的Client和自己知道KServer-Client，这样就可以证明对方的真实性。

值得注意的是，Client和Server之间是通过KDC(Key Distribution Center)也就是密钥分发中心来得到会话密钥的，KDC在整个Kerberos认证系统中作为Client和Server共同信任的第三方起着至关重要的作用。

3) Kerberos实现

Kerberos系统的工作围绕票据的概念展开。票据是一组标识用户或服务(例如NFS服务)的电子信息，也可标识人们的身份以及网络访问特权。在执行基于Kerberos的事务时(例如远程登录到另一台计算机)，访问者将透明地向KDC发送票据请求，KDC将访问数据库以验证该访问者的身份，然后返回授予访问其他计算机的权限的票据。KDC可创建票据授予票据(Ticket Granting Ticket)，并采用加密形式将其发送回客户机，客户机使用其口令来解密票据授予票据。

值得注意的是，拥有有效的票据授予票据后，只要该票据授予票据未过期，客户机便可以请求所有类型的网络操作(例如rlogin或telnet)的票据。此票据的有效期通常为几个小时，每次客户机执行唯一的网络操作时都将从KDC请求该操作的票据。

图6-35显示了Kerberos认证在数据安全中的作用。

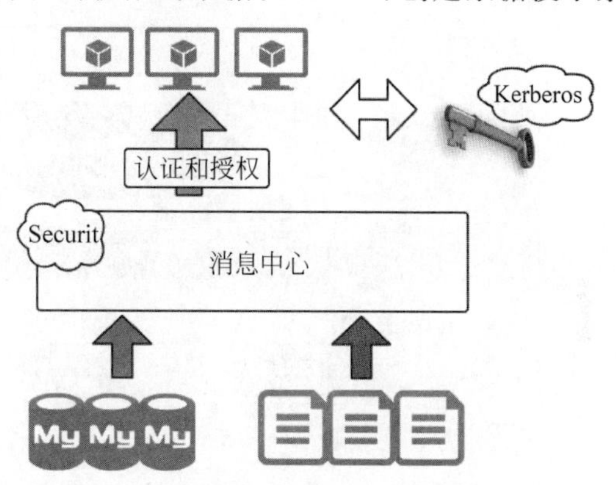

图6-35 Kerberos认证在数据安全中的作用

6.5 本章小结

(1) 数据架构是企业架构的一部分，而企业架构是构成组织的所有关键元素和关系的综合描述，指整个公司或企业的软件和其他技术的整体观点和方法。

(2) IT架构指导IT投资和设计决策的IT框架，是建立企业信息系统的综合蓝图，主要包括数据架构、应用架构和技术架构等多个组成部分。

(3) Zachman框架是一种企业本体，是企业架构的基本结构，它提供了一种从不同角度查看企业及其信息系统的方法，并显示企业的组件是如何关联的。

(4) 目前国际、国内上常见的数据治理框架有国际标准组织ISO 38500治理框架、国际数据管理协会数据治理框架、国际数据治理研究所数据治理框架、IBM数据治理框架、DCMM数据治理框架以及ISACA数据治理框架等。

(5) 数据治理的实施是一个长期而复杂的过程，而成功的数据治理应当首先支持企业的发展战略，并在企业战略规划上实施数据战略规划，最后还要有一定的组织和人员保障。

(6) 大数据架构也称为大数据体系结构，是用于摄取和处理大量数据(通常称为“大数据”)的总体系统，以便可以出于业务目的对其进行分析。根据组织的业务需求，可以将体系结构视为大数据解决方案的蓝图。

(7) 对于企业架构师而言，ArchiMate提供了一种通用语言来描述企业的各个部分如何构建以及如何运作，包括业务流程、组织结构、信息流、IT系统以及技术和物理基础架构。在许多企业正在经历快速变化的时代，ArchiMate模型帮助利益相关者设计、评估和沟通体系结构域内和之间的这些变化，并检查整个组织内决策的潜在影响。

6.6 实训

1. 实训目的

通过本章实训了解数据架构的特点，能进行简单的与数据架构有关的操作。

2. 实训内容

（1）使用在线 ArchiMate 绘图模板。

① 登录网址“https://online.visual-paradigm.com/cn/diagrams/templates/archimate-diagram/”，打开如图 6-36 所示的界面。

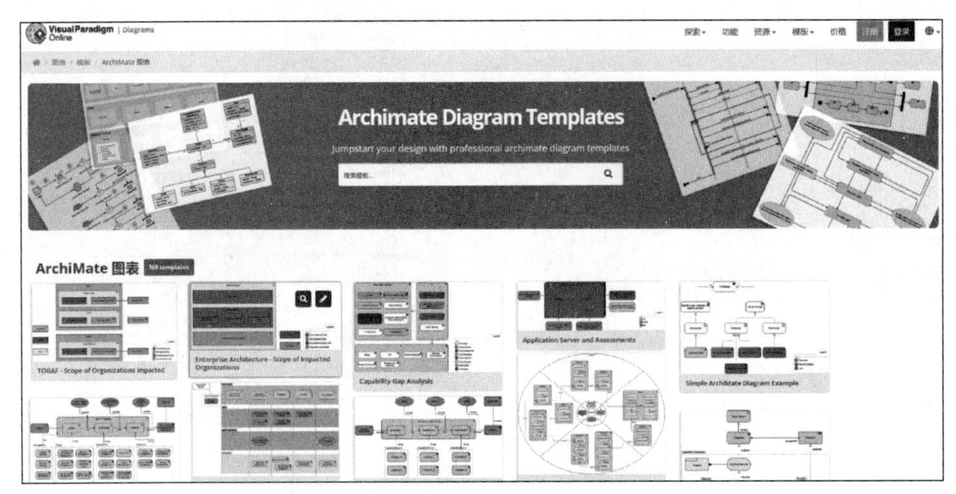

图 6-36 在线 ArchiMate 绘图模板界面

② 在 ArchiMate 图表中选中 TOGAF-Scope of Organizations Impacted，如图 6-37 所示。

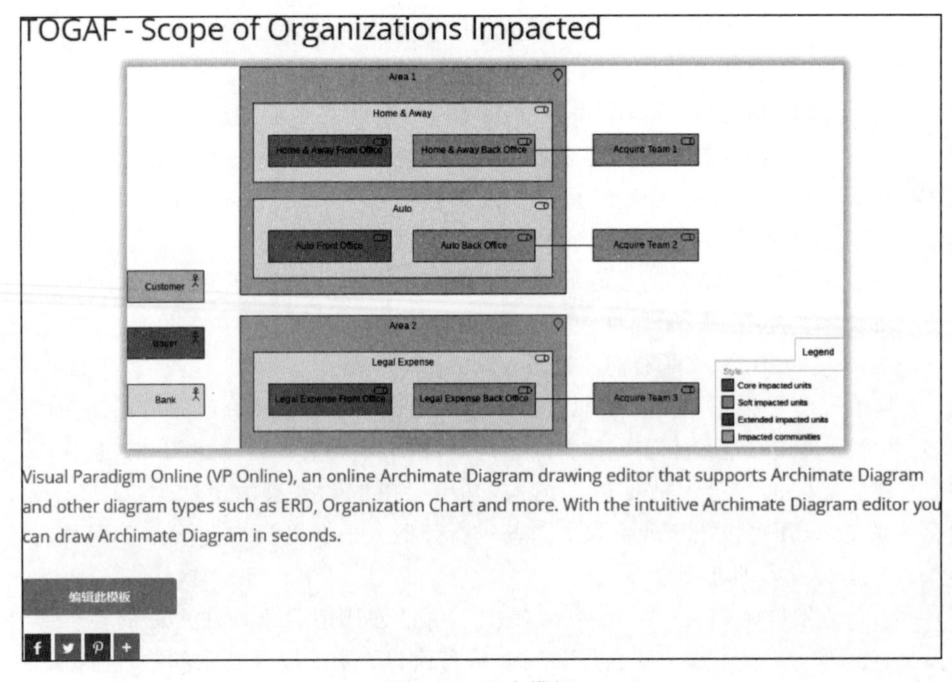

图 6-37 选中模板

③ 单击“编辑此模板”按钮，可以在如图 6-38 所示的界面中对此模板进行查看和编辑。

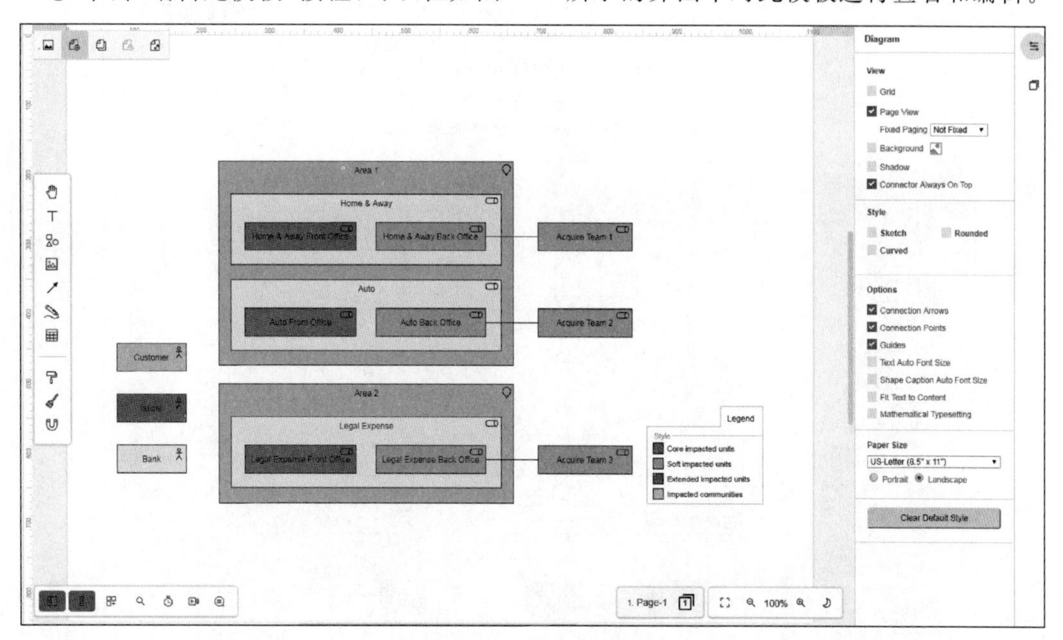

图 6-38　编辑模板

④ 在 ArchiMate 图表中选中 Metamodel 模板并进行编辑，如图 6-39 所示。

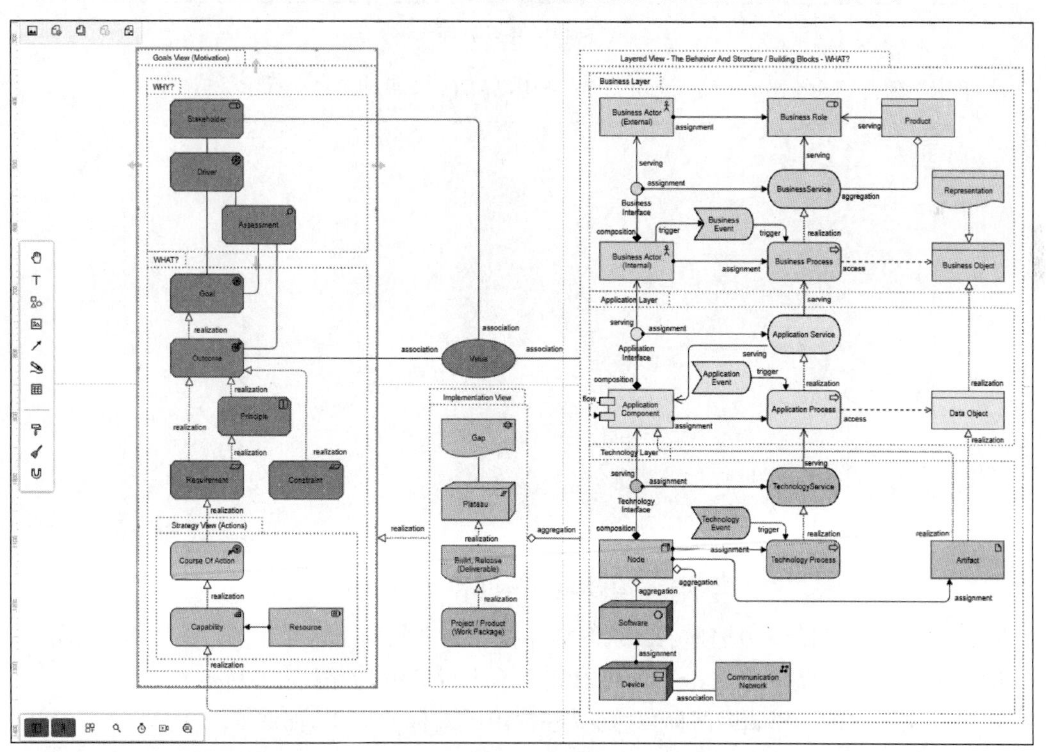

图 6-39　编辑模板

(2) 绘制 ArchiMate 图。

① 登录网址“https://online.visual-paradigm.com/cn/diagrams/features/archimate-tool/”，打开的界面如图 6-40 所示。

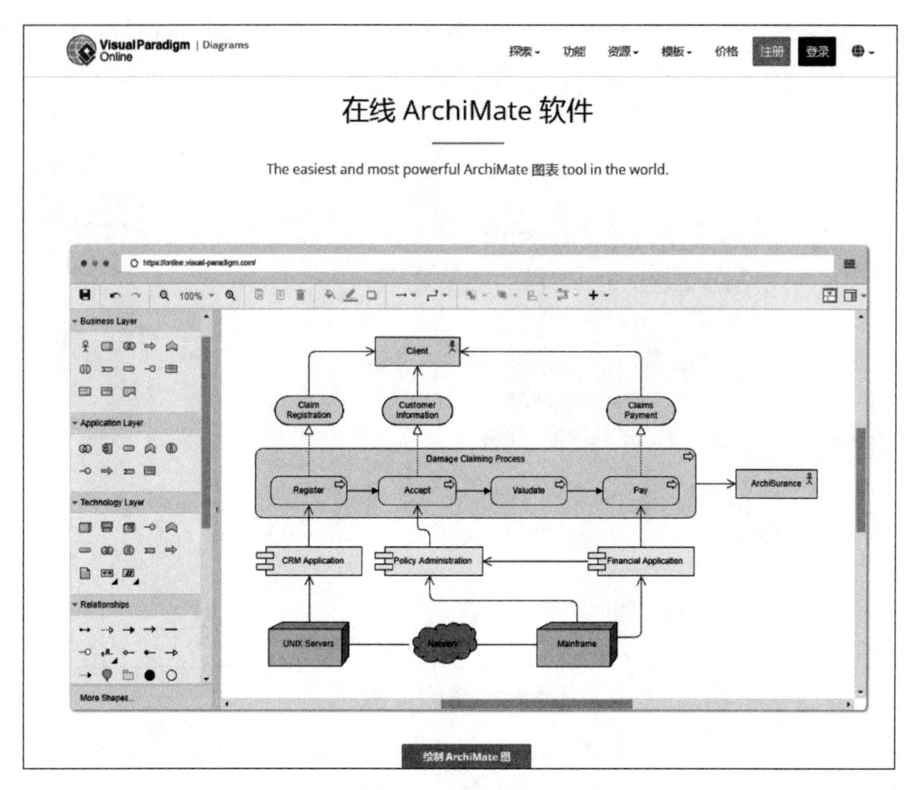

图 6-40　登录界面

② 单击“绘制 ArchiMate 图”按钮，进入编辑界面中，如图 6-41 所示。

图 6-41　绘制 ArchiMate 图的编辑界面

③ 在左侧的图形区域中选择 Actor 图标并拖动到中间的主区域中，如图 6-42 所示。

④ 双击 Actor 图标中的 Actor，即可对该文本进行编辑，如图 6-43 所示。

⑤ 单击左下方的＋Shape 图标，添加一些常用的图标并应用，如图 6-44 所示。

⑥ 绘制某证券公司的组织结构图，如图 6-45 所示。

(3) 使用 Power Designer 绘制企业架构图。

① 运行 Power Designer 16.5，在菜单栏中选中 File|New Model，并选择 Organisation Chat，如图 6-46 所示。

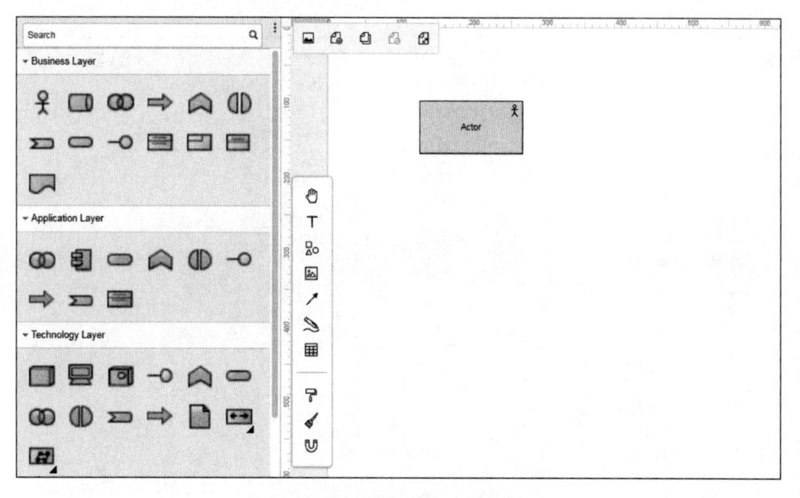

图 6-42　选择绘制数据模型

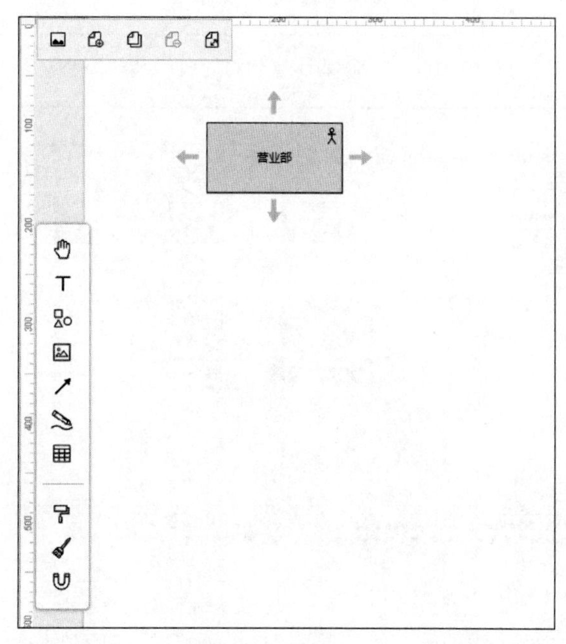

图 6-43　编辑文本

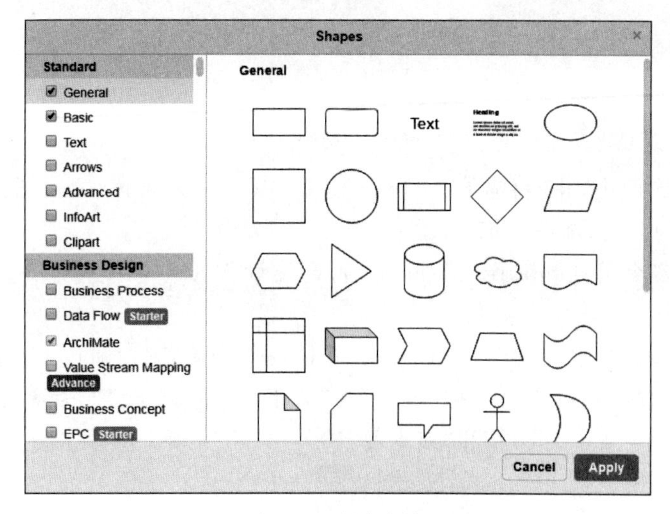

图 6-44　添加图标

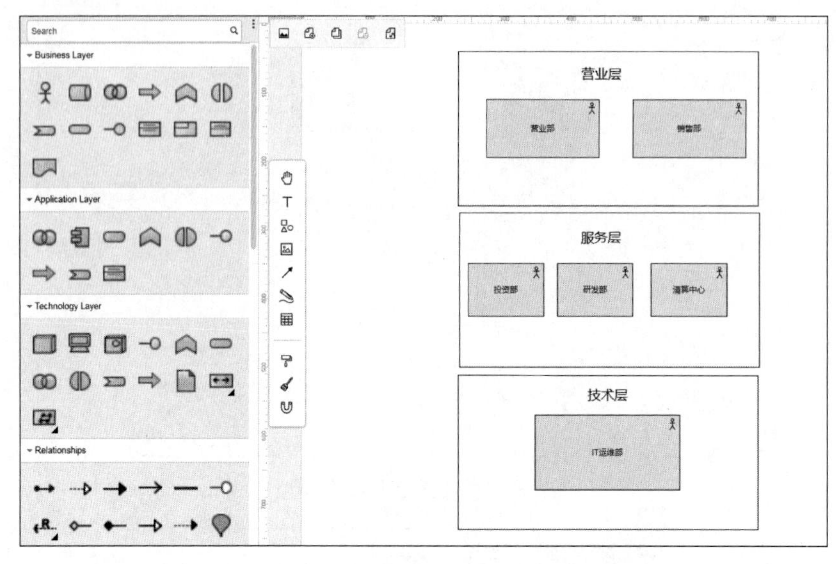

图 6-45　绘制某证券公司的组织结构图

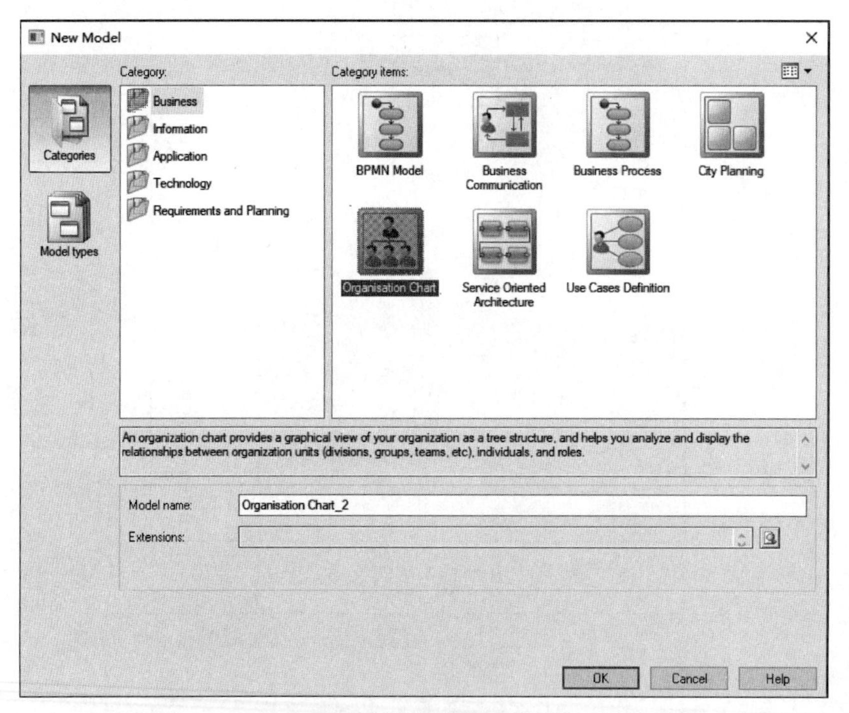

图 6-46　新建 Model

② 在打开的界面中，将右侧的 Toolbox 栏中的 Organization Unit 图标拖动到设计面板中，并设置 name 为公司，如图 6-47 所示。

③ 继续拖动多个 Organization Unit 图标到设计面板中，并分别设置 name，如图 6-48 所示。

④ 单击 Toolbox 栏中的 Hierarchy Link 图标，在“公司”图标上按下鼠标，拖动鼠标到“人事部”图标上释放鼠标，在图中将会把“公司”和“人事部”链接起来。接着按照上面的方式，分别链接“公司”和“财务部”、“公司”和“技术部”、“公司”和“后勤部”，如图 6-49 所示。

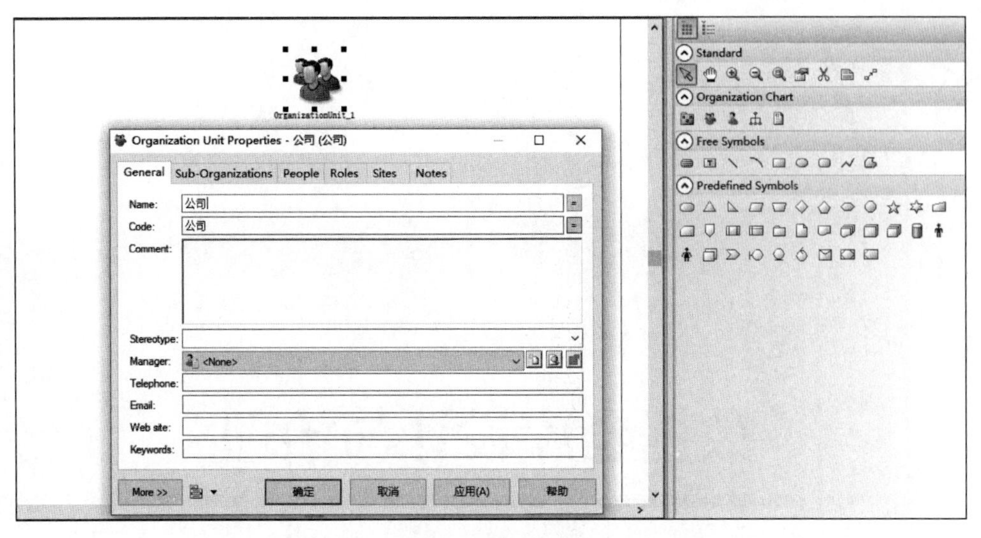

图 6-47　拖动图标

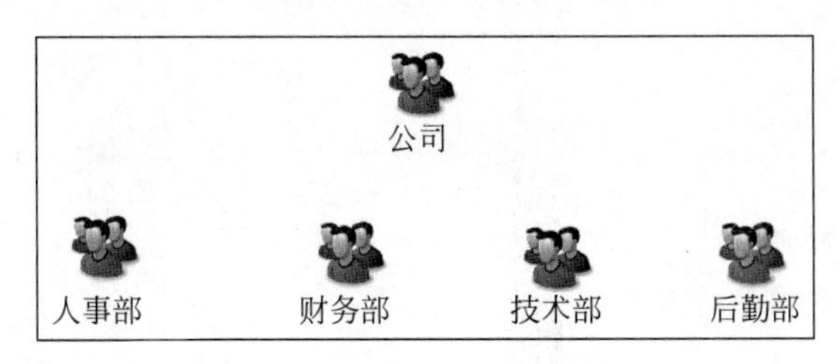

图 6-48　设置图标

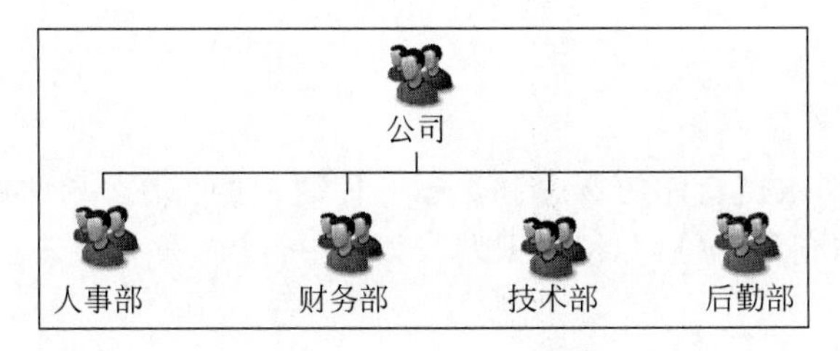

图 6-49　运行结果

习题 6

(1) 请阐述什么是企业架构。

(2) 请阐述什么是业务架构。

(3) 请阐述什么是数据治理框架。

(4) 请阐述大数据架构的特点。

第 7 章

数据仓库设计与治理

本章学习目标

- 了解数据仓库的概念
- 了解数据仓库建模的方法
- 了解 ETL
- 了解数据仓库规范
- 了解 Hive 数据仓库
- 了解数据湖与数据中台

本章先向读者介绍数据仓库的概念和数据仓库建模的方法，再介绍 ETL，接着介绍数据仓库规范与 Hive 数据仓库，最后介绍数据湖与数据中台。

7.1 数据仓库

7.1.1 数据仓库概述

1. 数据仓库介绍

数据仓库(Data Warehouse)简称 DW。数据仓库是一个很大的数据存储集合，出于企业的分析性报告和决策支持目的而创建，并对多样的业务数据进行筛选与整合。通常，数据定期从事务系统、关系数据库和其他来源流入数据仓库。

数据仓库的特点如下：

(1) 面向主题。在传统数据库中，最大的特点是面向应用进行数据的组织，各个业务系统可能是相互分离的。数据仓库则是面向主题的。主题是一个抽象的概念，是较高层次上企业信息系统中的数据综合、归类并进行分析利用的抽象。在逻辑意义上，它是对应企业中某一宏观分析领域所涉及的分析对象。

(2) 集成性。通过对分散、独立、异构的数据库数据进行抽取、清理、转换和汇总便得到了数据仓库的数据，这样保证了数据仓库内的数据对于整个企业的一致性。数据仓库中的综合数据不能从原有的数据库系统直接得到，因此在数据进入数据仓库之前必然要经过统一与综合,这一步是数据仓库建设中最关键、最复杂的一步。

(3) 不可更新性。数据仓库的用户对数据的操作大多是数据查询或比较复杂的挖掘,一旦数据进入数据仓库,一般情况下被较长时间保留。在数据仓库中一般有大量的查询操作,修改和删除操作很少。因此,数据经加工和集成进入数据仓库后是极少更新的,通常只需要定期地加载和更新。

值得注意的是,数据仓库从各数据源获取数据及在数据仓库内的数据转换和流动都可以认为是 ETL(抽取 Extract,转换 Transform,装载 Load)的过程。ETL 是数据仓库的流水线,也可以认为是数据仓库的血液,它维系着数据仓库中数据的新陈代谢,而数据仓库日常的管理和维护工作大部分是为了保持 ETL 的正常和稳定。

2. 数据仓库常用术语

(1) 数据源。数据源是数据仓库的基础,在数据源中存储了建立数据库连接的所有信息,通常包含企业内部信息和企业外部信息。一般而言,企业内部信息存放在 RDBMS 的各种业务处理数据库和各类文档数据库中,企业外部信息包括各类法律法规、市场信息和竞争对手信息等。

(2) 数据集市(DM)。数据集市也叫数据市场。它是在企业中为了满足特定的部门或者用户的需求按照多维的方式进行存储,包括定义维度、需要计算的指标、维度的层次等,生成面向决策分析需求的数据立方体。在数据仓库的实施过程中往往可以从一个部门的数据集市着手,以后再用几个数据集市组成一个完整的数据仓库。此外,数据集市又分为独立数据集市和非独立数据集市。

(3) OLAP。OLAP 又叫联机分析处理。OLAP 是一种软件技术,它使分析人员能够迅速、一致、交互地从各个方面观察信息,以达到深入理解数据的目的。

(4) ODS。ODS 也叫操作性数据,它是数据仓库体系结构中的一个可选部分,是面向主题的、集成的、当前或接近当前的、不断变化的数据。一般而言,ODS 是作为数据库到数据仓库的一种过渡。

(5) 事务数据库。事务数据库也叫数据库事务,它是数据库管理系统执行过程中的一个逻辑单位,由一个有限的数据库操作序列构成。数据库事务通常包含了一个序列的对数据库的读/写操作,当事务被提交给了 DBMS,DBMS 需要确保该事务中的所有操作都成功完成且其结果被永久保存在数据库中;如果事务中有的操作没有成功完成,则事务中的所有操作都需要被回滚,回到事务执行前的状态。

3. 数据仓库与数据库的区别

数据库与数据仓库的区别实际上是 OLTP(联机事务处理)与 OLAP(联机分析处理)的区别。

(1) OLTP。OLTP(On-Line Transaction Processing)的中文名称是联机事务处理,也可以称为面向交易的处理系统,它是针对具体业务在数据库联机的日常操作,通常对少数记录进行查询、修改。用户较为关心操作的响应时间、数据的安全性、完整性和并发支持的用户数等问题。传统的数据库系统作为数据管理的主要手段,主要用于操作型处理,像 MySQL、Oracle 等关系型数据库一般属于 OLTP。

(2) OLAP。分析型处理,一般针对某些主题的历史数据进行分析,支持管理决策。OLAP 技术可以看作广义概念上的商业智能(Business Intelligence,BI)的一部分,而传统的 OLAP 分析应用通常包含了关系型数据库(Relational Database)、商业报告(Business Reporting)

以及数据挖掘(Data Mining)等方面。

因此,数据库是为捕获数据而设计,数据仓库是为分析数据而设计。数据仓库是在数据库已经大量存在的情况下为了进一步挖掘数据资源、为了决策需要而产生的,它绝不是所谓的"大型数据库"。

4. 数据仓库中的元数据管理

数据仓库的主要工作是把所需的数据仓库工具集成在一起,完成数据的抽取、转换和加载,OLAP分析和数据挖掘等,从而构建面向分析的集成化数据环境,为企业提供决策支持。图7-1显示了数据仓库的典型结构。

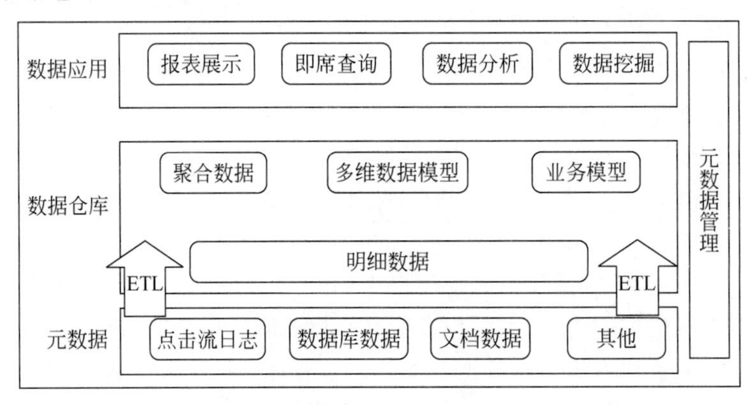

图7-1 数据仓库的典型结构

图7-1中右边的部分是元数据管理,它起到了承上启下的作用,具体体现在以下方面:

(1) 元数据是进行数据集成所必需的。数据仓库最大的特点就是它的集成性,这一特点不仅体现在它所包含的数据上,还体现在实施数据仓库项目的过程中。一方面,从各个数据源中抽取的数据要按照一定的模式存入数据仓库中,这些数据源与数据仓库中数据的对应关系及转换规则都要存储在元数据知识库中;另一方面,在实施数据仓库项目的过程中直接建立数据仓库往往费时、费力,因此在实践当中人们可能会按照统一的数据模型首先建立数据集市,然后在各个数据集市的基础上建立数据仓库。不过,当数据集市的数量增多时很容易形成"蜘蛛网"现象,元数据管理是解决"蜘蛛网"的关键。如果在建立数据集市的过程中注意了元数据管理,在集成到数据仓库中时就会比较顺利;相反,如果在建立数据集市的过程中忽视了元数据管理,那么最后的集成过程就会很困难,甚至不可能实现。

(2) 元数据是保证数据质量的关键。在数据仓库或数据集市建好以后,使用者在使用的时候经常会对数据产生怀疑,这些怀疑往往是因为底层的数据对于用户来说是不"透明"的。借助元数据管理系统,最终的使用者对各个数据的来龙去脉以及数据抽取和转换的规则都会很方便地得到,这样他们自然会对数据具有信心,也可便捷地发现数据所存在的质量问题。

(3) 元数据可以支持需求变化。随着信息技术的发展和企业职能的变化,企业的需求也在不断地改变。如何构造一个随着需求改变而平滑变化的软件系统是软件工程领域中的一个重要问题。传统的信息系统往往是通过文档来适应需求变化,但是仅仅依靠文档是远远不够的。成功的元数据管理系统可以把整个业务的工作流、数据流和信息流有效地管理起来,使得系统不依赖特定的开发人员,从而提高系统的可扩展性。

5. 数据仓库的数据应用

常见的数据仓库应用主要有报表展示、即席查询、数据分析和数据挖掘。

(1) 报表展示。报表几乎是每个数据仓库必不可少的一类数据应用,将聚合数据和多维分析数据展示到报表，可以为用户提供最为简单和直观的数据。

(2) 即席查询。理论上讲数据仓库的所有数据(包括细节数据、聚合数据、多维数据和分析数据)都应该开放即席查询(用户根据自己的需求灵活地选择查询条件，系统能够根据用户的选择生成相应的统计报表)，即席查询提供了足够灵活的数据获取方式，用户可以根据自己的需要查询获取数据，并提供导出到 Excel 等外部文件的功能。

(3) 数据分析。数据分析大部分可以基于构建的业务模型展开，当然也可以使用聚合数据进行趋势分析、比较分析、相关分析等，多维数据模型提供了多维分析的数据基础，另外从细节数据中获取一些样本数据进行特定的分析也是较为常见的一种途径。

(4) 数据挖掘。数据挖掘用一些高级的算法可以让数据展现出各种令人惊讶的结果。数据挖掘可以基于数据仓库中已经构建起来的业务模型展开，但大多数时候数据挖掘会直接从细节数据上入手，而数据仓库为挖掘工具(诸如 SAS、SPSS 等)提供数据接口。

6. 数据仓库的核心概念

数据仓库中的核心概念主要有维度和度量。

(1) 维度。维度是一个与业务相关的观察角度，比如人们从地区角度观察哪个地区的销售额最多，那么地区就是一个维度。在数据仓库中人们将这些维度信息存储成一张张数据库表，称之为维表。维表主要分为单级维、层级维、变化维。单级维是指一对一的代码表，不存在层级关系，最主要的作用是将事实表中的代码显示为标题(名称)。层级维是具有分层结构的维度表，比如地区维，层级往上可以到区、市、省、国家等。变化维是会随着时间属性变化的表，比如单位机构名称会随时间而改变。

(2) 度量。度量是反映企业运行情况或状态的一些数值指标，是业务量化的表示，可以用来监测业务的成效，比如用销售额、利润来反映企业业绩。

7. 数据仓库的分层架构

数据仓库一般可以分为 3 层，即 ODS 层(数据运营层)、DW 层(数据仓库层)和 APP 层(数据应用层)，如图 7-2 所示。

APP	数据应用层
DW	数据仓库层
ODS	数据运营层

图 7-2　数据仓库的分层

(1) ODS 层。ODS 层也称为数据运营层或临时存储层，它是接口数据的临时存储区域，为下一步的数据处理做准备。一般来说，ODS 层的数据和源系统的数据是同构的，主要目的是简化后续数据加工处理的工作。

(2) DW 层。DW 层也称为数据仓库层，DW 层的数据应该是一致的、准确的、干净的数据，即对源系统数据进行了清洗(去除了杂质)后的数据。在 DW 层又可细分为 DWD 层(数据明细层)、DWM 层(数据中间层)和 DWS 层(数据服务层)。其中，DWD 一般保持和 ODS 层一样的数据粒度，并且提供一定的数据质量保证。DWM 层会在 DWD 层的数据的基础上对数据做轻度的聚合操作，生成一系列的中间表，提升公共指标的复用性，减少重复加工。DWS 又称数据集市或宽表，该层按照业务划分，例如流量、订单、用户等，生成字段比较多的宽表，用于提供后续的业务查询、OLAP 分析、数据分发等。

(3) APP 层。APP 层也称为数据应用层，数据应用层的表是提供给用户使用的，该层数据是为了满足具体的分析需求而构建的数据，也是星形或雪花结构的数据。

数据仓库的建设到此就接近尾声了，接下来根据不同的需求进行不同的操作，例如直接进行报表展示，或给数据分析的同事提供所需的数据，或进行其他的业务支撑。

值得注意的是，在实施时需要根据实际情况确定数据仓库的分层，不同类型的数据可能采取不同的分层方法。

7.1.2 数据仓库建模

根据数据分析的需求抽象出合适的数据模型是数据仓库建设的一个重要环节。所谓数据模型，就是抽象出来的一组实体以及实体之间的关系，而数据建模是为了表达实际的业务特性与关系所进行的抽象。

要成功地建立一个数据仓库，必须有一个合理的数据模型。数据仓库建模在业务需求分析之后开始，是创建数据仓库的正式开始。在创建数据仓库的数据模型时应考虑以下几点：满足不同层次、用户的需求；兼顾查询效率与数据粒度的需求；支持用户需求变化；避免业务运营系统的性能影响；提供可扩展性。值得注意的是，数据模型的可扩展性决定了数据仓库对新的需求的适应能力，建模既要考虑眼前的信息需求，也要考虑未来的需求。

数据仓库建模的目标是通过建模的方法更好地组织、存储数据，以便在性能、成本、效率和数据质量之间找到最佳平衡点。数据仓库的建模方法有很多种，每一种建模方法代表了哲学上的一个观点，代表了归纳、概括世界的一种方法。常见的建模方法有范式建模法、维度建模法、实体建模法等，每种方法从不同的角度看待业务中的问题。

值得注意的是，数据仓库建模的设计目标是模型的稳定性、自适应性和可扩展性。为了做到这一点，必须坚持建模的相对独立性、业界先进性原则。

1. 数据仓库的建模方法

1）范式建模法

范式是符合某一种级别的关系模式的集合。构造数据库必须要遵循一定的规则，而在关系型数据库中这种规则就是范式，这一过程也被称为规范化。目前关系数据库有 6 种范式，即第一范式（1NF）、第二范式（2NF）、第三范式（3NF）、Boyce-Codd 范式（BCNF）、第四范式（4NF）和第五范式（5NF）。

在数据仓库的模型设计中一般采用第三范式。一个符合第三范式的关系必须具有以下 3 个条件：

（1）每个属性值唯一，不具有多义性。

（2）每个非主属性必须完全依赖于整个主键，而非主键的一部分。

（3）每个非主属性不能依赖于其他关系中的属性，否则这种属性应该归到其他关系中。

2）维度建模法

维度模型是数据仓库领域中最流行的数据仓库建模。维度建模从分析决策的需求出发构建模型，构建的数据模型为分析需求服务，因此重点解决用户如何更快地完成分析需求，同时它还有较好的大规模复杂查询的响应性能。

在维度建模中比较重要的概念是事实表（Fact Table）和维度表（Dimension Table），其最简单的描述就是按照事实表、维度表来构建数据仓库、数据集市。

（1）事实表。事实表描述的是业务过程中的事实数据，是要关注的具体内容，每行数据对应一个或多个度量事件。事实表通常有事务事实表、周期快照事实表、累积快照事实表 3 种类型。其中，事务事实表记录的是事务层面的事实，保存的是最原子的数据，也称“原子事实表”；周期快照事实表以具有规律性的、可预见的时间间隔来记录事实，时间间隔如每天、每月、每年等；累积快照事实表和周期快照事实表有些相似之处，它们存储的都是事务数据的快照信息，但是它们之间也有着很大的不同，周期快照事实表记录的是确定周期的数据，而累积快照事实表记录的是不确定周期的数据。值得注意的是，事实表的度量通常是数值类型，且记录数会不断增加,表规模迅速扩大。例如,现有一张订单事实表,其字段 Prod_ id(商品 id)可以关联商品维度表、TimeKey(订单时间)可以关联时间维度表。

(2) 维度表。维度表也称为查找表或简称为维表,它是与事实表相对应的表,描述的是事物的属性,反映了观察事物的角度。维度表是用户分析数据的窗口,其提供了事件发生过程中的环境描述信息,能够做数据查询的过滤条件和数据分析的分组。维度表包含帮助汇总数据的特性的层次结构,其中维度是对数据进行分析时特有的一个角度,站在不同角度看待问题会有不同的结果。例如,在分析产品销售情况时可以选择按照商品类别、商品区域进行分析,此时就构成了一个类别、区域的维度。此外,维度表的信息较为固定,且数据量小,维度表中的列字段可以将信息分为不同层次的结构级。例如,包含产品信息的维度表通常包含将产品分为食品、饮料、非消费品等若干类的层次结构,这些产品中的每一类进一步多次细分,直到各产品达到最低级别。

(3) 事实表与维度表的关系。一般来说,一个事实表要和一个或多个维度表相关联,并且用户在利用事实数据表创建多维数据集时可以使用一个或多个维度表。其中,事实表的设计是以能够正确记录历史信息为准则,维度表的设计是以能够以合适的角度聚合主题内容为准则。图 7-3 显示了事实表和维度表。值得注意的是,事实表一般是没有主键的,数据的质量完全由业务系统来把握;而维度表一般是有主键的,并且维度表的主键一般都取整型值的标志列类型,这样也是为了节省事实表的存储空间。比如一个"销售统计表"就是一个事实表,而"销售统计表"里面统计数据的来源离不开"商品价格表",因此"商品价格表"就是销售统计的一个维度表,不过在数据仓库中事实数据和维度数据的识别必须依据具体的主题问题而定。

此外,在维度建模的基础上又可以分为 3 种模型,即星形模型、雪花模型和星座模型。

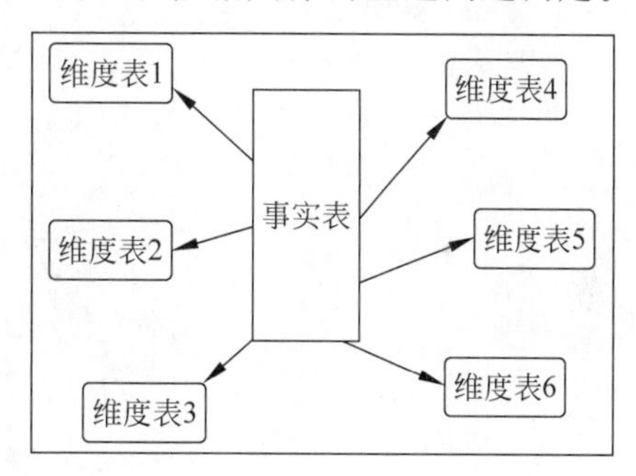

图 7-3 事实表和维度表

(1) 星形模型。星形模型是维度模型中最简单的形式,也是数据仓库以及数据集市开发中使用最广泛的形式。星形模型由事实表和维度表组成,在一个星形模型中可以有一个或多个事实表,每个事实表引用任意数量的维度表。在星形模型中,事实表居中,多个维表呈辐射状分布于其四周,并与事实表连接。位于星形中心的实体是指标实体,是用户最关心的基本实体和查询活动的中心,为数据仓库的查询活动提供定量数据。每个指标实体代表一系列相关事实,完成一项指定的功能。采用星形模型设计数据仓库的优点是由于数据的组织已经过预处理,主要数据都在庞大的事实表中,所以只要扫描事实表就可以进行查询,而不必把多个庞大的表连接起来,查询访问效率较高。同时由于维表一般都很小,甚至可以放在高速缓存中,与事实表做连接时其速度较快,便于用户理解。对于非计算机专业的用户而言,星形模型比较直观,通过分析星形模型很容易组合出各种查询。图 7-4 显示了星形模型。

(2) 雪花模型。雪花模型是多维模型中表的一种逻辑布局,所谓的"雪花化"就是将星形模型中的维度表进行规范化处理。与星形模型相同,雪花模型也是由事实表和维度表所组成。当所有的维度表完成规范化后,就形成了以事实表为中心的雪花形结构,即雪花模型。图 7-5 显示了雪花模型。

(3) 星座模型。数据仓库由多个主题构成,包含多个事实表,而维表是公共的,可以共享(例如两张事实表共用一些维度表时就叫星座模型),这种模型可以看作星形模型的汇集,因而也称为星系模型或者事实星座模型。图 7-6 显示了星座模型。

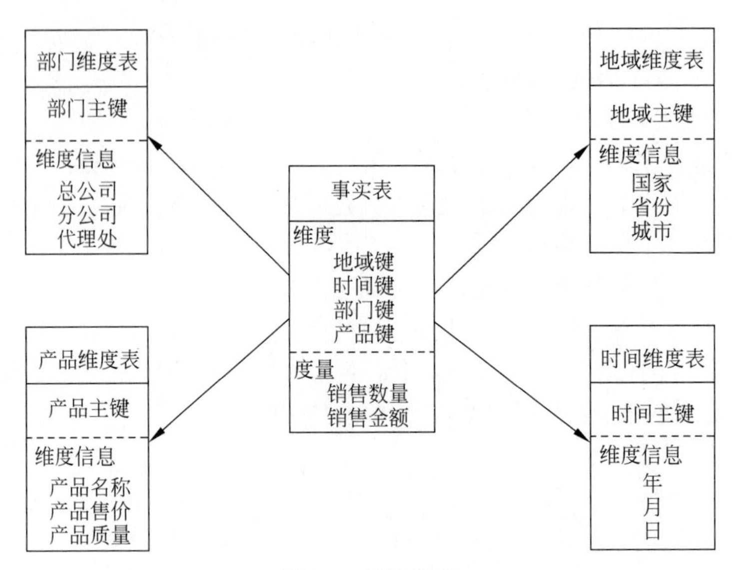

图 7-4 星形模型

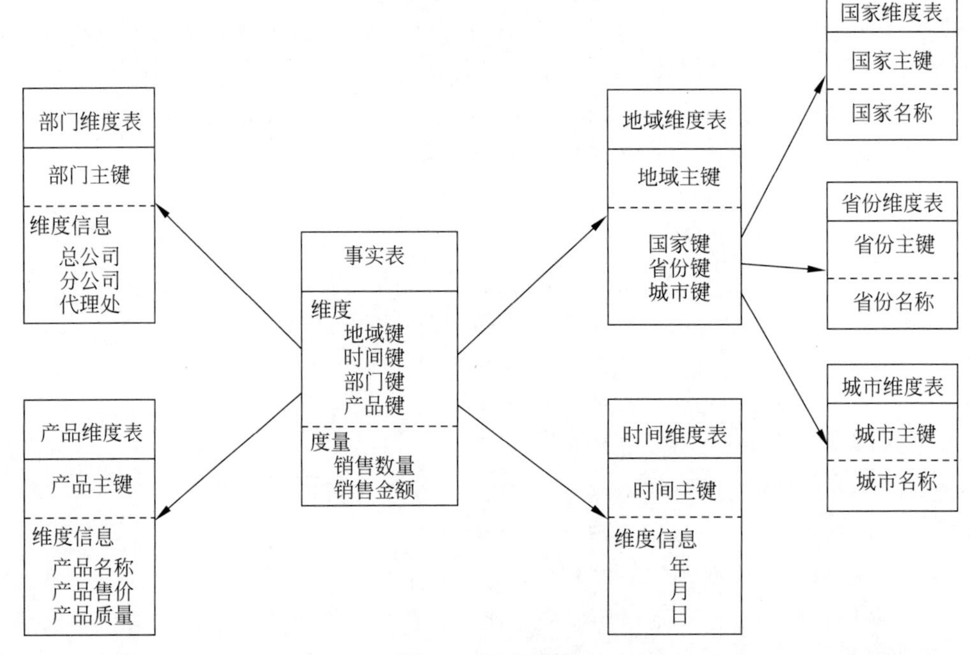

图 7-5 雪花模型

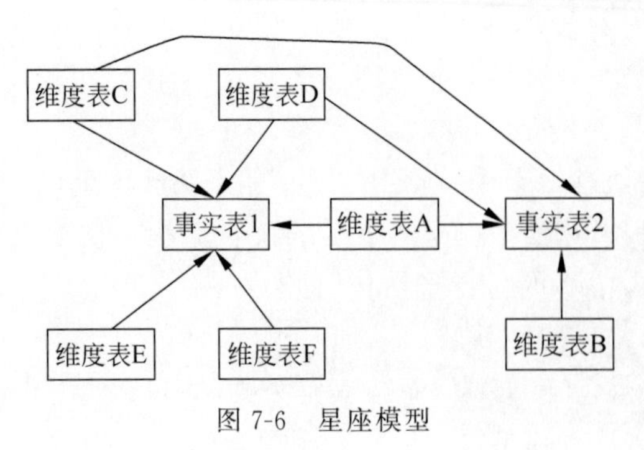

图 7-6 星座模型

3）实体建模法

实体建模法并不是数据仓库建模中常见的一个方法，它来源于哲学的一个流派。从哲学的意义上来说，客观世界应该是可以细分的，客观世界由一个个实体以及实体与实体之间的关系组成。在数据仓库的建模过程中完全可以引入这个抽象的方法，将整个业务划分成一个个实体，而每个实体之间的关系以及针对这些关系的说明就是数据建模需要做的工作。

其使用的抽象归纳方法其实很简单,将任何业务都看成实体、事件和说明3个部分。

(1) 实体。实体主要指领域模型中特定的概念主体,指发生业务关系的对象。

(2) 事件。事件主要指概念主体之间完成一次业务流程的过程,特指特定的业务过程。

(3) 说明。说明主要是针对实体和事件的特殊说明。

由于实体建模法能够很轻松地实现业务模型的划分,所以在业务建模阶段和领域概念建模阶段实体建模法有着广泛的应用。

2. 数据仓库的建模步骤

在进行数据仓库建模时会涉及模型的选择,开发者要根据不同模型的特点选择适合具体业务的模型,常见的步骤如下:

(1) 选取建模的业务过程。设计过程的第一步是确定要建模的业务过程或者度量事件,业务过程需要在业务需求收集过程明确下来。在很多的生产活动中存在着很多价值链,这些价值链就是由一系列的业务过程组成的。例如在供应链管理中经常存在原材料购买、原材料交货、原材料库存、材料账单、生产制造、将产品运到仓库、制成品库存、客户订单、为客户送货、货品计价、付款、退货等业务过程。

(2) 定义模型的粒度。在业务过程被确定下来以后,建模师必须声明事实表的粒度。清楚地定义事实表的行到底代表什么在提出业务过程维度模型时至关重要。如果没有在事实表的粒度上达成一致,那么设计过程就不可能成功地向前推进。

(3) 选定维度。一旦事实表的粒度已经确定下来,对维的选择就相当简单了,也正是在此时就可以开始考虑外键的问题了。一般来说,粒度本身就能够确定一个基本或者最小的维度集合,设计过程就是在此基础上添加其他维。这些维在已经声明的事实表粒度都有一个唯一对应的值。

(4) 确定事实。设计过程的最后一步是仔细选择适用于业务过程的事实和指标。事实可以从度量事件中采用物理手段捕捉,也可以从这些度量中导出。对于事实表粒度来说,每个事实都是设计存在的,不要将与明确声明的粒度不匹配的其他时间段的事实或者其他细节层次的事实混杂进来。

3. 数据仓库的开发流程

在此将数据仓库的开发流程归纳为以下几个阶段:

(1) 需求阶段。在该阶段,数据产品经理考虑如何应对不断变化的业务需求。

(2) 设计阶段。在该阶段,数据产品经理、数据开发者考虑如何综合性能、成本、效率、质量等因素更好地组织与存储数据。

(3) 开发阶段。在该阶段,数据研发者考虑如何高效、规范地进行编码工作。

(4) 测试阶段。在该阶段,测试人员考虑如何准确地暴露代码问题与项目风险,提升产出质量。

(5) 发布阶段。在该阶段,考虑如何将具备发布条件的程序平稳地发布到线上稳定产出。

(6) 运维阶段。在该阶段,运维人员考虑如何保障数据产出的时效性和稳定性。

该开发流程如图7-7所示。

7.1.3 数据仓库与ETL

1. ETL概述

在现代的企业中,每个部门都是一个独立的业务条线,如果各部门各自为政,信息不流通,

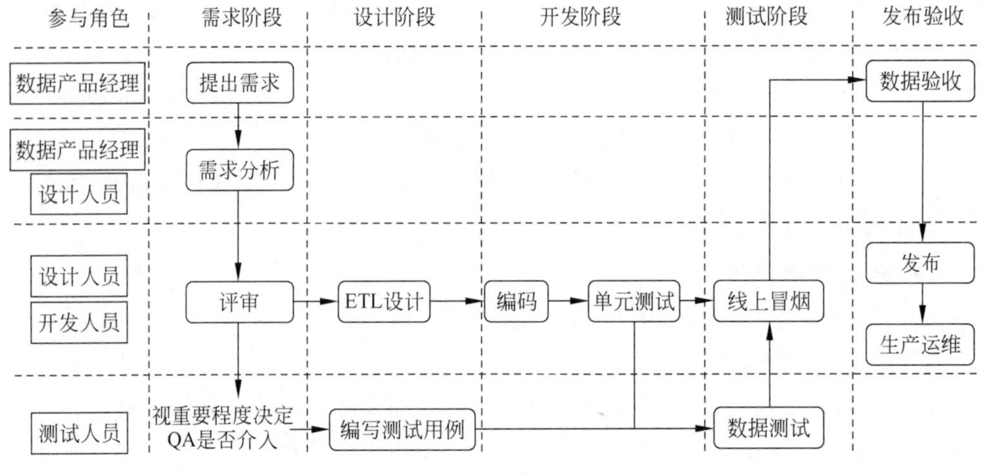

图 7-7 开发流程

就形成了“信息孤岛”的尴尬局面，从而给企业的数据挖掘、报表开发等带来非常大的困难。数据仓库的诞生就是为了解决这个问题的，通过一定的技术把各部门的数据从原来的数据中抽取出来，进行加工与集成、统一与综合之后再进入数据仓库，为后续的 DSS(决策支持系统)和 BI(商务智能)等深度开发奠定基础，而把数据源进行加工与集成的过程就是 ETL。

在数据仓库的构建中，ETL 贯穿于项目始终，它是整个数据仓库的生命线。从数据源中抽取数据，然后对这些数据进行转化，最终加载到目标数据库或者数据仓库中，这就是人们通常所说的 ETL 过程。

ETL 是抽取(Extract)、转换(Transform)、加载(Load)的简写，它是将 OLTP 系统中的数据进行抽取，并将不同数据源的数据进行转换、整合，得出一致性的数据，然后加载到数据仓库中。简而言之，ETL 是完成从 OLTP 系统到 OLAP 系统的过程。

2. ETL 流程

ETL 流程如下：

(1) 数据抽取。数据抽取指把数据从数据源读出来，一般用于从源文件和源数据库中获取相关的数据。值得注意的是，数据抽取的两个常见类型是静态抽取和增量抽取。其中静态抽取常用于填充数据仓库，而增量抽取用于进行数据仓库的维护。

(2) 数据转换。数据转换在数据的 ETL 中常处于中心位置，它把原始数据转换成期望的格式和维度。如果是用在数据仓库的场景下，数据转换也包含数据清洗。值得注意的是，数据转换既可以包含简单的数据格式的转换，也可以包含复杂的数据组合的转换。此外，数据转换还包括许多功能，例如记录级功能和字段级功能。

(3) 数据加载。数据加载指把处理后的数据加载到目标处，例如数据仓库或数据集市中。加载数据到目标处的基本方式是刷新加载和更新加载。其中刷新加载常用于数据仓库首次被创建时的填充，而更新加载用于目标数据仓库的维护。值得注意的是，加载数据到数据仓库中通常意味着向数据仓库中的表添加新行，或者在数据仓库中清洗被识别为无效的或不正确的数据。

表 7-1 显示了 ETL 建模的实现过程。

表 7-1 ETL 建模的实现过程

<table>
<tr><th>数据类型</th><th>抽取方式</th><th>转换方式</th><th>加载方式</th><th>表类型</th><th>变化类型</th><th>加载过程</th></tr>
<tr><td rowspan="6">1. 有时间戳
2. 数据量巨大
3. 交易事务表
4. 周期数据处理</td><td rowspan="6">增量变化抽取</td><td rowspan="6">清洗转换
标识增/删/改</td><td rowspan="6">增量变化加载</td><td rowspan="3">维表</td><td>新增</td><td>新增代理键,插入记录</td></tr>
<tr><td>修改</td><td>如果需要保留历史,新增代理键,插入记录;
如果无须保留历史,根据代理键修改记录</td></tr>
<tr><td>删除</td><td>若为逻辑删除,可等同修改,或在抽取时过滤;
若为物理删除,则增量抽取无法判断被删除</td></tr>
<tr><td rowspan="3">事实表</td><td>新增</td><td>根据流水号删除目标表数据,查找代理键,然后加载增量变化数据</td></tr>
<tr><td>修改</td><td>只需要增加或删除增加部分即可</td></tr>
<tr><td>删除</td><td>一般来说,事实表数据不物理删除,如果物理删除,增量抽取方式无法判断出来</td></tr>
<tr><td rowspan="8">1. 无时间戳
2. 数据量小的表
3. 代码表
4. 主数据表
5. 初始数据加载</td><td rowspan="8">全量抽取</td><td rowspan="2">清洗转换</td><td rowspan="2">全量加载</td><td>维表</td><td></td><td>只适合系统初始化数据的加载,不区分增/删/改</td></tr>
<tr><td>事实表</td><td></td><td>查找对应代理键,全部加载,适合数据量小的场合,ETL 简单、快捷</td></tr>
<tr><td rowspan="6">清洗转换
获取增量
标识增/删/改
添加时间戳</td><td rowspan="6">增量变化加载</td><td rowspan="3">维表</td><td>新增</td><td>新增代理键,插入记录</td></tr>
<tr><td>修改</td><td>如果需要保留历史,新增代理键,插入记录;
如果无须保留历史,根据代理键修改记录</td></tr>
<tr><td>删除</td><td>维表不处理被删除的维度记录</td></tr>
<tr><td rowspan="3">事实表</td><td>新增</td><td rowspan="2">根据事务流水号删除目标表
查找代理键,直接插入目标表</td></tr>
<tr><td>修改</td></tr>
<tr><td>删除</td><td>根据事务流水号删除目标表,可以处理物理删除现象</td></tr>
</table>

ETL 工作流程如图 7-8 所示。

3. ETL 工具

ETL 是数据仓库中非常重要的一环,是承前启后的必要一步。ETL 负责将分布式异构数据源中的数据(例如关系数据、平面数据文件等)抽取到临时中间层后进行清洗、转换、集成,最后加载到数据仓库或数据集市中,成为联机分析处理、数据挖掘的基础。

目前市场上常见的 ETL 工具如下:

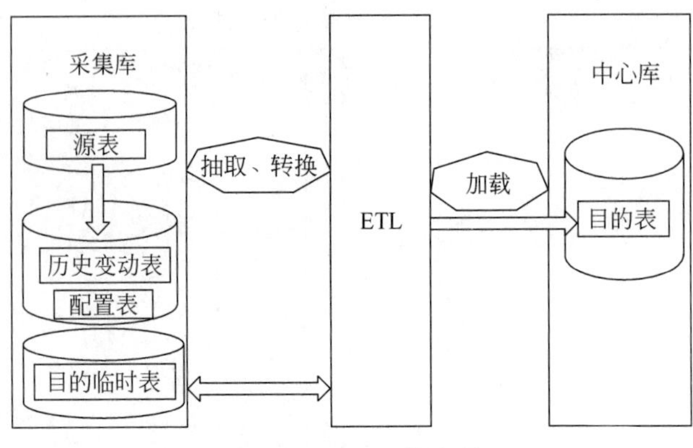

图 7-8 ETL 工作流程

(1) Talend。Talend 是数据集成和数据治理解决方案领域的领袖企业,也是第一家针对数据集成工具市场的 ETL 开源软件供应商。Talend 以它的技术和商业双重模式为 ETL 服务提供了一个全新的远景。它打破了传统的独有封闭服务,提供了一个针对所有规模的公司的公开的、创新的、强大的、灵活的软件解决方案。

(2) DataStage。DataStage 是 IBM 公司的商业软件,是一种数据集成软件平台,能够帮助企业从散布在各个系统中的复杂异构信息获得更多价值。DataStage 支持对数据结构从简单到高度复杂的大量数据进行收集、变换和分发操作,并且 Datastage 的全部操作在同一个界面中,不用切换界面,能够看到数据的来源以及整个 job 的情况。

(3) Kettle。Kettle 的中文名称叫水壶,它是一款国外开源的 ETL 工具,用纯 Java 编写,可以在 Windows、Linux、UNIX 上运行,数据抽取高效、稳定。在 Kettle 中有 transformation 和 job 两种脚本文件,transformation 完成针对数据的基础转换,job 完成对整个工作流的控制。图 7-9 显示了 Kettle 在数据仓库中的应用。

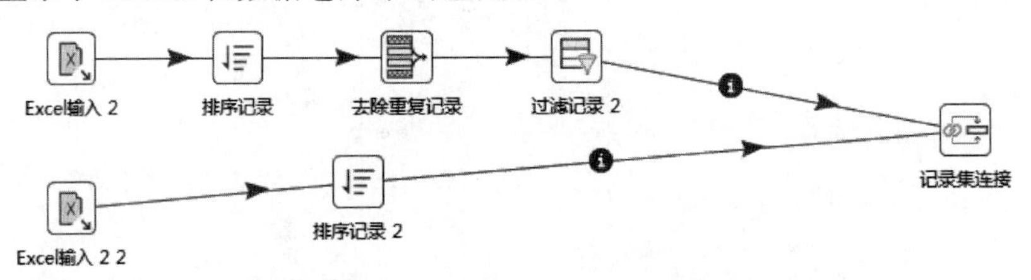

图 7-9 Kettle 在数据仓库中的应用

(4) Informatica PowerCenter。Informatica PowerCenter 是一款非常强大的 ETL 工具,支持各种数据源之间的数据抽取、转换、加载等数据传输,多用于大数据和商业智能等领域。应用企业一般可以根据自己的业务数据构建数据仓库,在业务数据和数据仓库之间进行 ETL 操作,并在挖掘到的零碎无规律的原始数据的基础上进行维度的数据分析,通过寻找用户的习惯和需求来指导业务拓展及战略转移的方向。

(5) ODI。ODI(Oracle Data Integrator)是 Oracle 的数据集成类工具,同时也是一个综合的数据集成平台,可以满足所有数据集成需求:从大容量、高性能的批处理负载到事件驱动、持续少量的集成流程再到支持 SOA 的数据服务。不过和人们通常所见的 ETL 工具不同,ODI 不是采用独立的引擎而是采用 RDBMS 进行数据转换,并且由于 ODI 是基于 Java 开发的产品,所以可以安装在 Windows、Linux、HP-UX、Solaris、AIX 和 macOS 平台上。

7.2 数据仓库规范

7.2.1 数据仓库规范概述

1. 数据仓库规范介绍

在数据仓库的开发中，数据规范是为了解决团体作战中的效率和协同问题而制定，是对最终交付质量的有力保证。数据规范是数据仓库体系建设的"语言"，是数据使用的说明书和翻译官，同时也是数据质量的保驾护航者。为了让数据体系能够长久、健康地发展，数据仓库管理应该从由人治理逐步转变到制度化、规范化、工具化的道路上来。

2. 数据仓库规范的实施

在数据仓库规范的实施过程中一般存在规范制定、规范推行和规范完善 3 个主要步骤。

1）规范制定

在制定规范时应由架构师充分考虑公司的实际情况，参考行业标准或约定俗成的规范综合统一制定。此外，也可以将规范拆分后交给各个部分核心开发人员编写，由架构师统一整合，比如由模型设计师负责模型设计规范，ETL 工程师负责 ETL 开发规范，BI 开发人员制定前端开发规范，部署上线规范直接采用项目上已有的即可。从总体上来说，在制定规范时应该尽量保证规范的完整性和各个部分之间的兼容性。

2）规范推行

当规范完成制定并已经具备了全面推广的条件时可以下发所有团队成员。在规范推行阶段，所有人必须严格遵守，并由架构师定期检查数据模型的开发是否合理、合规。此外，为了更好地推广规范的实施，有条件的企业还可以引入相应的工具加强监管。

3）规范完善

在规范完成制定并推广实施以后，如遇到细节上存在考虑不周的情况，应该根据实际情况对规范做出调整，规范唯有经过实践检验才能愈发完善。随着规范的不断成熟，它会逐渐成为组织文化的一部分，进而降低沟通成本、提高开发效率、保证交付质量，从而实现团队和个人的双赢。

3. 数据仓库的建设原则

数据仓库系统的建设不是一蹴而就的，而是一个渐进和长期的过程，在数据仓库的建设过程中始终贯穿了下列原则：

(1) 数据完整性原则。在分布式环境中要保证数据完整性，需要支持分布式事务或分布式请求，这种能力允许在多个场所远程处理由多个请求组成的事务。

(2) 分布式处理原则。系统不仅必须支持远程请求、远程事务，还必须支持分布式请求。

(3) 互操作性原则。互操作性就是与硬件无关、与操作系统无关和与网络无关。不管在分布式环境中所选择的硬件、操作系统和网络怎样结合，数据库系统仍能按相同的方式工作。同样，不管在哪一时刻这些环境有了变动，也不应影响其他节点和场所。

(4) 最优化原则。在数据库设计中需要考虑采用改善数据库性能的优化方法，例如裂化、复制以及分布或查询优化。

(5) 透明性原则。数据定位、数据的实际存储格式及存储数据所使用的方法对于用户而言应是透明的。

(6) 简单性原则。简单性主要指使用较为简单，用户易于掌握。

(7) 可扩展性原则。系统要有可扩展性,便于进一步扩充及与历史数据和未来数据的集成衔接。

(8) 先进性原则。先进性原则指用先进的技术来实现与其他系统间的互联互通、资源共享。

(9) 大数据原则。大数据原则指在数据库设计中充分考虑数据量巨大、数据类型繁多、处理速度快等特点。

7.2.2 数据仓库设计规范

1. 数据仓库架构规范

数据仓库建设不同于日常的信息系统开发,除了遵循其他系统开发的软件生命周期之外,它还涉及企业信息数据的集成、大容量数据的阶段处理和分层存储、数据仓库的模式选择等。因此数据仓库的模型与架构设计非常重要,这也是数据仓库项目成败的关键。

在数据仓库架构建设中主要是通过分层来实现,常见的数据仓库分层规范包含以下方面:

(1) ODS 层规范。从数据粒度来说,ODS 层的数据粒度是最细的。ODS 层的表通常包括两类,一类用于存储当前需要加载的数据,另一类用于存储处理完后的历史数据。由于 ODS 层中的数据全部来自于业务数据库,所以 ODS 层的表格也需要与业务数据库中的表格一一对应,就是将业务数据库中的表格在数据仓库的底层重新建立一次,数据与结构完全一致。此外,业务数据库(OLTP)基本按照 E-R 实体模型建模,因此 ODS 层中的建模方式也应当是 E-R 实体模型。

(2) DWD 层规范。DWD 层要做的就是将数据进行清理、整合以及规范化,因此脏数据、垃圾数据、规范不一致的、状态定义不一致的、命名不规范的数据都会被处理。DWD 层应该是覆盖所有系统的、完整的、干净的、具有一致性的数据层,并根据维度模型设计事实表和维度表,也就是说 DWD 层是一个非常规范的、高质量的、可信的数据明细层。

(3) DM 层规范。DM 层为数据集市层,面向特定主题。在 DM 层完成报表或者指标的统计,DM 层已经不包含明细数据,是粗粒度的汇总数据。DM 层是针对某一个业务领域建立模型,具体用户(一般为决策层)查看 DM 层生成的报表。从数据粒度来说,DM 层的数据是轻度汇总级的数据,已经不存在明细数据了。从数据的时间跨度来说,DM 层通常是 PDW 层的一部分,主要是为了满足用户分析的需求,虽然从分析的角度来说,用户通常只需要分析近几年(例如近 3 年)的数据即可,但从数据的广度来说,仍然需要覆盖所有业务数据。

(4) APP 层规范。APP 层从数据粒度来说是高度汇总的数据,从数据的广度来说则并不一定会覆盖所有业务数据,而是 DM 层数据的一个真子集,因此从某种意义上来说 APP 层是 DM 层数据的一个重复。

2. 事实表规范

在现实世界中,每一个操作型事件基本上都是发生在实体之间的,伴随着这种操作事件的发生会产生可度量的值,而这个过程产生了一个事实表,其中存储了每一个可度量的事件。发生在现实世界中的操作型事件所产生的可度量数值就存储在事实表中。从最低的粒度级别来看,事实表行对应一个度量事件,反之亦然。因此,事实表的设计完全依赖于物理活动,不受可能产生的最终报表的影响。此外,除数字度量外,事实表总是包含外键,用于关联与之相关的维度,也包含可选的退化维度键和日期/时间戳。

3. 维度表规范

维度表描述的是各种事物的属性。维度表通常比较宽,是扁平型非规范表,包含大量的低粒度的文本属性。在设计维度表时，每个维度表都应包含单一的主键列，维度表的主键可以作为与之关联的任何事实表的外键。当然，维度表行的描述环境应与事实表行完全对应，比如商品，单一主键为商品 ID，属性包括产地、颜色、材质、尺寸、单价等，但属性并非一定是文本，例如单价、尺寸均为数值型描述性的。表 7-2 显示了时间维度规范，表 7-3 显示了层级维度规范。

表 7-2　时间维度规范

Name	Code	Data Type	Length
日期代理键	DATE_PK	integer	
日期描述	DATE_DESC	varchar2(8)	8
日期长描述	DATE_LDESC	varchar2(20)	20
日期中文描述	DATE_CNDESC	varchar2(20)	20
天	DAY	number	
天中文	DAYCN	varchar2(10)	10
月	MONTH	number	
月中文	MONTH_DESC	varchar2(10)	10
年	YEAR	number	
年中文	YEAR_DESC	varchar2(10)	10
年月	YEAR_MONTH	varchar2(6)	6
周月	WEEKMONTH	number	
周月中文描述	WEEK_MONTH_CNDESC	varchar2(20)	20
年中第几周	WEEK_YEAR	number	
年中第几周描述	WEEK_YEAR_CN	varchar2(20)	20
周几	WEEKNO	number	
周几中文描述	WEEK_CN	varchar2(10)	10
旬	XUN	number	
旬中文	XUNCN	varchar2(10)	10
季度	QUARTER	number	
季度中文	QUAR_CN	varchar2(10)	10
是否周末	IF_WEEKEND	varchar2(10)	10
是否月末	IF_MONTHEND	varchar2(10)	10
节假日名称	HOLIDAY	varchar2(10)	10
上月同一天	LASTMONTH_DAY	varchar2(8)	8
去年同一天	LASTYEAR_DAY	varchar2(8)	8

表 7-3　层级维度规范

Name	Code	Data Type	Length
组织代码	ORG_CODE	varchar2(20)	20
上级组织代码	PORG_CODE	varchar2(20)	20
组织名称	ORG_NAME	varchar2(100)	100
上级组织名称	PORG_NAME	varchar2(100)	100

续表

Name	Code	Data Type	Length
组织类型	ORG_TYPE	varchar2(20)	20
组织层级	ORG_LEVEL	varchar2(20)	20
组织描述	ORG_DESC	varchar2(200)	200
组织简称	ORG_SNAME	varchar2(20)	20
组织地址	ORG_ADDR	varchar2(100)	100

4. 数据仓库的命名与编程规范

在数据仓库的命名与编程中主要有以下规范：

(1) 数据类型采用基本数据类型，尽量不要使用某数据库特有的类型。

(2) 在数据仓库中，为了让数据所有相关方对于表包含的信息有一个共同的认知，对数据表应采用“层次_业务/部门_修饰/描述_范围/周期”命名格式。

(3) 所有数据代码统一使用小写字母书写，以方便不同数据库之间的移植，同时也避免程序调用问题。参数、局部变量和全局变量用大写。

(4) 所有名称采用英文单数名词或动词，避免出现复数。

(5) 长度固定的字符串类型采用 char，长度不固定的字符串采用 varchar，一定要避免在长度不固定的情况下采用 char。

(6) 命名使用英文单词，避免使用拼音，特别不应该使用拼音简写。命名不允许使用中文或者特殊字符。

(7) 关键字之后要留空格。

(8) 在创建表、存储过程、函数时，表名、存储过程名和函数名之后不要留空格。

(9) 不允许把多个语句写在一行中，即一行只写一条语句。

(10) 相对独立的程序块之间、变量说明之后必须加空行。

(11) 在混合使用不同类型的操作符时，建议使用括号进行分隔，以使代码清晰。

(12) 避免使用 select * 语句。

(13) insert 语句必须给出字段列表，否则会对后续表的扩展带来维护上的麻烦。

(14) 在一般情况下，源程序的有效注释量不低于 30%。添加注释的原则是有助于程序的阅读和理解，便于后期维护，在该加的地方都加，注释不宜太多也不能太少，注释语言需要准确、易懂、简洁。

(15) 所有变量定义需要加注释，说明该变量的用途和含义。

7.3 Hive 数据仓库

7.3.1 Hive 数据仓库简介

1. 认识 Hive

Hive 是基于 Hadoop 的一个数据仓库工具，用来进行数据的提取、转化和加载，这是一种可以存储、查询和分析存储在 Hadoop 中的大规模数据的机制。Hive 能将结构化的数据文件映射为一张数据库表，并提供 SQL 查询功能，能将 SQL 语句转变成 MapReduce 任务来执行。Hive 的优点是学习成本低，可以通过类似 SQL 语句实现快速 MapReduce 统计，使 MapReduce 变得更加简单，而不必开发专门的 MapReduce 应用程序。Hive 十分适合对数据仓库进行统计分析。

Hive 可以将 HQL 语句转化成 MapReduce 任务，Hive 的执行具有以下 3 个特征：

（1）Hive 处理的数据存储在 HDFS 中。

（2）Hive 分析数据底层的实现是 MapReduce。

（3）执行程序运行在 Yarn 上。

2. Hive 的优缺点

Hive 的优点如下：

（1）Hive 操作接口采用类 SQL 语法，提供快速开发的能力（简单、容易上手）。

（2）Hive 的 HQL 语句避免了写 MapReduce，减少了开发人员的学习成本。

（3）Hive 的执行延迟比较高，因此 Hive 常用于数据分析以及对实时性要求不高的场合。

（4）Hive 支持用户自定义函数，用户可以根据自己的需求来实现自己的函数。

Hive 存在以下缺点：

（1）Hive 的 HQL 表达能力有限。

（2）Hive 不擅长数据挖掘，由于 MapReduce 数据处理流程的限制，无法实现效率更高的算法。

（3）Hive 自动生成的 MapReduce 作业通常不够智能化。

（4）Hive 调优比较困难，粒度较粗。

3. Hive 的架构

Hive 作为 Hadoop 的主要数据仓库解决方案，底层存储依赖于 HDFS，Hive SQL 是主要的交互接口，而真正的计算和执行由 MapReduce 完成，它们之间的桥梁是 Hive 引擎。Hive 架构图如图 7-10 所示。

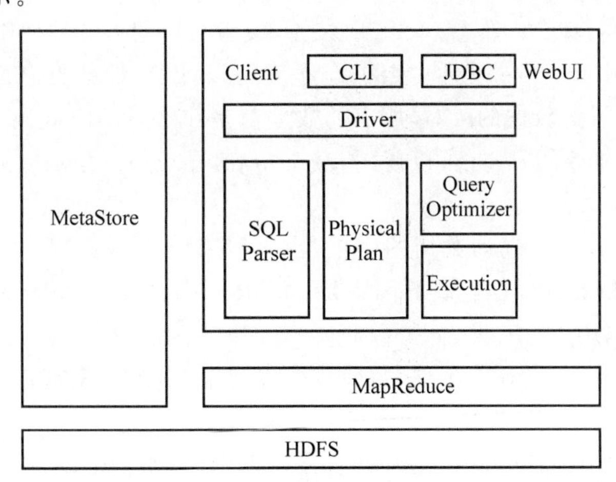

图 7-10　Hive 架构图

1）用户接口（Client）

用户接口主要包括 CLI（Command-Line Interface）、JDBC/ODBC（JDBC 访问 Hive）和 WebUI（浏览器访问 Hive）3 个部分。

2）元数据（MetaStore）

元数据包括表名、表所属的数据库（默认是 default）、表的拥有者、列/分区字段、表的类型（是否为外部表）、表的数据所在目录等。元数据默认存储在 Hive 自带的 derby 数据库中，推荐使用 MySQL 存储元数据。

3）驱动器(Driver)

(1) 解析器(SQL Parser)：将SQL字符串转换成抽象语法树(AST)，这一步一般用第三方工具库完成，比如ANTLR；对AST进行语法分析，比如分析表是否存在、字段是否存在、SQL语义是否有误。

(2) 编译器(Physical Plan)：将AST编译生成逻辑执行计划。

(3) 优化器(Query Optimizer)：对逻辑执行计划进行优化。

(4) 执行器(Execution)：把逻辑执行计划转换成可以运行的物理计划。对于Hive来说就是MR/Spark。

Hive通过给用户提供一系列交互接口，接收到用户的指令(SQL)，使用自己的Driver，结合元数据(MetaStore)将这些指令翻译成MapReduce，提交到Hadoop中执行，最后将执行返回的结果输出到用户交互接口。其中的数据可以存取、处理、分析及传输。数据湖从企业的多个数据源获取原始数据，并且针对不同目的，同一份原始数据可能有多种满足特定内部模型格式的数据副本。有效地利用数据湖，充分地挖掘数据潜在价值，能帮助企业更好地细分市场，能帮助企业有针对性地为企业发展提供决策支撑，更好地掌握市场动向，更好地对市场反应产生新的洞见，更好地设计规划或改进产品，更好地为客户提供服务。

4. Hive和数据库的比较

由于Hive采用了类似SQL的查询语言HQL(Hive Query Language)，所以用户很容易将Hive理解为数据库。其实从结构上来看，Hive和数据库除了拥有类似的查询语言以外，再无类似之处。数据库可以用在Online的应用中，但Hive是为数据仓库设计的，清楚这一点，有助于用户从应用角度理解Hive的特性。Hive和数据库的区别有以下四方面。

(1) 查询语言。由于SQL被广泛地应用在数据仓库中，所以，专门针对Hive的特性设计了类SQL的查询语言HQL。熟悉SQL开发的开发者可以很方便地使用Hive进行开发。

(2) 数据更新。由于Hive是针对数据仓库应用设计的，而数据仓库的内容是读多写少的，所以Hive中不建议对数据的改写，所有的数据都是在加载的时候确定好的。数据库中的数据是需要经常进行修改的，因此可以使用insert into … values添加数据，使用update … set修改数据。

(3) 执行延迟。Hive在查询数据的时候，由于没有索引，需要扫描整个表，所以延迟较高。另外一个导致Hive执行延迟高的因素是MapReduce框架。由于MapReduce本身具有较高的延迟，所以在利用MapReduce执行Hive查询时也会有较高的延迟。相对地，数据库的执行延迟较低。当然，这个低是有条件的，即数据规模较小，当数据规模大到超过数据库的处理能力的时候，Hive的并行计算显然能体现出优势。

(4) 数据规模。由于Hive建立在集群上并可以利用MapReduce进行并行计算，所以可以支持很大规模的数据；而数据库可以支持的数据规模较小。

7.3.2 Hive的安装与配置

Hive的安装与配置主要包括上传Hive并修改文件名、配置环境变量、修改模板文件、安装MySQL驱动包以及启动Hive等多个步骤。

1. 上传Hive并修改文件名

下载所需版本的Hive，这里下载的版本为apache-hive-1.2.2，下载地址是Apache官网(https://hive.apache.org/downloads.html)。下载后将其解压到Hadoop同一目录下(/usr/

local/),命令如下:

```
tar -zxvf apache-hive-1.2.2-bin.tar.gz -C /usr/local/
```

为了之后对 Hive 进行操作时代码更简洁,修改解压后的文件名为 hive-1.2.2。进入 local 目录,执行以下命令:

```
mv apache-hive-1.2.2-bin/ hive-1.2.2
```

2. 配置环境变量

(1) 为了能够在任意目录下启动 Hive,需要设置 Hive 的根目录,并将 Hive 的启动目录(bin 目录)添加到 PATH 变量中。进入根目录,编辑"/etc/profile"文件,在后面添加 Hive 的"HIVE_HOME"以及"PATH"内容,文件修改部分如下:

```
# 配置 Hive
export HIVE_HOME=/usr/local/hive-1.2.2
export PATH=$PATH:$HIVE_HOME/bin
```

(2) 使配置生效。

保存并退出"/etc/profile"文件,执行下面的命令使其配置立即生效:

```
[root@master ~]# source /etc/profile
```

3. 修改模板文件

(1) 复制模板文件并修改名称。所有模板文件都在 $HIVE_HOME/conf 目录下,需要配置的模板文件有 4 个,分别是 hive-env.sh.template、hive-log4j.properties.template、hive-default.xml.template 以及 hive-site.xml,前 3 个文件已经存在,只需对它们做复制和修改,最后一个文件需要新建。为防止直接修改出错,先将需要配置的前 3 个文件复制一份并修改名称,命令如下:

```
[root@master ~]# cd $HIVE_HOME/conf
[root@master conf]# cp hive-env.sh.template hive-env.sh
[root@master conf]# cp hive-log4j.properties.template hive-log4j.properties
[root@master conf]# cp hive-default.xml.template hive-default.xml
```

(2) 修改 hive-env.sh 文件。在此处设置 Hive 和 Hadoop 环境变量,这些变量可以用来控制 Hive 的执行。使用它来配置 Hive,那么用户就不必设置环境变量或设置命令行参数来获取正确的行为。用户需要将 hive-env.sh 文件中已经提供的参数 HADOOP_HOME 和 HIVE_CONF_DIR 的值分别进行修改,命令如下:

```
export HADOOP_HOME=/usr/local/hadoop-2.7.7
export HIVE_CONF_DIR=/usr/local/hive-1.2.2/conf
```

(3) 修改 hive-log4j.properties 文件。该文件配置不同级别日志到各自的文件中,修改日志文件的存储路径有助于以后排查错误。用户需要将 hive-log4j.properties 文件中已经提供的参数 hive.log.dir 的值进行修改,命令如下:

```
hive.log.dir=/usr/local/hive-1.2.2/log
```

(4) 创建 hive-site.xml 文件。对于 hive-default.xml 这个关键配置文件一般不做修改,这里对关键配置文件的副本(hive-site.xml 文件)进行修改,副本中的配置会覆盖 hive-default.xml 中的配置。在默认情况下没有 hive-site.xml 这个文件,需要用户自己创建,主要是配置存放元数据的 MySQL 的地址、驱动、用户名(通常是"root")和密码(通常是"123456")等信息,命令如下:

```
<configuration>
    <property>
        <!-- 查询数据时显示出列的名字 -->
        <name>hive.cli.print.header</name>
        <value>true</value>
    </property>
    <property>
        <!-- 在命令行中显示当前所使用的数据库 -->
        <name>hive.cli.print.current.db</name>
        <value>true</value>
    </property>
    <property>
        <!-- 默认数据仓库的存储位置,该位置为 HDFS 上的路径 -->
        <name>hive.metastore.warehouse.dir</name>
        <value>/user/hive/warehouse</value>
    </property>
    <property>
        <name>javax.jdo.option.ConnectionURL</name>
        <value>jdbc:mysql://(本机 ipv4 地址):3306/hive_metastore?createDatabaseIfNotExist=
true</value>
    </property>
    <property>
        <name>javax.jdo.option.ConnectionDriverName</name>
        <value>com.mysql.jdbc.Driver</value>
    </property>
    <property>
        <name>javax.jdo.option.ConnectionUserName</name>
        <value>(连接的数据库用户名)</value>
    </property>
    <property>
        <name>javax.jdo.option.ConnectionPassword</name>
        <value>(连接的数据库密码)</value>
    </property>
</configuration>
```

这里的文件配置内容适用于 MySQL 5.X 版本。如果是 MySQL 8.X 版本,hive-site.xml 文件中的参数设置有一些区别。

4. 安装 MySQL 驱动包

(1) 下载 MySQL 驱动。在官网下载 MySQL 驱动包,并上传至 Linux 中,下载地址为"https://dev.mysql.com/downloads/connector/j/"。

(2) 将 MySQL 驱动包复制到 Hive 安装目录的 lib 下,命令如下:

```
[root@master ~]# cp mysql-connector-java-5.1.47-bin.jar /usr/local/hive-1.2.2/lib/
```

5. 启动 Hive

因为已经设置 Hive 的根目录,并将 Hive 的启动目录(bin 目录)添加到 PATH 变量中,可以在任意目录下启动 Hive。在任意目录下输入 hive 后按回车键,等待一会儿便会出现 hive shell 命令行形式,如图 7-11 所示。

```
[root@master ~]# hive

Logging initialized using configuration in file:/usr/local/hive-1.2.2/conf/hive-log4j.properties
hive (default)>
```

图 7-11 Hive 启动成功

7.3.3　Hive 常用操作

Hive 的常用操作主要包含执行 SQL 语句、查看 HDFS 文件系统、退出 hive shell 命令窗口等。

1. 执行 SQL 语句

在 Hive 中执行 SQL 语句有 3 种方式，除了在 hive shell 命令窗口中直接输入 SQL 语句的方式以外，还有两种不进入交互窗口执行的方式，分别是“hive -e”和“hive-f”。

方式一：“hive -e”不进入 Hive 的交互窗口执行 SQL 语句，例如查看 student 表中的 id 列。

```
[root@master ~]# hive - e "select id from student;"
```

方式二：“hive-f”不进入 Hive 的交互窗口执行脚本中的 SQL 语句。

（1）在/user/local/hive-1.2.2/下创建 datas 目录，并在 datas 目录下创建 hive.hql 文件，命令如下：

```
[root@master hive-1.2.2]# mkdir datas/
[root@master hive-1.2.2]# touch hive.sql
```

（2）在 hive.sql 文件中写入正确的 SQL 语句，内容如下：

```
select * from student;
```

（3）执行 hive.sql 文件中的 SQL 语句。

```
[root@master hive-1.2.2]# hive - f /usr/local/hive-1.2.2/datas/hive.sql
```

（4）执行 hive.sql 文件中的 SQL 语句并将结果写入文件中。

```
[root@master hive-1.2.2]# hive - f /usr/local/hive-1.2.2/datas/hive.sql > /usr/local/hive
-1.2.2/datas/hive_result.txt
```

2. 查看 HDFS 文件系统

在 hive shell 命令窗口中可以查看 HDFS 文件系统中的所有目录以及文件信息，例如查看 HDFS 文件系统中根目录下的文件信息，命令如下：

```
hive(default)> dfs - ls /;
```

显示结果如图 7-12 所示。

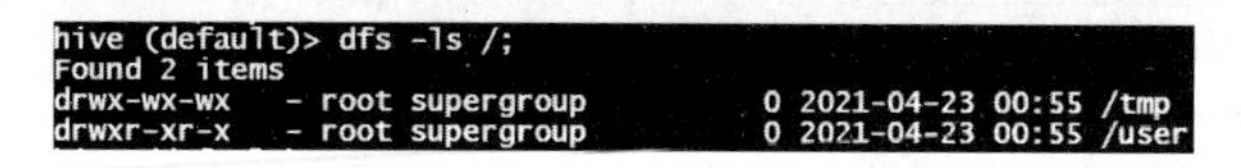

图 7-12　查看 HDFS 根目录信息

3. 退出 hive shell 命令窗口

退出 hive shell 命令窗口有以下两种方式：

（1）hive(default)>exit;

（2）hive(default)>quit;

7.3.4　Hive 支持的数据类型

Hive 支持基本数据类型和复杂数据类型，基本数据类型包括数值型、布尔值、字符串、时间戳；复杂数据类型包括数组、元组集合、结构。

1. 基本数据类型

Hive 的基本数据类型和 Java 十分类似，其与 Java 数据类型的对应关系和特征如表 7-4 所示。

表 7-4 Hive 基本数据类型

Hive 数据类型	Java 数据类型	长　度	例　子
tinyint	byte	1byte 有符号整数	20
smallint	short	2byte 有符号整数	20
int	int	4byte 有符号整数	20
bigint	long	8byte 有符号整数	20
boolean	boolean	布尔类型，true 或 false	true，false
float	float	单精度浮点数	3.14159
double	double	双精度浮点数	3.14159
string	string	字符系列，可以指定字符集，可以使用单引号或者双引号	"abc"
timestamp	/	时间戳	9:25:29
binary	/	字节数组	10100010

Hive 的 string 类型相当于数据库的 varchar 类型，该类型是一个可变的字符串，不过它不能声明其中最多可以存储多少个字符，理论上可以存储 2GB 的字符数。

2. 复杂数据类型

Hive 的 3 种复杂数据类型数组、元组集合、结构分别对应 array、map 和 struct。array 和 map 与 Java 中的 Array 和 Map 类似，struct 与 C 语言中的 Struct 类似，它封装了一个命名字段集合。复杂数据类型允许任意层次嵌套，其类型特征如表 7-5 所示。

表 7-5 Hive 复杂数据类型

数据类型	描　述	语法示例
struct	与 C 语言中的 Struct 类似，都可以通过“点”符号访问元素内容。例如，如果某列的数据类型是 struct{first string，last string}，那么第 1 个元素可以通过“字段.first”来引用	struct() 例如：struct < street: string, city: string >
map	map 是一组键值对元组集合，使用数组表示法可以访问数据。例如，如果某列的数据类型是 map，其中键值对是 'first'->'John'和'last'->'Doe'，那么可以通过字段名['last']获取最后一个元素	map() 例如：map < string，int >
array	数组是一组具有相同类型和名称的变量的集合。这些变量称为数组的元素，每个数组元素都有一个编号，编号从 0 开始。例如，数组值为['John'，'Doe']，那么第 2 个元素可以通过数组名[1]进行引用	array() 例如：array < string >

假设某表有一行用 JSON 格式来表示其数据结构。在 Hive 下访问的格式为：

```
{
    "name": "songsong",
    "friends": ["bingbing" , "lili"] ,                    //数组
```

```
    "children": {                                    //元组集合
    "xiao song": 18 ,
    "xiaoxiao song": 19
    }
    "address": {                                     //结构
    "street": "hui long guan",
    "city": "beijing"
    }
}
```

从以上可以看出，"friends"字段属于数组类型，"children"字段属于元组集合类型，"address"字段属于结构类型。基于上述数据结构，如果用户需要将该数据导入Hive中的表格，则需要在本地创建文本文件，内容如下：

```
songsong,bingbing_lili,xiao song:18_xiaoxiao song:19,hui long guan_beijing
yangyang,caicai_susu,xiao yang:18_xiaoxiao yang:19,chao yang_beijing
```

在文本文件中，复杂数据类型map、struct和array内的元素间关系都可以用同一个字符"_"来表示。

7.3.5　Hive中的数据库操作

Hive中的数据库本质上是表的目录或者命名空间，如果表非常多，一般会用数据库将生成表组织成逻辑组。但在实际情况中，用户一般没有指定数据库，使用的是默认的default数据库。数据库目录的名字都是以.db结尾的。

Hive会为创建的每个数据库在HDFS上创建一个目录，该数据库中的表会以子目录的形式存储，表中的数据会以表目录下的文件形式存储，如果用户使用的是默认的default数据库，该数据库本身没有自己的目录。数据库所在目录在hive-site.xml文件的配置项hive.metastore.wareshuse.dir配置的目录之后，默认是/user/hive/warehouse。

1. 创建数据库

在Hive中创建数据库的基本语法如下：

```
create database [if not exists] database_name [comment database_comment]
[location hdfs_path]
[with dbproperties (property_name = property_value, …)];
```

(1) 创建一个数据库(数据库在HDFS上的默认存储路径是/user/hive/warehouse/*.db)，命令如下：

```
hive (default)> create database db_hive;
```

(2) 避免要创建的数据库存在错误，增加if not exists判断(标准写法)，命令如下：

```
hive (default)> create database if not exists db_hive;
```

(3) 创建一个数据库，指定数据库在HDFS上的存放位置，命令如下：

```
hive (default)> create database db_hive2 location '/db_hive2.db';
```

2. 查询数据库

1) 显示数据库

(1) 显示所有数据库，命令如下：

```
hive (default)> show databases;
```

（2）显示名字以“db_hive”开头的数据库，命令如下：

```
hive (default)> show databases like 'db_hive * ';
OK
db_hive
db_hive_2
```

2）查看数据库详情

（1）显示数据库的 db_hive 概要信息，命令如下：

```
hive (default)> desc database db_hive;
OK
db_name comment location        owner_name      owner_type      parameters
db_hive hdfs://master:8020/user/hive/warehouse/db_hive.db       root       USER
```

（2）显示数据库的详细信息，命令如下：

```
hive (default)>desc database extended db_hive;
OK
db_name comment location        owner_name      owner_type      parameters
db_hive hdfs://master:8020/user/hive/warehouse/db_hive.db       root       USER studentUser
```

和概要信息相比，详细信息显示了额外的参数信息，也就是“parameters”所对应的信息内容。

（3）切换当前数据库为 db_hive，命令如下：

```
hive (default)> use db_hive;
```

（4）修改数据库。用户可以使用 alter database 命令为某个数据库的 dbproperties 设置键值对属性值来描述这个数据库的属性信息。例如为 db_hive 数据库添加属性值'createtime'='20170830'，命令如下：

```
hive (db_hive)> alter database db_hive set dbproperties('createtime' = '20170830');
```

在 Hive 中查看修改结果如下：

```
hive (db_hive)> desc database extended db_hive;
OK
db_name comment location        owner_name      owner_type      parameters
db_hive     hdfs://master:8020/user/hive/warehouse/db_hive.db      root      USER      {createtime
= 20170830}
Time taken: 0.113 seconds, Fetched: 1 row(s)
```

3. 删除数据库

（1）删除空数据库 db_hive2，命令如下：

```
hive (db_hive)> drop database db_hive2;
```

（2）删除数据库，最好使用 if exists 判断数据库是否存在，例如：

```
hive (db_hive)> drop database if exists db_hive2;
```

（3）如果数据库不为空，可以使用 cascade 命令强制删除数据库，例如强制删除数据库 db_hive，命令如下：

```
hive (db_hive)> drop database db_hive cascade;
```

4. 创建数据表

创建数据表的基本语法如下：

```
create [external] table [if not exists] table_name
[(col_name data_type [comment col_comment], ...)] [comment table_comment]
[partitioned by (col_name data_type [comment col_comment], ...)] [clustered by (col_name, col_
name, ...)
[sorted by (col_name [asc|desc], ...)] into num_buckets buckets] [row format row_format]
[stored as file_format] [location hdfs_path]
[tblproperties (property_name = property_value, ...)] [as select_statement]
```

(1) create table：创建一个指定名字的表。如果已经存在相同名字的表，则抛出异常。用户可以通过 if not exists 选项来忽略这个异常。

(2) external：让用户创建一个外部表，在建表的同时可以指定一个指向实际数据的路径(location)，在删除表的时候内部表的元数据和数据会被一起删除，而外部表只删除元数据，不删除数据。

(3) comment：为表和列添加注释。

(4) partitioned by：创建分区表。

(5) clustered by：创建分桶表。

(6) sorted by：不常用，对桶中的一个或多个列另外排序。

(7) stored as：指定存储文件类型，常用的存储文件类型有 sequencefile(二进制序列文件)、textfile(文本)、rcfile(列式存储格式文件)。

如果文件数据是纯文本，可以使用 stored as textfile；如果数据需要压缩，可以使用 stored as sequencefile。

(8) location：指定表在 HDFS 上的存储位置。

(9) as：后跟查询语句，根据查询结果创建表。

5. 管理数据表

在 Hive 中默认创建的表都是所谓的管理表(Managed Table)，有时也被称为内部表。因为这种表，Hive 会(或多或少地)控制着数据的生命周期。Hive 默认情况下会将这些表的数据存储在由配置项 hive. metastore. warehouse. dir(例如/user/hive/warehouse)所定义的目录的子目录下。当用户删除一个管理表时，Hive 也会删除这个表中的数据。管理表不适合和其他工具共享数据。

【例 7-1】 创建管理表(普通表)student，并查看表信息。

(1) 创建管理表，命令如下：

```
hive (db_hive)> create table if not exists student(id int, name string)
row format delimited fields terminated by '\t' stored as textfile
location '/user/hive/warehouse/student';
```

(2) 查看表信息，命令如下：

```
hive (db_hive)> desc formatted student2;
Table Type:MANAGED_TABLE
```

【例 7-2】 创建外部表 dept，并对其进行加载数据、删除表格等操作。

(1) 创建外部表，命令如下：

```
create external table if not exists dept(deptno int,
dname string, loc int
)
row format delimited fields terminated by '\t';
```

(2) 在之前已经创建好的 datas 目录下创建 dept. txt 文件，并输入以下内容：

```
10          ACCOUNTING          1700
20          RESEARCH            1800
30          SALES               1900
40          OPERATIONS          1700
```

（3）加载 dept.txt 中的数据到 dept 表中，命令如下：

```
hive (db_hive)> load data local inpath '/usr/local/hive-1.2.2/datas/dept.txt' into table dept;
```

（4）删除外部表 dept，命令如下：

```
hive (db_hive)> drop table dept;
```

（5）通过 Web 控制台查看 HDFS 中的"/user/hive/warehouse/db_hive.db/"路径，其下的表同名文件夹和数据文件依然存在（如图 7-13 所示），说明删除外部表元信息并不会删除其数据。

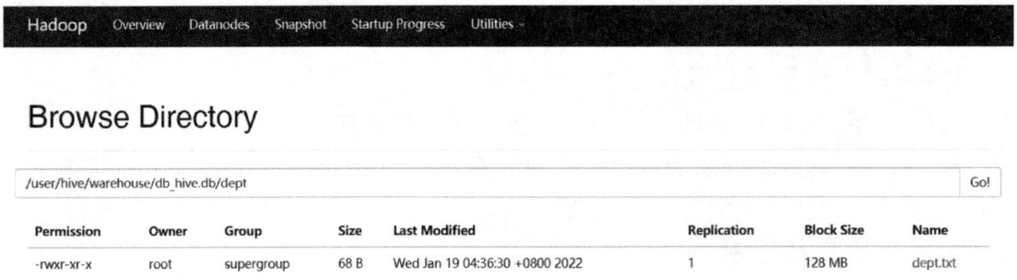

Hadoop　Overview　Datanodes　Snapshot　Startup Progress　Utilities

Browse Directory

/user/hive/warehouse/db_hive.db/dept　Go!

Permission	Owner	Group	Size	Last Modified	Replication	Block Size	Name
-rwxr-xr-x	root	supergroup	68 B	Wed Jan 19 04:36:30 +0800 2022	1	128 MB	dept.txt

图 7-13　外部表数据

6. 修改数据表

1）重命名数据表

语法如下：

```
alter table table_name rename to new_table_name;
```

【例 7-3】 将表 student 的名称重命名为 student2。

```
hive (db_hive)> alter table student rename to student2;
```

2）增加/修改/替换列信息

（1）更新列，语法如下：

```
alter table table_name change [column] col_old_name col_new_name column_type [comment col_comment] [first|after column_name]
```

【例 7-4】 将表 dept 的 deptno 列改为降序排列。

```
hive (db_hive)> alter table dept change column deptno desc int;
```

（2）增加和替换列，语法如下：

```
alter table table_name add|replace columns (col_name data_type [comment col_comment], ...)
```

其中，add 是新增一个字段，字段的位置在所有列的后面，replace 则是表示替换表中的所有字段。

【例 7-5】 替换表 dept 中的所有列。

```
hive (db_hive)> alter table dept replace columns(deptno string, dname string, loc string);
```

3）删除数据表

语法如下：

```
drop table table_name;
```

7.3.6 Hive中的数据操作

数据操作能力是大数据分析至关重要的能力，数据操作主要包括数据导入和数据导出。

1. 数据导入

1) 向表中装载数据(load)

其语法如下：

```
load data [local] inpath '数据的 path' [overwrite] into table table_name [partition (partcol1 =
val1, … )];
```

(1) load data：表示加载数据。

(2) local：表示从本地加载数据到 Hive 表，否则从 HDFS 加载数据到 Hive 表。

(3) inpath：表示加载数据的路径。

(4) overwrite：表示覆盖表中的已有数据，否则表示追加。

(5) into table：表示加载到哪张表。

(6) partition：表示上传到指定分区。

【例 7-6】 创建文本文件 student.txt，并将其加载至 student 表。

(1) 创建文本文件，命令如下：

```
[root@master datas]# vi stu.txt
1001    s1
1002    s2
1003    s3
1004    s4
1005    s5
1006    s6
1007    s7
1008    s8
1009    s9
1010    s10
1011    s11
1012    s12
```

(2) 加载数据，命令如下：

```
hive (db_hive)> load data local inpath '/usr/local/hive-1.2.2/datas/stu.txt' into table student;
```

(3) 查看表数据，查询结果如图 7-14 所示。

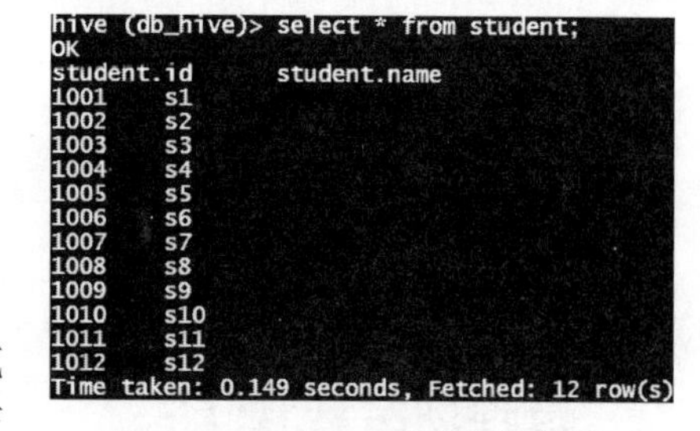
```
hive (db_hive)> select * from student;
OK
student.id      student.name
1001    s1
1002    s2
1003    s3
1004    s4
1005    s5
1006    s6
1007    s7
1008    s8
1009    s9
1010    s10
1011    s11
1012    s12
Time taken: 0.149 seconds, Fetched: 12 row(s)
```

图 7-14 student 表的查询结果

2) 通过查询语句向表中插入数据(insert)

其语法如下：

```
insert into|overwrite table table_name1 select 字段 1,
字段 2, … from table_name2 where 条件语句
```

其中，insert into 表示以追加数据的方式插入表或分区，原有数据不会删除；insert overwrite 表示会覆盖表中已存在的数据。

【例 7-7】 创建表 student2，并将 student 表的查询结果插入 student2 表中。

(1) 创建表 student2，命令如下：

```
hive (db_hive)> create table student2(id int, name string) row format delimited fields terminated
```

```
by '\t';
```

(2) 将 student 表的查询结果插入 student2 表中,命令如下:

```
hive (db_hive)> insert overwrite table student2 select id, name from student where id = 1001;
```

(3) 查看 student2 表数据,查询结果如图 7-15 所示。

```
hive (db_hive)> select * from student2;
OK
student2.id     student2.name
1001    s1
```

图 7-15 student2 表的查询结果

3) 在查询语句中创建表并加载数据(as select),也就是根据查询结果创建表(查询的结果也会添加到新创建的表中)

其语法如下:

```
create table if not exists table_name as select 字段 1,字段 2, … from 表名称;
```

【例 7-8】 根据 student 表的查询结果创建 student3 表。

```
hive (db_hive)> create table if not exists student3 as select id, name from student;
```

2. 数据导出

1) 使用 insert 命令导出

在"/usr/local/hive-1.2.2/datas/"本地路径下创建文件夹"export",并将查询结果导出到"export"文件夹下。

(1) 将查询的结果导出到本地,命令如下:

```
hive (db_hive)> insert overwrite local directory '/usr/local/hive - 1.2.2/datas/export' select *
from dept;
```

(2) 将查询的结果格式化导出到本地,命令如下:

```
hive (db_hive)> insert overwrite local directory '/usr/local/hive - 1.2.2/datas/export/' row
format delimited fields terminated by ',' select * from dept;
```

(3) 将查询的结果导出到 HDFS 上(没有 local),命令如下:

```
insert overwrite directory '/user/hive/warehouse/' row format delimited fields terminated by '\t'
select * from student;
```

2) 使用 Hadoop 的命令导出到本地

(1) 将 HDFS 中的文本文件导出到本地路径下,命令如下:

```
hive (db_hive) > dfs - get /user/hive/warehouse/stu_buck /usr/local/hive - 1.2.2/datas/
export/student
```

(2) 在 shell 端执行命令导出,语法如下:

```
hive - f/ - e 执行语句或者脚本 > 文件名
```

【例 7-9】 将 student 表的查询结果导出到本地路径下。

```
hive - e 'select * from student;'> /usr/local/hive - 1.2.2/datas/export/student2.txt
```

(3) 使用 export 导出到 HDFS 上,命令如下:

```
hive (db_hive)> export table student to '/user/hive/warehouse/export/student3';
```

7.4 数据湖与数据中台

7.4.1 数据湖

1. 数据湖介绍

数据湖(Data Lake)是一个以原始格式存储数据的存储库或系统。它按原样存储数据,用户无须事先对数据进行结构化处理。数据湖可以存储结构化数据(例如关系型数据库中的表)、半结构化数据(例如CSV、日志、XML、JSON)、非结构化数据(例如电子邮件、文档、PDF)和二进制数据(例如图形、音频、视频)。数据湖的概念是于2011年提出的,最初数据湖是数据仓库的补充,是为了解决数据仓库开发周期漫长,开发、维护成本高昂,细节数据丢失等问题出现的。

简单来看,数据湖就是一个存储企业的各种各样原始数据的大型仓库,其中的数据可以存取、处理、分析及传输。数据湖从企业的多个数据源获取原始数据,并且针对不同的目的,同一份原始数据还可能有多种满足特定内部模型格式的数据副本。有效地利用数据湖,充分地挖掘数据潜在价值,能帮助企业更好地细分市场,以助于企业能有针对性地为企业发展提供决策支撑,更好地掌握市场动向,更好地对市场反应产生新的洞见,更好地设计规划或改进产品,更好地为客户提供服务。

2. 数据湖的特点

数据湖的特点如下:

(1) 数据湖是一个中心化的存储,所有的数据以它本来的形式形成一个集中式数据存储,它支持海量的、实时的数据处理和分析,为后续的报表分析、可视化分析、实时分析甚至机器学习提供强大的数据支撑。

(2) 数据湖就像一个大型容器,与真正的湖泊和河流非常相似,数据湖中的数据包含结构化数据和非结构化数据。

(3) 数据湖以一种经济有效的方式来存储组织的所有数据供以后处理,研究分析师可以专注于在数据中找到意义模式而不是数据本身。

(4) 数据湖可以利用分布式文件系统来存储数据,因此具有很高的扩展能力。

3. 数据湖与数据仓库的区别

数据仓库是一种具有正式架构的成熟的、安全的技术,它存储经过全面处理的结构化数据,以便完成数据治理流程。数据仓库将数据组合为一种聚合、摘要形式,以在企业范围内使用,并在执行数据写入操作时写入元数据和模式定义。另外,数据仓库通常拥有固定的配置,由于它是高度结构化的,所以不太灵活和敏捷。

相比数据仓库,数据湖有以下几点不同之处。

(1) 在存储方面,数据湖中的所有数据都保持原始形式,仅在分析时进行转换;而数据仓库的数据通常从业务系统中提取。

(2) 数据湖适合非结构化数据的深入分析,数据科学家可能会用具有预测建模和统计分析等功能的高级分析工具;而数据仓库适用于数据指标、报表、报告等分析用途,因为它具有高度结构化。

(3) 数据湖通常在存储数据之后定义架构,初始工作较少并提供更大的灵活性;而在数据仓库中存储数据之前需要定义架构。

(4) 数据湖与数据仓库的理念不同,数据仓库注重数据管控,数据湖更倾向于数据服务。

(5) 与数据仓库采用分层的方式将数据存储在文件和文件夹中不同,数据湖具有扁平的体系结构,数据湖中的每个数据元素都有一个唯一的标识符,并用一组元数据信息进行标记。

相比而言,数据湖是较新的技术,拥有不断演变的架构。数据湖存储任何形式(包括结构化和非结构化)和任何格式(包括文本、音频、视频和图像)的原始数据。与数据仓库相比,数据湖缺乏结构性,但是更灵活,敏捷性也更高。

值得注意的是,数据湖与数据仓库不是互斥的。在当前条件下,数据湖并不能完全替代数据仓库,尤其是对于已经使用数据仓库的公司,数据仓库也可以作为数据湖的一个重要数据来源。

4. 数据湖架构

图 7-16 显示了数据湖的架构。

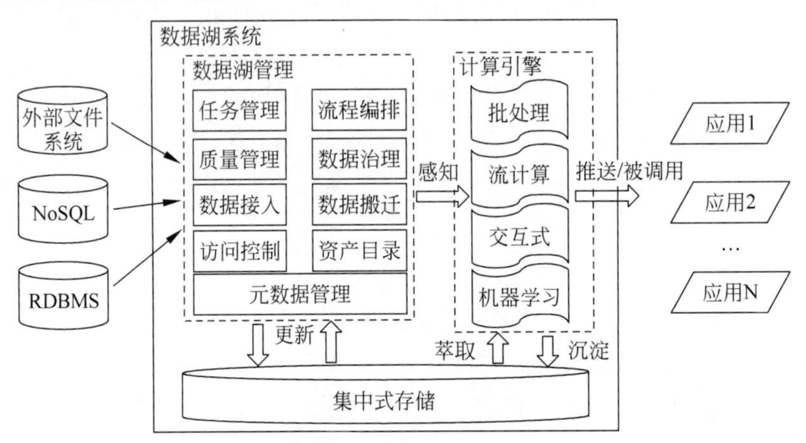

图 7-16 数据湖的架构

从该图可以看出,数据湖架构具有以下特点:

(1) 目前的大数据平台基础架构都关注数据的存储和计算,忽略了对于数据的资产化管理,而这恰恰是数据湖作为新一代的大数据基础设施所重点关注的方向之一。除了大数据平台所拥有的各类基础能力之外,数据湖更强调对于数据的管理、治理和资产化能力。

(2) 数据湖需要包括一系列的数据管理组件,例如任务管理、流程编排、质量管理、数据治理、数据接入、数据搬迁、访问控制、资产目录以及元数据管理等。数据湖的数据接入能力体现在对于各类外部异构数据源的定义管理能力,以及对于外部数据源相关数据的抽取迁移能力,抽取迁移的数据包括外部数据源的元数据与实际存储的数据。数据湖的管理能力具体又可分为基本管理能力和扩展管理能力。基本管理能力包括对各类元数据的管理、数据访问控制、数据资产管理,是一个数据湖系统所必需的。扩展管理能力包括任务管理、流程编排以及与数据质量、数据治理相关的能力。任务管理和流程编排主要用来管理、编排、调度、监测在数据湖系统中处理数据的各类任务,通常情况下,数据湖构建者会通过购买/研制定制的数据集成或数据开发子系统/模块来提供此类能力,定制的系统/模块可以通过读取数据湖的相关元数据来实现与数据湖系统的融合。数据质量和数据治理是更为复杂的问题,一般情况下,数据湖系统不会直接提供相关功能,但是会开放各类接口或者元数据,供有能力的企业/组织与已有的数据治理软件集成或者做定制开发。此外,数据湖中的各类计算引擎会与数据湖中的数据深度融合,而融合的基础就是数据湖的元数据。数据湖系统中的计算引擎在处理数据时能从元数据中直接获取数据存储位置、数据格式、数据模式、数据分布等信息,然后直接进行数据处理,而无须进行人工/编程干预。

5. 数据湖产品

数据湖作为新一代大数据基础设施,近年来持续火热,各大云厂商纷纷推出自己的数据湖解决方案及相关产品。本节主要介绍亚马逊的数据湖产品。

AWS(亚马逊)算是数据湖技术的鼻祖了,早在 2006 年 3 月亚马逊就推出了全球首款公有云服务——Amazon S3,其强大的数据存储能力奠定了 AWS 数据湖领导地位的基础。

AWS 数据湖方案主要是基于 AWS 云服务，该方案提出在 AWS 云上部署高可用的数据湖架构，并提供用户友好的数据集搜索和请求控制台。AWS 数据湖方案主要借助了 Amazon S3、AWS Glue、Amazon Athena 等 AWS 服务来提供数据提交、接收处理、数据集管理、数据转换和分析、构建和部署机器学习工具、搜索、发布及可视化等功能。在建立以上基础之后，再由用户选择其他大数据工具来扩充数据湖。

AWS 数据湖并不是一个产品，也不是一项技术，而是由多个大数据组件、云服务组成的一个解决方案，可以全方位地提供最先进的数据湖的大数据分析。

（1）数据存储。AWS 数据湖最核心的存储组件是 Amazon S3，它可以存储以二进制位为基础的任何信息，包含结构化和非结构化的数据，例如企业信息系统 ERP、CRM 中的关系型数据，从手机、摄像机而来的照片、音/视频文件，从汽车、风力发电机等各种设备而来的数据文件等。

（2）数据源连接。AWS 提供了一个叫 AWS Glue 的产品，支持不同数据库服务之间的连接。Glue 主要有两个功能，一个是 ETL，即数据的抽取、转换和加载；另一个是数据目录服务的功能，因为把这些数据都存储在数据湖里面，在这个过程中要给这些数据打上标签，做好分类的工作。

（3）数据处理。AWS 数据湖可以分 3 个阶段对数据进行处理。第一个阶段为批处理，首先把各种类型的原始数据加载到 Amazon S3 上，然后通过 AWS Glue 对数据湖中的数据进行处理，也可以使用 Amazon EMR 进行数据的高级处理；第二个阶段为流处理和分析，这个任务是基于 Amazon EMR、Amazon Kinesis 来完成的；第三个阶段为机器学习，数据通过 Amazon Machine Learning、Amazon Lex、Amazon Rekognition 进行深度加工，形成可利用的数据服务。

（4）数据服务。AWS 数据湖可为不同角色的用户提供不同的数据服务，数据科学家可以基于数据湖进行数据探索和数据挖掘，数据分析师可以基于数据进行数据建模、数据分析等；业务人员可以查询、浏览数据分析师的分析结果，并基于数据目录进行数据分析。

7.4.2 数据中台

1. 数据中台介绍

数据中台是指通过数据技术对海量数据进行采集、计算、存储、加工，同时统一标准和口径。数据中台把数据统一之后会形成标准数据，再进行存储，形成大数据资产层，进而为客户提供高效的服务。这些服务跟企业的业务有较强的关联性，是这个企业独有的且能复用的，它是企业业务和数据的沉淀，其不仅能降低重复建设、减少烟囱式协作的成本，也是差异化竞争的优势所在。

数据中台的概念最早由阿里巴巴提出，是为了应对像双十一这样的业务高峰、应对大规模数据的线性可扩展问题、应对复杂业务系统的解耦问题而在技术、组织架构等方面采取的一些变革，其本质上还是一个平台，阿里巴巴称之为“共享服务平台（Shared Platform as Service，SPAS）”。SPAS 采用的是基于面向服务的架构（SOA）理念的“去中心化”的分布式服务架构，所有的服务都是以“点对点”的方式进行交互。阿里巴巴之所以选择“去中心化”的分布式服务架构，主要是考虑到扩展性。

数据中台建设的基础还是数据仓库和数据中心，并且在数据仓库模型的设计上也是一脉相承。值得注意的是，数据中台跟之前大数据平台最大的区别在于数据中台距离业务更近，能更快速地响应业务和应用开发的需求，可追溯，更精准。

2. 数据中台架构

数据中台建立在分布式计算平台和存储平台，理论上可以无限扩充平台的计算和存储能力。

大多数的传统数据仓库工具建立在单机的基础之上，一旦数据量变大，会受单机容量的限制。

数据中台实际上是一个数据集成平台，它不仅仅是为了数据分析挖掘而建，更重要的功能是作为各个业务的数据源，为业务系统提供数据和计算服务。数据中台的本质就是“数据仓库＋数据服务中间件”，数据中台在构建这种服务时是考虑到可复用性的，每个服务就像一块积木，可以随意组合，非常灵活，有些个性化的需求在前台解决，这样就避免了重复建设，既省时、省力，又省钱。

数据中台最核心的内容是 OneData 体系。OneData 是阿里巴巴从多年大数据开发和治理实践中沉淀总结的方法论，包含 OneModel（统一数据构建和管理）、OneService（统一数据服务）以及 OneID（统一数据萃取）3 个概念。这个体系实质上是一个数据管理体系，包括全局数据仓库规划、数据规范定义、数据建模研发、数据连接萃取、数据运维监控、数据资产管理工具等。数据仓库是为企业所有级别的决策制定过程提供所有类型数据支持的战略集合，它出于分析性报告和决策支持目的而创建。

图 7-17 显示了数据中台。

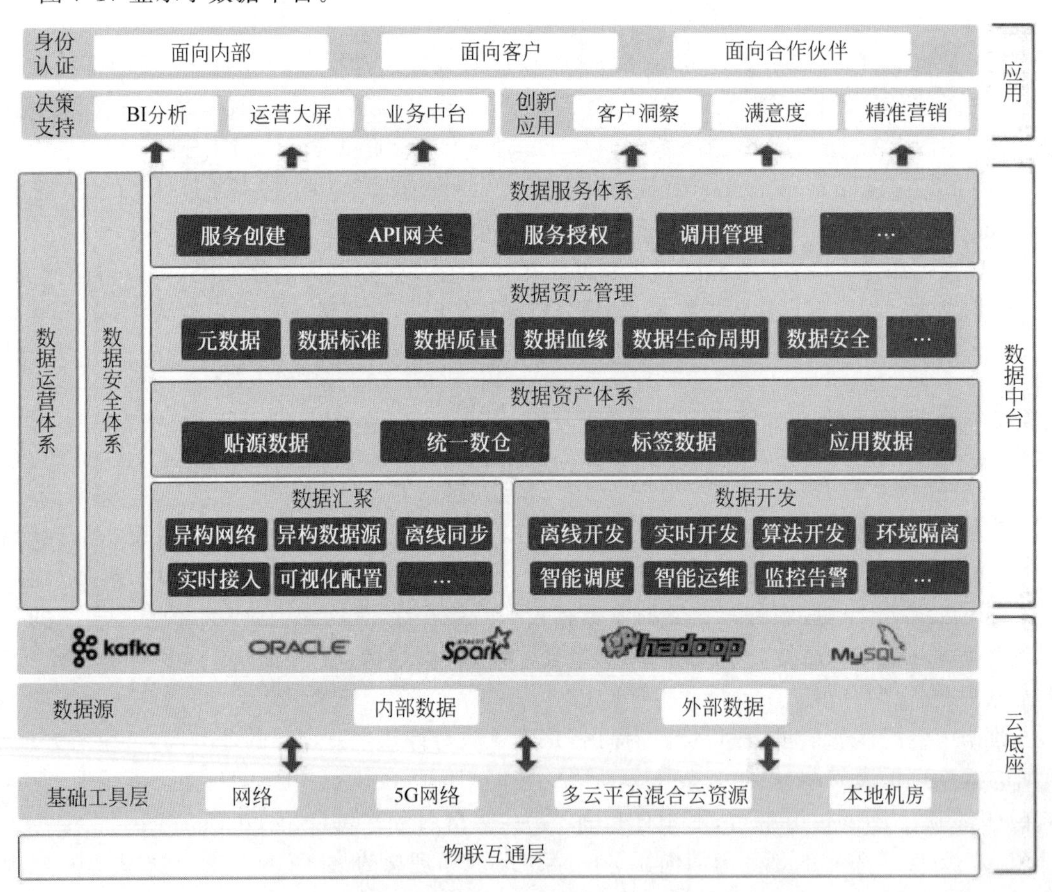

图 7-17 数据中台

7.5 本章小结

(1) 数据仓库是一个很大的数据存储集合，出于企业的分析性报告和决策支持目的而创建，并对多样的业务数据进行筛选与整合。

(2) 数据库是为捕获数据而设计，数据仓库是为分析数据而设计。

(3) 数据仓库中的核心概念主要有维度和度量。

(4) 数据仓库建模的目标是通过建模的方法更好地组织、存储数据，以便在性能、成本、效率和数据质量之间找到最佳平衡点。

(5) 在数据仓库的构建中，ETL 贯穿于项目始终，它是整个数据仓库的生命线。ETL 负责将分布式、异构数据源中的数据(例如关系数据、平面数据文件等)抽取到临时中间层后进行清洗、转换、集成，最后加载到数据仓库或数据集市中，成为联机分析处理、数据挖掘的基础。

(6) 数据规范是数据仓库体系建设的“语言”，是数据使用的说明书和翻译官，同时也是数据质量的保驾护航者。

(7) 数据湖就是一个存储企业的各种各样原始数据的大型仓库，其中的数据可以存取、处理、分析及传输。

(8) 数据中台实际上是一个数据集成平台，它不仅仅是为了数据分析挖掘而建，更重要的功能是作为各个业务的数据源，为业务系统提供数据和计算服务。

7.6 实训

1. 实训目的

通过本章实训了解数据仓库的特点，能进行简单的与数据仓库有关的操作。

2. 实训内容

1) 使用 Kettle 实现数据库查询。

(1) 在 MySQL 中创建数据库 stu，并创建数据表 user，数据如图 7-18 所示。

```
mysql> select * from user;
+--------+--------+-------+
| id     | name   | score |
+--------+--------+-------+
| 050100 | john   |    99 |
| 050101 | leslie |    91 |
| 050102 | messi  |    87 |
| 050103 | lucy   |    96 |
| 050104 | owen   |    89 |
| 050105 | kante  |    85 |
| 050106 | dandy  |    73 |
| 050107 | dony   |    65 |
| 050108 | jerry  |    85 |
| 050109 | tom    |    83 |
+--------+--------+-------+
10 rows in set (0.00 sec)
```

图 7-18　准备好的数据

(2) 成功运行 Kettle 后在菜单栏中单击“文件”，在“新建”中选择“转换”选项，然后在“输入”中选择“自定义常量数据”选项，在“查询”中选择“数据库查询”选项，将其分别拖到右侧工作区中，并建立彼此之间的节点连接关系，如图 7-19 所示。

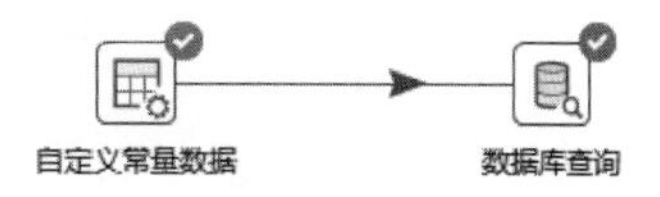

图 7-19　工作流程

(3) 双击“自定义常量数据”图标，分别设置元数据和数据内容如图 7-20 和图 7-21 所示。

(4) 双击“数据库查询”图标，设置数据库连接如图 7-22 所示，设置数据库查询如图 7-23 所示。

(5) 保存该文件，选择“运行这个转换”选项，可以在“执行结果”的 Preview data 选项卡中查看该程序的执行状况，如图 7-24 所示。

从图 7-24 可以看出，此操作可以查询出自定义常量数据有哪些在数据表 user 中，例如

图 7-20 设置元数据

图 7-21 设置数据

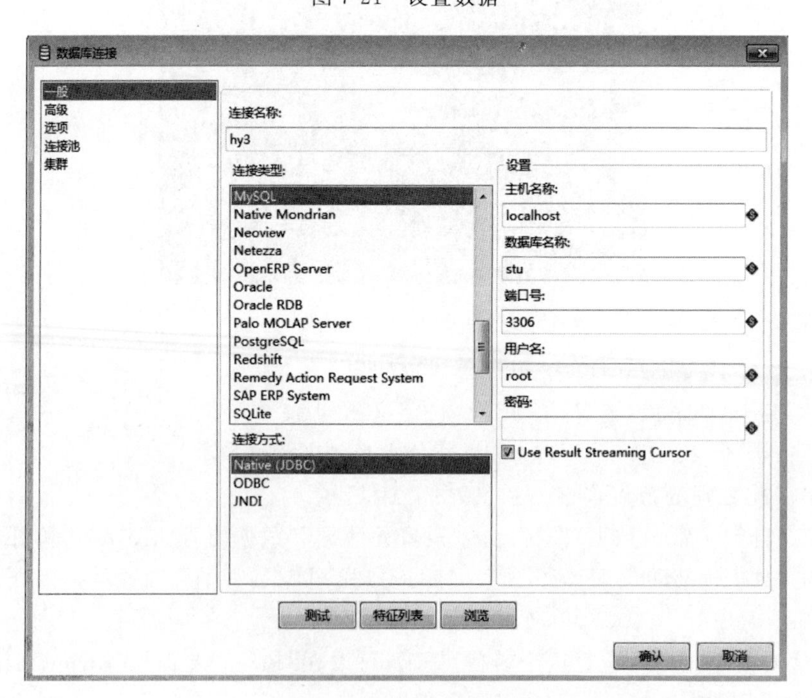

图 7-22 设置数据库连接

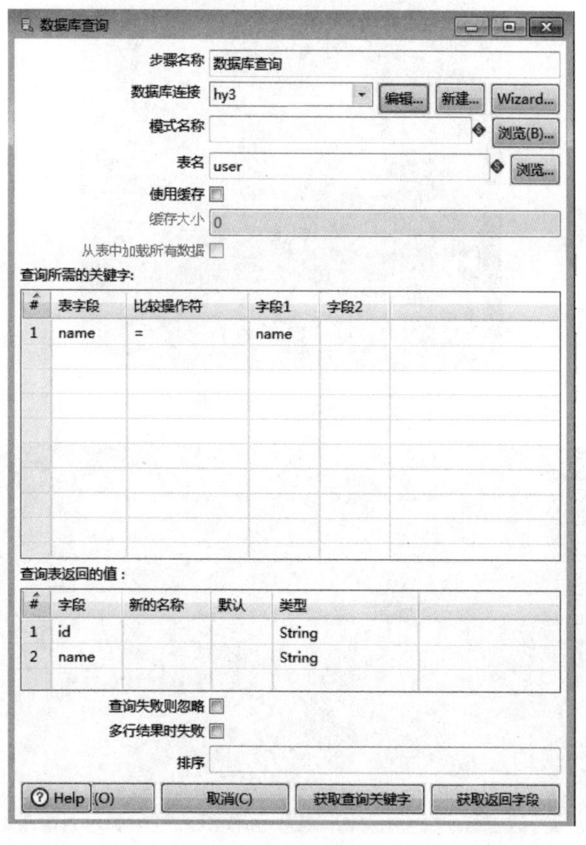

图 7-23　设置数据库查询

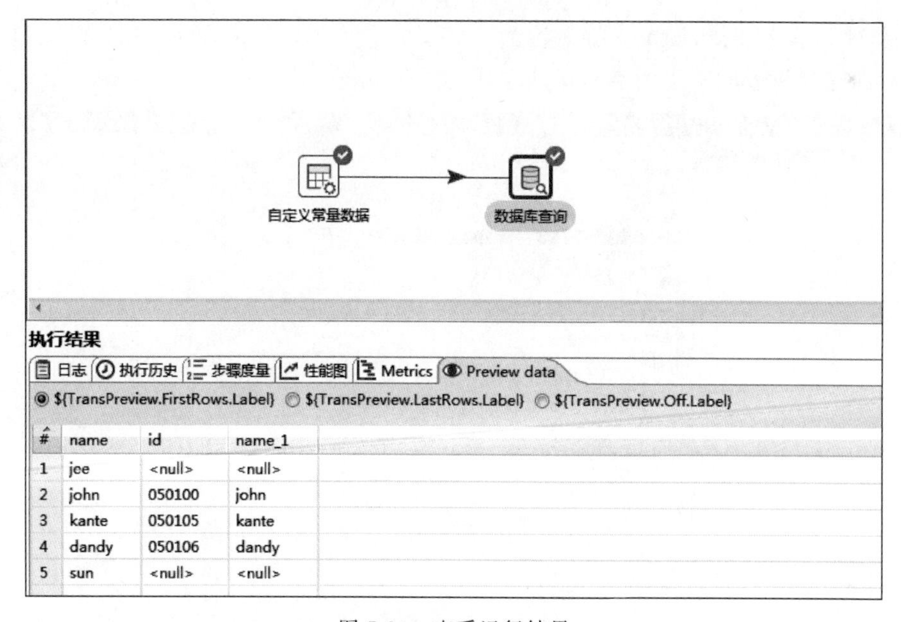

图 7-24　查看运行结果

john、kante 和 dandy 在 user 表中，而 jee 和 sun 不在 user 表中。

2）使用 Kettle 实现数据抽取。

(1) 在 MySQL 数据库 test 中新建一个数据表 user，在其中插入数据，如图 7-25 所示。

(2) 在 MySQL 数据库 test 中新建一个数据表 user1，如图 7-26 所示。

```
+-----------------+
4 rows in set (0.00 sec)

mysql> select * from user;
+--------+-------+----------+
| id     | name  | major    |
+--------+-------+----------+
| 00001  | join  | computer |
| 00002  | lily  | computer |
| 00003  | matt  | computer |
| 00004  | ben   | computer |
| 00005  | tony  | computer |
| 00006  | tom   | math     |
| 00007  | huang | chinese  |
| 00008  | owen  | english  |
| 00009  | messi | physics  |
+--------+-------+----------+
9 rows in set (0.00 sec)
```

图 7-25　user 表数据

```
mysql> use test;
Database changed
mysql> create table user1(id char(6) not null primary key,
    -> name char(8) not null,
    -> major char(10) null);
Query OK, 0 rows affected (0.81 sec)

mysql> show tables;
+----------------+
| Tables_in_test |
+----------------+
| company        |
| company1       |
| user           |
| user1          |
| xs             |
+----------------+
5 rows in set (0.00 sec)
```

图 7-26　建表 user1

(3) 新建数据库连接，设置连接名称为 table，并设置主机名称、数据库名称、端口号、用户名和密码(在这里设置的密码为空)，最终生成的工作如图 7-27 所示。

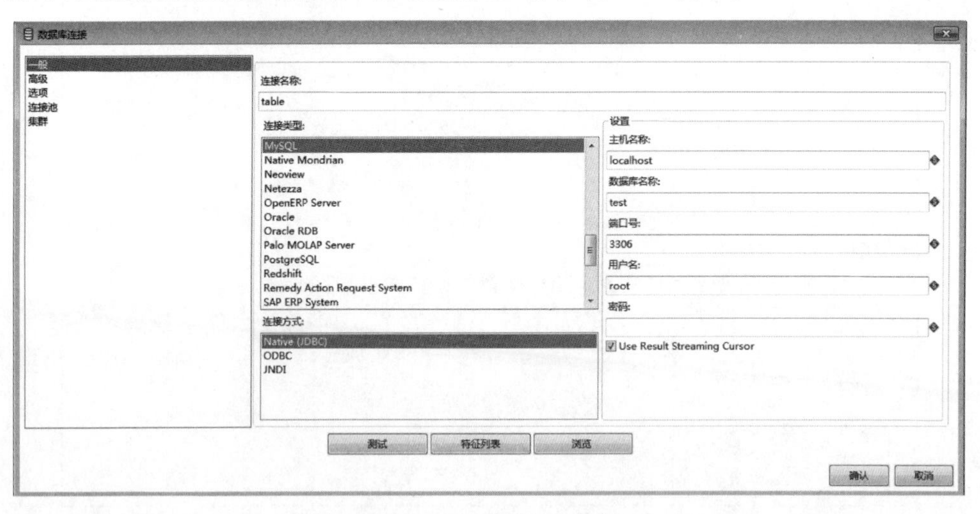

图 7-27　新建数据库连接

(4) 成功运行 Kettle 后在菜单栏中单击“文件”，在“新建”中选择“转换”选项，然后在“输入”中选择“表输入”选项，在“输出”中选择“表输出”选项，将其分别拖到右侧工作区中，并建立彼此之间的节点连接关系，如图 7-28 所示。

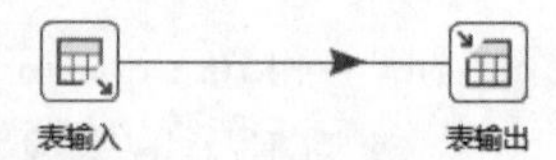

图 7-28　建立工作流程

(5) 双击“表输入”选项，输入以下 SQL 命令：

```
select id,name,major
from user
```

如图 7-29 所示，预览数据如图 7-30 所示。

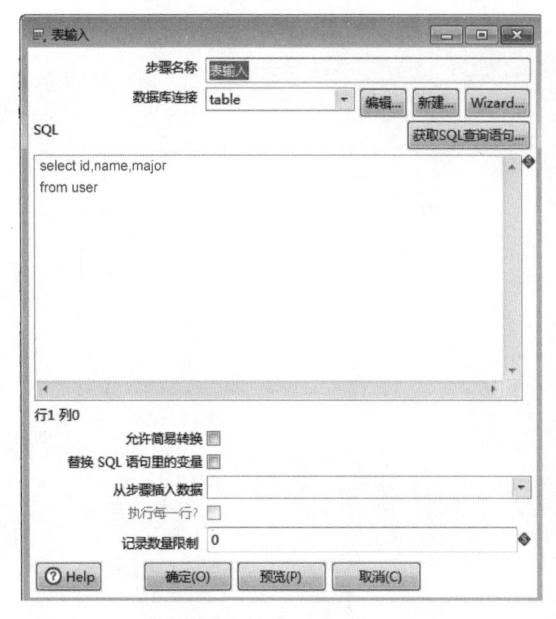

图 7-29　表输入

#	id	name	major
1	00001	join	computer
2	00002	lily	computer
3	00003	matt	computer
4	00004	ben	computer
5	00005	tony	computer
6	00006	tom	math
7	00007	huang	chinese
8	00008	owen	english
9	00009	messi	physics

图 7-30　预览数据

(6) 双击“表输出”选项，设置“目标表”为 user1，如图 7-31 所示。

(7) 保存该文件，选择“运行这个转换”选项，并在 MySQL 中使用命令查看 user1 表数据，如图 7-32 所示。

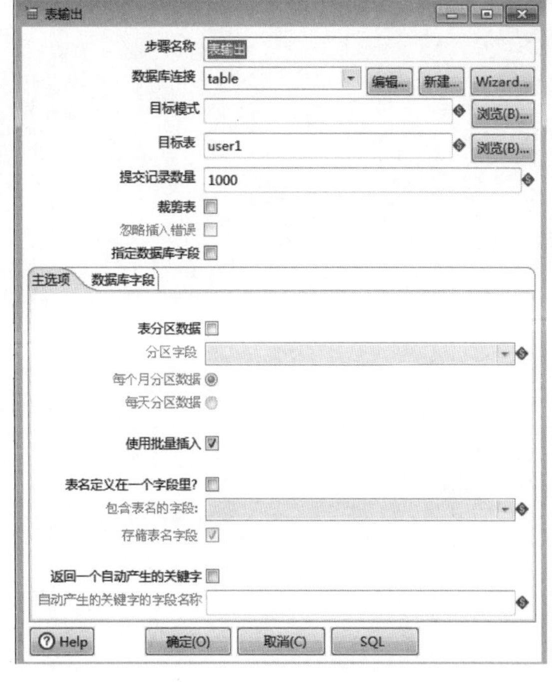

图 7-31　设置目标表

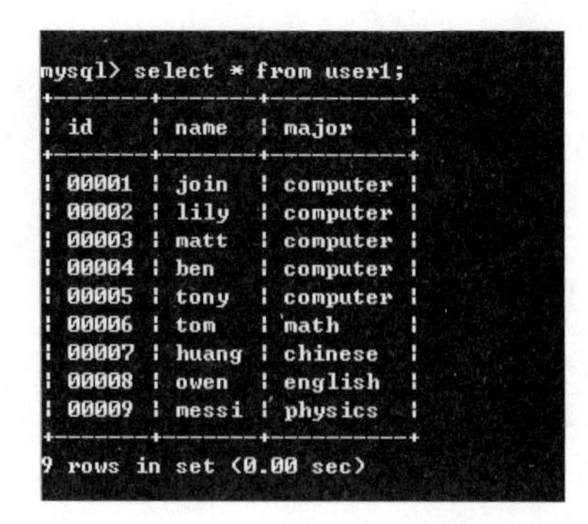

```
mysql> select * from user1;
+-------+-------+----------+
| id    | name  | major    |
+-------+-------+----------+
| 00001 | join  | computer |
| 00002 | lily  | computer |
| 00003 | matt  | computer |
| 00004 | ben   | computer |
| 00005 | tony  | computer |
| 00006 | tom   | math     |
| 00007 | huang | chinese  |
| 00008 | owen  | english  |
| 00009 | messi | physics  |
+-------+-------+----------+
9 rows in set (0.00 sec)
```

图 7-32　查看 user1 数据

从图 7-32 可以看出，user 表中的数据已经被抽取出来并输出到另外一张数据表 user1 中，操作成功。

习题 7

（1）请阐述什么是数据仓库。
（2）请阐述数据仓库如何分层。
（3）请阐述数据仓库建模的常见方法。
（4）请阐述什么是数据湖。

第 8 章

大数据安全与治理

本章学习目标

- 了解大数据安全的概念
- 了解大数据安全的内容
- 了解大数据安全中的关键技术
- 了解大数据安全体系
- 了解大数据安全治理

本章先向读者介绍大数据安全的概念，再介绍大数据安全的内容，接着介绍大数据安全中的关键技术和大数据安全体系，最后介绍大数据安全治理。

8.1 大数据安全

8.1.1 大数据安全概述

1. 认识大数据安全

大数据时代已经到来，大数据技术及应用蓬勃发展，大数据数量和价值快速攀升。除数据资源自身蕴含的丰富价值以外，元数据资源经挖掘分析可创造出更为巨大的经济和社会价值。随着互联网＋行动计划进一步推进实施，大数据将加速从互联网向更广泛的领域渗透，与此同时大数据安全威胁也将全面辐射到各行各业。大数据安全威胁渗透在数据生产/采集、处理和共享等大数据产业链的各个环节，风险成因复杂交织，既有外部攻击，也有内部泄露；既有技术漏洞，也有管理缺陷；既有新技术、新模式触发的新风险，也有传统安全问题的持续触发。

传统的信息安全侧重于信息内容(信息资产)的管理，更多地将信息作为企业/机构的自有资产进行相对静态的管理，无法适应业务上实时动态的大规模数据流转和大量用户数据处理的特点。大数据新的特性和新的技术架构颠覆了传统的数据管理方式，在数据来源、数据处理使用和数据思维等方面带来革命性的变化，这给大数据安全防护带来了严峻的挑战。对于大数据产业的发展来说，安全才是产业发展的前提。因此，大数据时代下的数据安全是一个全新的问题，无法简单地用原来的安全方法来解决。例如，大数据除了面临传统的网络威胁以外，在个人隐私、数据采集汇聚、数据共享使用等方面都面临新的安全挑战。

大数据时代数据安全面临的挑战主要有以下几点：

1）网络安全威胁

大数据的应用是和计算机网络密不可分的，要充分保障大数据应用的安全和可靠离不开安全的网络环境，网络安全问题可能对大数据的应用造成十分严重的安全威胁，例如，利用计算机网络黑客就可以使用技术手段盗取数据、篡改数据、损坏数据，甚至侵入系统造成严重的破坏。

网络安全在当今社会已经成为一个关系信息社会稳定发展的一个重要问题。随着移动互联网的快速发展，人们使用互联网的方式正发生着深刻的变化，从传统的计算机到现在的手机、平板电脑等移动终端，接入网络的设备、时间和方式等都越来越多样化。这些变化对网络安全的防护也产生着影响。

现阶段的网络安全防护手段对于大数据环境下的网络安全保护还存在诸多不足。其一，大数据的应用和发展导致数据量和信息的爆炸式增长，由此导致的网络非法入侵数量急剧增加，网络安全形势日趋严峻，数据安全面临的风险与日俱增；其二，网络攻击的技术不断发展和成熟，网络攻击的手段变幻莫测，对传统的数据防护技术和机制带来前所未有的压力。

2）个人隐私安全威胁

在大数据时代下，数据成为社会各项活动的重要元素，成为驱动社会发展的新型生产资料。谁掌握了数据，谁就拥有了发展的关键条件。个人信息是非常重要的数据资源，然而由于技术、法律等方面的不完善，个人信息面临着许多安全风险。

大数据时代下个人信息保护面临的挑战表现在两方面，一方面，现代网络信息技术已将现代社会生活高度数字化（或数据化），Cookie 技术和各种传感器可以自动地收集与存储个人信息。个人信息被大规模、自动化地收集和存储的情形变得越来越普遍，几乎无处不在、无时不在。由于收集、存储和利用个人信息的主体数量众多且数据规模巨大，一旦个人信息数据被泄露，则涉及的受害人数量极为庞大，可能造成的危害也是巨大的。海量的个人信息因保管不善被泄露甚至被非法出售或利用，就会出现犯罪分子利用非法取得的个人信息对受害人进行精准诈骗或者实施其他侵害自然人人身财产权益的违法犯罪行为。另一方面，大数据与人工智能技术的发展使得对海量数据的分析与使用变得非常简单，个人信息被滥用的可能性极大增加。

值得注意的是，在大数据环境下企业对多来源、多类型数据集进行关联分析和深度挖掘，可以复原匿名化数据，从而获得个人身份信息和有价值的敏感信息。因此，为个人信息圈定一个“固定范围”的传统思路在大数据时代不再适用。在传统的隐私保护技术中，数据收集者针对单个数据集孤立地选择隐私参数来保护隐私信息。在大数据环境下，由于个体以及其他相互关联的个体和团体的数据分布广泛，数据集之间的关联性也大大增加，从而增加了数据集融合之后的隐私泄露风险。

3）大数据安全的内容

大数据安全主要包括大数据采集汇聚安全和大数据共享与使用安全。

（1）大数据采集汇聚安全。在大数据环境下，随着物联网技术特别是 5G 技术的发展，出现了各种不同的终端接入方式和各种各样的数据应用。来自大量终端设备和应用的超大规模数据源输入对鉴别大数据源头的真实性提出了挑战：数据来源是否可信，源数据是否被篡改都是需要防范的风险。数据传输需要各种协议相互配合，有些协议缺乏专业的数据安全保护机制，数据源到大数据平台的数据传输可能给大数据带来安全风险。数据采集过程中存在的误差造成数据本身的失真和偏差，数据传输过程中的泄露、破坏或拦截会带来隐私泄露、谣言传播等安全管理失控的问题。因此，大数据传输中信道安全、数据防破坏、数据防篡改和设备物理安全等几个方面都需要着重考虑。

(2) 大数据共享与使用安全。在大数据环境下，汇聚不同渠道、不同用途和不同重要级别的数据，通过大数据融合技术形成不同的数据产品，使大数据成为有价值的知识，发挥巨大作用。如何对这些数据进行保护，以支撑不同用途、不同重要级别、不同使用范围的数据充分共享、安全合规地使用，确保大数据环境下高并发多用户使用场景中数据不被泄露、不被非法使用，是大数据安全的又一个关键性问题。在大数据环境下，数据的拥有者、管理者和使用者与传统的数据不同，传统的数据是属于组织和个人的，而大数据具有不同程度的社会性。一些敏感数据的所有权和使用权并没有被明确界定，很多基于大数据的分析都未考虑到其中涉及的隐私问题。在防止数据丢失、被盗取、被滥用和被破坏上存在一定的技术难度，传统的安全工具不再像以前那么有用。如何管控大数据环境下数据流转、权属关系、使用行为和追溯敏感数据资源流向，解决数据权属关系不清、数据越权使用等问题是一个巨大的挑战。

4) 大数据平台下的安全

大数据采集、存储和计算的平台与传统数据管理和加工的技术平台有很大的不同，原有的数据安全技术在大数据环境下面临着十大技术挑战。

(1) 分布式编程框架中的安全计算。分布式计算由于涉及多台计算机和多条通信链路，一旦涉及多点故障情形容易导致分布式系统出现问题。此外，分布式计算涉及的组织较多，在安全攻击和非授权访问防护方面比较脆弱。

(2) 非关系型数据存储安全的最佳方案。传统的关系型数据库不能有效处理半结构化和非结构化的海量数据，而在大数据中非结构化数据占主流，非关系型数据库的查询能力弱，数据的一致性需要应用层的保障，在访问控制机制方面存在漏洞。因此，对非关系型数据的数据存储安全需要找到最佳实践。

(3) 安全数据存储和交易日志。在大数据环境下，数据的拥有者和使用者分离，用户丧失了对数据的绝对控制权，用户并不知道数据的具体存储位置，数据的安全隐患也由此产生。海量的交易数据和日志更是黑客攻击关注的焦点，需要有效保证安全的数据存储和交易日志。

(4) 终点输入验证/过滤。在大数据应用场景下存在大量异构数据源，包括传感器、移动终端等，在输入数据中可能含有恶意代码。为了保证数据提供者所提供数据的完整性和真实性，需要研究终点输入验证/过滤技术，以确保数据的安全性和可信性。超大规模输入数据集和大量异构终端支持对统一的数据验证框架提出了挑战。

(5) 实时安全监控。针对利用系统漏洞的攻击、拒绝服务(DoS)攻击以及危害较大的高级持续性威胁(APT)攻击，需要利用大数据技术长时间、全流量地对各种设备的性能和健康状况、网络行为和用户行为进行检测、深入分析以及安全态势感知。

(6) 可扩展、可组合的隐私保护数据挖掘和分析。知识挖掘、机器学习、人工智能等技术的研究和应用使得大数据分析的力量越来越强大，同时也给个人隐私的保护带来更加严峻的挑战，如何在数据挖掘过程中解决好隐私保护问题是目前数据安全领域的一个热点，同时也是大规模进行数据挖掘和分析的前期支撑技术。

(7) 加密增强核心数据的安全性。绕过访问控制，通过提权/异处攻击等方式直接访问数据的底层攻击，可以获得非法授权数据。在大数据应用中，数据来自不同的终端，包含了大量的个人重要信息，因此从源头控制数据的可视性越来越重要。

(8) 精细化访问控制。大数据处理应符合相关政策法规要求，如涉及企业金融信息，应遵循萨班斯法案；个人健康记录共享应遵循 HIPAA 等。同时企业应遵守自身安全策略、隐私策略、共享协议等。这些都对数据访问控制提出了要求。目前还没有有效的方法对大数据所有的数据访问行为进行很好的控制，并且实现细粒度、可伸缩性、数据机密性的访问控制问题还没有解决。

(9) 细粒度审计。无论是基于日志的安全审计、基于网络监听的安全审计、基于网关的安全审计还是基于代理的安全审计都各有其特点，但这些审计技术不能完全覆盖大数据的全面审计。大数据的世界是一个由多组件构成的生态系统，需要收集现有的组件审计信息，包括大数据基础设施、应用组件、应用等，可以利用大数据平台的深度挖掘与分析能力构造一个更有价值的攻击事件的审计视图。

(10) 大数据的世系安全性。数据世系是对数据产生、演化过程的信息描述，包含了不同数据源间的数据演化过程和相同数据源内部数据的演化过程，采用基于注解和非注解的方法。在大数据环境下，数据世系元数据复杂、图表巨大，安全或机密应用中基于世系图表测试的元数据依赖关系分析计算复杂。

目前，Hadoop 已经成为应用最广泛的大数据计算软件平台，其技术发展与开源模式结合。Hadoop 最初是为了管理大量的公共 Web 数据，假设集群总是处于可信的环境中，由可信用户使用的相互协作的可信计算机组成，因此最初的 Hadoop 没有设计安全机制，也没有安全模型和整体的安全规划。随着 Hadoop 的广泛应用，越权提交作业、修改 JobTracker 状态、篡改数据等恶意行为的出现，Hadoop 开源社区开始考虑安全需求，并相继加入了 Kerberos 认证、文件 ACL 访问控制、网络层加密等安全机制，这些安全功能可以解决部分安全问题，但仍然存在局限性。

此外，开源 Hadoop 生态系统的认证、权限管理、加密、审计等功能均通过对相关组件的配置来完成，无配置检查和效果评价机制。同时，大规模的分布式存储和计算架构也增加了安全配置工作的难度，对安全运维人员的技术要求较高，一旦出错，会影响整个系统的正常运行。

正是由于大数据平台还存在种种安全隐患，所以迫切需要以新的思路、新的方法、新的技术解决存在的问题，应对数据资源海量化、异构化及满足上层应用需求多样化、复杂化等带来的挑战。

2. 大数据安全的发展现状

随着大数据的安全问题越来越引起人们的重视，包括美国、欧盟和中国在内的很多国家、地区和组织都制定了与大数据安全相关的法律法规和政策，以推动大数据应用和数据保护。

美国于 2012 年 2 月 23 日发布《网络环境下消费者数据的隐私保护——在全球数字经济背景下保护隐私和促进创新的政策框架》，正式提出《消费者隐私权利法案》，规范大数据时代隐私保护措施，并在《白皮书》中呼吁国会尽快通过《消费者隐私权利法案》，以确定隐私保护的法治框架。

欧盟早在 1995 年就发布了《保护个人享有的与个人数据处理有关的权利以及个人数据自由流动的指令》(简称《数据保护指令》)，为欧盟成员国保护个人数据设立了最低标准。2015 年，欧盟通过《通用数据保护条例》(GDPR)，该条例对欧盟居民的个人信息提出更严的保护标准和更高的保护水平。

鉴于大数据的战略意义，我国高度重视大数据安全问题，近几年发布了一系列与大数据安全相关的法律法规和政策。2013 年 7 月，工业和信息化部公布了《电信和互联网用户个人信息保护规定》，明确电信业务经营者、互联网信息服务提供者收集、使用用户个人信息的规则和信息安全保障措施要求。2015 年 8 月，国务院印发了《促进大数据发展行动纲要》，提出要健全大数据安全保障体系，完善法律法规制度和标准体系。在产业界和学术界对大数据安全的研究也已经成为热点。国际标准化组织、产业联盟、企业和研究机构等都已开展相关研究以解决大数据安全问题。2012年，云安全联盟(CSA)成立了大数据工作组，旨在寻找大数据安全和隐私问题的解决方案。2016年，全国信息安全标准化技术委员会正式成立大数据安全标准特别工作组，负责大数据和云计算相关的安全标准化研制工作。2018年，国务院发布《科学数据管理办法》，针对目前我国科学数据管理中存在的薄弱环节进行了系统的部署和安排，围绕科学数据的全生命周期，加强和规范科学数据的采集生产、加工整理、开放共享等各个环节的工作。2022年，国务院发布《"十四五"数字经济发展规划》，部署了八项重点任务，在数字经济安全体系方面提出了三个方向的要求，一是增强网络安全防护能力，二是提升数据安全保障水平，三是切实有效防范各类风险，并系统阐述了网络安全对于数字经济的独特作用及重要性。

8.1.2　大数据安全中的关键技术

大数据安全面临诸多威胁，为了应对这些问题，需要开发相应的防范技术。下面介绍几种主要的技术。

1. 防火墙技术

防火墙(Firewall)是随着电子计算机的发展，互联网的兴起，为了保障用户使用Internet时本地文件系统的安全而出现的一种安全网关，它是由计算机的硬件和相关安全软件组合而成的。"防火墙"是这种组合体的一种形象说法，因为它起着防止本地系统受威胁的作用。

防火墙的行为是将局域网与Internet隔开，形成一道屏障，过滤危险数据，保护本地网络设备的数据安全。从具体的实现形式上可以分为硬件和软件两类防火墙。硬件防火墙是通过硬件和软件相结合的方式使内网(LAN)和外网(WAN)隔离，效果很好，但是价格相对较难承受，个人用户和中小企业一般不会采用硬件防火墙。软件防火墙是在仅使用软件的情况下通过过滤危险数据，放行安全数据，达到保护本地数据不被破坏的目的。软件防火墙相对于硬件防火墙更便宜一些，但是仅能在一定的规则基础上过滤危险信息，这些过滤规则即人们常说的病毒库。图8-1显示了防火墙。

1) 防火墙的功能

在大数据的商业领域，通过防火墙的过滤功能，安全的信息在得到授权的情况下能顺利通过，没有授权的危险信息则会被截留，因此通过防火墙能更好地屏蔽有害信息，有效地保护用户信息不被窃取及篡改，保证交易信息的保密性，保障大数据下的商务安全。

防火墙的功能有很多，其基本功能为以下几个方面：

(1) 隔离。防火墙在内部网络和外部网络之间建立起一道屏障，外部的访问要进入内部必须先经过防火墙的同意。防火墙通过选择安全的应用协议能够阻止未被认定为安全的协议访问本地数据，这就能屏蔽一大部分的外部信息。很多网络攻击也是一些不安全的协议，在这方面防火墙能预先将其隔离，有效地保护本地系统。有了防火墙的隔离，就可以通过选择隔离的程度在实用和安全之间找到一个合适的平衡点，在不影响实用的前提下有效地保护电子商务的安全。

(2) 强化。防火墙能加入一些保密措施，采取一些加密算法，进而强化信息安全。将身份认证、账户等信息加载在防火墙上，在外部网络访问本地网络计算机之前，防火墙先对外部请求做一些认证，确认是安全的外部请求时才予以通过，认为不安全的外部请求则通知系统管理员进行处理，这能够有效地加强内部网络对外部危险信息的预警和防备。

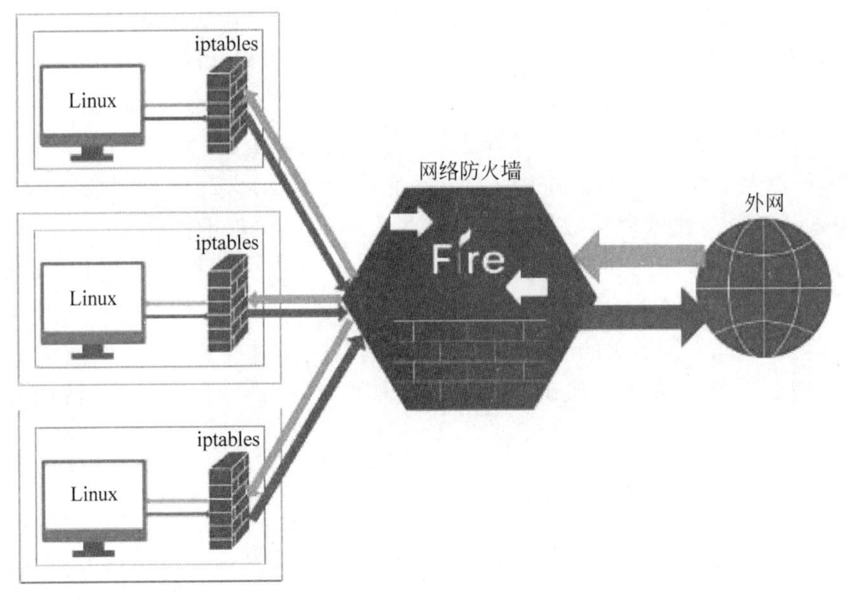

图 8-1　防火墙

（3）限制。防火墙的另一功能就是限制外部访问。通过预先在防火墙上设置一些访问限制，对已知的危险信息在防火墙层面做上标记，直接限制一些危险的外部访问。防火墙的限制是对所有外部请求划分出几个区域，分别标记为不同的安全程度，由用户对每个区域的限制程度做预先规定，这样就能省去很多处理过程，提高防火墙设置限制功能的效率。

（4）监控。在使用网络计算机的时候开启防火墙功能，那么在所有外部访问到达内部网络之前会先经过防火墙。开启防火墙的监控功能，就能对所有的访问做记录，并且通过外部访问的行为识别访问的安全程度。搜集外部访问的情况记录是很有用的，能有效地提高防火墙处理同类事件的速度，增强系统的安全性。

2）防火墙的设计

下面举例说明如何设计、建立和维护一个可靠的、安全的防火墙规则集。假设从一个虚拟机构的安全策略开始，基于此策略来设计一个防火墙规则集。

（1）制定安全策略。防火墙和防火墙规则集只是安全策略的技术实现。管理层规定实施什么样的安全策略，防火墙是策略得以实施的技术工具，所以在建立规则集之前必须先理解安全策略。

（2）搭建安全体系结构。作为一个防火墙安全管理员，第一步是将安全策略转化为安全体系结构。那么如何把每一项安全策略转化为技术实现呢？第一项安全策略很容易，内部网络的任何东西都允许输出到 Internet 上。第二项安全策略的制定很微妙，要求安全管理员为公司建立 Web 和 E-mail 服务器，由于任何人都能访问 Web 和 E-mail 服务器，所以不能信任 Web 和 E-mail 服务器。通过把 Web 和 E-mail 服务器放入 DMZ（Demilitarized Zone，中立区）来实现该项策略。DMZ 是一个孤立的网络，通常把不信任的系统放在那里，DMZ 中的系统不能启动连接内部网络。DMZ 分为有保护的 DMZ 和无保护的 DMZ 两种类型，有保护的 DMZ 是与防火墙脱离的孤立的部分，无保护的 DMZ 是介于路由器和防火墙之间的网络部分，建议使用有保护的 DMZ，把 Web 和 E-mail 服务器放在有保护的 DMZ 中。

（3）制定规则次序。在建立规则集之前有一件事必须提及，即规则次序。哪条规则放在哪条之前是非常关键的，同样的规则，以不同的次序放置，可能会完全改变防火墙的运转情况。

很多防火墙都是以顺序方式检查信息包，当防火墙接收到一个信息包时，其先与第一条规则比较，然后是第二条、第三条、……，依次顺序进行比较，当它发现一条匹配规则时就停止检查并应用那条规则。如果信息包经过每条规则但没有发现匹配，这个信息包便会被拒绝。通常情况下，防火墙的规则匹配顺序是较特殊的规则在前，较普通的规则在后，防止在找到一个特殊规则之前一个普通规则被匹配，这样可以避免防火墙配置错误。

(4) 落实规则集。选好素材就可以建立规则集，包括切断默认、允许内部出网、添加锁定、丢弃不匹配的信息包、丢弃并不记录、允许 DNS 访问、允许邮件访问、允许 Web 访问、阻塞 DMZ、允许内部的 POP 访问、强化 DMZ 的规则、允许管理员访问、提高性能、增加 IDS、附加规则等。

(5) 注意更换控制。在恰当地组织好规则之后，建议写上注释并经常更新规则。注释可以帮助使用者明白哪条规则做什么，对规则理解得越好，错误配置的可能性就越小。对于有多重防火墙的大型机构来说，建议在规则被修改时把规则更改者的名字、规则变更的日期/时间、规则变更的原因等信息加入注释中，这样可以帮助防火墙管理员跟踪谁修改了规则以及修改规则的原因。

(6) 做好审计工作。当建立好规则集后，检测规则非常关键。在 Internet 访问的动态世界里，防火墙的实现规则很容易犯错误。通过建立一个可靠的、简单的规则集，可以创建一个更安全地被防火墙所隔离的网络环境。规则越简单越好，请尽量保持规则集的简洁和简短，规则集越简洁，错误配置的可能性就越小，理解和维护就越容易，系统就越安全，因为规则少意味着只分析少数的规则即可，防火墙的 CPU 周期就短，这样可以提高防火墙的工作效率。

3) 防火墙的分类

根据防火墙所采用的技术不同将防火墙分为 3 种基本类型，即包过滤型防火墙、应用代理型防火墙和状态监测型防火墙。

(1) 包过滤型防火墙。包过滤型防火墙能够实时地检查接收到的 TCP/IP 协议报头文，通过检查报头文的报文类型、源 IP 地址、目标 IP 地址、源端口号等确定安全性。根据定义好的过滤规则，选择允许通过的报文和禁止通过的报文，这样安全的数据就进入内部网络，不安全的信息则被隔离在防火墙外。包过滤型防火墙的优点在于速度快、易用，并且对用户访问网络的影响较小。包过滤型防火墙还有一个值得一提的优点，那就是容易维护，但由于只是处理报头文信息，包过滤型防火墙不会对访问信息进行记录，也不能从访问信息中发现黑客攻击的信息和记录，因而对于黑客的攻击没有很好的防范作用。在实际应用中，包过滤型防火墙往往是用作安全的第一道防线，在进一步安全处理之前先过滤不安全的协议信息。

(2) 应用代理型防火墙。应用代理型防火墙通过在内部网络和外部网络之间建立一个物理屏障，使用代理技术将内部网络和外部网络联系起来。防火墙首先对访问信息的身份和请示信息进行合法性检查，鉴别是否应该放行。对于安全的信息，允许其与内部网络交换信息，但外部网络与内部网络之间的联系是通过采用应用级网关技术的防火墙代理设置建立的，因此数据交换要通过代理设置，速度比较慢。另外，由于代理服务设置通过程序实现，程序是事先编写好的，对于新增加的应用服务，需要重新编写新的代理程序，因此使用周期比较长；而数据访问要经过代理设置，两次处理会使系统的网络性能降低。

(3) 状态监测型防火墙。状态监测型防火墙通过在网络上建立一个检测模块，对网络系统的工作数据进行检测。基于状态监测技术的防火墙在使用时不会影响网络的正常工作，只是适当地抽取一些网络使用状态的信息，对这些信息数据进行分析处理，然后保存下来作为制定相关应对措施的参考依据。状态监测型防火墙能够检测网络系统使用中的各种协议情况和应用程序访问情况,全面地记录系统的网络使用信息,这种防火墙技术不对访问信息进行屏蔽、过滤等处理,因而不会引起攻击,是十分牢固的,但是这种防火墙的配置非常复杂,占用的网络资源较多,会极大地影响网络的使用。

2. 数据加密技术

数据加密技术是保证数据安全的有效手段。数据加密技术是指将原始信息(一般称为明文)利用加密密钥和加密算法转化成密文的技术手段。人们利用数据加密技术对信息进行加密,从而实现信息的隐蔽,保护信息数据的安全。这里涉及两个名词,一个是明文,其指没有经过加密的原始数据,一般人可以直接获取其含义的数据;另一个是密文,它指的是经过了加密的数据,如果没有解密方法,常人是无法直接读取和理解其意思的。

计算机加密技术可分为对称加密技术、非对称加密技术和混合加密技术。整个数据加密流程如图 8-2 所示。

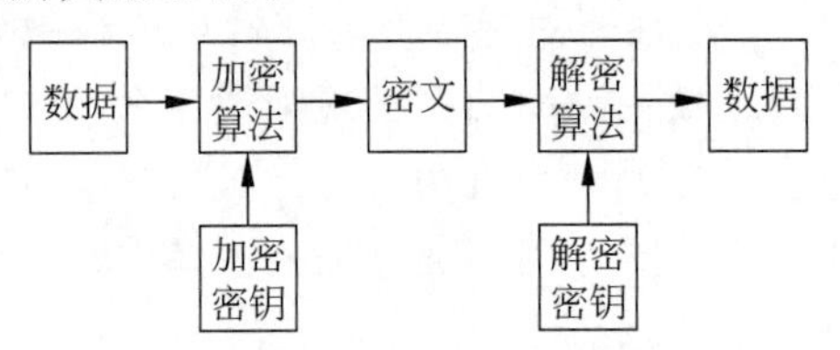

图 8-2 数据加密流程图

1) 对称加密技术

对称加密技术也称为传统加密技术,其核心是对称算法,即 Symmetric Algorithm,也称为单密钥算法。信息的发送方和接收方通过同一密钥完成对信息的加密和解密过程,对称算法的安全性主要取决于密钥本身的时间复杂度和空间复杂度。一旦密钥泄露,任何人都可以通过密钥对密文进行解密,密文就毫无秘密可言,因此密钥的机密性是对称加密技术的首要任务和关键问题。

对称算法包括序列算法和分组算法两类。其中,序列算法的加密和解密运算是以信息中的位或字节为单位;分组算法的加密和解密运算是以信息中固定长度的组为单位。在实际应用中一般使用 64 位的分组算法,既增加了密文破译的难度,又方便了计算,其中最常用的是 DES 和 IDEA 算法。

对称算法的时间复杂度和空间复杂度较小,运行效率较高,执行速度较快,主要应用于数据较大的加密/解密的情况。但是信息的发送方和接收方使用同一密钥,若系统中有 N 个用户,则每一个用户需要保存和记住 N(N−1)/2 个密钥,当系统中的用户数量较多时,密钥的管理将是一个不可解决的难题。

对称加密、解密示意图如图 8-3 所示。

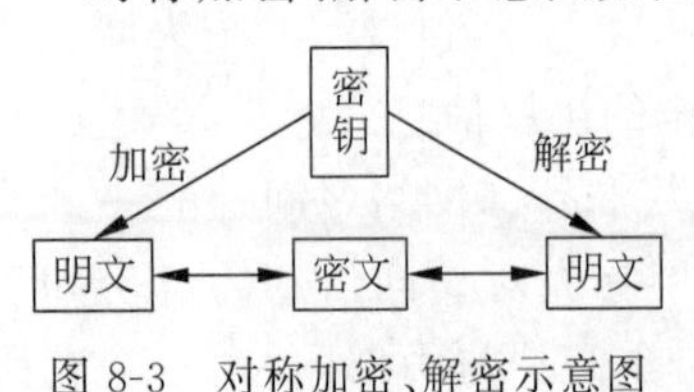

图 8-3 对称加密、解密示意图

2) 非对称加密技术

为了解决对称密钥中密钥预先分配和管理的难题,在 1976 年提出了非对称密钥机制,也引发了计算机密码技术的一场革命。非对称加密技术也称为公开密钥加密技术,其核心是公开密钥算法,即 Public-key Algorithm。在这种机制下,使用一对密钥来完成信息的加密和解密,其中在发送方使用公开密钥进行加密,然后发送,在接收方使用私有密钥进行解密,从而恢复出信息原文。公钥与私钥之间存在这样的关系:公钥完全公开,但只能用于信息的加密,私钥由用户秘密保存,只能用于解密,两者不可互换;必须使用私钥进行数字签名交由公钥验证后才能用私钥进行解密。

公开密钥算法的安全性取决于单向陷门函数,即从已知求解未知很容易,然而从未知到已知却很难,其中最典型的是 RSA 算法。在公开密钥加密机制中,加密过程与解密过程是完全分开的,信息发送方与接收方无须事先建立联系。对于 N 个用户的系统,要实现 N 个用户之间通信，只需要保存和记住 2N 个密钥即可。公开密钥算法的最大优点是便于密钥的分配与管理，可以广泛使用于应用系统开放的环境之中。与此同时，这种加密机制存在时间复杂度和空间复杂度较高的不足，程序的执行速度要比单密钥算法慢得多。

非对称加密、解密示意图如图 8-4 所示。

3）混合加密技术

在商务数据的交易过程中，对称加密技术虽然执行速度快，但是密钥难于分配与管理，非对称加密（公开密钥加密）技术的出现也没有完全解决开放网络环境中的所有数据安全问题，反而带来了另外的问题——算法复杂度高、运行时间长。在实际应用中通常使用混合密码机制。混合加密技术的核心是电子信封（Envelope）技术，具体实现步骤如下：

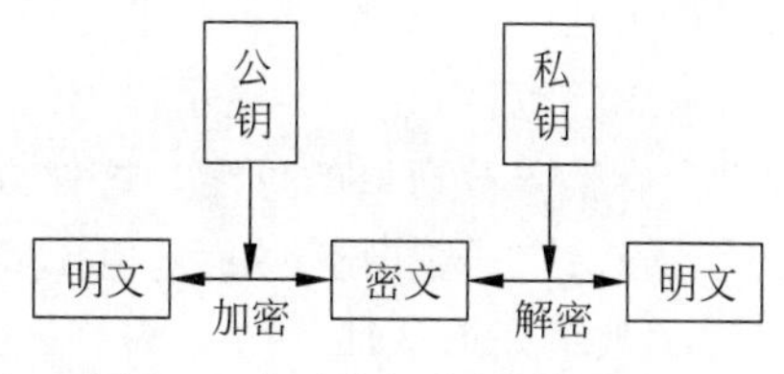

图 8-4　非对称加密、解密示意图

（1）密钥的生成。首先随机生成两个大素数 p 和 q；然后通过非对称密码技术的 RSA 算法生成一对密钥，其中一个是可以完全公开的公钥，另一个是系统中用户秘密保存的私有密钥。

（2）会话密钥的加密。首先随机生成一个 64 位的大数，作为对称密钥分组算法的会话密钥，通过会话密钥完成等待传送信息明文的加密，形成密文；然后使用公钥对会话密钥进行加密后与密文合并；最后在接收方通过用户私钥对接收信息进行解密，随即通过会话密钥恢复信息明文。

混合加密技术可以较好地解决密钥更换以及公开密钥算法中程序运行时间长和抗攻击脆弱的问题。混合密码机制不仅能够充分保障密钥的机密性，而且密钥的分配与管理相对比较容易。

3. 身份认证技术

身份认证技术是保证大数据安全的一个重要技术。通过身份的认证，可以确定访问者的权限，明确其能够获取的数据信息类别和数量，确保数据信息不被非法用户获取、篡改或者是破坏。同时身份认证技术还要对用户身份的真实性进行验证，避免恶意人士通过身份伪装绕过防范措施。

在计算机的世界中，人员的身份信息是由一些特定的数字数据来表示的，这就是使用者在数字世界里的数字身份，所有的权利都是赋予这个数字身份的；而在真实世界里，用户是一个个物理存在的实体。怎么将这两者的关系正确对应，确保用户的使用权限，保证大数据信息的安全，就是身份认证技术要解决的问题。

目前主要的身份认证技术有下面几种：

1）静态口令认证

静态口令也就是人们最常用的静态密码，其由用户自行设定，通常长时间保持不变。这种“用户名＋密码”的身份认证方式在计算机系统中广泛应用，也是最简单的一种身份认证方式。但是其缺点也非常突出，首先是一般用户不会将密码设置得过于复杂，因为这样时间一久，可能自己都会忘记，所以常常使用自己的生日、电话号码或者是连续的 8 等很容易被人猜到的有特殊含义的字符串，安全性极低；其次，一般使用静态密码的用户在较长的时间内都不会更换密码，即便是密码设置得复杂一些，也会给黑客更多的时间和机会去破解出来；最后更重要的是，由于密钥是静态数据，在用户输入和网络传输过程中可能被黑客利用植入计算机的木马程序和网络窃听工具所获取，造成密码的丢失。

虽然人们可以利用一些方法增强静态口令的安全性，但总的来说静态口令认证的安全性还是较低，在一些保存重要数据或者关系重大的计算机系统中尽量减少使用这种身份认证方式。

2）动态口令认证

动态口令认证方式的安全性较静态口令认证更高，其是一种动态密码。它是依据专门的算法每间隔60秒生成一个动态密码，且这个口令是一次有效。其中用来生成动态口令的设备终端称为动态口令牌，它包含了密码生成芯片和显示屏，密码生成芯片就是运行密码算法生成动态密码，然后由显示屏显示提供给用户。在密码生成的过程中，其不需要网络通信，所以也就不会有密码被窃取的可能。这种方式中密码的产生和使用的有效次数都很好地保证了其安全性，所以该方式在网上银行、电子商务、电子政务等领域得到了广泛应用。

3）数字证书认证

数字证书是指CA机构发行的一种电子文档，是一串能够表明网络用户身份信息的数字，其好像是每个人的身份证，是计算机数字世界认证用户身份的有效手段。

数字证书是由第三方机构签发的，有其权威性和公正性，是在互联网上进行身份认证的重要电子文档，既是用户证明自己身份也是识别对方身份的重要凭证。CA机构采用数字加密技术为数字证书的核心，对网络上的数据信息进行加密和解密、数字签名和签名认证，保证信息数据的机密性。数字证书广泛应用于电子商务、电子邮件、信任网站服务等领域，例如人们日常使用的支付宝就提供了数字证书认证服务来确保使用者的资金安全。

4）生物识别认证

生物识别认证是利用人类在生物特征上的某些唯一性来进行身份认证的技术。人类可以用于生物识别的特征有指纹、虹膜、面部、声音等。现在使用最广泛的生物识别技术就是指纹识别，从苹果公司的iPhone手机到智能门锁，再到公司企业的考勤系统都在大量地使用指纹识别来进行人员的身份认证。另外还有人脸（也就是面部的）识别技术，苹果公司从iPhone X开始提供的基于3D结构光的人脸识别技术使用了原深感摄像头，通过点阵投影器将30 000个肉眼不可见的光点投影在人的脸部，绘制出独一无二的面谱，从而实现对使用者的身份认证。三星公司也在早前将虹膜识别技术引入其手机产品中。各种各样的智能设备都在积极引入不同的生物识别技术提高身份认证的效率，改善用户体验。

由于生物识别技术具有的特性，人们不必设置传统的密码，生物特征信息随身携带，不会忘记，使用便捷，所以得到了广泛应用。但是生物特征信息也存在被人窃取的风险，比如人们的指纹信息，由于在较多场合使用，部分存储指纹信息的系统一旦被黑客侵入，那么这些数据就会遭到盗取，给人们的生活带来风险。

4. 访问控制技术

访问控制技术是指通过某种途径和方法准许或者限制用户的访问能力，从而控制对系统关键资源的访问，防止非法用户侵入或者合法用户误操作造成的破坏，保证关键数据资源被合法地、受控制地使用。

访问控制技术最早是美国国防部资助的研究项目成果，最初的研究目的是防止机密信息被未授权人员访问，之后逐渐扩展到民用商业领域。在2002年美国国家安全局制定并颁布的《信息保障技术框架》中，访问控制被提出为第一种主要的安全服务。

访问控制包括以下3个要素：

- 主体。其是指访问操作中的主动实体，是某一项操作或者访问的发起者，可以是某个用户，也可以是用户启动的进程、设备等。
- 客体。其是指被访问资源的实体，包括了被操作的信息和资源，例如文件数据。
- 控制策略。其是主体对客体的访问规则集，定义了主体对客体的动作行为以及客体对主体的约束。

1）访问控制的类型

访问控制的类型分为自主访问控制（DAC）、强制访问控制（MAC）和基于角色访问控制（RBAC）。

（1）自主访问控制（Discretionary Access Control，DAC）。在这种模式下，数据信息的拥有者具有修改或者授予其他用户访问该数据的相应权限。例如在Windows系统中，用户可以对其创建的目录或者文件设置其他用户/组的读取、写入等权限。数据资源的拥有者可以指定对其的控制策略，使用访问控制列表来限制其他用户对其可执行的操作。自主访问控制是目前应用最广泛的控制策略，但是其可被非法用户绕开，安全性较低。

（2）强制访问控制（Mandatory Access Control，MAC）。其是系统以强制的方式为对象分别授予权限，让主体服从访问控制策略。在这种模式中，每个用户和数据文件都被设定相应的安全级别，只有拥有最高权限的系统管理员才可以确定某个用户或组的访问权限，即便是数据的拥有者也不能随意地修改或者授予其他用户访问权限。强制访问控制的安全级别常用的有4级，即绝密级、秘密级、机密级和无级别，从左到右安全等级依次递减。强制访问控制的安全性比自主访问控制更强。

（3）基于角色访问控制（Role-Based Access Control，RBAC）。这里的角色是指完成一项任务所需访问的资源和相应操作权限的集合。在这种模式下，对系统操作的各种权限不是直接授予某一个具体的用户，而是赋予角色，每一个角色对应一组相应的权限。当为了完成某项具体任务而创建角色，用户被分配适当的角色，那么该用户就拥有了此角色的所有操作权限。角色可以依据新的需求被赋予新的权限，权限也可以根据需要从角色中收回。基于角色访问控制的优势是创建用户不需要进行权限分配的操作，只需要给用户分配相应的角色，而角色的权限变更要比用户的权限变更更少，减小了授权管理的复杂性，提高了安全策略的灵活性。

2）安全策略

安全策略是指在某一个安全区域内（属于某一个组织的一系列处理和通信资源）适用于所有与安全相关行为活动的一套访问控制规则，其是由安全权力机构设置并描述和实现的。

安全策略实施的原则包括最小特权原则、最小泄露原则和多级安全策略。

（1）最小特权原则。最小特权原则是指主体在执行访问操作时按照其所需要的最小权利授予其权利。

（2）最小泄露原则。最小泄露原则是指主体在执行相关任务时依据其所需要的信息最小原则分配权限，防止其泄密。

（3）多级安全策略。多级安全策略是指权限控制按照绝密（TS）、秘密（S）、机密（C）、限制（RS）和无级别（U）5级来划分安全级别，避免机密信息的扩散。

目前主要实施的安全策略包括入网访问控制、网络权限限制、目录级安全控制、属性安全控制、网络服务器安全控制、网络监测和锁定控制、网络端口和节点的安全控制以及防火墙控制。图8-5显示了访问控制技术的实现。

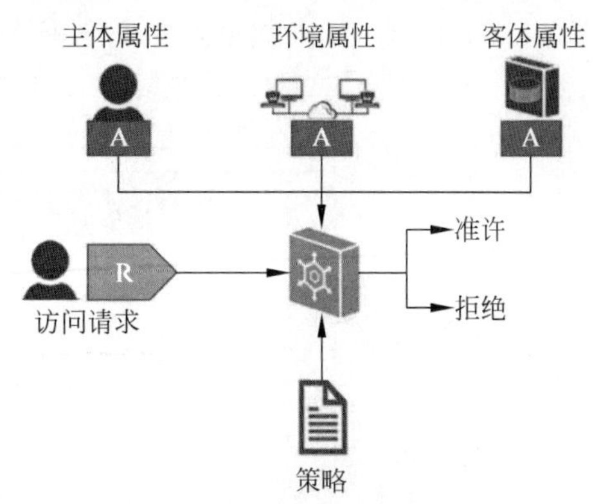

图8-5　访问控制技术的实现

5. 安全审计

安全审计是指按照制定的安全策略对系统活动和用户活动等与安全相关的活动信息进行检查、审查和检验操作事件的环境及活动，进而发现系统漏洞、入侵行为和非法操作等，提高系统的安全性能。

安全审计主要记录和审查对系统资源进行操作的活动，例如对数据库中的数据表、视图、存储过程等的创建、修改和删除操作，根据设置的规则判断违规操作，并且对违规行为进行记录、报警，保障数据的安全。

安全审计对系统记录和行为进行独立的审查和评估，主要有以下目的：

(1) 对潜在的恶意行为者起到警示和威慑作用。

(2) 检查安全相关活动并确定这些活动的责任人，确保其符合安全策略和操作规程。

(3) 对安全策略与规程中的变更进行评估，为后续的改进提供意见。

(4) 对出现的安全事件提供灾难恢复和责任追究的依据。

(5) 帮助管理人员发现安全策略的缺陷和系统漏洞等。

安全审计的主要功能包括安全审计自动响应、安全审计数据生成、安全审计分析、安全审计浏览、安全审计事件选择、安全审计事件存储等。

安全审计的重点是评估现行的安全政策、策略、机制和系统监控情况。安全审计的主要步骤如下：

(1) 制定安全审计计划。实施审计工作的第一步就是要制定一份科学有效、详细完整的安全审计计划书，包括安全审计的目的，安全审计内容的详细描述、时间、参与人员，人员的具体分工和独立机构等。

(2) 研究安全审计历史。研究和查阅以往的安全审计历史记录，可以利用已知的安全漏洞和发生过的安全事件查找安全漏洞隐患和管理制度缺陷，更好地制定和采取安全防范措施。

(3) 划定安全审计范围。确定一个合适的安全审计范围可以提高审计的效率，突出重点。如果范围过宽可能使安全审计的进度迟缓，范围过窄又可能审计不完全，结果不够科学。

(4) 实施安全风险评估。安全审计的核心就是风险评估，其主要包括确定审计范围内的资产及其优先顺序，找出潜在的威胁，检查现有资产是否有安全控制措施，确定风险发生的可能性，确定风险的潜在危害等。

(5) 记录安全审计结果。完整记录安全审计的实施过程及相关数据，包括安全审计的原因、审计计划书、必要的升级和纠正、总结等，然后将安全审计的所有文档资料整理完善。

(6) 提出改进意见。安全审计的最后就是提出审计的结论，给出提高安全防范措施的建议。

图 8-6 显示了大数据下的安全审计。

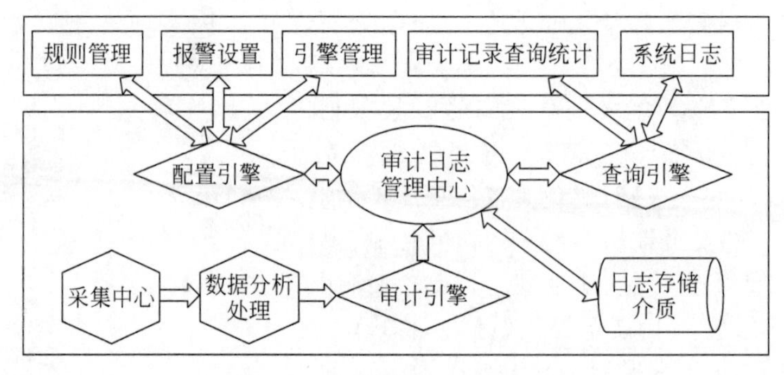

图 8-6　大数据下的安全审计

6. 安全协议

安全套接层(SSL)协议、安全电子交易(SET)协议、安全超文本传输协议(S-HTTP)、安全交易技术(STT)协议、安全多用途因特网邮件扩展(S/MIME)协议和安全外壳协议(SSH)等都是数据传输中常用的安全协议。

(1) 安全套接层协议。安全套接层(Secure Socket Layer,SSL)协议是由 Netscape 公司设计开发的面向 Web 业务的安全交易协议,提供加密服务、认证服务和报文完整性服务。安全套接层协议主要用于基于 TCP/IP 协议的应用程序以及其他支持 SSL 的客户与服务器软件。

(2) 安全电子交易协议。安全电子交易(Secure Electronic Transaction,SET)协议是由一些国际大公司(例如 IBM、Master Card International、Visa International、Microsoft、Netscape 等)共同参与制定的关于安全电子商务交易的标准,涵盖了信用卡在电子商务交易中的交易协定、信息保密、资料完整及数字认证、数字签名等,这一标准被公认为全球网际网络的标准。在电子安全交易协议(SET)中,使用 SHA-1 哈希函数、DES 算法和 RSA 算法提供数据加密、数字签名、数字信封等功能,对交易信息在网上传输提供安全的保证。运用 DES 与 RSA 算法以确保信息的保密性;认证的交换验证配合数字签名以确认交易双方的身份,从而进一步提供不可否认的功能;以数字信封、双重签名确保信息的隐私性和关联性。使用 SHA-1 哈希函数与 RSA 密码算法构成数字签名,以确保信息的完整性,防止对信息的篡改和伪造。

(3) 安全超文本传输协议。安全超文本传输协议(Secure Hypertext Transfer Protocol,S-HTTP)是一种面向安全信息通信的协议,其可以和 HTTP 结合起来使用。S-HTTP 能与 HTTP 信息模型共存并易于与 HTTP 应用程序相整合。S-HTTP 是利用密钥对传输的信息进行加密,通常用于 Web 业务,以保障 Web 站点间的交易信息传输的安全性。

(4) 安全交易技术协议。安全交易技术(Secure Transaction Technology,STT)协议是由 Microsoft 公司提出的安全交易技术协议,将认证和解密在浏览器中分离开来,以提高安全控制能力,Microsoft 公司在 IE 浏览器中采用了这一技术。

(5) 安全多用途因特网邮件扩展协议。安全多用途因特网邮件扩展(Secure Multipurpose Internet Mail Extensions,S/MIME)协议是从 PEM(Privacy Enhanced Mail)和 MIME(Internet 邮件的附件标准)发展而来的。S/MIME 是利用单向散列算法(例如 SHA-1、MD5 等)和公钥机制的加密体系。S/MIME 的证书格式采用 X.509 标准格式。S/MIME 的认证机制依赖于层次结构的证书认证机构,所有下一级的组织和个人的证书均由上一级的组织负责认证,而最上一级的组织(根证书)之间相互认证,整个信任关系呈树状结构。另外,S/MIME 将信件内容加密签名后作为特殊的附件传送。该协议主要用于电子邮件或可以使用电子邮件的业务中,也可以用于 Web 业务中。

(6) 安全外壳协议。安全外壳协议(Secure SHell protocol,SSH)是一种在不安全网络上提供安全远程登录及其他安全网络服务的协议。SSH 协议是基于非对称加密方法的,服务器和客户端都会生成自己的公钥和私钥。由于 SSH 在传输过程中的数据是加密的,安全性较高,所以利用 SSH 协议可以有效防止远程管理过程中的信息泄露问题。目前常见的 OpenSSH 是 SSH(Secure SHell)协议的免费开源实现。OpenSSH 提供了服务端后台程序和客户端工具,用来加密远程控件和文件传输过程中的数据,并由此来代替原来的类似服务。

7. 数据脱敏

1) 数据脱敏概述

敏感数据一般指不当使用或未经授权被人接触或修改会不利于国家利益或不利于个人依法享有的个人隐私权的所有信息。工业和信息化部编制的《信息安全技术 公共及商用服务信息系统个人信息保护指南》明确要求,处理个人信息应当具有特定、明确和合理的目的,应当在个人信息主体知情的情况下获得个人信息主体的同意,应当在达成个人信息使用目的之后删除个人信息。这项标准最显著的特点是将个人信息分为个人一般信息和个人敏感信息,并提出了默许同意和明示同意的概念。对于个人一般信息的处理可以建立在默许同意的基础上,只要个人信息主体没有明确表示反对,便可收集和利用。但对于个人敏感信息,则需要建立在明示同意的基础上，在收集和利用之前，必须首先获得个人信息主体明确的授权。这项标准还正式提出了处理个人信息时应当遵循的八项基本原则，即目的明确、最少够用、公开告知、个人同意、质量保证、安全保障、诚信履行和责任明确，划分了收集、加工、转移、删除 4 个环节，并针对每一个环节提出了落实八项基本原则的具体要求。

数据脱敏又称数据漂白、数据去隐私化或数据变形，一般是指对某些敏感信息通过脱敏规则进行数据的变形，实现敏感隐私数据的可靠保护。数据脱敏一般是在涉及客户安全数据或者一些商业性敏感数据的情况下，在不违反系统规则的条件下，对真实数据进行改造并提供测试使用。目前常见的敏感数据有姓名、身份证号码、地址、电话号码、银行账号、邮箱地址、所属城市、邮编、密码类（例如账户查询密码、取款密码、登录密码等）、组织机构名称、营业执照号码、银行账号、交易日期、交易金额等。

值得注意的是，对于数据脱敏的程度，一般来说只要处理到无法推断原有的信息，不会造成信息泄露即可，如果修改过多，容易导致丢失数据的原有特性。因此，在实际操作中需要根据实际场景来选择适当的脱敏规则。例如可以将手机号码 13996112345 脱敏为 139 **** 2345。

2）数据脱敏的实现方法

数据脱敏的实现方法主要有两种，一种是使用脚本进行脱敏，另一种是使用专门的数据脱敏产品进行数据脱敏。

（1）使用脚本进行脱敏。事实上，很多用户在信息化发展的早期就已经意识到了数据外发带来的敏感数据泄露的风险，那时候用户往往通过手动方式直接写一些代码或者脚本来实现数据的脱敏变形，比如简单地将敏感人的姓名、身份证号码等信息替换为另一个人的，或者将一段地址随机变为另一个地址。

（2）使用专门的数据脱敏产品进行脱敏。近年来，随着各行业信息化管理制度的逐步完善、数据使用场景愈加复杂、脱敏后数据的仿真度要求逐渐提升，为保证脱敏效果准确而高效，专业化的数据脱敏产品逐渐成为用户的普遍选择。相比传统的手工脱敏方法，专业的脱敏产品除了保证脱敏效果可达，更重要的价值点在于提高脱敏效率，在不给用户带来过多额外工作量的同时最大程度地节省用户的操作时间。

3）数据脱敏的规则

一般的数据脱敏规则分为可恢复与不可恢复两类。可恢复类指脱敏后的数据可以通过一定的方式恢复成原来的敏感数据，此类脱敏规则主要指各类加/解密算法规则。不可恢复类指脱敏后的数据的被脱敏部分使用任何方式都不能恢复出。其一般可分为替换算法和生成算法两大类。替换算法即将需要脱敏的部分使用定义好的字符或字符串替换，生成算法则更复杂一些，要求脱敏后的数据符合逻辑规则，即是“看起来很真实的假数据”。表 8-1 显示了目前常用的数据脱敏规则。

表 8-1 数据脱敏规则

编号	名称	描述	示例
1	Hiding（隐匿）	将数据替换成一个常量，常用作不需要该敏感字段时	500 -> 0 630 -> 0
2	Hashing（hash 映射）	将数据映射为一个 hash 值（不一定是一一映射），常用作将不定长数据设成定长的 hash 值时	Jim，Green -> 456684923 Tom，Cluz -> 859375984
3	Permutation（唯一值映射）	将数据映射为唯一值，允许根据映射值找回原始值，其支持正确的聚合或连接操作	Smith -> Clemetz Jones -> Spefde

续表

编号	名　称	描　述	示　例
4	Shift(偏移)	将数量值增加一个固定的偏移量,隐藏数值部分特征	253-> 1253 254 -> 1254
5	Enumeration(排序映射)	将数据映射为新值,同时保持数据的顺序	500-> 25000 400 -> 20000
6	Truncation(截断)	将数据尾部截断,只保留前半部分	021—66666666-> 021 010—88888888-> 010
7	Prefix-Preserving(局部混淆)	保持 IP 的前 n 位不变,混淆其余部分	10.199.90.105-> 10.199.32.12 10.199.90.106-> 10.199.56.192
8	Mask(掩码)	数据长度不变,但只保留部分数据信息	2345323-> 234—23 14562334 -> 145—34
9	Floor(偏移取整)	数据或日期取整	28-> 20 20130520 12:30:45 -> 20130520 12:00:00

4) 数据脱敏的技术

数据脱敏的基本原理是通过脱敏算法将敏感数据进行遮蔽、变形,将敏感级别降低后对外发放,或供访问使用。数据脱敏根据不同的使用场景可以分为"静态脱敏"和"动态脱敏"两类技术。

(1) 静态脱敏。静态脱敏适用于将数据抽取出生产环境脱敏后分发至测试、开发、培训、数据分析等场景。静态脱敏的原理是将数据抽取进行脱敏处理后下发至脱敏库。开发、测试、培训、分析人员可以随意取用脱敏数据,并进行读/写操作,脱敏后的数据与生产环境隔离,在满足业务需要的同时保障生产数据的安全,静态脱敏可以概括为数据的"搬移并仿真替换"。

(2) 动态脱敏。动态脱敏适用于不脱离生产环境对敏感数据的查询和调用结果进行实时脱敏。动态脱敏的原理是将生产库返回的数据进行实时脱敏处理。例如,应用需要呈现部分数据,但是又不希望应用账号可以看到全部数据;运维人员需要维护数据,但又不希望运维人员可以检索或导出真实数据。动态脱敏可以概括为"边脱敏,边使用"。图 8-7 显示了按用户身份进行动态脱敏。

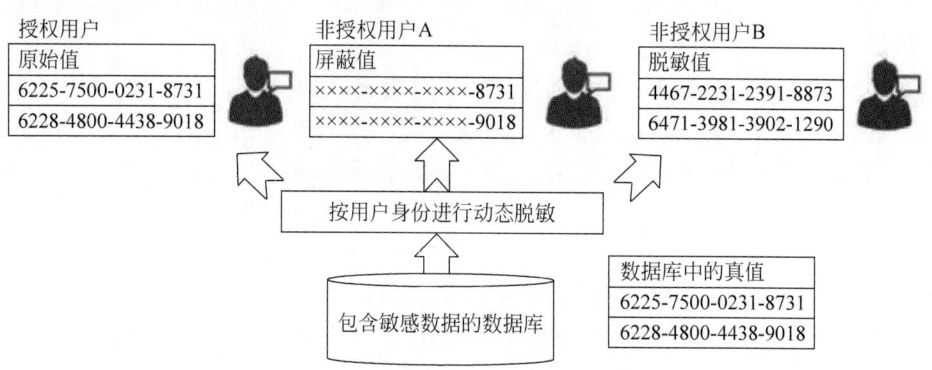

图 8-7　按用户身份进行动态脱敏

在数据脱敏中,无论是静态脱敏还是动态脱敏,最终都是为了防止组织内部对隐私数据的滥用,防止隐私数据在未经脱敏的情况下从组织流出。

5) 脱敏数据的特征

数据脱敏不仅要执行数据漂白,抹去数据中的敏感内容,同时也需要保持原有的数据特征、业务规则和数据关联性,保证开发、测试、培训以及大数据类业务不会受到脱敏的影响,达成脱敏前后的数据一致性和有效性。

(1) 保持原有的数据特征。数据脱敏前后必须保证数据特征的保持,例如身份证号码由17位数字本体码和1位校验码组成,分别为区域地址码(6位)、出生日期(8位)、顺序码(3位)和校验码(1位),那么身份证号码的脱敏规则就需要保证脱敏后依旧保持这些特征信息。

(2) 保持数据之间的一致性。在不同业务中,数据和数据之间具有一定的关联性。例如,出生年月或年龄和出生日期之间的关系。同样,身份证信息脱敏后仍需要保证出生年月字段和身份证中包含的出生日期之间的一致性。

(3) 保持业务规则的关联性。保持数据业务规则的关联性是指数据脱敏时数据关联性以及业务语义等保持不变,其中数据关联性包括主/外键关联性、关联字段的业务语义关联性等,特别是高度敏感的账户类主体数据往往会贯穿主体的所有关系和行为信息,因此需要特别注意保证所有相关主体信息的一致性。

(4) 多次脱敏之间的数据一致性。相同的数据进行多次脱敏,或者在不同的测试系统进行脱敏,需要确保每次脱敏的数据始终保持一致性,只有这样才能保障业务系统数据变更的持续一致性以及广义业务的持续一致性。

6) 大数据平台下的数据脱敏

大数据平台通过将所有数据整合起来,充分分析与挖掘数据的内在价值,为业务部门提供数据平台、数据产品与数据服务。在大数据平台接入的数据中可能包括很多用户的隐私和敏感信息,例如用电记录、用电用户支付信息、国家机密信息等,这些数据存在可能泄露的风险。大数据平台一般通过用户认证、权限管理以及数据加密等技术保证数据的安全,但是这并不能完全从技术上保证数据的安全。严格地来说,任何有权限访问用户数据的人员,例如ETL工程师或者数据分析人员等,均有可能导致数据泄露的风险。另一方面,没有访问用户数据权限的人员也可能有对该数据进行分析挖掘的需求,数据的访问约束大大限制地充分挖掘数据价值的范围。数据脱敏通过对数据进行脱敏,在保证数据可用性的同时,也在一定范围内保证恶意攻击者无法将数据与具体用户关联到一起,从而保证用户数据的隐私性。因此,数据脱敏方案作为大数据平台整体数据安全解决方案的重要组成部分,是构建安全可靠的大数据平台必不可少的功能特性。

8. 数据溯源

数据溯源(Data Provenance)是一个新兴的研究领域,诞生于20世纪90年代。早在大数据概念出现之前,数据溯源技术就在数据库领域得到广泛研究。数据溯源的基本出发点是帮助人们确定数据仓库中各项数据的来源,例如了解它们是由哪些表中的哪些数据项运算而成,据此可以方便地验算结果的正确性,或者以极小的代价进行数据更新。

数据溯源定义为记录原始数据在整个生命周期内(从产生、传播到消亡)的演变信息和演变处理内容,它强调的是一种溯本追源的技术,根据追踪路径重现数据的历史状态和演变过程,实现数据历史档案的追溯。在实际应用中,数据溯源可以通过各个处理过程的记录日志(或其他方式)的方式来记录一条数据的处理流程。比如最终保存在B数据库的一条内容,最初从A数据库中取出,用服务器S脱敏,最终存到数据库B中。

数据溯源最早仅用于数据库、数据仓库系统中,后来发展到对数据真实性要求比较高的各个领域,例如生物、历史、考古、天文、医学等。随着互联网的迅猛发展以及网络欺骗行为的频繁发生,人们越来越怀疑数据的真伪,对数据的真实性要求越来越高。数据溯源成为考究数据真假的有效途径,并掀起了一波数据溯源研究的热潮,因此数据溯源追踪逐渐扩展到计算机有关行业。目前,数据溯源的研究领域已经覆盖到地理信息系统(GIS)、云计算、网格计算、普适计算、无线传感器网络和语义网络等。图 8-8 显示了用图数据库来进行数据溯源。

9. 隐私保护技术

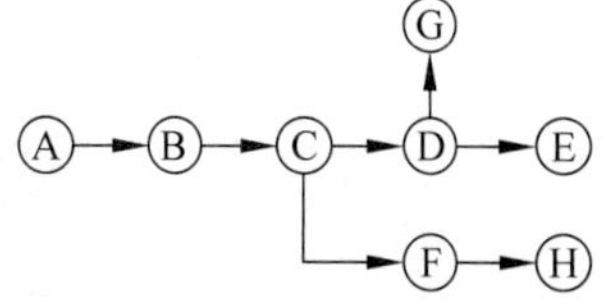

图 8-8 用图数据库来进行数据溯源

在大数据时代，数据成为了科学研究的基石。人们在享受着推荐算法、语音识别、图像识别、无人车驾驶等智能技术带来的便利的同时，数据在背后担任着驱动算法不断优化迭代的角色。在科学研究、产品开发、数据公开的过程中，算法需要收集、使用用户数据，在这过程中数据就不可避免地暴露在外。例如历史上就有很多公开的数据暴露了用户隐私的案例。不过值得注意的是，从隐私保护的角度来说，隐私是针对单个用户的概念，公开群体用户的信息不算是隐私泄露，但是如果能从数据中准确推测出个体的信息，那么就算是隐私泄露。在技术方面，目前隐私保护的研究领域主要关注基于数据失真的技术、基于数据加密的技术和基于限制发布的技术。

1）基于数据失真的技术

基于数据失真的技术通过添加噪声等方法使敏感数据失真但同时保持某些数据或数据属性不变，仍然可以保持某些统计方面的性质，包括随机化，即对原始数据加入随机噪声，然后发布扰动后数据的方法；第二种是阻塞与凝聚，阻塞是指不发布某些特定数据的方法，凝聚是指原始数据记录分组存储统计信息的方法；第三类是差分隐私保护，该方法能够解决传统隐私保护模型的缺陷，并使其一出现便迅速取代传统隐私保护模型，成为当前隐私研究的热点，并引起了理论计算机科学、数据库、数据挖掘和机器学习等多个领域的关注。

2）基于数据加密的技术

基于数据加密的技术采用加密技术在数据挖掘过程隐藏敏感数据的方法，常见的有安全多方计算(SMC)，SMC 是零信任实现的重要方式之一，该算法用于解决一组互不信任的参与方之间保护隐私的协同计算问题。SMC 主要是针对无可信第三方的情况下如何安全地计算一个约定函数的问题，同时要求每个参与主体除了计算结果外不能得到其他实体任何的输入信息。目前 SMC 在电子选举、电子投票、电子拍卖、秘密共享、门限签名等场景中有着重要的作用。

3）基于限制发布的技术

基于限制发布的技术包括有选择地发布原始数据、不发布或者发布精度较低的敏感数据，实现隐私保护。当前这类技术的研究集中于“数据匿名化”，保证对敏感数据及隐私的披露风险在可容忍范围内，其常见算法有 K-Anonymity(K-匿名)、L-Diversity(L-多样性)以及 T-Closeness(T-接近)等。

(1) K-匿名。最早被广泛认同的隐私保护模型是 K-匿名，由 Samarati 和 Sweeney 在 2002 年提出。为应对去匿名化攻击，K-匿名要求发布的数据中每一条记录都要与其他至少 K-1 条记录不可区分(称为一个等价类)。当攻击者获得 K-匿名处理后的数据时，将至少得到 K 个不同人的记录，进而无法做出准确的判断。参数 K 表示隐私保护的强度，K 值越大，隐私保护的强度越强，但丢失的信息更多，数据的可用性越低。因此 K-匿名通常可以防止敏感属性值的泄露。举个例子，假设一个公开的数据进行了 K-匿名保护，如果攻击者想确认一个人(小明)的敏感信息(购买偏好)，通过查询他的年龄、邮编和性别，攻击者会发现数据里至少有两个人有相同的年龄、邮编和性别，这样攻击者就没办法区分这两条数据到底哪个是小明了，从而也就保证了小明的隐私不会被泄露。

(2) L-Diversity。K-匿名的缺陷，即没有对敏感属性做任何约束，攻击者可以利用背景知识攻击、再识别攻击和一致性攻击等方法来确认敏感数据与个人的关系，导致隐私泄露。为了防止一致性攻击，新的隐私保护模型 L-Diversity 改进了 K-匿名，保证相同类型数据中至少有

L 种内容不同的敏感属性。因此,L-Diversity 使得攻击者最多以 1/L 的概率确认某个体的敏感信息。

(3) T-Closeness。T-Closeness 在 L-Diversity 的基础上,要求所有等价类中敏感属性的分布尽量接近该属性的全局分布。

8.2 大数据安全体系

8.2.1 大数据安全体系概述

随着信息技术的快速发展和各种 IT 技术的广泛应用,企业越来越多地依赖 IT 技术来支撑自己的业务生产的正常运转,产生的大量数据成为企业核心资产的组成部分,也是组织的核心竞争力的体现,数据型组织越来越多地成为企业的发展标杆和方向。数据为企业发展和各类业务使用对象提供了指导和决策的基础,成为企业重要的资产载体。

企业在数据的收集、存储、传输和使用的过程中,由于缺乏必要的保护手段,使得大量敏感信息的安全性无法得到有效的保障,特别是其中的高价值数据,也面临越来越多的安全风险。一旦出现数据泄露,会给企业带来不可估量的损失和影响。

在企业应用中,为了保护大数据安全需要搭建统一的数据安全管理体系,通过分层建设、分级防护,达到平台能力及应用的可成长、可扩充,创造面向数据的安全管理体系框架。常见的数据安全管理平台架构自下而上可以分为数据分析层、敏感数据隔离交互层、数据防泄露层、数据脱敏层和数据加固层。

(1) 数据分析层。数据分析层是数据安全管理体系的基石,通过收集和归并各类业务系统产生的海量信息数据,运用关联分析技术、逻辑推理技术、风险管理技术等,对海量数据事件进行统一的加工分析,实现对数据风险的统一监控和未知风险的预警处理。

(2) 敏感数据隔离交互层。敏感数据隔离交互层是通过数据指纹特征采集、内容检测和响应处理 3 个步骤突破深度内容识别,解决既可以连通网络又可以保障数据用户安全性的一种手段。

(3) 数据防泄露层。数据防泄露针对数据流动、复制等需求,通过深度内容分析和事务安全关联分析来识别、监视和保护静止的数据、移动的数据以及使用中的数据,达到敏感数据利用的事前、事中、事后完整保护,实现数据的合规使用,同时防止主动或被动意外的数据泄露。

(4) 数据脱敏层。数据脱敏层通过独特的数据抽取方法使用户能够快速创建小容量子集,对敏感信息进行脱敏、变形,由此提高数据管理人员的工作效率,同时规避数据泄露风险,对客户信息资产安全、敏感信息提供完善的保护。

(5) 数据加固层。数据库加固层的核心是让数据保护变得更加牢固,具有数据库状态监控、数据库审计、数据库风险扫描、访问控制等多种引擎,可提供黑白名单和例外政策、用户登录控制、用户访问权限控制,并实时监控数据库访问行为和灵活的告警机制。

图 8-9 显示了大数据安全体系的实施。在此过程中需要首先进行数据仓库中的数据表分级,通过设置合理的等级,加强对数据仓库平台下数据表的安全管理,确保敏感数据的增/删/改/查操作都能够经过适合的授权;其次需要针对数据表中的字段进行适当的安全标准评分;最后还需要对访问者进行及时的身份验证,以确保每一次操作的安全性。

8.2.2 大数据安全体系的加固措施

(1) 备份元数据。管理者需要对元数据进行异地冷备以保证元数据安全,此外还需要对

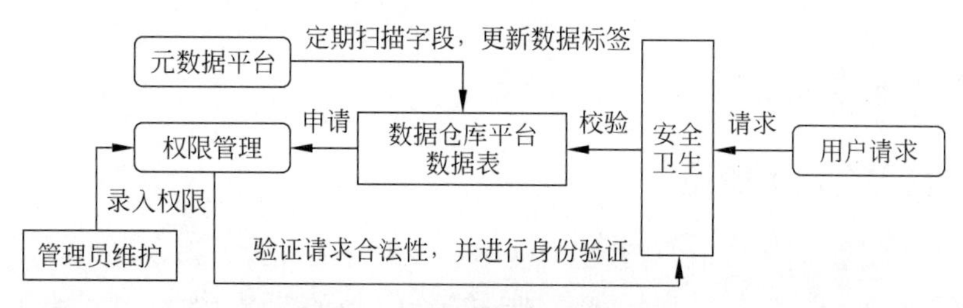

图 8-9 大数据安全体系的实施

元数据库进行定期备份以及滚动删除备份文件设置等。

(2) 元数据存储数据库使用 chroot 方式来控制 MySQL 的运行目录。chroot 是 Linux 中的一种系统高级保护手段,它的建立会将其与主系统几乎完全隔离,也就是说,一旦遇到什么问题,也不会危及正在运行的主系统。这是一个非常有效的办法,特别是在配置网络服务程序的时候。

(3) 网络访问控制。使用安全组防火墙或本地操作系统防火墙对访问源 IP 进行控制。如果配置的 Hadoop 环境仅对内网服务器提供服务,则最好不要将 Hadoop 服务的所有端口发布到互联网中。

(4) HDFS 安全加固。为了增强 HDFS 数据安全性、增加数据恢复几率、增强数据安全性以及降低 HDFS 故障风险等,需要采取措施对 HDFS 进行安全加固,可通过部署 HDFS 的 Snapshot 功能增强 HDFS 数据安全性。

(5) HBase 安全保护。为了保障 HBase 数据安全性,需要采取措施进行安全加固,常见的措施是增加重点数据表的 Snapshot 功能,以保障数据安全性。

(6) 开启高可用功能(HA)。开启服务的高可用功能,可以规避单节点故障。例如在实施中分别开启 NameNode HA、ResourceManager HA、HMaster HA、HiveServer2 HA、HiveMetaStore HA 以及 LDAP HA 等服务的高可用功能。

(7) 用户隐私数据脱敏。为了保护用户隐私,需要提供数据脱敏和个人信息去标识化功能,并提供满足国际密码算法的用户数据加密服务。

图 8-10 显示了大数据平台提供的安全措施。例如,大数据平台可以提供完整的对 HDFS、Hive、HBase、Kafka 的认证、授权功能,并能对访问操作和访问数据进行审计功能。

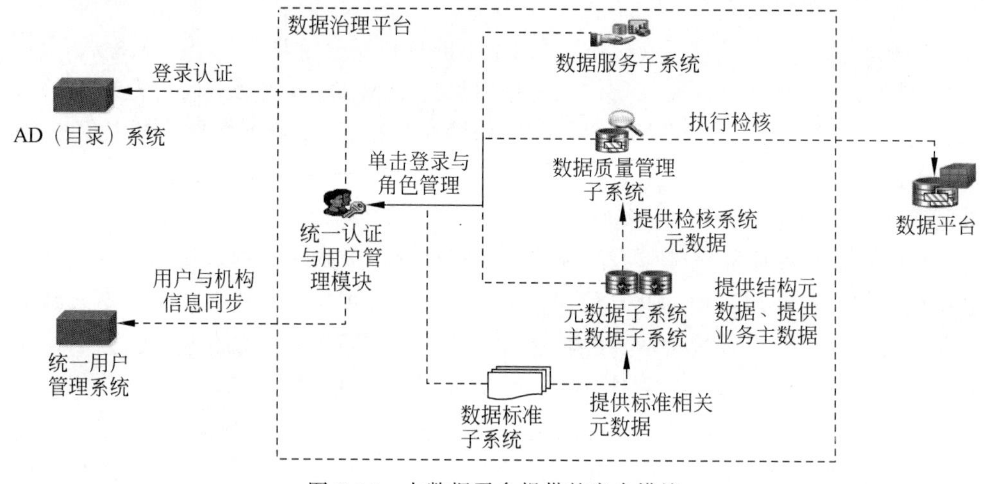

图 8-10 大数据平台提供的安全措施

8.3 大数据安全治理

8.3.1 大数据安全治理概述

数据通过使用才能创造价值，对数据的使用让数据变成“活”数据，数据安全治理的使命是对“活”数据开展一系列的有效管理，保障数据在安全可控的情况下使用并发挥价值。目前全社会所有的行业都在进行数字化转型，一切都将步入数据驱动，数据将成为所有领域的基本生产资料。由此可见，大数据时代下的数据安全问题涉及所有行业，并且涉及产品、业务、人员、共享机制等，并不是某个垂直领域的知识或者某个层面的单一方法就可以解决的。如果按照过去管理某个垂直特定行业的方式，设立若干部门自上而下进行管理，不仅成本无法承担，效率也无法适应今天的实际情况。

因此，数据安全治理不仅仅是一套工具组合的产品级解决方案，而是从决策层到技术层，从管理制度到工具支撑，自上而下贯穿整个组织架构的完整链条。组织内的各个层级之间需要对数据安全治理的目标和宗旨取得共识，确保采取合理和适当的措施，以最有效的方式保护信息资源。

1. 大数据安全治理的特点

大数据安全治理是一套系统工程，其中数据治理和数据安全密不可分。

首先，在大数据治理框架中，数据安全与隐私管理是其中的一个领域，对数据治理的边界要求也适用于数据安全治理。随着对数据资产的高度重视和对个人隐私数据的强监管要求，数据共享越来越频繁，数据安全领域变得更加重要，成为数据治理领域中非常突出和核心的子领域。

其次，数据安全治理的框架、组织架构、管理对象、管理目标、管理视角、参与组织等多个维度与数据治理都是高度一致的。治理的框架一般都包括政策、流程制度、人才机制、技术工具等方面，组织架构都由决策层、组织协调层和执行层组成，全组织单元参与。

最后，数据安全治理工作要依托数据治理的成果同步开展。数据治理中的元数据是数据安全分类分级的核心对象和依据，依托数据资产开展数据分类分级，了解敏感数据资产的分布、访问情况和授权情况。

相比传统的数据安全管理工作，大数据体系下的数据安全治理有以下几个特点。

(1) 数据安全治理对象全覆盖。传统的针对敏感数据、隐私数据的既定范围内的数据管理，大数据体系下的数据安全治理覆盖敏感数据、隐私数据、重要业务数据等全视角的数据，行内/外结构化、非结构化的所有数据都是数据安全管理的范畴，并针对不同的数据对象进行分级和分类管理，制订不同的管理策略和要求。

(2) 数据安全治理环境全覆盖。传统的数据安全管理为防止数据跨域的数据安全进行强制的数据分区、分域，限制数据的共享使用。大数据体系下的数据安全治理允许数据无界受控使用，覆盖生产环境、开发环境、测试环境、办公环境以及到行外环境的传输，通过明确、全面的数据管理策略，让数据流动起来，为数据的应用和发挥价值创造条件。

(3) 数据安全治理人员全覆盖。传统的是以防范别人进来窃取数据为主，通过事后检查的机制防止发生数据安全事件。大数据体系下的数据安全治理变被动为主动，防止接触数据的人员有意无意地泄露数据，覆盖所有能接触数据的内/外部人员。

(4) 数据安全治理流程全覆盖。传统的数据安全管理主要从制度上进行要求，从管理上进行限制和审批，偏事后检查和审计。大数据体系下的数据安全治理是和数据日常工作深度结合，在数据的采集、加工、存储、应用、销毁等数据流程中提出具体明确的要求，通过管理和日常工作流程的结合，从事前、事中、事后多个维度全面开展数据安全工作。

2. 大数据安全治理的原则

一般来讲，数据安全治理可以遵循“以数据为中心，以组织为单位，以能力成熟度为基本把握”的原则。

1）以数据为中心

以数据为中心是数据安全工作的核心技术思想。人们比较习惯的是以系统为中心的思想，即围绕着一个数据库、一个产品、一个网站、一个服务器等评价其安全性。

以数据为中心的安全是将数据的防窃取、防滥用、防误用作为主线，将数据的生命周期内各不同环节所涉及的信息系统、运行环境、业务场景和操作人员等作为围绕数据安全保护的支撑。把不同阶段从不同角度面临的风险放到一起进行综合考虑，建立强调整体而不是某个环节的安全能力，是以数据为中心的安全的核心思想。

2）以组织为单位

以组织为单位是数据安全治理的核心管理思想。由于数据会在不同的服务器、产品、业务中流转，所以拥有或者处理数据的组织是所有这些活动的基本单元，也是数据安全治理的基本单位。

以组织为单位的数据安全治理具体指数据在特定组织内全生命周期的安全，这个组织要对其负责。不论数据在这个组织中的生命周期涉及多少产品业务或人员，那些单个系统、单个业务的安全都不说明问题，说明问题的应该是被最终衡量的这个组织的数据安全。一个组织的数据安全水平可以作为其是否符合法律要求、特定事件中具备怎样的责任、面向用户赢取信任、面向行业适合处理的数据类型和规模等的参考依据。

3）以能力成熟度为基本把握

能力成熟度是一种经过考验的方法，目前在越来越多的领域被应用，美国甚至制定了网络空间安全能力成熟度战略。数据安全能力成熟度模型是借鉴能力成熟度的核心思想，结合数据在组织内的生命周期以及构成安全能力的关键要素而构建的。一个组织的数据安全能力成熟度等级说明了这个组织在数据安全保护方面的综合能力水平，而这个水平的高低可以用于数据安全治理的各种相关工作。

例如，相关政府部门或行业主管部门可以根据本行业的数据敏感度特点决定哪些数据类型或者多大的数据规模需要多高的数据安全能力成熟度水平，进而让数据安全能力成熟度足够的组织才能够处理特定数据，从而实现本行业安全与发展的平衡。

3. 大数据安全治理的思路

传统网络安全为信息系统多方设防，相对于系统内的数据属于静态保护，因为防御措施不随被保护的数据本身变化流动，对系统内部人员泄露数据难以防范，所以是防外不防内。在大数据环境中，对内部窃取、滥用、疏忽等数据泄露风险有效的数据安全防护，关键在于明确哪些数据需要防护，各需要什么等级的防护，在此基础上设置相应的靶向防护策略与落地措施。

因此，大数据安全治理的思路是首先通过数据分类、分级找出需要保护的敏感数据，然后通过一系列技术措施盯住这些敏感数据，无论敏感数据在全网什么地方、往哪里流动变化衍生，都能进行精准的定位、追踪、告警、阻断、溯源等，执行分类分级的监控防护。所以，数据安全治理后的落地技术措施是靶向盯住敏感数据实现动态监控，全网追踪。

4. 大数据安全治理的过程

大数据安全治理流程是通过对相关法规标准的梳理，结合实际的业务场景数量，对信息系统中的数据进行安全性分类分级，制定相应的分类分级防护策略、数据安全架构及组织制度保障，形成对数据全生命周期的安全管控，对管控效果定期检查、审计、评估，建立安全组织架构和制度，并将各项安全策略与架构落实到全套安全技术手段和安全服务措施中，从而实现对敏感信息的细粒度、全方位靶向监控，并最终建立有效的数据安全防护体系。

8.3.2 大数据安全治理的关键技术

1. 数据分类分级

作为数字经济和信息社会的核心资源，数据被认为是继土地、劳动力、资本、技术之后的又一个重要生产要素，在企业数字化转型中发挥重要作用，并对国家治理能力、经济运行机制、社会生活方式等产生深刻影响。数据不是死的，而是在不断地流动中产生了巨大的商业价值。对数据而言，开放才有意义，但开放的前提是安全。由于不同类型的数据，其级别和价值均不同，不能等同视之，应根据数据的重要性、价值指数予以区别对待，因此数据安全法提出建立数据分类分级保护制度。

数据分类是为了规范化关联，分级是安全防护的基础，不同安全级别的数据在不同的活动场景下安全防护的手段和措施不同。比如关系国家安全、国民经济命脉、重要民生、重大公共利益等的数据属于国家核心数据，将实行更加严格的管理制度。

分类分级是数据全流程动态保护的基本前提，不仅是数据安全治理的第一步，也是当前数据安全治理的痛点和难点。数据安全建设需要针对数据的收集、存储、使用、加工、传输、公开等各个环节，进行数据安全风险的监测、评估和防护等，需要用到权限管控、数据脱敏、数据加密、审计溯源等多种技术手段，只有做好了数据分类分级工作，才能进行后续数据安全建设。例如，某些企业因为“防护墙”不牢固而被不法分子攻击，一些数据收集方基于平台做非法交易，都会造成数据泄露。数据有没有妥善保存，使用方式是否恰当，目前往往依靠收集者的自律，而一旦实现数据的分类分级，什么是可收集、使用、交易的一般信息，什么是不可使用、不可交易的个人隐私或敏感信息，就会有明确界定。相应地，根据数据级别和类别，就有了不同的安全防护措施和判断违规违法行为的依据。可见，数据分类分级既是数据安全治理过程的重要环节，也是数据精细化管控的依据。

进行数据安全分类分级的主要目的是确保敏感数据、关键数据和受到法律保护的数据得到保护，降低发生数据泄露或其他类型网络攻击的可能性，包括促进风险管理、合规流程和满足法律条款。数据分类分级是数据安全管理生命周期的重要组成部分，它使组织可以快速安全地访问和共享数据资产。对数据进行分类分级，按照数据的不同类别和敏感级别实施不同的安全防护策略，施加不同的安全防护手段，是目前业界主流的实践。对于数据来说，不同业务涉及的数据不同，分类就不同。表 8-2 显示了数据分类分级的参考标准。

表 8-2 数据分类分级的参考标准

级别名称	级别程度	详细说明
L1	绝密	极度敏感的信息，如果受到破坏或泄露，可能会使组织面临严重财务或法律风险
L2	机密	高度敏感的信息，如果受到破坏或泄露，可能会使组织面临财务或法律风险

续表

级别名称	级别程度	详 细 说 明
L3	秘密	敏感信息,如果受到破坏或泄露,可能会对运营产生负面影响
L4	内部公开	非公共披露的信息
L5	外部公开	可以自由公开披露的数据

数据分类更多的是从业务角度出发,把具有某种共同属性或特征的数据归并在一起,通过其类别的属性或特征来对数据进行区别。为了实现数据共享和提高处理效率,必须遵循约定的分类原则和方法,按照信息的内涵、性质及管理的要求,将系统内所有信息按一定的结构体系分为不同的集合,从而使得每个信息在相应的分类体系中都有一个对应位置。在企业理清数据家底后,明确知道哪些数据属于哪个业务范畴,也就是类别。这个业务范畴囊括的范围可大可小,完全依托于企业前期基于业务的梳理结果。因此数据分类通常可按照实际业务场景进行数据类别划分。

数据分级数属于数据安全领域,是实施安全防护的基础,是按照数据属性的高低不同和泄露后造成的影响危害程度来进行不同数据等级的划分。企业中的数据有的密集程度高、有的低,有的可公开、有的不可公开,敏感等级不同的数据对内使用时受到的保护策略不同,对外共享开放的程度也不同,因此使用数据分级技术显得十分必要。数据等级划分的三要素为影响对象、影响范围和影响程度。数据分类与数据分级相辅相成,是安全策略设计的前提。

在具体实施中,企业可基于公共分类、分级策略,结合自身业务、合规需求实际,规划出数据分类分级方法,建立组织/公司的数据分类分级原则和方法,将数据按照重要程度进行分类,然后在数据分类的基础上根据数据安全在受到破坏后对组织造成的影响和损失进行分级。

在数据分类分级的实现中,可以通过应用机器学习、模式聚类、自然语言处理、语义分析、图像识别等技术,提取数据文件核心信息,对数据按照内容进行梳理,生成标注样本,经过反复的样本训练与模型修正,可以实现对数据自动、精准的分类分级。

综上所述,数据分类分级是数据安全领域的基础工程,只有对数据的业务归属和重要程度有了明确的认知,才能有针对性地采取不同策略来保护管理数据,规避因敏感信息未经授权访问给组织造成重大损失的可能。同时,数据分类分级也是数据治理工作的核心任务,它是数据安全管理生命周期的重要组成部分,能够确保组织可以快速、安全地访问和共享数据资产。

2. 数据传输安全

目前数据传输安全技术较为成熟,该技术主要针对大数据数据流量大、传输速度快的特点,确保在数据动态流动过程中大流量数据的安全传输,从数据的机密性和完整性方面保证数据传输的安全。数据传输安全技术主要包括数据加密技术、数字签名、数字证书以及采用适当的安全机制等。

3. 数据存储安全

数据存储安全技术主要是解决针对云环境下多租户、大批量异构数据的安全存储,实现安全存储主要包括冗余备份和分布式存储下的密码技术、存储隔离、访问控制等技术。

大数据环境下的密码技术主要实现分布式计算环境下的密码服务资源池技术、密钥访问控制技术、密码服务集群密钥动态配置管理技术、密码服务引擎池化技术,提供高效、并发密码服务能力和密钥管理功能,满足大数据海量数据的分布式计算、分布式存储的加/解密服务需求。

存储隔离技术主要是针对不同的安全等级对数据进行隔离存储,包括逻辑隔离和物理隔离两种方案；分类分级存储是按照数据的重要程度和安全程度，结合隔离存储实现数据的安全存储和访问控制。

4. 数据使用安全

数据使用安全技术主要是实现数据在对外提供服务的过程中，防止存在非法数据内容信息，例如谣言新闻、政治敏感信息、诬陷言论、色情暴力、淫秽信息的肆意传播。实现数据使用安全的关键技术有数据内容监测防护、数据隐私保护和身份认证等。数据内容监测防护是实现监测公开的数据不存在非法信息，数据隐私保护是对敏感的数据进行隐藏、过滤或者屏蔽等防止隐私敏感数据泄露，身份认证是实现对数据的使用范围进行控制。

5. 数据共享安全

随着大数据技术和应用的快速发展，促进跨部门、跨行业数据共享的需求已经非常迫切。安全问题是影响数据共享发展的关键问题，世界各国对数据共享的安全越来越关注。

要实现数据共享，需要建立良好的数据共享安全体系或数据共享安全框架，加强数据安全管理制度建设，健全数据安全标准规范，切实保护好个人隐私信息，并对违法行为进行严厉处罚。

目前，数据共享安全技术可以通过区块链技术来实现。区块链是包含了分布式数据存储、点对点传输、共识机制、加密算法等技术的创新应用模式，具有去中心、去信任、集体维护和可靠数据库等特点。区块链技术使用多个计算节点共同参与和记录，相互验证信息有效性，可有效确保数据不被篡改，即对数据信息进行防伪，又提供了数据流转的可追溯路径；分布式节点的共识机制使得即使单一节点遭受攻击，也不会影响区块链系统的整体运行，这种分布式存储及加密机制可有效降低数据集中管理的风险，在一定程度上提高数据的安全性，并最大限度地保护隐私。

6. 数据安全销毁

数据安全是信息安全的核心问题之一，数据安全不仅包括数据加密、访问控制、备份与恢复等以保持数据完整性为目的的诸多工作，也包括以完全破坏数据完整性为目的的数据销毁工作。数据销毁是指采用各种技术手段将计算机存储设备中的数据予以彻底删除，避免非授权用户利用残留数据恢复原始数据信息，以达到保护关键数据的目的。由于信息载体的性质不同，与纸质文件相比，数据文件的销毁技术更为复杂，程序更为烦琐，成本更为高昂。在国防、行政、商业等领域，出于保密要求存在着大量需要进行销毁的数据，只有采取正确的销毁方式才能达到销毁目的。

数据安全销毁技术常使用残留数据粉碎技术和销毁流程完整性验证技术。其中，残留数据粉碎技术是为了确保删除的数据不存在非法残留信息和从删除数据中进行恢复而造成数据信息的泄露。残留数据粉碎技术主要包括实现数据的分布式环境下的元数据删除技术、缓存数据的删除技术、回收站数据的删除技术和磁盘残留信息的删除与写入技术等。销毁流程完整性验证技术就是要确保数据的删除不存在非法的数据留存或者残留信息，不再由于窃取或者非正常操作造成泄露。数据销毁的完整性验证技术可以使用流程闭环、分组限删除元数据和业务数据、多次读写等方式实现数据的销毁流程闭环，确保数据不存在留存副本。

图 8-11 显示了数据生命周期中的治理关键技术。

8.3.3 大数据安全治理的开源软件

1. Apache Atlas

Apache Atlas 是 Hadoop 的数据治理和元数据框架，它提供了一个可伸缩和可扩展的核

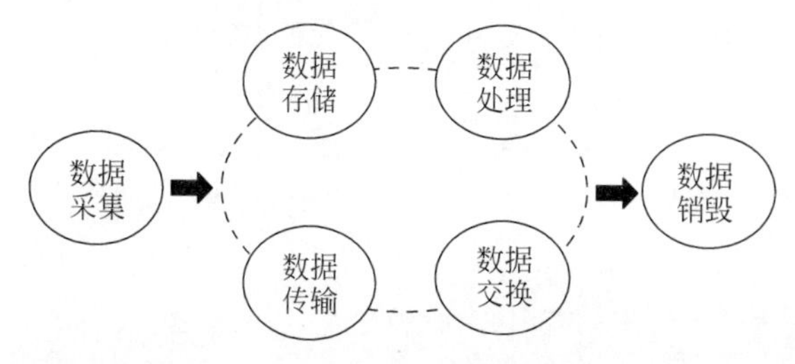

图 8-11　数据生命周期中的治理关键技术

心基础数据治理服务集。例如，Apache Atlas 为 Hadoop 集群提供了包括数据分类、集中策略引擎、数据血缘、安全和生命周期管理在内的元数据治理核心能力，使得企业可以有效地和高效地满足 Hadoop 中的合规性要求。在安全性上，Apache Atlas 使用各种系统并与其交互，为数据管理员提供元数据管理和数据世系。用户可以适当地选择和配置这些依赖关系，从而使用 Atlas 实现高度的服务可用性。Apache Atlas 原理见第 3 章。

此外，Apache Atlas 通过与 Ranger 集成，为 Hadoop 提供了基于标签(Tag)的动态访问权限控制，可以通过控制与资源关联的标签而非资源本身来为权限控制模型提供诸多便利。

在容错和高可用方面，Apache Atlas 支持带有自动故障转移的主动/被动配置中的 Atlas Web 服务的多个实例。这意味着用户可以在不同的物理主机上同时部署和启动 AtlasWeb 服务的多个实例。其中一个实例将被自动选择为“活动”实例来为用户请求提供服务，其他实例将自动被视为“被动”。如果“活动”实例故意停止或意外故障而变得不可用，则其他实例之一将自动选为“活动”实例，并开始为用户请求提供服务。值得注意的是，“活动”实例是能够正确响应用户请求的唯一实例。它可以创建、删除、修改或响应元数据对象上的查询。“被动”实例将接受用户请求，但会使用 HTTP 重定向将其重定向到当前已知的“活动”实例。具体来说，“被动”实例本身不会响应对元数据对象的任何查询，但是所有实例(包括主动和被动)都将响应返回有关该实例的信息的管理请求。当配置为高可用性模式时，用户可以获得以下操作优势：

(1) 在维护间隔期间不间断服务。如果需要停用 Atlas Web 服务的活动实例进行维护，则另一个实例将自动变为活动状态并可以为请求提供服务。

(2) 在意外故障事件中的不间断服务。如果由于软件或硬件错误，Atlas Web 服务的活动实例失败，另一个实例将自动变为活动状态并可以为请求提供服务。

图 8-12 显示了 Apache Atlas 创建标签的实例。

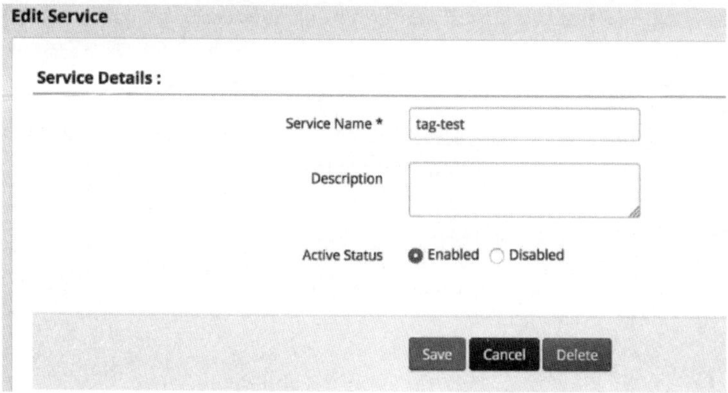

图 8-12　Apache Atlas 创建标签

Apache Atlas Client 中 XML 配置文件的部分代码如下：

```
<project xmlns="http://maven.apache.org/POM/4.0.0"
            xmlns:xsi="http://www.w3.org/2001/XMLSchema-instance"
            xsi:schemaLocation="http://maven.apache.org/POM/4.0.0 http://maven.apache.org/
xsd/maven-4.0.0.xsd">
<parent>
        <artifactId>atlas-client</artifactId>
    <groupId>org.apache.atlas</groupId>
        <version>1.1.0</version>
    </parent>
<modelVersion>4.0.0</modelVersion>

<artifactId>atlas-client-v1</artifactId>
    <dependencies>
        <dependency>
          <groupId>org.apache.atlas</groupId>
          <artifactId>atlas-client-common</artifactId>
              <version>${project.version}</version>
        </dependency>
    <dependency>
    <groupId>org.apache.atlas</groupId>
        <artifactId>atlas-common</artifactId>
            <version>${project.version}</version>
        </dependency>
    </dependencies>
</project>
```

server-api 中 XML 配置文件的部分代码如下：

```
<project xmlns="http://maven.apache.org/POM/4.0.0" xmlns:xsi="http://www.w3.org/2001/
XMLSchema-instance" xsi:schemaLocation="http://maven.apache.org/POM/4.0.0 http://maven.
apache.org/xsd/maven-4.0.0.xsd">
    <parent>
<artifactId>apache-atlas</artifactId>
                <groupId>org.apache.atlas</groupId>
            <version>1.1.0</version>
        </parent>
    <modelVersion>4.0.0</modelVersion>
        <artifactId>atlas-server-api</artifactId>
        <name>Apache Atlas Server API</name>
        <description>Apache Atlas Server related APIs</description>
        <packaging>jar</packaging>
        <dependencies>
        <dependency>
            <groupId>org.testng</groupId>
                <artifactId>testng</artifactId>
            </dependency>
        <dependency>
        <groupId>org.apache.hadoop</groupId>
            <artifactId>hadoop-common</artifactId>
                <exclusions>
                    <exclusion>
                    <groupId>javax.servlet</groupId>
                <artifactId>servlet-api</artifactId>
                    </exclusion>
                </exclusions>
```

```
    </dependency>
    <dependency>
        <groupId>org.mockito</groupId>
        <artifactId>mockito-all</artifactId>
    </dependency>
        <dependency>
            <groupId>org.apache.atlas</groupId>
          <artifactId>atlas-client-v1</artifactId>
        </dependency>
    </dependencies>
</project>
```

2. Apache Ranger

Apache Ranger 是一个 Hadoop 集群权限框架，提供操作、监控、管理复杂的数据权限，它提供一个集中的管理机制，管理基于 Yarn 的 Hadoop 生态圈的所有数据权限。

Apache Ranger 主要实现以下功能：

(1) 通过统一的中心化管理界面或者 REST 接口来管理所有安全任务，从而实现集中化的安全管理。

(2) 通过统一的中心化管理界面对 Hadoop 组件/工具的操作/行为进行细粒度级别的控制。

(3) 提供了统一的、标准化的授权方式。

(4) 支持基于角色的访问控制、基于属性的访问控制等多种访问控制手段。

(5) 支持对用户访问和(与安全相关的)管理操作的集中审计。

Apache Ranger 使用了一种基于属性的方法定义和强制实施安全策略。当与 Apache Hadoop 的数据治理解决方案和元数据仓储组件 Apache Atlas 一起使用时，它可以定义一种基于标签的安全服务，通过使用标签对文件和数据资产进行分类，并控制用户和用户组对一系列标签的访问。因此，Apache Ranger 的一个主要优点是，控制策略可以由安全管理员从单独的一个地方访问合并在 Hadoop 生态系统中一致地管理。

在数据安全管理上，相比于 UNIX/Linux 系统简单地用“用户/用户组”来设定权限，Apache Ranger 提供了丰富的 Hadoop 组件，帮助人们更好地实现各种安全策略。例如，Apache Ranger 通过界面友好、操作方便的 Web 页面来建立一套完善的人员、角色和权限关系，让经过授权的用户可以合法地访问已授权的资源和数据，而将那些未经授权的“非法用户”彻底“拒之门外”。此外，Ranger 还支持临时策略创建，实现对其他用户的临时授权。当临时授权的用户完成相关操作后再删除这些临时策略，从而方便、快捷地实现用户的临时授权。

因此，在大数据系统安全集中式管理平台中，Apache Ranger 可以十分全面地为用户提供 Hadoop 生态圈的集中安全策略的管理，并解决授权(Authorization)和审计(Audit)。例如，运维管理员可以轻松地为个人用户和组提供对文件、数据等的访问策略，然后审计对数据源的访问。图 8-13 显示了 Apache Ranger 工作界面，图 8-14 显示了 Apache Ranger 中的配置界面。

3. Apache Sentry

Apache Sentry 是 Cloudera 公司发布的一个 Hadoop 安全开源组件，其中 Sentry 是一个基于角色的粒度授权模块，为 Hadoop 集群上经过身份验证的用户提供了控制和强制访问数据或数据特权的能力。它可以和 Hive/HCatalog、Apache Solr、Cloudera Impala 等集成，甚至还可以扩展到其他 Hadoop 生态系统组件，例如 HDFS 和 HBase。

在设计上，Apache Sentry 的目标是实现授权管理，因此它也被看成一个策略引擎，被数据

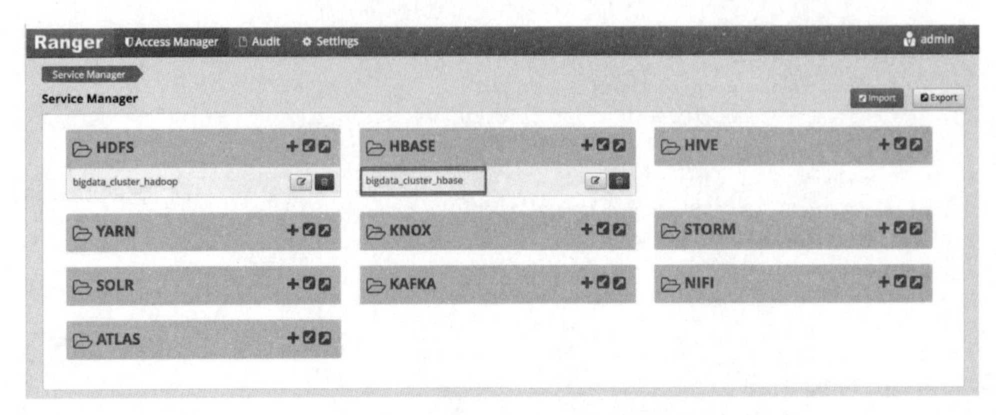

图 8-13 Apache Ranger 工作界面

Search for your policy...

Policy ID	Policy Name	Policy Labels	Status	Audit Logging	Roles	Groups	Users	Action
4	all - path	--	Enabled	Enabled	--	--	root	
5	kms-audit-path	--	Enabled	Enabled	--	--	keyadmin	
6	for-hive-user	--	Enabled	Enabled	--	--	hive	

图 8-14 Apache Ranger 中的配置界面

处理工具用来验证访问权限。Apache Sentry 也是一个高度扩展的模块,可以支持任何的数据模型。当前,它支持 Apache Hive 和 Cloudera Impala 的关系数据模型,以及 Apache 中有继承关系的数据模型。

Apache Sentry 的主要特点如下:

(1) Sentry 依靠底层身份验证系统来识别用户。它还使用 Hadoop 中配置的组映射机制来确保 Sentry 看到与 Hadoop 生态系统的其他组件相同的组映射。

(2) Sentry 提供了基于角色的访问控制机制,该机制用于管理典型企业中大量用户和数据对象的授权。因此 Sentry 可以控制数据访问,并对已通过验证的用户提供数据访问特权。

(3) 细粒度访问控制。Sentry 支持细粒度的 Hadoop 数据和元数据访问控制。Sentry 在服务器、数据库、表和视图范围提供了不同特权级别的访问控制,包括查找、插入等,允许管理员使用视图限制对行或列的访问。管理员也可以通过 Sentry 和带选择语句的视图或 UDF,根据需要在文件内屏蔽数据。

(4) 统一平台。Sentry 为确保数据安全,提供了一个统一平台,使用现有的 Hadoop Kerberos 实现安全认证。另外,通过 Hive 或 Impala 访问数据时可以使用同样的 Sentry 协议。

Apache Sentry 架构如图 8-15 所示。

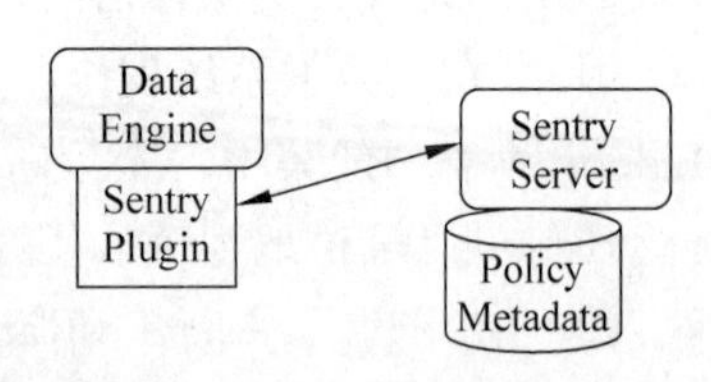

图 8-15 Apache Sentry 架构

Apache Sentry 中的主要组件如下:

(1) Sentry Server。Sentry Server 用于管理授权元数据,支持安全检索和操作元数据的接口。

(2) Data Engine。Data Engine 是一个数据处理应用程序。

(3) Sentry Plugin。Sentry Plugin 提供了操作存储在 Sentry 服务器中的授权元数据的接口,包括授权策略引擎,该引擎使用从服务器检索的授权元数据来评估访问请求。

(4) Policy Metadata。其存储权限策略数据,一般用于外部存储。

值得注意的是,Sentry 仅支持基于角色的访问控制。

在数据安全治理中，Apache Sentry 可以使用 INI 格式的文件保存元数据信息，这个文件可以是一个本地文件或者 HDFS 文件，代码如下：

```
[groups]
# Assigns each Hadoop group to its set of roles
manager = analyst_role, junior_analyst_role
analyst = analyst_role
admin = admin_role
[roles]
analyst_role = server = server1 -> db = analyst1, \
    server = server1 -> db = jranalyst1 -> table = * -> action = select, \
    server = server1 -> uri = hdfs://ha - nn - uri/landing/analyst1, \
    server = server1 -> db = default -> table = tab2
# Implies everything on server1.
admin_role = server = server1
```

8.4 本章小结

（1）数据的安全是计算机系统安全的核心部分之一，数据安全的定义一方面是指其自身的安全，包括采用现代加密技术对数据进行主动保护，另一方面是数据防护的安全，指的是采用现代信息存储手段对数据进行主动防护。

（2）目前一般认为大数据安全是指在大数据发展应用中数据的所有者、管理者、使用者和服务提供者采取保护管理的策略和措施，防范数据伪造、泄露或被窃取、篡改、非法使用等风险与危害的能力、状态和行动。

（3）在企业应用中，为了保护大数据安全需要搭建统一的数据安全管理体系，通过分层建设、分级防护，达到平台能力及应用的可成长、可扩充，创造面向数据的安全管理体系框架。

（4）大数据安全治理是一套系统工程，其中数据治理和数据安全密不可分。

8.5 实训

1. 实训目的

通过本实训掌握大数据安全的常用方法和步骤及数据脱敏的基本应用。

2. 实训内容

1）利用 Kettle 进行数据加密与解密。

（1）成功运行 Kettle 后在菜单栏中单击“文件”，在“新建”中选择“转换”选项，在“脚本”中选择“JavaScript 代码”选项，将其拖动到右侧工作区中，最终生成的工作如图 8-16 所示。

（2）双击“JavaScript 代码”图标，分别输入加密代码和解密代码，如图 8-17 所示。

```
var setValue;
    setValue =
    Packages.org.pentaho.di.core.encryption.Encr.encryptPassword('123456');
var setValue1;
    setValue1 =
     org. pentaho. di. core. encryption. Encr. decryptPasswordOptionallyEncrypted ( ' Encrypted
2be98afc86aa7f2e4cb79ff228dc6fa8c');
```

单击“获取变量”按钮，以获取字段名称和类型。

（3）单击“测试脚本”按钮，在“限制”文本框中输入 1，如图 8-18 所示。

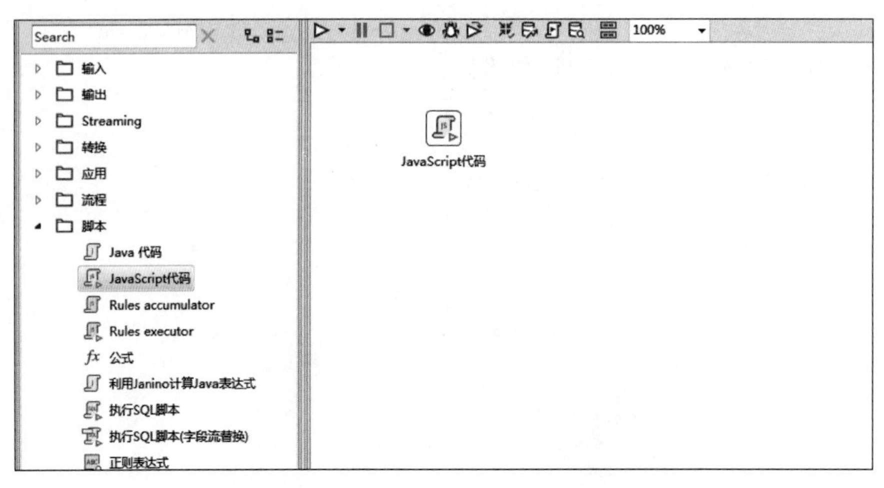

图 8-16 工作流程

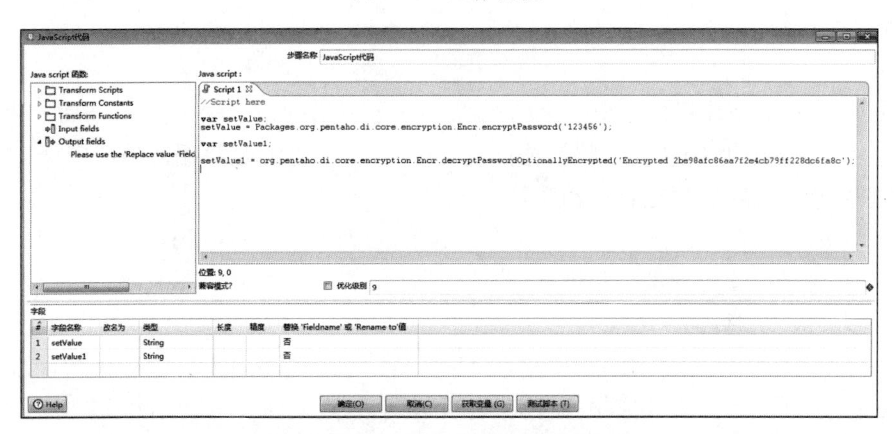

图 8-17 输入加密和解密代码

图 8-18 设置限制值

(4) 单击“确定”按钮，查看结果如图 8-19 所示，其中 setValue 为加密后的数据，setValue1 为解密后的数据。

2) 利用 Kettle 进行数据脱敏。

(1) 成功运行 Kettle 后在菜单栏中单击“文件”，在“新建”中选择“转换”选项，在“输入”中

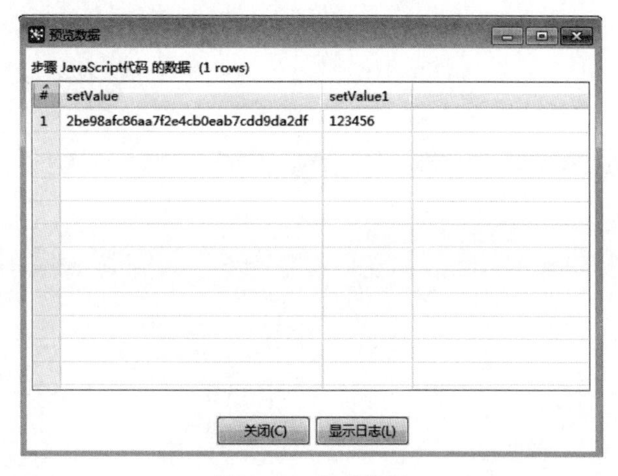
预览数据

步骤 JavaScript代码 的数据 (1 rows)

#	setValue	setValue1
1	2be98afc86aa7f2e4cb0eab7cdd9da2df	123456

关闭(C)　显示日志(L)

图 8-19　查看结果

选择"自定义常量数据"选项，在"脚本"中选择"利用 Janino 计算 Java 表达式"选项，将其分别拖动到右侧工作区中，最终生成的工作如图 8-20 所示。

Janino 是一个极小的 Java 编译器，它不仅能像 javac 工具那样将一组源文件编译成字节码文件，还可以对一些 Java 表达式、代码块、类中的文本（class body）或者内存中的源文件进行编译。

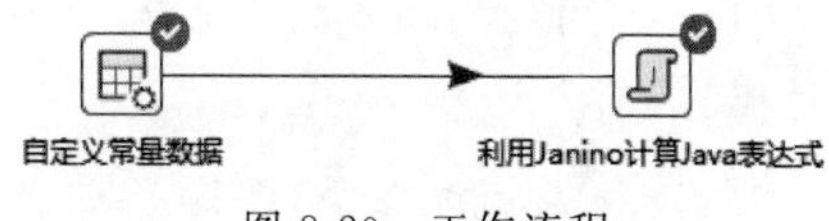

图 8-20　工作流程

（2）双击"自定义常量数据"图标，分别设置元数据和数据内容如图 8-21 和图 8-22 所示。

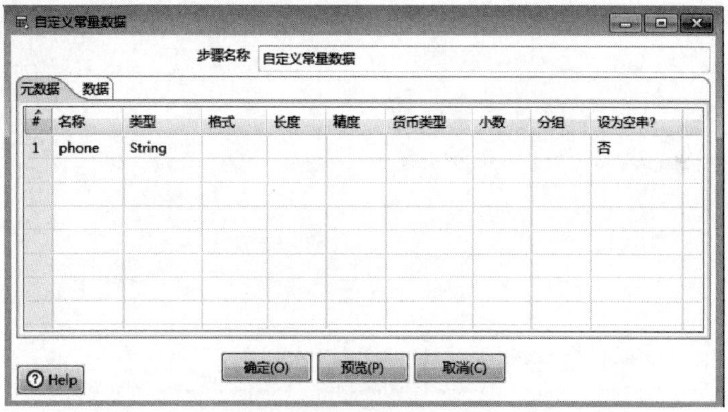

自定义常量数据

步骤名称　自定义常量数据

元数据　数据

#	名称	类型	格式	长度	精度	货币类型	小数	分组	设为空串?
1	phone	String							否

Help　确定(O)　预览(P)　取消(C)

图 8-21　设置元数据

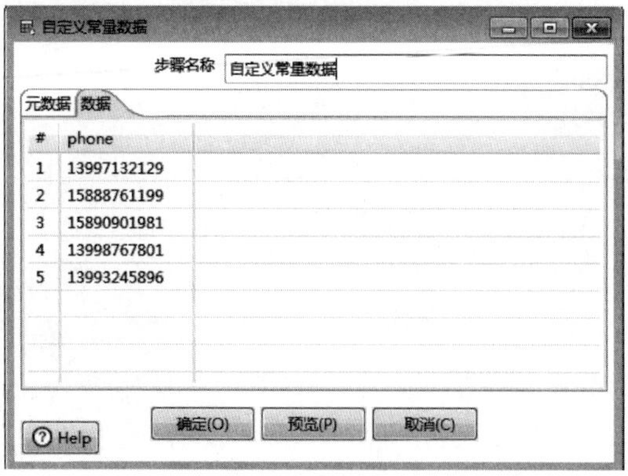

自定义常量数据

步骤名称　自定义常量数据

元数据　数据

#	phone
1	13997132129
2	15888761199
3	15890901981
4	13998767801
5	13993245896

Help　确定(O)　预览(P)　取消(C)

图 8-22　设置数据

(3) 双击"利用 Janino 计算 Java 表达式"图标,设置内容如图 8-23 所示。其中代码 phone. replaceAll("(\\d{3})\\d{4}(\\d{4})","$1****$2")表示对字段 phone 中的数据内容进行数据脱敏。

图 8-23　数据脱敏设置

(4) 保存该操作,查看结果如图 8-24 所示,在运行结果中可以发现原字段 phone 中的内容已被脱敏。

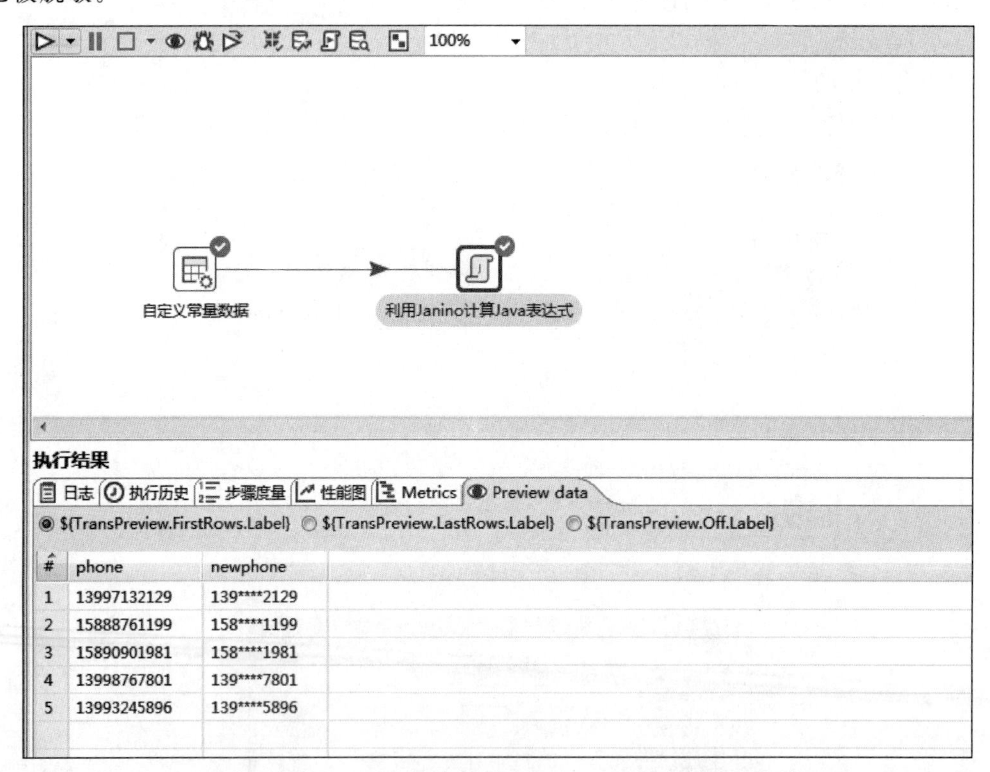

图 8-24　查看结果

3) Python 生成 UUID

(1) UUID 介绍。UUID 是 128 位的全局唯一标识符,通常由 32 字节的字符串表示。UUID 可以保证时间和空间的唯一性,它通过 MAC 地址、时间戳、命名空间、随机数、伪随机数来保证生成 ID 的唯一性。该实训讲述在 Python 中生成 UUID。首先在 Python 中导入 UUID 库,如图 8-25 所示。

(2) 使用 UUID1()。UUID1()基于时间戳生成实现标识符来确保唯一性,运行结果如

```
C:\Users\xxx>python
Python 3.7.0 (v3.7.0:1bf9cc5093, Jun 27 2018, 04:59:51) [MSC v.1914 64 bit (AMD6
4)] on win32
Type "help", "copyright", "credits" or "license" for more information.
>>> import uuid
```

图 8-25 在 Python 中导入 UUID

图 8-26 所示。值得注意的是：UUID1()返回的不是普通的字符串，而是一个 UUID 对象，其内含有丰富的成员函数和变量。

```
>>> import uuid
>>> for i in range(10):
...     print(uuid.uuid1())
...
c5aa2cde-5023-11ed-9459-9c5c8e71b591
c5ab3e52-5023-11ed-8e71-9c5c8e71b591
c5ab8c74-5023-11ed-8e24-9c5c8e71b591
c5ab8c75-5023-11ed-9092-9c5c8e71b591
c5ab8c76-5023-11ed-b8cd-9c5c8e71b591
c5ac01a4-5023-11ed-937f-9c5c8e71b591
c5adfd7e-5023-11ed-a489-9c5c8e71b591
c5ae248c-5023-11ed-b609-9c5c8e71b591
c5ae4b9e-5023-11ed-a911-9c5c8e71b591
c5ae4b9f-5023-11ed-9091-9c5c8e71b591
>>>
```

图 8-26 UUID1()

(3) 使用 UUID3()。UUID3()是基于名字的 MD5 散列值，它通过计算名字和命名空间的 MD5 散列值得到，保证了同一命名空间中不同名字的唯一性和不同命名空间的唯一性，但同一命名空间的同一名字生成相同的 UUID，运行结果如图 8-27 所示。

```
>>> import uuid
>>> names=['owen','henlen','joe','jeff','pawn']
>>> for name in names:
...     print(name,uuid.uuid3(uuid.NAMESPACE_OID,name))
...
owen d0d18d16-a998-3e02-91eb-65e3dae7735e
henlen 943a1ec5-b783-324e-9107-adc5119b1919
joe 742a2a7d-4ab5-30e1-8f56-f4cd8c6c8f73
jeff 75d9febb-502e-3252-925d-0e14c4dde298
pawn c7a344dd-e5b1-3c29-bfc5-4f2315fb4443
```

图 8-27 UUID3()

(4) 使用 UUID4()。UUID4()基于随机数，由伪随机数得到，有一定的重复概率，并且该概率可以计算出来，运行结果如图 8-28 所示。

```
>>> import uuid
>>> uuid.uuid4()
UUID('33f603aa-30a5-4249-857c-623141acd98e')
>>> uuid.uuid4()
UUID('8043149a-246a-4f48-8bde-28a42016f96d')
>>> uuid.uuid4()
UUID('6c3840b8-c26d-4c12-9c86-c298f54ac8c9')
>>> uuid.uuid4()
UUID('02b52826-f4f8-4c42-99b6-eb8b9c0d109a')
>>> uuid.uuid4()
UUID('fabc63a4-0ede-4678-83b7-a93d5445cb0e')
>>> for i in range(5):
...     print(uuid.uuid4())
...
d7866e14-b549-4269-8523-19120b3a5a35
41c3320b-cc9e-4927-8035-f132c68a5efe
b91cf287-e2f0-49bd-a9cc-4cdad0ed690a
b809d879-61da-4827-843a-8eff6c15003b
b5f6c2b9-77d2-43be-8101-4d2f4d22da0d
```

图 8-28 UUID4()

（5）使用 UUID5()。UUID5()是基于名字的 SHA-1 散列值，算法与 UUID3 相同，不同的是使用 Secure Hash Algorithm 1 算法，运行结果如图 8-29 所示。

```
>>> import uuid
>>> print(uuid.uuid5(uuid.NAMESPACE_DNS,'tom'))
b73c6264-f580-56d3-9a04-299b8616690e
>>>
```

图 8-29 UUID5()

习题 8

（1）数据安全的定义是什么？

（2）数据安全的特点有哪些？

（3）个人隐私信息包含哪些内容？

（4）简述数据脱敏的基本原理。

（5）身份认证技术主要有哪些？

（6）简述什么是安全策略。

（7）简述什么是数据分类分级。

第 9 章

综合实训

本章学习目标

- 掌握大数据平台的搭建与运行
- 掌握常见的大数据安全算法

本章先向读者介绍大数据平台的搭建与运行，再介绍常见的大数据安全算法。

9.1 大数据平台的搭建

1. 实训目的

- 了解数据架构的特点，能进行简单的与 Hadoop 架构有关的操作
- 了解 Hadoop 的安装
- 掌握集群网络映射配置
- 能够配置 SSH 免密登录
- 能够配置 Hadoop 文件参数
- 掌握 Hadoop 格式化和开启、停止 Hadoop

2. 实训内容

1）集群网络映射配置

根据网络规划，通过以下命令分别修改 master、slave1、slave2 的配置文件(/etc/hosts)：

```
[root@master ~]# vi /etc/hosts
```

写入以下内容，增加 IP 地址与主机名的映射：

```
192.168.1.128 master
192.168.1.129 slave1
192.168.1.130 slave2
```

配置完成后相互 ping 一下，看是否配置成功，例如为 slave2 节点直接 ping master 节点主机名的结果如下：

```
[root@slave2 ~]# ping master
```

```
PING master (192.168.1.128) 56(84) bytes of data.
64 bytes from master (192.168.1.128): icmp_seq = 1 ttl = 64 time = 2.01 ms
64 bytes from master (192.168.1.128): icmp_seq = 2 ttl = 64 time = 0.432 ms
```

2) 安装 SSH、免密登录

(1) 各个节点安装 SSH。

在一般情况下，CentOS 默认已安装了 SSH Client、SSH Server，分别打开 master、slave1、slave2 执行如下命令进行检验：

```
[root@master ~]# rpm -qa | grep ssh
```

得到如下结果：

```
openssh-server-7.4p1-11.el7.x86_64
libssh2-1.4.3-10.el7_2.1.x86_64
openssh-7.4p1-11.el7.x86_64
openssh-clients-7.4p1-11.el7.x86_64
```

由结果可知，其中包含了 SSH Client 和 SSH Server，不需要再安装。

(2) 切换到 Hadoop 用户。

master 节点切换到 Hadoop 用户：

```
[root@master ~]# su hadoop
```

slave1 节点切换到 Hadoop 用户：

```
[root@slave1 ~]# su hadoop
```

slave2 节点切换到 Hadoop 用户：

```
[root@slave2 ~]# su hadoop
```

(3) 每个节点均要生成密钥对并追加到授权中，这里以 master 为例。

在 master 节点生成密钥对：

```
[hadoop@master ~]$ ssh-keygen -t rsa
```

此时会生成如下提示信息，中途直接按回车键即可：

```
Generating public/private rsa key pair.
Enter file in which to save the key (/home/hadoop/.ssh/id_rsa):
Created directory '/home/hadoop/.ssh'.
Enter passphrase (empty for no passphrase):
Enter same passphrase again:
Your identification has been saved in /home/hadoop/.ssh/id_rsa.
Your public key has been saved in /home/hadoop/.ssh/id_rsa.pub.
The key fingerprint is:
SHA256:mWOwhq73yuqut/yrYO3RZHKg/jrPcB84ZNvazbnQcUs hadoop@master
The key's randomart image is:
+---[RSA 2048]----+
|                 |
|                 |
| . .             |
| . .. o o        |
| . + . + o.SE    |
|. +.X... +..     |
|. + B. = . .     |
|. + BoB = .      |
|. * % % = * . = .|
+----[SHA256]-----+
```

将/home/hadoop/下新生成的 id_rsa. pub 追加到授权文件中：

```
[hadoop@master ~]$ cat ~/.ssh/id_rsa.pub >> ~/.ssh/authorized_keys
```

(4) 在各个节点修改 authorized_keys 文件的权限，这里以 master 为例。

在 master 节点修改 authorized_keys 文件的权限：

```
[hadoop@master ~]$ chmod 600 ~/.ssh/authorized_keys
```

此时输入 ssh master 命令，可以免密登录到 master 节点。

```
[hadoop@master ~]$ ssh master
Last login: Sun Oct 3 01:03:35 2021
```

注意：首次登录时会提示系统无法确认 host 主机的真实性，只知道它的公钥指纹，询问用户是否还想继续连接，需要输入"yes"，表示继续登录。第二次登录同一个主机，则不会再出现该提示。

(5) 交换 SSH 密钥。

将 master 节点的公钥 id_rsa. pub 复制到 slave1 和 slave2 节点上：

```
[hadoop@master ~]$ scp ~/.ssh/id_rsa.pub hadoop@slave1:~/

[hadoop@master ~]$ scp ~/.ssh/id_rsa.pub hadoop@slave2:~/
```

在 slave1 和 slave2 节点把从 master 节点复制的公钥追加到授权文件中：

```
[hadoop@slave1 ~]$ cat ~/id_rsa.pub >>~/.ssh/authorized_keys

[hadoop@slave2 ~]$ cat ~/id_rsa.pub >>~/.ssh/authorized_keys
```

在 slave1 和 slave2 节点删除 id_rsa. pub 文件：

```
[hadoop@slave1 ~]$ rm -f ~/id_rsa.pub

[hadoop@slave2 ~]$ rm -f ~/id_rsa.pub
```

同样，需要将 slave1 和 slave2 节点的公钥复制到 master 上并追加到 master 的授权文件中，在 master 节点删除 id_rsa. pub 文件。

做完之后，就可以在各个节点验证 SSH 免密登录。

在 master 节点免密登录 slave1：

```
[hadoop@master ~]$ ssh slave1
Last login: Sun Oct 3 01:11:53 2021
[hadoop@slave1 ~]$
```

3) Hadoop 的安装和文件参数配置

安装包已经提前放置在虚拟机的/opt/software/目录下。

(1) 在 master 节点的 root 用户下安装 Hadoop。

```
[root@master ~]# tar -zxvf /opt/software/hadoop-2.7.1.tar.gz -C /usr/local/src/
```

配置环境变量：

```
[root@master ~]# vi /etc/profile
```

在文件的最后增加以下信息：

```
export JAVA_HOME=/usr/local/src/jdk1.8.0_181
export PATH=$PATH:$JAVA_HOME/bin
export HADOOP_HOME=/usr/local/src/hadoop-2.7.1
```

```
export PATH = $ HADOOP_HOME/bin: $ HADOOP_HOME/sbin: $ PATH
```

注意，本实训已经提前配置好 Java 环境变量。

使配置的 Hadoop 的环境变量生效：

```
[root@master ~]          # su hadoop
[hadoop@master ~]        # source /etc/profile
[hadoop@master ~]        # exit
```

修改 hadoop-env. sh 配置文件：

```
[root@master ~]          # cd /usr/local/src/ hadoop - 2.7.1/etc/hadoop/
[root@master hadoop]     # vi hadoop - env. sh
```

在文件的末尾增加以下信息：

```
export JAVA_HOME = /usr/local/src/jdk1.8.0_181
```

（2）配置 hdfs-site. xml 文件参数。

```
[root@master ~]          # cd /usr/local/src/ hadoop - 2.7.1/etc/hadoop/
[root@master hadoop]     # vi hdfs - site. xml
```

在< configuration >和</configuration >标签之间追加以下配置信息：

```
<configuration>
    <property>
        <name>dfs.namenode.name.dir</name>
        <value>file:/usr/local/src/hadoop - 2.7.1/dfs/name</value>
    </property>
    <property>
        <name>dfs.datanode.data.dir</name>
        <value>file:/usr/local/src/hadoop hadoop - 2.7.1/dfs/data</value>
    </property>
    <property>
        <name>dfs.replication</name>
        <value>3</value>
    </property>
</configuration>
```

（3）配置 core-site. xml 文件参数。

```
[root@master ~]          # cd /usr/local/src/hadoop - 2.7.1/etc/hadoop/
[root@master hadoop]     # vi core - site. xml
```

在< configuration >和</configuration >标签之间追加以下配置信息：

```
<configuration>
    <property>
        <name>fs.defaultFS</name>
        <value>hdfs://master:9000</value>
    </property>
    <property>
        <name>io.file.buffer.size</name>
        <value>131072</value>
    </property>
    <property>
        <name>hadoop.tmp.dir</name>
        <value>file:/usr/local/src/hadoop - 2.7.1/tmp</value>
    </property>
</configuration>
```

（4）配置 mapred-site. xml。

将/usr/local/src/hadoop-2. 7. 1/etc/hadoop 目录下的 mapred-site. xml. template 修改为 mapred-site. xml，然后进行如下配置：

```
[root@master ~]          # cd /usr/local/src/hadoop-2.7.1/etc/hadoop/
[root@master hadoop]     # cp mapred-site.xml.template mapred-site.xml
[root@master hadoop]     # vi mapred-site.xml
```

在<configuration>和</configuration>标签之间追加以下配置信息：

```
<configuration>
    <property>
        <name>mapreduce.framework.name</name>
        <value>yarn</value>
    </property>
    <property>
        <name>mapreduce.jobhistory.address</name>
            <value>master:10020</value>
    </property>
    <property>
        <name>mapreduce.jobhistory.webapp.address</name>
        <value>master:19888</value>
    </property>
</configuration>
```

（5）配置 yarn-site. xml。

```
[root@master ~]          # cd /usr/local/src/hadoop-2.7.1/etc/hadoop/
[root@master hadoop]     # vi yarn-site.xml
```

在<configuration>和</configuration>标签之间追加以下配置信息：

```
<configuration>
    <property>
        <name>yarn.resourcemanager.address</name>
        <value>master:8032</value>
    </property>
    <property>
        <name>yarn.resourcemanager.scheduler.address</name>
        <value>master:8030</value>
    </property>
    <property>
        <name>yarn.resourcemanager.resource-tracker.address</name>
        <value>master:8031</value>
    </property>
    <property>
        <name>yarn.resourcemanager.admin.address</name>
        <value>master:8033</value>
    </property>
    <property>
        <name>yarn.resourcemanager.webapp.address</name>
        <value>master:8088</value>
    </property>
    <property>
        <name>yarn.nodemanager.aux-services</name>
        <value>mapreduce_shuffle</value>
    </property>
    <property>
        <name>yarn.nodemanager.auxservices.mapreduce.shuffle.class</name>
```

```
        <value>org.apache.hadoop.mapred.ShuffleHandler</value>
    </property>
</configuration>
```

4）Hadoop 的其他相关配置

（1）配置 master 文件。

执行以下命令修改 master 配置文件：

```
[root@master hadoop]#vi master
192.168.1.128
```

（2）配置 slaves 文件。

执行以下命令修改 slaves 配置文件：

```
[root@master hadoop]#vi slaves
192.168.1.129
192.168.1.130
```

（3）新建目录。

新建 tmp 目录、name 目录、data 目录：

```
[root@master hadoop]        #mkdir /usr/local/src/ hadoop-2.7.1/tmp
[root@master hadoop]        #mkdir /usr/local/src/ hadoop-2.7.1/dfs/name -p
[root@master hadoop]        #mkdir /usr/local/src/ hadoop-2.7.1/dfs/data -p
```

（4）修改目录权限。

执行以下命令修改/usr/local/src/hadoop-2.7.1 目录的权限：

```
[root@master hadoop] #chown -R hadoop:hadoop /usr/local/src/hadoop-2.7.1/
```

（5）同步配置文件到 slave 节点。

将 master 节点的/usr/local/src/hadoop-2.7.1 目录复制到各个 slave 节点上：

```
[root@master hadoop] #scp -r /usr/local/src/hadoop-2.7.1/ root@slave1:/usr/local/src/
[root@master hadoop] #scp -r /usr/local/src/hadoop-2.7.1/ root@slave1:/usr/local/src/
```

修改 slave1 和 slave2 的文件夹的访问权限：

```
[root@slave1 src]        # chown -R hadoop:hadoop /usr/local/src/hadoop-2.7.1/
[root@slave2 src]        # chown -R hadoop:hadoop /usr/local/src/hadoop-2.7.1/
```

（6）在每个 slave 节点配置环境变量。

在每个 slave 节点配置 Hadoop 的环境变量：

```
[root@slave1 src]#vi /etc/profile#在文件末尾添加
export HADOOP_HOME=/usr/local/src/hadoop-2.7.1
export PATH=$PATH:$HADOOP_HOME/bin:$HADOOP_HOME/sbin
```

在每个 slave 节点使环境变量生效：

```
[root@slave1 src]#source /etc/profile
```

5）配置 Hadoop 格式化以及开启 NameNode 和 DataNode 守护进程

（1）格式化 NameNode。

第一次启动 HDFS 时需要进行格式化操作，以后启动无须再格式化。

执行如下命令，格式化 NameNode：

```
[root@master ~]        # su hadoop
[hadoop@master ~]      # cd /usr/local/src/ hadoop-2.7.1/
[hadoop@master hadoop]$ bin/hdfs namenode -format
```

（2）启动 NameNode：

```
[hadoop@master hadoop] $ hadoop - daemon. sh start namenode
```

（3）在各个 slave 节点开启 DataNode 进程：

```
[hadoop@slave1 hadoop] $ hadoop - daemon. sh start datanode
[hadoop@slave2 hadoop] $ hadoop - daemon. sh start datanode
```

（4）在 master 上启动 SecondaryNameNode：

```
[hadoop@master hadoop] $ hadoop - daemon. sh start secondarynamenode
```

6）查看 Java 进程

其代码如下：

```
[hadoop@master hadoop] $ jps
2352 DataNode
2457 SecondaryNameNode
2252 NameNode
2622 Jps
```

可以看到 NameNode 和 SecondaryNameNode，表明 HDFS 启动成功。

7）停止 Hadoop

（1）停止 Yarn：

```
[hadoop@master hadoop] $ stop - yarn. sh
```

（2）停止 slave 上的 DataNode：

```
[hadoop@slave1 hadoop] $ hadoop - daemon. sh stop datanode

[hadoop@slave2 hadoop] $ hadoop - daemon. sh stop datanode
```

（3）停止 NameNode：

```
[hadoop@master hadoop] $ hadoop - daemon. sh stop namenode
```

（4）停止 SecondaryNameNode：

```
[hadoop@master hadoop] $ hadoop - daemon. sh stop secondarynamenode
```

（5）查看进程，确认 HDFS 进程已全部关闭：

```
[hadoop@master hadoop] $ jps
```

9.2　大数据平台的组件安装

1. 实训目的

- 掌握 HBase 组件的安装与配置
- 掌握 Sqoop 组件的安装与配置
- 掌握 Flume 组件的安装与配置

2. 实训环境

服务器集群中有 3 个以上节点，节点间网络互通，已安装 Hadoop 和 Java，各节点最低配置为双核 CPU、2GB 内存、40GB 硬盘，如表 9-1 所示。

表 9-1 实训环境

运行环境	CentOS 7.4
服务器 IP	master 192.168.1.128
	slave1 192.168.1.129
	slave2 192.168.1.130
Hadoop 版本	Hadoop 2.7.1
Java 环境	JDK 1.8
MySQL 版本	5.7.18(已预装)
ZooKeeper 版本	3.4.8(已预装)
HBase 版本	1.2.1
Sqoop 版本	1.4.7
Flume 版本	1.6.0

3. 实训内容

1) HBase 组件的安装与配置

(1) 解压 HBase 安装包。

在 master 节点解压 HBase 安装包,安装包已提前放在"/opt/software/"文件夹下。

```
[root@master ~]# tar -zxvf /opt/software/hbase-1.2.1-bin.tar.gz -C /usr/local/src/
[root@master ~]# mv /usr/local/src/hbase-1.2.1 hbase
```

(2) 在所有节点配置环境变量,并使环境变量生效。

这里以 master 节点为例,修改配置文件:

```
[root@master ~]# vi /etc/profile
```

在文件的最后增加以下两行:

```
export HBASE_HOME=/usr/local/src/hbase
export PATH=$HBASE_HOME/bin:$PATH
```

使环境变量生效:

```
[root@master ~]# source /etc/profile
```

(3) 在 master 节点配置 hbase-env.sh 文件。

```
[root@master ~]# vi /usr/local/src/hbase/conf/hbase-env.sh
```

在文件中修改 Java 的安装路径、是否使用自带的 ZooKeeper、设置 HBase 的路径,由于本实训已预先装好 ZooKeeper,所以 HBASE_MANAGES_ZK 的值为 false,表示不使用自带的 ZooKeeper。

```
export JAVA_HOME=/usr/local/src/jdk1.8.0_181
export HBASE_MANAGES_ZK=false
export HBASE_CLASSPATH=/usr/local/src/hadoop-2.7.1/etc/hadoop/
```

(4) 在 master 节点配置 hbase-site.xml。

```
[root@master ~]# vi /usr/local/src/hbase/conf/hbase-site.xml
```

在<configuration>和</configuration>标签之间追加以下配置信息:

```
<property>
    <name>hbase.rootdir</name>
    <value>hdfs://master:9000/hbase</value>
    <description>The directory shared by region servers.</description>
```

```
</property>
<property>
    <name>hbase.master.info.port</name>
    <value>60010</value>
</property>
<property>
    <name>hbase.zookeeper.property.clientPort</name>
    <value>2181</value>
    <description>Property from ZooKeeper's config zoo.cfg. The port at which the clients will
connect.
    </description>
</property>
<property>
    <name>zookeeper.session.timeout</name>
    <value>120000</value>
</property>
<property>
    <name>hbase.zookeeper.quorum</name>
    <value>master,slave1,slave2</value>
</property>
<property>
    <name>hbase.tmp.dir</name>
    <value>/usr/local/src/hbase/tmp</value>
</property>
<property>
    <name>hbase.cluster.distributed</name>
    <value>true</value>
</property>
```

(5) 在 master 节点修改 regionservers 文件。

```
[root @master ~]$ vi /usr/local/src/hbase/conf/regionservers
```

在文件中删除原有 localhost,增加以下两行:

```
slave1
slave2
```

(6) 在 master 节点创建 hbase.tmp.dir 目录。

```
[root @master ~]# mkdir /usr/local/src/hbase/tmp
```

(7) 将 master 上的 HBase 安装文件同步到 slave1、slave2。

```
[root @master ~]# scp -r /usr/local/src/hbase/ root@slave1:/usr/local/src/
[root @master ~]# scp -r /usr/local/src/hbase/ root@slave2:/usr/local/src/
```

(8) 在所有节点修改 HBase 目录权限。

这里以 master 节点为例:

```
[root @master ~]# chown -R hadoop:hadoop /usr/local/src/hbase/
```

(9) 切换到 Hadoop 用户使配置生效,启动 HBase。

```
[root @master ~]#su hadoop
[root @master ~]#souce /etc/profile
```

注意:*要先启动 Hadoop,然后启动 ZooKeeper,最后启动 HBase。*

```
[hadoop@master ~]$ start-hbase.sh
```

启动完成后,可以在浏览器的地址栏中输入地址"http://192.168.1.128:60010/"查看

HBase 的状态,如图 9-1 所示。

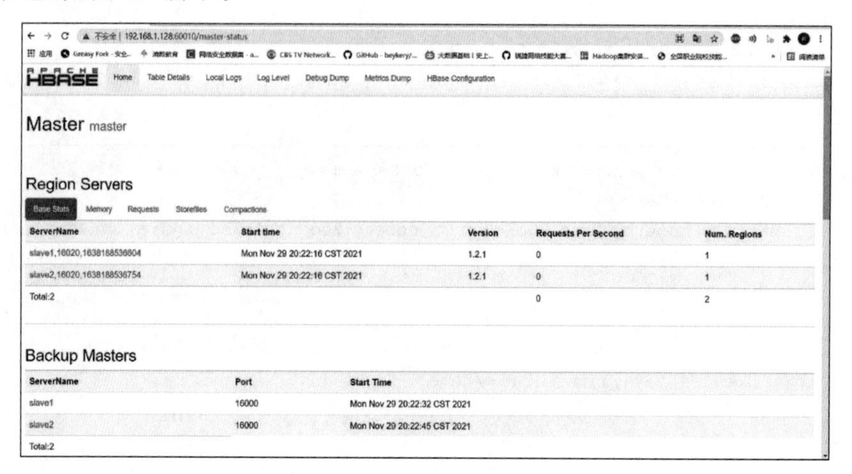

图 9-1 查看 HBase 的状态

2) Sqoop 组件的安装与配置

(1) 解压 Sqoop 安装包。

在 master 节点解压 Sqoop 安装包,安装包已提前放在"/opt/software/"文件夹下。

```
[root@master ~]# tar -zxvf /opt/software/sqoop-1.4.7.bin__hadoop-2.6.0.tar.gz -C /usr/local/src -C /usr/local/src/
```

为了方便使用,将解压出来的 sqoop-1.4.7.bin__hadoop-2.6.0 文件夹更名为 sqoop:

```
[root@master ~]#mv /usr/local/src/sqoop-1.4.7.bin__hadoop-2.6.0 sqoop
```

(2) 配置 Sqoop 环境。

修改配置文件 sqoop-env.sh:

```
[root@master ~]      # cd /usr/local/src/sqoop/conf/
[root@master conf]   # cp sqoop-env-template.sh sqoop-env.sh
[root@master conf]   # vi sqoop-env.sh
```

修改如下信息:

```
export HADOOP_COMMON_HOME=/usr/local/src/hadoop-2.7.1
export HADOOP_MAPRED_HOME=/usr/local/src/hadoop-2.7.1
export HBASE_HOME=/usr/local/src/hbase
export HIVE_HOME=/usr/local/src/hive
```

配置环境变量:

```
[root@master conf]# vi /etc/profile
```

在文件的末尾写入以下信息:

```
export SQOOP_HOME=/usr/local/src/sqoop
export PATH=$PATH:$SQOOP_HOME/bin
export CLASSPATH=$CLASSPATH:$SQOOP_HOME/lib
```

使配置生效:

```
[root@master conf]# source /etc/profile
```

(3) 测试与 MySQL 的连接。

本实训已经提前把 MySQL 驱动程序复制到 $SQOOP_HOME/lib 目录下,在 Hadoop 用户下启动集群,测试与数据库的连接:

```
[hadoop@master ~]$ sqoop list-databases --connect jdbc:mysql://127.0.0.1:3306/ --username root -P
```

MySQL 的数据库列表 information_schema、mysql、performance_schema、sys 等显示在屏幕上，表示连接成功，如图 9-2 所示。

```
information_schema
mysql
performance_schema
sys
[hadoop@master conf]$
```

图 9-2 Sqoop 与 MySQL 的连接

3）Flume 组件的安装与配置

（1）解压 Flume 安装包。

在 master 节点解压 Flume 安装包，安装包已提前放在"/opt/software/"文件夹下。

```
[root@master ~]# tar zxvf /opt/software/apache-flume-1.6.0-bin.tar.gz -C /usr/local/src
```

为了方便使用，将解压出来的 apache-flume-1.6.0-bin 文件夹更名为 flume：

```
[root@master ~]          #cd /usr/local/src/
[root@master src]        #mv apache-flume-1.6.0-bin/ flume
```

设置权限：

```
[root@master ~]          #chown -R hadoop:hadoop /usr/local/src/flume/
```

（2）设置 Flume 环境变量，使环境变量生效。

修改配置文件：

```
[root@master ~]          # vi /etc/profile
```

在文件的最后增加以下两行：

```
export FLUME_HOME=/usr/local/src/flume
export PATH=$PATH:$FLUME_HOME/bin
```

使环境变量生效：

```
[root@master ~]$ source /etc/profile
```

（3）配置 flume-env.sh 文件。

切换到 Hadoop 用户，复制 flume-env.sh 文件：

```
[root@master ~]#su hadoop
[hadoop@master ~]$ cd /usr/local/src/flume/conf
[hadoop@master conf]$ cp flume-env.sh.template flume-env.sh
```

修改 flume-env.sh 文件：

```
[hadoop@master conf]$ vi /usr/local/src/flume/conf/flume-env.sh
```

在文件的末尾写入以下信息：

```
export JAVA_HOME=/usr/local/src/jdk1.8.0_181
```

（4）查看 Flume 的版本信息。

使用 flume-ng version 命令验证 Flume 是否安装成功，若能够正常查询 Flume 组件的版本为 1.6.0，则表示安装成功。

```
[hadoop@master conf]$ flume-ng version
Flume 1.6.0
```

```
Source code repository: https://git-wip-us.apache.org/repos/asf/flume.git
Revision: 2561a23240a71ba20bf288c7c2cda88f443c2080
Compiled by hshreedharan on Mon May 11 11:15:44 PDT 2015
From source with checksum b29e416802ce9ece3269d34233baf43f
```

9.3 大数据平台的监控

1. 实训目的

通过本实训了解大数据平台的运行状态，掌握通过界面方式监控大数据平台的方法。

2. 实训步骤

(1) 实训环境如表9-2所示。

服务器集群中有3个以上节点，节点间通过NAT实现网络互通，已安装并配置好Java环境，各节点的最低配置为双核CPU、2GB内存、40GB硬盘。

表9-2 实训环境

运行环境	CentOS 7.4
服务器IP	master 192.168.1.128
	slave1 192.168.1.129
	slave2 192.168.1.130
Hadoop版本	Hadoop 2.7.1
Java环境	JDK 1.8
MySQL版本	5.7.18
ZooKeeper版本	3.4.8
HBase版本	1.2.1
Sqoop版本	1.4.7
Flume版本	1.6.0

(2) 通过界面查看大数据平台的状态。

通过大数据平台的Hadoop用户界面可以查看平台的计算资源和存储资源。打开网址“http://192.168.1.128:8088/cluster/nodes”对应的页面，可以查看大数据平台的状态汇总信息，如图9-3所示。

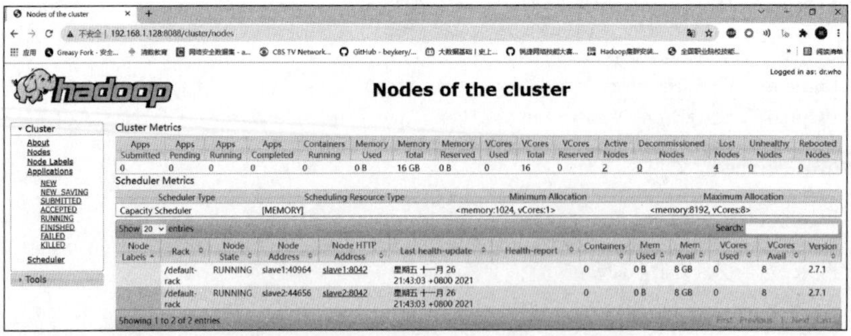

图9-3 通过界面查看大数据平台的状态

(3) 通过界面查看Hadoop的状态。

Hadoop提供了一个简单的Web访问接口，网址为“http://192.168.1.128:50070”，通过它可以查看Hadoop的运行状态，如图9-4所示。

Overview查看Hadoop的总览信息，例如启动时间、版本号、命名节点日志状态等；

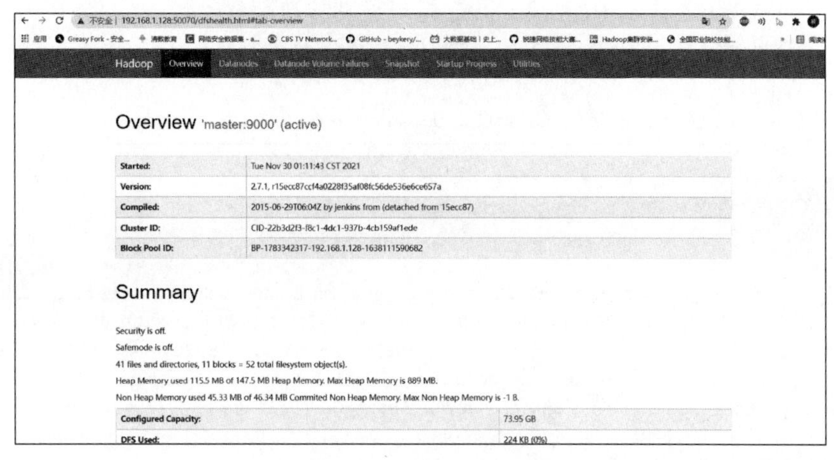

图 9-4 查看 Hadoop 的运行状态

Datanodes 查看数据节点信息；Datanode Volume Failures 查看挂载失败的数据节点情况；Snapshot 查看快照信息；Startup Progress 查看启动进程信息；Browse The File System 查看 HDFS 中的文件和文件夹信息；Logs 查看 Hadoop 的日志情况。

(4) 监控大数据平台的服务状态，使用 jps 命令查看 ZooKeeper 的启动情况：

```
[hadoop@master ~]$ jps
61686 DataNode
61785 SecondaryNameNode
61899 ResourceManager
62235 QuorumPeerMain
62395 HMaster
62779 Jps
61596 NameNode
```

QuorumPeerMain 是 ZooKeeper 集群的启动入口类，是用来加载配置启动 QuorumPeer 线程的，表明 ZooKeeper 已经启动成功。

(5) 监控大数据平台的服务状态，通过 zkServer.sh status 命令查看 ZooKeeper 的状态：

```
[hadoop@master ~]$ zkServer.sh status
ZooKeeper JMX enabled by default
Using config: /usr/local/src/zookeeper/bin/../conf/zoo.cfg
Mode: follower
```

在 master 节点中，Mode：follower 表示为 ZooKeeper 的跟随者。

(6) 监控大数据平台的服务状态，通过命令查看 Sqoop 的状态。

切换到/usr/local/src/sqoop 目录，执行命令“./bin/sqoop-version”：

```
[hadoop@master sqoop]$ ./bin/sqoop-version
Warning: /usr/local/src/sqoop/../hcatalog does not exist! HCatalog jobs will fail.
Please set $HCAT_HOME to the root of your HCatalog installation.
Warning: /usr/local/src/sqoop/../accumulo does not exist! Accumulo imports will fail.
Please set $ACCUMULO_HOME to the root of your Accumulo installation.
21/11/30 01:47:32 INFO sqoop.Sqoop: Running Sqoop version: 1.4.7
Sqoop 1.4.7
git commit id 2328971411f57f0cb683dfb79d19d4d19d185dd8
Compiled by maugli on Thu Dec 21 15:59:58 STD 2017
```

结果显示 Sqoop 的版本号为 1.4.7。

(7) 监控大数据平台的服务状态，运行 sqoop list-databases--connect jdbc：mysql://127.

0.0.1：3306/--username root-P，测试 Sqoop 是否成功连接数据库：

```
[hadoop@ master sqoop] $ sqoop list - databases -- connect jdbc:mysql://127.0.0.1:3306/ --
username root - P
Warning: /usr/local/src/sqoop/../hcatalog does not exist! HCatalog jobs will fail.
Please set $HCAT_HOME to the root of your HCatalog installation.
Warning: /usr/local/src/sqoop/../accumulo does not exist! Accumulo imports will fail.
Please set $ACCUMULO_HOME to the root of your Accumulo installation.
21/11/30 01:53:12 INFO sqoop.Sqoop: Running Sqoop version: 1.4.7
Enter password:
21/11/30 01:53:20 INFO manager.MySQLManager: Preparing to use a MySQL streaming resultset.
Tue Nov 30 01: 53: 21 CST 2021 WARN: Establishing SSL connection without server's identity
verification is not recommended. According to MySQL 5.5.45+, 5.6.26+ and 5.7.6+ requirements
SSL connection must be established by default if explicit option isn't set. For compliance with
existing applications not using SSL the verifyServerCertificate property is set to 'false'. You
need either to explicitly disable SSL by setting useSSL = false, or set useSSL = true and provide
truststore for server certificate verification.
information_schema
mysql
performance_schema
sys
```

结果显示可以连接到 MySQL，并查看到 master 主机中 MySQL 的所有库实例。

(8) 监控大数据平台的服务状态，通过命令查看 Flume 的状态。

执行 flume-ng version 命令检查 Flume 是否成功安装，查看 Flume 的版本：

```
[hadoop@master ~] $ flume - ng version
Flume 1.6.0
Source code repository: https://git - wip - us.apache.org/repos/asf/flume.git
Revision: 2561a23240a71ba20bf288c7c2cda88f443c2080
Compiled by hshreedharan on Mon May 11 11:15:44 PDT 2015
From source with checksum b29e416802ce9ece3269d34233baf43f
```

结果显示 Flume 的版本号为 1.6.0。

(9) 查看大数据平台的日志信息，通过界面查看平台日志信息。

启动 historyserver 服务：

```
[hadoop@master ~] $ cd /usr/local/src/hadoop - 2.7.1/sbin
[hadoop@master sbin] $ ./mr - jobhistory - daemon.sh start historyserver
starting historyserver, logging to /usr/local/src/hadoop - 2.7.1/logs/mapred - hadoop -
historyserver - master.out
```

在浏览器的地址栏中输入“http://192.168.1.128：19888/jobhistory”，将显示关于作业的摘要信息，如图 9-5 所示。

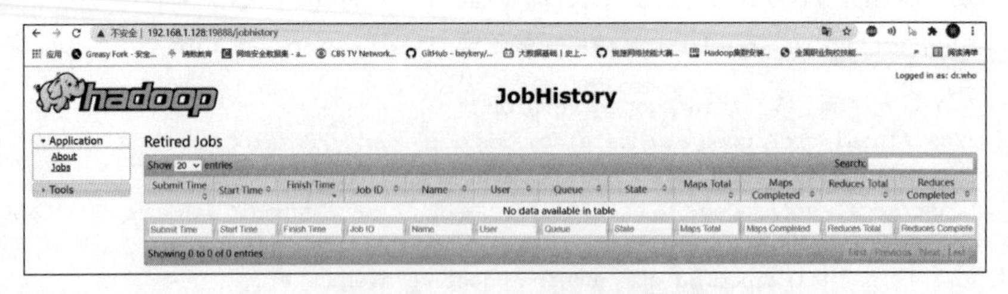

图 9-5 显示关于作业的摘要信息

(10) 查看大数据平台的日志信息，通过界面查看 HBase 日志。

在浏览器的地址栏中输入“http://192.168.1.128：60010”将显示 HBase 的 Web 用户界面，如图 9-6 所示。

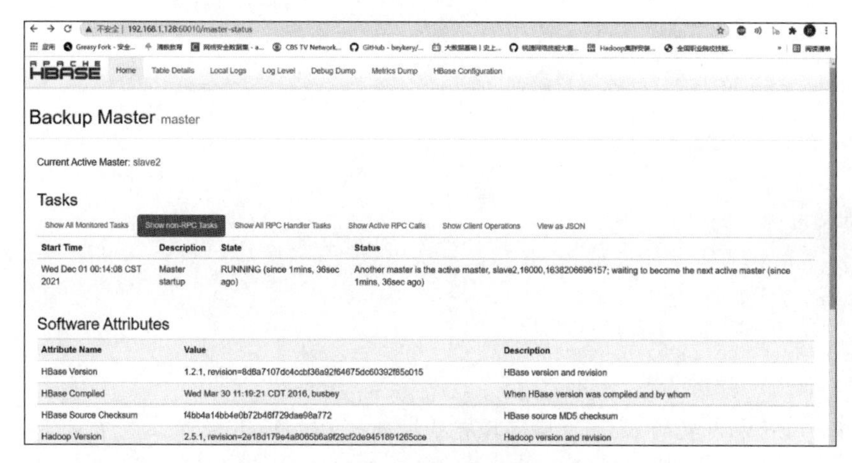

图 9-6　显示 HBase 的 Web 用户界面

单击 Local Logs 标签，可以打开 HBase 的日志列表，如图 9-7 所示。

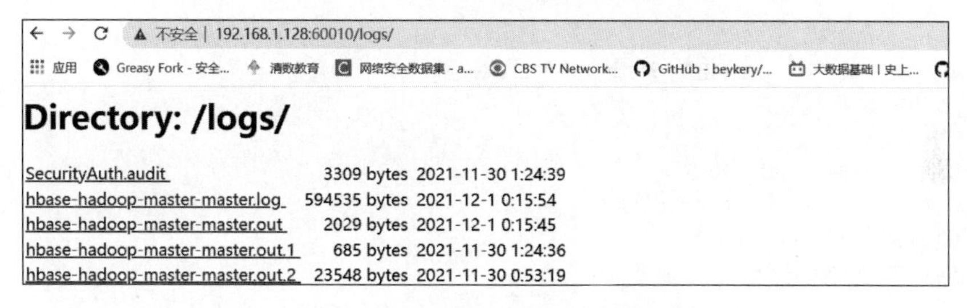

图 9-7　打开 HBase 的日志列表

单击其中的链接，就可以查看相应的日志内容。

9.4　安全算法的研究与应用

1. 实训目的

通过本实训了解常见的安全算法，掌握实现方式。

2. 实训步骤

（1）了解 Hash 算法。Hash 算法又叫散列算法或者信息摘要算法，是将一个不定长的输入通过 hash()函数变换成一个固定长度的输出，这个输出称为散列值或者信息摘要。因为不能根据经过 Hash 变换后的散列值还原输入信息，所以 Hash 变换是一种单向运算，具有不可逆性。对于相同的输入，Hash 变换后的输出一定相同，不同的输入，Hash 变换后的输出极大可能不同。在数据安全领域中，Hash 算法的主要作用是信息摘要和签名，验证数据的完整性。有些网站并不会直接明文存储用户的密码，而是存储经过 Hash 变换后的值，这样当用户登录时只需要将所输入密码的 Hash 值与数据库存储的 Hash 值作对比即可判断用户是否输入了正确的密码，即使有黑客入侵网站数据库，也无法获取用户的明文密码，增加了安全性。

（2）Hash 算法的实现。在 Python 中提供了多种方式实现 Hash 算法，用户可以使用 Python 内置的 hash()函数快速获得 Hash 值。

```
# hash()
h1 = hash(1)                        # 数字
h2 = hash(1.0)                      # 数据类型不同的相同数值 Hash 变换的结果一样
h3 = hash('hash 算法 1')             # 字符串
h4 = hash('hash 算法 2')             # 与字符串 h4 不同
```

```
h5 = hash(str([1,2,3]))          #列表
print('h1 的 Hash 值为:',h1)
print('h2 的 Hash 值为:',h2)
print('h3 的 Hash 值为:',h3)
print('h4 的 Hash 值为:',h4)
print('h5 的 Hash 值为:',h5)
```

运算结果为：

```
h1 的 Hash 值为: 1
h2 的 Hash 值为: 1
h3 的 Hash 值为: 2377215352491213441
h4 的 Hash 值为: 7031492925020537760
h5 的 Hash 值为: 2693867397572424391
```

注意：Python 中内置的 hash()函数具有随机性，每次 Hash 的结果是不同的。

此外，如果需要生成保持一致性的 Hash 值，则要用到 hashlib 模块。

```
# hashlib
# coding:utf - 8
import hashlib
#通过构造函数获取一个 Hash 对象，此处用 MD5 算法
str1 = hashlib.md5()
data = "hashlib"
#使用 Hash 对象的 update"方法
str1.update(data.encode('utf - 8'))
#输出 Hash 对象的 Hash 值
print(str1.hexdigest())
```

(3) 了解 RSA 算法。RSA 算法是一种非对称的加密算法，它的加密密钥和解密密钥不同。通常是首先生成一对 RSA 密钥，其中用户保存私密密钥(私钥)不公开，由用户自己保存，公开密钥(公钥)可对外公开，任何人都可以获取。用户可以在不直接传递密钥的情况下完成解密。这能够确保信息的安全性，避免了直接传递密钥所造成的被破解的风险。RSA 算法的加密和解密的过程如下：

当通信双方要传输加密内容时，发送方使用对方的公钥进行加密，接收方用自己的私钥进行解密，如图 9-8 所示。在该过程中，只要接收方不泄露自己的私钥，即使密文信息被第三方截取，也无法获得解密后的内容。

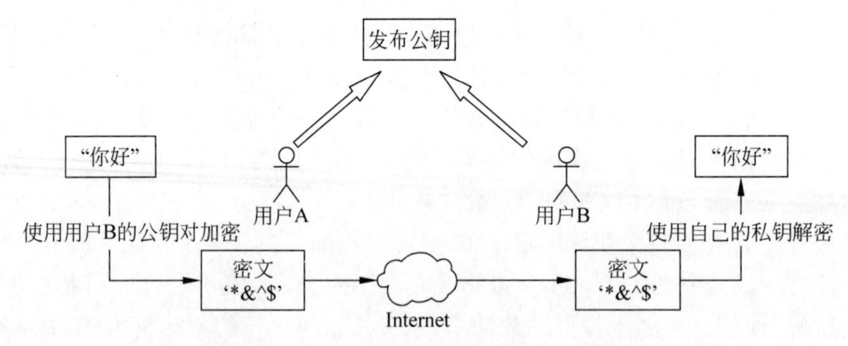

图 9-8 RSA 算法的加密和解密的过程

RSA 算法的基本思路如下：

首先生成公钥与私钥。

① 随机挑选两个较大质数 p 和 q，构造 $N = p * q$。

② 计算欧拉函数 $\varphi(N) = (p-1) * (q-1)$。

③ 找出整数 e，使得 e 与 φ(N) 互质。

④ 找出整数 d，使得(e * d) mod φ(N)=1。

此时公钥为(e,N)、私钥为(d,N)，其中 N 负责公钥与私钥之间的联系。

然后，加密信息。

假如对消息 X 进行加密操作，则：

$$(X^e) \bmod N = Y$$

Y 为加密后的信息。

最后解密信息。

要对 Y 解密，则：

$$(Y^d) \bmod N = X$$

X 为解密后的信息。

在实际应用过程中，RSA 算法的公钥和私钥要达到一定的长度(1024 位或者 2048 位)才能保证安全，因此 p、q、e 的选取，公钥、私钥的生成，加密、解密，取余、指数运算等都有一定的计算程序，需要依托计算机的高速运算来完成。

(4) 编写 RSA 算法的 Python 代码。

计算两个数的最大公约数：

```
# RSA
# coding:utf-8
import time
def gcd(a, b):
    if b == 0:
        return a
    else:
        return gcd(b, a % b)
def ext_gcd(a, b):
    if b == 0:
        x1 = 1
        y1 = 0
        x = x1
        y = y1
        r = a
        return r, x, y
    else:
        r, x1, y1 = ext_gcd(b, a % b)
        x = y1
        y = x1 - a // b * y1
        return r, x, y
```

利用蒙哥马利算法进行大数次幂和大数取余计算：

```
def exp_mode(base, exponent, n):
    bin_array = bin(exponent)[2:][::-1]
    r = len(bin_array)
    base_array = []

    pre_base = base
    base_array.append(pre_base)

    for _ in range(r - 1):
        next_base = (pre_base * pre_base) % n
        base_array.append(next_base)
        pre_base = next_base
```

```
        a_w_b = __multi(base_array, bin_array, n)
        return a_w_b % n

    def __multi(array, bin_array, n):
        result = 1
        for index in range(len(array)):
            a = array[index]
            if not int(bin_array[index]):
                continue
            result *= a
            result = result % n
return result
```

生成公钥、私钥对：

```
def gen_key(p, q):
    n = p * q
    fy = (p - 1) * (q - 1)
    e = 65537
    a = e
    b = fy
    r, x, y = ext_gcd(a, b)
    if x < 0:
        x = x + fy
    d = x
    return (n, e), (n, d)
```

信息的加密、解密和测试：

```
# 加密函数
def encrypt(m, pubkey):
    n = pubkey[0]
    e = pubkey[1]
    c = exp_mode(m, e, n)
    return c
# 解密函数
def decrypt(c, selfkey):
    n = selfkey[0]
    d = selfkey[1]
    m = exp_mode(c, d, n)
    return m
# 测试
if __name__ == "__main__":
    p = 11
    q = 13
    pubkey, selfkey = gen_key(p, q)
    m = 120
    print("待加密信息为:%s" % m)
    c = encrypt(m, pubkey)
    print("被加密后的密文为:%s" % c)
    d = decrypt(c, selfkey)
    print("被解密后的明文为:%s" % d)
```

注意：这里选取的 p 和 q 为 11 和 13，是非常小的质数，能够加密的范围极其有限。